# EQUAÇÕES DIFERENCIAIS ORDINÁRIAS E TRANSFORMADAS DE LAPLACE

Análise gráfica de fenômenos com resolução de problemas
Atividades com *softwares* Livres

# EQUAÇÕES DIFERENCIAIS ORDINÁRIAS E TRANSFORMADAS DE LAPLACE

Análise gráfica de fenômenos com resolução de problemas
Atividades com *softwares* Livres

João Bosco Laudares
Dimas Felipe de Miranda
Júlio Paulo Cabral dos Reis
Saulo Furletti

Artesã

Equações Diferenciais Ordinárias e Transformadas de Laplace. Análise gráfica de fenômenos com resolução de problemas. Atividades com *softwares* Livres

1ª edição



**COORDENAÇÃO EDITORIAL**
Karol Oliveira

**DIREÇÃO DE ARTE**
Tiago Rabello

**REVISÃO**
Maggy de Matos

**CAPA**
Karol Oliveira

**PROJETO GRÁFICO E DIAGRAMAÇÃO**
Conrado Esteves

E64

Equações diferenciais ordinárias e transformadas de Laplace : análise gráfica de fenômenos com resolução de problemas : atividades com software Livres / João Bosco Laudares ... [et al.] – Belo Horizonte : Ed. Artesã, 2017.

320 p. ; 28 cm.

ISBN: 978-85-88009-61-5

1. Ciências exatas. 2. Matemática. 3. Cálculo diferencial. 4. Laplace, Transformadas de. I. Laudares, João Bosco. II. Miranda, Dimas Felipe de. III. Reis, Júlio Paulo Cabral dos. IV. Furletti, Saulo.

CDU 517.2

Catalogação: Aline M. Sima CRB-6/2645

IMPRESSO NO BRASIL
*Printed in Brazil*

ARTESÃ EDITORA LTDA.
Site: www.artesaeditora.com.br
E-mail: contato@artesaeditora.com.br
Belo Horizonte/MG

# SUMÁRIO

## SEGUNDA PARTE – TRANSFORMADA DE LAPLACE - TL

## TERCEIRA PARTE - ATIVIDADES COM APOIO DA INFORMÁTICA

# APRESENTAÇÃO

Mais uma edição de Equações Diferenciais. Sabemos que o conteúdo de Matemática, num mesmo nível de ensino, tem muitas vezes uma sequência e abrangência comuns. Então, o diferencial dos textos didáticos dos cursos regulares de graduação se faz, com excelência, pelo tratamento didático dos autores, a partir de sua concepção cognitiva e formação teórica.

Assim, esta obra, de um primeiro curso de Equações Diferenciais Ordinárias – EDOs para o ensino superior, foi edificada a partir de duas grandes abordagens metodológicas:

**(1) abordagem operacional do cálculo da solução de uma EDO.**

Privilegiamos o processo da resolução das EDOs proporcionando alguma teoria para consecução dos cálculos, considerando as seguintes fases:

i) identificação do melhor e mais adequado método de resolução da EDO de acordo com sua natureza: linear ou não linear; homogênea ou não homogênea, primeira ou segunda ordem, entre outras características;
ii) descrição de PASSOS para o desenvolvimento operacional, evitando o resolver mecânico e memorizado;
iii) detalhamento algébrico nos exemplos resolvidos para apoio da passagem de um nível para o outro durante o processo de resolução e, seleção de exercícios propostos separados por métodos de resolução e uma lista de exercícios diversos não identificando o método ou algoritmo próprio;
iv) agregamos também as Transformadas de Laplace para o cálculo das EDOs e de sistemas de EDOs.

**(2) abordagem pela resolução de problemas geométricos na intramatemática e, de fenômenos físicos da intermatemática ou interciências.**

Defendemos a didática diversificada para o ensino e a aprendizagem de EDOs. Se na primeira abordagem focamos a resolução operacional, pelo exercício, nesta segunda abordagem o foco se faz na resolução de problema, traduzido na análise de um modelo matemático em 4 (quatro) representações: equação, gráfico, cálculo numérico e linguagem natural. Sabemos que muitos fenômenos físicos naturais ou artificiais obedecem a uma lei matemática modelada por uma EDO. Desta forma temos: (a) lei de resfriamento-aquecimento de NEWTON; (b) dimensionamento de circuitos por KIRCHHOFF; (c) lei de decomposição – crescimento exponencial de MALTHUS; (d) crescimento/decrescimento populacional de VERHUSLT; (e) vibração de molas de HOOKE entre outros. Todos estes modelos são construídos por uma EDO.

Num primeiro curso de graduação universitária das EDOs, partimos da análise em várias representações, especialmente pela equação e seu gráfico, destes modelos. Num curso mais avançado, com suporte da matemática numérica, é possível partir para modelagem, isto é, construção do modelo.

Para facilitar a interpretação do problema e da análise do modelo matemático que é uma EDO ou um sistema de EDOs, elaboramos um *design* edificado por um diagrama no quadro analítico seguinte:

| ENUNCIADO |
|---|
| Dados |
| Questões |

**Interpretação do enunciado**

| |
|---|
| 1° Passo: Matematização da lei física |
| 2° Passo: Constantes dadas – Substituição na equação do fenômeno |
| 3° Passo: Condições iniciais ou de contorno |
| 4° Passo: Resolução da Equação Diferencial do modelo |
| 5° Passo: Cálculos solicitados nos problemas: explicitar o que se pede |
| 6° Passo: Modelo das equações do fenômeno |
| 7° Passo: Modelo dos gráficos do fenômeno |
| 8° Passo: Descrição sintética do fenômeno num pequeno texto |

Destacamos que a informática vem trazendo suporte fundamental para o ensino e aprendizagem. Com *softs* e aplicativos, plotando gráficos, executando cálculos numéricos e resolvendo equações podemos simplificar o trabalho operacional e, permitir ao estudante e ao professor, mais disponibilidade para análise crítica e reflexão para tomada de decisão e, também compreensão analítica e sintética de uma situação que envolve um problema, que requer uma solução de uma questão que transcende o contexto em estudo, facilitando a criação de um modelo mental.

Um problema nunca é totalmente analisado isoladamente, sempre é inserido num espaço que nos traz uma transcendência e, pode ser instrumento de construção de redes nos propiciando construir a habilidade de visualização, tão necessária para analogias dos modelos.

Finalmente, ao privilegiar uma diversificação metodológica-resolução operacional das EDOs, resolução de problemas com interpretação de modelos, uso de recursos da informática – objetivamos dar ao estudante e ao professor um instrumental para elaboração de um plano de trabalho para eficácia de um estudo preliminar de EDOs, na busca de uma aprendizagem significativa cuja essência é a compreensão.

***Os autores.***

# AGRADECIMENTOS

Agradecemos à FAPEMIG (Fundação de Amparo à Pesquisa do Estado de Minas Gerais), ao FIP (Fundo de Incentivo à Pesquisa) da Pontifícia Universidade Católica de Minas Gerais, apoiado pelo PIBIC/ CNPQ, por nos ter auxiliado com parte dos recursos para a execução do projeto deste livro.

Às respectivas Coordenações do Mestrado em Ensino de Ciências e Matemática e do Departamento de Matemática e Estatística da PUC Minas, pelo incentivo e apoio à nossa iniciativa.

Destacamos o trabalho de pesquisa dos Mestres, egressos do Programa de Mestrado em Ensino de Ciências e Matemática da PUC Minas: Galvina Maria de Souza, Anibal Ataides Barros Filho, Murilo Barros Alves, Emerson Agostinho de Lima e César de Oliveira Almeida. Estes contribuíram com discussões e realizaram experimentos didáticos, envolvendo tópicos aqui abordados, sob a orientação de autores deste livro, em suas dissertações de mestrado, disponíveis na biblioteca da PUC Minas.

Reconhecemos o valoroso trabalho de boa parte da digitação e construção de figuras, realizado pelo funcionário da PUC Minas, Geraldo Magela dos Anjos. Enfatizamos também o empenho do bolsista de iniciação científica, Bernardo Guerra Pereira Cunha, graduando do curso de Engenharia Eletrônica da PUC Minas, pelas pesquisas dos softwares computacionais e testes das soluções das atividades propostas para o ambiente informático.

A todos aqueles que, direta ou indiretamente, contribuíram para a conclusão dessa tarefa, nossa gratidão.

***Os autores.***

# ESTRUTURA DO LIVRO

A estrutura do Livro é dividida em três grandes partes:

**PRIMEIRA PARTE: EQUAÇÕES DIFERENCIAIS ORDINÁRIAS**
**SEGUNDA PARTE: TRANSFORMADAS DE LAPLACE**
**TERCEIRA PARTE: ATIVIDADES COM APOIO DA INFORMÁTICA**

Optamos por oferecer, exclusivamente, as Equações Diferenciais Ordinárias para um primeiro curso de graduação. As Equações Diferenciais Parciais não foram contempladas.

Procuramos dar uma abordagem das fórmulas e dos processos com alguma teoria para favorecer o desenvolvimento dos cálculos operacionais, um dos objetivos do Cálculo Diferencial e Integral, não se limitando a fornecer formulário e a provocar um treino memorizado. Assim, buscar o entendimento das várias etapas dos processos de cálculo, dando condições ao estudante para desenvolver habilidades operacionais. Preocupamo-nos com a garantia de raciocínio e com a aquisição dos processos de cálculo. Enfatizamos a metodologia de mudança de variáveis, isto é, um método científico de resolução de um problema, quando se busca instrumental, já dominado, voltando a um processo anteriormente conhecido.

Julgamos importante agregar as Transformadas de Laplace necessárias para a resolução das Equações Diferenciais. Foram deduzidas as fórmulas e produzimos uma tabela com as mesmas. Resolvemos e propomos problemas de fenômenos físicos.

Elaboramos atividades com apoio da Informática, utilizando *softwares* livres com os quais os estudantes poderão trabalhar sem dificuldades de acesso.

## PRIMEIRA PARTE: RESOLUÇÃO DAS EQUAÇÕES DIFERENCIAIS, DE SISTEMAS DESSAS EQUAÇÕES E APLICAÇÕES

Apresentamos, nessa parte, o uso de algoritmos e fórmulas para resolução analítica de Equações Diferenciais, com todos os passos necessários para o entendimento do processo resolutivo, buscando os conhecimentos prévios do estudante, requisitos para resolver uma Equação Diferencial, especialmente quanto aos conteúdos de derivação e integração.

Introduzimos **definições preliminares, no capítulo 1**, que dão suporte ao estudo dos processos de resolução das Equações Diferenciais e suas aplicações.

Para as **Equações Diferenciais de 1ª ordem, no capítulo 2**, que exigem a resolução de integrais, optamos por apresentar duas etapas bem distintas e colocadas explicitamente:

(i) a resolução da Equação Diferencial, e

(ii) a resolução das Integrais necessárias, separadamente, mas bem contíguas para facilitar a visualização. Isto mostra ao estudante a necessidade do conhecimento prévio da resolução de integral.

Mas, principalmente, mostra o desenvolvimento do processo de resolução da equação e da integral, logo há dois processos que podem trazer dificuldade de assimilação porque há uma integração: equação e integral. Provocamos uma analítica desses dois processos.

Para a resolução, não economizamos detalhamentos das etapas para o acompanhamento, sem sobressaltos, e apresentamos todas as conexões necessárias para o estudante se encorajar, desde o início, na tarefa de obtenção dos processos e não na memorização de rotinas.

Para a **resolução dos problemas geométricos, no capítulo 3**, baseamo-nos no uso do conceito de derivada, tangente trigonométrica – coeficiente angular da reta tangente. Foram discriminadas as várias aplicações geométricas, das quais algumas podem ser também associadas a problemas de fenômenos. Iniciamos com o traçado de gráficos das soluções gerais – família de curvas e soluções particulares – curvas da família. Expusemos os problemas sempre a partir de uma situação geométrica em ordem de dificuldade crescente, nos quais se procura a constituição da Equação Diferencial e se determina sua solução com traçado de gráfico. Enfatizamos a construção de Campo de Direções e sua análise. Podemos discriminar os seguintes itens:

a) Iniciamos com o esboço de gráficos da solução geral, família de curvas e de solução particular, uma curva da família;
b) Classificamos os diversos problemas por ordem de dificuldade, inicialmente dando as soluções e procedendo ao esboço das mesmas;
c) Analisamos os problemas nos quais são dadas propriedades geométricas pelas quais determinamos uma Equação Diferencial, classificando várias situações problemáticas e calculamos sua solução;
d) Calculamos o Campo de Direções ou Campo de Inclinações das retas tangentes, pelo valor da derivada, com os quais podemos esboçar a família de curvas da solução geral e, consequentemente, gráficos de soluções particulares, sem conhecer a equação da solução geral da Equação Diferencial – esta é a vantagem do Campo de Direções. A análise do esboço das curvas facilita a compreensão do procedimento dos fenômenos;
e) Calculamos as equações de trajetórias ortogonais, as quais possuem aplicações físicas.

### OBSERVAÇÃO IMPORTANTE

A utilização do Campo de Direções ou de Inclinações é justificada porque há Equações Diferenciais cuja solução analítica, isto é, a equação da solução geral não existe ou é de difícil cálculo. Então, com o esboço das soluções podemos compreender a análise do comportamento do fenômeno que é modelado pela Equação Diferencial, de solução desconhecida.

Para a **resolução de problemas de fenômenos, nos capítulos 4 e 7,** contemplamos não só a resolução da Equação Diferencial que descreve o fenômeno, mas damos ênfase à análise do seu comportamento, interpretando os modelos das equações e os dos gráficos que o descrevem, de uma forma a explorar as etapas constitutivas do fenômeno.

Utilizamos a interpretação física ou da taxa de variação da dinâmica dos fenômenos das Ciências e da Tecnologia com representação diversificada seja da Equação Diferencial, de gráficos de tabelas e da descrição verbal. Apesar de não modelar matematicamente os fenômenos, analisamos os modelos dos mesmos com as representações algébrica e geométrica-gráfica, a partir de uma analítica do enunciado da situação problemática que envolve os fenômenos. Assim, procedemos:

a) Classificamos os diversos fenômenos a serem estudados de acordo com sua natureza nas Ciências;
b) Criamos um *design*, isto é, um padrão de apresentação do enunciado dos problemas, em uma sequência de etapas que elegemos fundamentais para facilitar a resolução do problema, desde a identificação dos dados, dos parâmetros e das condições iniciais e de contorno do problema;

c) Destacamos a determinação do modelo de equações e de gráficos, não só o traçado do gráfico, mas, especialmente, sua análise;

d) Elaboramos algumas questões a serem respondidas para a maior compreensão do fenômeno, com uma descrição verbal-escrita pelo estudante;

e) Realizamos uma síntese dos problemas, destacando as similaridades que há entre os mesmos quanto aos seus modelos, especialmente da Equação Diferencial Linear para representação da Lei Física, resultado da matematização dos fenômenos físicos.

Para as **Equações Diferenciais de 2ª ordem, no capítulo 5**, apresentamos os métodos de redução de segunda ordem para a primeira ordem, contemplando as equações lineares e não lineares. Exclusivamente para as equações lineares, de coeficientes constantes, homogêneas, que exigem a resolução de equações algébricas, recuperamos e discutimos a resolução dessas últimas.

Para a **resolução das Equações Diferenciais em séries, no capitulo 6**, o foco não está na variedade e análise de métodos numéricos, mas na busca e apresentação da função-solução, desenvolvida em séries de potências, por meio do polinômio de Taylor.

Na **resolução de Sistemas de Equações Diferenciais, no capítulo 8**, oferecemos processos diferenciados ao estudante.

No **estudo da Existência e Unicidade de soluções de uma Equação Diferencial, no capítulo 9**, enunciamos o Teorema correspondente a essas proposições e ilustramos com exemplo a partir de interpretações geométricas.

## SEGUNDA PARTE: TRANSFORMADAS DE LAPLACE

Consideramos as **Transformadas de Laplace, do capítulo 10 a 14**, como instrumento à resolução das Equações Diferenciais e dos sistemas de Equações Diferenciais.

Deduzimos todas as fórmulas, sempre associando a interpretação geométrica. Elaboramos uma Tabela de Transformadas. Esta Tabela tem uma coluna na qual incluímos orientação do cálculo das fórmulas, recorrendo à definição ou às propriedades, já demonstradas.

Resolvemos Equação Diferencial e Sistema de Equações Diferenciais com Transformadas de Laplace.

## TERCEIRA PARTE: ATIVIDADES COM O APOIO DA INFORMÁTICA

Elaboramos um **conjunto de atividades a serem desenvolvidas nos capítulos 15, 16, 17**, com o apoio de *softwares* livres, como *Maxima* e *Geogebra*, entre outros. Objetivamos uma consolidação do trabalho com Equação Diferencial e suas aplicações, sejam geométricas ou das Ciências. Assim, o cálculo operacional e o traçado de gráficos são realizados pelo sistema operacional informatizado, ficando facilitada a análise qualitativa das propriedades geométricas e do desenvolvimento dos fenômenos.

# AO PROFESSOR

Um texto didático em Matemática se difere de outro, da mesma natureza, pela seleção e ordenação do conteúdo para atendimento aos objetivos do curso ou ao público a que se destina, e, em especial, pelo destaque de uma opção didático-metodológica implementada.

## ABORDAGEM DO CONTEÚDO

Muitas obras, com o título específico de Equações Diferenciais, têm sido editadas. Também, em alguns livros de cursos de graduação, que abordam temas de Cálculo Diferencial e Integral, o conteúdo de Equações Diferenciais é contemplado em alguns de seus capítulos. Então, podemos questionar porque mais uma edição está sendo publicada. Para justificá-la, apresentamos alguns pontos que julgamos diferenciadores em relação a outras publicações:

- antes dos capítulos de resolução das equações de 1ª e 2ª ordem, foram produzidas uma síntese dos processos de resolução, para facilitar uma identificação dos mesmos, servindo de orientação para a escolha do melhor método a se empregar, de acordo com o tipo de Equação Diferencial;
- depois da resolução dos problemas de fenômenos, também produzimos uma síntese dos vários tipos de problemas destacando relações comuns das leis de formação dos fenômenos;
- a resolução das Equações Diferenciais de primeira ordem tem em paralelo a resolução das integrais inerentes a cada equação, mostrando a necessidade de recorrer ao domínio dos métodos de integração para o cálculo da solução da Equação Diferencial;
- já a resolução das Equações Diferenciais de segunda ordem de coeficientes constantes, lineares e homogêneas é acompanhada da resolução de equações algébricas, cujas soluções respaldam a solução deste tipo de equação;
- a resolução dos problemas geométricos é bem abrangente com exploração de várias situações, intensificando a interpretação geométrica do valor da derivada, da geração e análise do campo de direções. Recorremos ao traçado gráfico e análise do comportamento e da lei de formação das funções e equações. Assim, não basta traçar ou plotar gráfico, mas essencialmente proceder a sua interpretação;
- **um dos pontos fortes da obra se faz na resolução dos problemas de fenômenos que traz uma abordagem metodológica própria.** São resolvidos vários tipos de problemas classificando-os pela sua natureza. É construído um *design,* o qual facilita a determinação dos modelos gerados pelas equações e pelos gráficos;
- as Transformadas de Laplace são todas elas deduzidas e aplicadas em problemas de fenômenos com Equações Diferenciais que requerem funções do tipo “degrau”, entre outras. Limitamos o estudo de transformadas para resolver Equações Diferenciais;

- a tabela de Transformadas de Laplace tem uma orientação para facilitar a compreensão da geração das diversas fórmulas;
- para facilitar o uso da informática, produzimos, na última parte do Livro, atividades a serem trabalhadas com *softs* livres, sempre a procura da interpretação gráfica e da análise dos modelos geradores dos problemas das ciências, tratados neste texto.

## A ÊNFASE METODOLÓGICA

A terminologia de Equações Diferenciais denota a utilização de derivadas e diferenciais, isto é, a derivada ou diferencial da função-solução. Assim, resolver uma Equação Diferencial é fazer uso da integração, inserida no Cálculo Diferencial e Integral.

O Cálculo Diferencial e Integral objetiva o estudo do movimento e da variação, duas características da dinâmica dos fenômenos sociais, tecnológicos, econômicos, biológicos como outros, em geral.

Uma parte importante do Cálculo Diferencial e Integral se refere às Equações Diferenciais, como modelos, que dão suporte para análise quantitativa e qualitativa de processos e produtos da Engenharia, da Economia, da Biologia, entre outras áreas do conhecimento.

Assim, as Equações Diferenciais contribuem para resolução de problemas que não são essencialmente matemáticos, isto é, uma expansão cognitiva em direção à interdisciplinaridade da Matemática com as outras Ciências, o que denominaremos de intermatemática. Na modelagem matemática, as Equações Diferenciais são instrumentos valiosos para formular, descrever, analisar sistemas físicos da realidade e da tecnologia com propriedades e linguagem específicas, realizando o que denominamos, matematização. Matematizar é fazer uma análise da situação problemática e expressar matematicamente o problema, o qual se encontra no fenômeno em estudo. Poderíamos entender o fenômeno, sinteticamente:

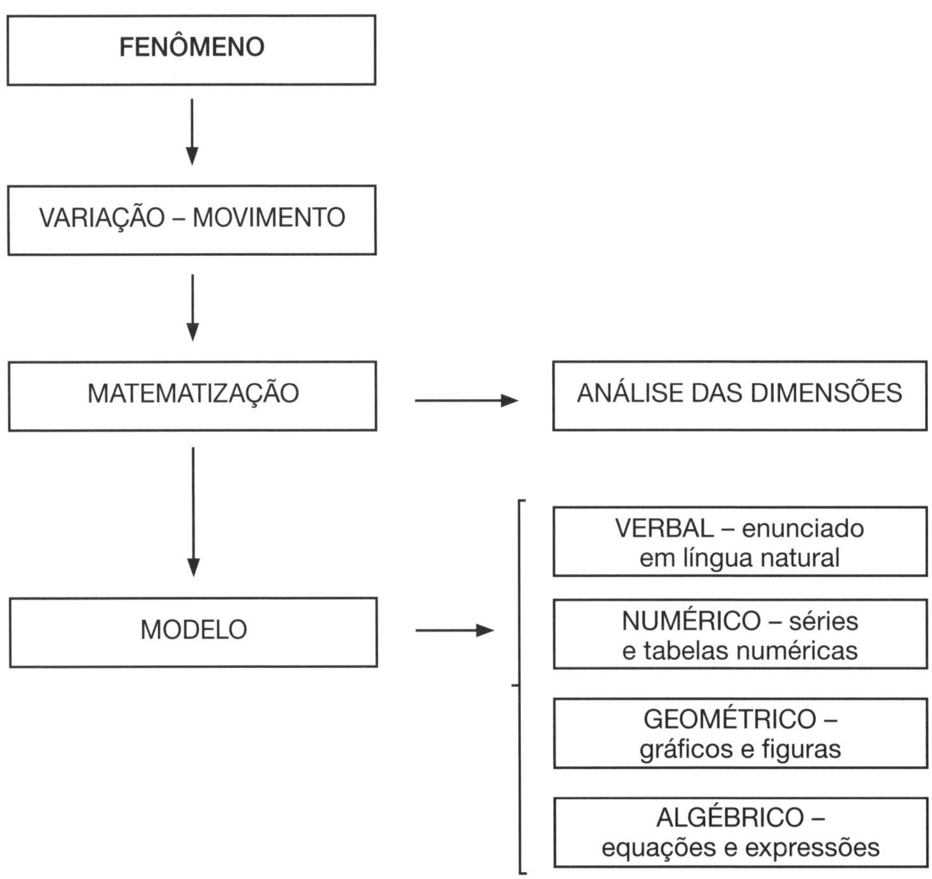

Podemos constatar que o modelo matemático é constituído, em sua essência estruturante, da Matemática básica (aritmética, geometria e álgebra), elementos basilares de todo o corpo da modelação quantitativa e, ainda, oferece subsídios para a modelação qualitativa.

Entretanto, também no interior da própria Matemática no seu campo ou espaços específicos, o que denominaremos intramatemática, as Equações Diferenciais constituem um poderoso instrumental metodológico para o desenvolvimento de algoritmos na resolução de problemas gerados pela Matemática e pelas Ciências.

Desta forma, as Equações Diferenciais se manifestam, academicamente, proeminentes dentro do Cálculo Diferencial e Integral pela sua relevância no uso matemático e não matemático, sendo destacada numa disciplina específica fora das disciplinas do Cálculo, em muitos currículos de cursos de graduação. Logo, ganha um destaque de disciplina com metodologia, tratamento didático e significativa produção bibliográfica.

A matematização, apoiada pela informática, tem ganho um espaço crescente considerável, podendo facilitar os cálculos operacionais e permitir mais tempo de análise reflexiva para interpretação das propriedades e das caraterísticas dos processos e da criação. As Tecnologias de Informática e de Comunicação – TIC's são hoje ferramentas para garantir, na intramatemática, a produção de algoritmos e, na intermatemática, ampliação das possibilidades de análise qualitativa, com diferentes representações do modelo matemático, seja pela equação, seja pelo gráfico ou ainda por tabelas numéricas, trazendo uma melhor compreensão dos fenômenos modelados.

Para atingir uma aprendizagem significativa, aquisição da compreensão, com abordagem processual, pretendemos apresentar algumas propostas didáticas, em dois itens, para atender ao professor e ao estudante:

- Na resolução das Equações Diferenciais pelos seus vários métodos de cálculo, por uma sequência hierarquizada de dificuldades, descrevendo todos os passos, fazendo uma volta aos requisitos necessários (conhecimentos prévios) para compreensão;
- Na resolução de problemas geométricos e de fenômenos, na análise dos modelos matemáticos, com várias representações numéricas, gráficas, de equações e verbalmente em língua natural (falar e escrever).

Na resolução das Equações Diferenciais Ordinárias, introduzimos uma sequência por PASSOS, que permite ao estudante obter uma sequência analítica e reflexiva, deixando a repetição mecanizada e memorizada, que apela para a memória de curto prazo, baseada em rotinas, que se dissiparão após seu uso, especialmente após a avaliação, com o objetivo de promoção. Isto é, contemplar a produção do conhecimento, da análise para a síntese, respeitando o tratamento lógico inerente à cognição matemática.

Na resolução dos problemas, são analisadas as situações ou os contextos da elaboração dos modelos matemáticos, com 4 (quatro) distintas representações desses modelos, conforme também assumidos por Stewart (2013), o que este autor chama de "Regra dos quatro" passos:

- visual, pelo gráfico/geométrico ou diagrama;
- numérico, por tabelas ou séries numéricas;
- algébrico, pela equação;
- verbal, pelo discurso escrito ou falado.

Ainda, segundo o mesmo autor, o Cálculo teve sua Reforma pela Conferência de Tulane (1986), com uma básica e direcional recomendação didática e metodológica: focar na **compreensão dos conceitos.**

Ao diversificarmos as representações, segundo Duval (2009) , poderá se efetivar uma compreensão da situação problemática, acompanhada, com frequência, da compreensão dos conceitos inerentes.

Especificamente, para resolver um problema, seguimos as orientações de Polya (1994) , o qual determina que há quatro fases para a resolução: (i) Entender o problema; (ii) fazer um plano; (iii) executar o plano e (iv) fazer uma retrospectiva relacionando o resultado com as condições dadas para uma compatibilização.

Finalmente, enfatizamos que, neste Livro, além dos "métodos de resolução" com o desenvolvimento dos seus algoritmos, teve destaque a "análise dos modelos de fenômenos pela resolução de problemas", de uma forma bem analítica, modelos estes que são representados por uma Equação Diferencial ou um sistema das mesmas, ou ainda com o uso das Transformadas de Laplace, na segunda parte do Livro.

## O QUE ANTECEDE A ESTA OBRA

Antecede a esta obra, a produção de vários textos de Equações Diferenciais pelos autores com larga experiência didática na Matemática Superior e Básica como também a elaboração de produtos educacionais, resultados de pesquisas produzidas no Mestrado em Ensino de Ciências e Matemática da PUC Minas. O objeto de investigação tem sido o estudo de Equações Diferenciais, enfatizando as aplicações das mesmas em problemas e com suporte da tecnologia de informática, a partir de uso de *softwares* da geometria dinâmica e de matemática em geral, como o *Maple, VCN, Geogebra, e o Máxima*, entre outros e o aplicativo *WolframAlpha.*

## FINALIZANDO

Nos capítulos 9 e 14 contemplamos uma abordagem do Teorema de Existência e Unicidade de soluções de uma Equação Diferencial e, de Convolução. Esta é uma primeira edição que poderá ser ampliada e reestruturada com as contribuições dos professores e alunos, ao utilizarem este Livro nas suas aulas de Cálculo ou de Equações Diferenciais.

# AO ESTUDANTE

## OBJETIVO DO ESTUDO DAS EQUAÇÕES DIFERENCIAIS

As Equações Diferenciais são estudadas em cursos da área tecnológica, devido a sua importância no modelamento de fenômenos naturais ou artificiais. Grande parte dos problemas e fenômenos científicos e tecnológicos são modelados por meio de uma Equação Diferencial.

É um conteúdo do Cálculo Diferencial e Integral, constituindo modelos para uma análise qualitativa de processos e produtos da Engenharia, da Economia, da Biologia entre outras áreas do conhecimento.

A partir destes objetivos, delineia-se a estrutura do conteúdo dessa disciplina, a saber:

**(1)** aprendizado dos algoritmos e processos para determinação da solução da Equação Diferencial, isto é, cálculos operacionais (derivação – diferenciação – integração);

**(2)** resolução de problemas geométricos e de fenômenos, cuja resolução passa por uma Equação Diferencial.

Enquanto na resolução das Equações Diferenciais esperamos o desenvolvimento de habilidades de cálculo, nos problemas serão exigidos o traçado e a interpretação gráfica, que permitem a identificação e compreensão das relações entre a Matemática e os fenômenos, desenvolvendo habilidades de análise.

## CONHECIMENTOS PRÉVIOS PARA O ESTUDO DE EQUAÇÕES DIFERENCIAIS

Por conhecimentos prévios definimos os pré e co requisitos para o estudo da Equação Diferencial. A sua própria denominação – diferencial – traz a necessidade de ferramentas operacionais de Cálculo, envolvendo derivadas e integrais, bem como cálculos algébricos, ao se resolver uma derivada ou uma integral.

Já suas aplicações – resolução de problemas e interpretação de modelos – requerem algum saber básico de ciências diversas, como Física, Química, Biologia e Economia, entre outras. Especialmente para a análise gráfica das equações, que definem os modelos, recorremos à Geometria Analítica e aos gráficos de funções: seja no traçado de esboço, seja para o estudo do comportamento dos fenômenos apresentados em forma gráfica.

Assim, as disciplinas de Cálculo Diferencial e Integral, a Geometria Analítica, a Álgebra Linear e a Física constituem a base estrutural das Equações Diferenciais e são os conhecimentos prévios da mesma.

## COMO ESTUDAR NESTE LIVRO

Partindo destas considerações, seguem sugestões para o estudo deste livro.

**Parte 1:**

**(1)** Inicialmente, aprender os diversos métodos de resolução de uma Equação Diferencial e de Sistemas de Equações Diferenciais nos capítulos 2, 5, 6, e 8; a resolução da Equação Diferencial é acompanhada da resolução de integrais e derivadas ou de equações algébricas, em paralelo ao desenvolvimento dos cálculos operacionais;

**(2)** A seguir, resolver problemas nos capítulos 3, 4, e 7, interpretando as diversas equações que constituem a modelagem do fenômeno estudado ou de situações geométricas, traçando o esboço de gráficos e realizando interpretações.

**Parte 2:**

**(1)** Deduzir as fórmulas de Transformadas de Laplace como um operador para resolução de Equações Diferenciais nos capítulos 10 e 11;

**(2)** Resolver uma Equação Diferencial com Transformadas de Laplace no capítulo 12;

**(3)** Resolver um problema de fenômeno com Transformadas de Laplace no capítulo 13.

**Parte 3:**

Usar os recursos da Informática com *Softwares* da Geometria Dinâmica, como *Geogrebra, Winplot*, e *Softwares* de Cálculo Diferencial e Integral, como *Máxima, Maple, Matlab e WolframAlpha*, entre outros. Buscamos, assim, explorar uma melhor compreensão qualitativa dos fenômenos, pois o apoio dos *Softwares* abrevia os cálculos operacionais e o traçado de gráficos, facilitando a análise. Realizar as atividades nos capítulos 15, 16 e 17.

## CONCLUINDO

Finalmente, a aprendizagem se faz com muito esforço, acertos e erros, idas e vindas, tentativas que geram sucessos ou fracassos. Assim, o estudo de Equações Diferenciais traz uma maturidade ao aprendizado do Cálculo Diferencial e Integral, que acontecerá.

Foi utilizada uma metodologia diferenciada neste Livro, especialmente na resolução de problemas geométricos e de fenômenos, que é o núcleo diferenciador em relação a outras obras. Trata-se de um primeiro curso de Equações Diferenciais para cursos de graduação.

*A matemática compara os mais diversos fenômenos e descobre as analogias secretas que os unem.*

JEAN-BAPTISTE JOSEPH FOURIER (1768-1830)

*Apresentar dados complexos e conhecimentos em gráficos são importantes para visualização de dados no processo de apreensão da informação: "somos programados biologicamente de tal forma que visualizar imagens funciona muito melhor para captação de informações do que ouvir, sentir ou interpretar códigos alfabéticos ou numéricos. Usada de maneira adequada, a visualização é muita mais eficiente do que limitar-se a palavras."*

CÉSAR HIDALGO (Agosto 2015)

Físico Chileno do Instituto de Tecnologia Massachusetts - MIT

# PRIMEIRA PARTE

## EQUAÇÕES DIFERENCIAIS ORDINÁRIAS

# INTRODUÇÃO DE EQUAÇÃO DIFERENCIAL

O Cálculo Diferencial e Integral tem como objetivo estudar movimento e variação, especialmente, em fenômenos físicos. Uma parte importante deste Cálculo trata das Equações Diferenciais, as quais tem seu estudo desenvolvido por matemáticos e cientistas de várias áreas como da Engenharia, Biologia, Economia, entre outras.

Como envolve derivada e, esta tem sua interpretação física, como taxa de variação, então, Equação Diferencial é um instrumento poderoso para o estudo de Modelagem Matemática e resolução de problemas de movimento de fluidos, fluxo de corrente elétrica em circuitos, aumento/diminuição de população, mistura de elementos químicos, taxa de variação de investimentos na economia, utilização de modelos matemáticos para estudo de disseminação de doenças ou população de bactérias em Biologia, como em outras áreas científicas e tecnológicas. Desta forma, o trabalho com Equações Diferenciais transcende a Matemática e tem sua utilidade em vários domínios tecnológicos.

Assim, uma Equação Diferencial pode descrever um processo desenvolvido num fenômeno, como um modelo matemático. A formulação de um modelo matemático parte de um problema real constituído por uma lei física, a ser formulada seja por intuição, por experimentação, e, finalmente, por matematizar e interpretar sua variação muitas vezes pela medida de uma taxa, envolvendo o conceito de derivada utilizando uma Equação Diferencial.

Para buscar a compreensão conceitual de Equação Diferencial, necessário é diversificar seu estudo, isto é, resolução das mesmas para se conhecer o cálculo de suas soluções, por métodos que envolvem cálculos operacionais e, também a análise das soluções por uma interpretação geométrica-gráfica, dando suporte para uma interpretação do modelo matemático que a Equação Diferencial e sua solução representam, explicitado no diagrama seguinte.

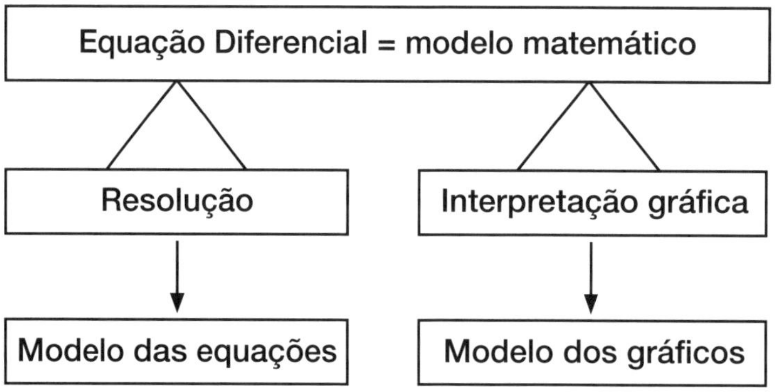

CAPÍTULO 1

# DEFINIÇÕES PRELIMINARES

## 1.1 ALGUMAS DEFINIÇÕES

### I. DEFINIÇÃO DE UMA EQUAÇÃO DIFERENCIAL

É uma equação composta de uma função desconhecida (incógnita) com pelo menos uma de suas derivadas ou diferenciais.

- Função: $y = f(x)$
- Derivada: $\frac{dy}{dx} = f'(x)$
- Diferencial: $dy = f'(x)dx$

### II. NOTAÇÃO DA EQUAÇÃO DIFERENCIAL

a) Com derivada

**Exemplo**

$$\frac{dy}{dx} - 2x = 0$$

b) Com diferencial

**Exemplo**

Multiplicando a Equação anterior por dx

$$\frac{dy}{dx}dx - 2xdx = 0dx \qquad \text{ou} \qquad dy - 2xdx = 0$$

### III. CLASSIFICAÇÃO PELO TIPO DE DERIVADA

**(a) Equação Diferencial ordinária**

A função-solução é de **1(uma)** variável independente, do tipo y = f(x).

**Exemplo**

$\frac{dy}{dx} - 2x = 0$, função-solução: $y = f(x) = x^2 + c$, donde:

Variável dependente: y

Variável independente: x

**(b) Equação Diferencial parcial ou de derivadas parciais**

A função-solução tem mais de uma variável independente, a derivada da Equação Diferencial é parcial. A notação é de derivada parcial: "deronde" = $\partial$

**Exemplo**

$\frac{\partial y}{\partial x}+\frac{\partial y}{\partial t}=0$: função-solução é do tipo $y=f(x,t)$, donde

Variável dependente: y

Variáveis independentes: x , t: 2 (duas) variáveis

**Observação**

Neste livro serão tratadas somente as Equações Diferenciais Ordinárias - EDOs

## IV. CLASSIFICAÇÃO PELA ORDEM DE UMA EQUAÇÃO DIFERENCIAL E GRAU

A **ordem** de uma Equação Diferencial é dada pela ordem da maior derivada na mesma.

**Exemplos**

$\frac{dy}{dx}-2x=0$ ⟶ Equação Diferencial de 1ª ordem

$\frac{d^2y}{dx^2}-5\frac{dy}{dx}+6y=0$ ⟶ Equação Diferencial de 2ª ordem

O **grau** de uma Equação Diferencial é o valor do expoente da derivada de maior ordem presente nela.

**Exemplos**

a) $(y')^3+y=0$ Equação Diferencial Ordinária de 1ª ordem e grau 3.

b) $y''+x(y')^2=0$ Equação Diferencial Ordinária de 2ª ordem e grau 1.

## V. CLASSIFICAÇÃO PELA LINEARIDADE

Uma Equação Diferencial é linear se seus termos são lineares, isto é:

**(a)** A variável dependente e suas derivadas são do primeiro grau e ;

**(b)** Num mesmo termo não há um produto ou divisão da variável dependente por suas derivadas.

**Exemplo**

$x\,y'' + 5y' - x^2 y = \text{sen}(3x)$ → Equação **linear**

**Contraexemplos**

$yy'' - 7y = 0$ → Equação **não linear** (produto de y por y'')

$y'' + y^2 = x$ → Equação **não linear**(y elevado ao quadrado)

**Observação**

Os fenômenos físicos são representados por Equações Diferenciais lineares ou não lineares.

## VI. SOLUÇÃO DA EQUAÇÃO DIFERENCIAL

Se uma Equação Diferencial é satisfeita por uma função e suas derivadas, então esta função é a solução da Equação Diferencial.

**Exemplo**

$y=x^2+c$ é função-solução ou solução da Equação Diferencial: $\frac{dy}{dx}-2x=0$ com efeito, derivando $y=x^2+c$ e substituindo na equação dada, tem-se uma igualdade:

$$\Rightarrow y'=2x \quad \therefore \quad 2x-2x=0 \quad \therefore \quad 0=0$$

**Observação:**

Chamaremos solução ou função-solução.

## VII. TIPOS DE SOLUÇÃO

**(a) Solução geral:** é uma função-solução com constantes arbitrárias (qualquer valor).

**Observação importante**

O número de constantes da solução geral é o mesmo que define a ordem da Equação Diferencial. De maneira geral podemos notar a solução geral $f(x, y, c_1, c_2 \ldots c_n) = 0$

**Exemplos**

$\frac{dy}{dx} - 2x = 0$ , Equação Diferencial de 1ª ordem; solução com uma constante $y = x^2 + c_1$

$\frac{d^2y}{dx^2} - 5\frac{dy}{dx} + 6y = 0$, Equação Diferencial de 2ª ordem; solução com duas constantes:

$y = c_1e^{2x} + c_2e^{3x}$

**(b) Solução particular**

Atribuindo-se valores às constantes, obtemos uma solução denominada particular

**Exemplo 1**

$\frac{dy}{dx} - 2x = 0$; a solução geral é $y = x^2 + c$

Fazendo: $x = 1$ , $y = 1 \Rightarrow 1 = 1^2 + c \therefore c = 0$

Substituindo o valor $c = 0$ na solução geral, obtemos a solução particular: $y = x^2$

**Exemplo 2**

$y'' - 5y' + 6y = 0$; cuja solução geral é $y = c_1e^{2x} + c_2e^{3x}$

Como são duas constantes a determinar, atribuímos dois valores para x , y ou sua derivada

Se para $x - 0$ se tem $y = 0$ e para $x = 0$ se tem $y' = 1$

Substituindo na solução $x = 0$ e $y = 0$:

$0 = c_1e^{2.0} + c_2e^{3.0} \Rightarrow 0 = c_1 + c_2 \Rightarrow c_2 = -c_1$

Derivando y e substituindo o valor da sua derivada (verifique que foi dado $y' = 1$).

$y = c_1e^{2x} + c_2e^{3x} \Rightarrow y' = 2c_1e^{2x} + 3c_2e^{3x}$ → (regra de derivação: $(e^u)' = e^u u'$ )

Substituindo na derivada, $x = 0$ e $y' = 1$

$1 = 2c_1e^{2.0} + 3c_2e^{3.0} \therefore 1 = 2c_1 + 3c_2$

Resolvendo o sistema com as duas equações, tendo como incógnitas $c_1$ e $c_2$, virá :

$$\begin{cases} c_2 = -c_1 \\ 1 = 2c_1 + 3c_2 \end{cases} \Rightarrow \quad 1 = 2c_1 + 3(-c_1) \quad \rightarrow \quad c_1 = -1$$

Logo: $c_2 = -c_1 = -(-1) \therefore c_2 = 1$

Substituindo $c_1$ e $c_2$ na solução geral, tem-se a solução particular: $y = -e^{2x} + e^{3x}$

**Interpretação geométrica da solução geral e da particular**

A solução geral é representada, graficamente, por uma família de curvas e a particular, por uma curva desta família, para uma ou mais condições dadas.

**Exemplo**

$\frac{dy}{dx} = 2x \rightarrow y = x^2 + c$ (família de parábolas)

$y = x^2$ ou $y = x^2 + 1$ ou $y = x^2 - 1$ (curvas da família para c = 0, c = 1, c = –1)

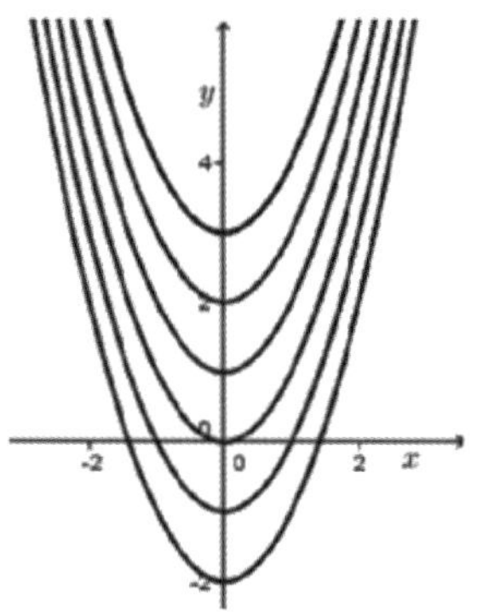

Família de parábolas

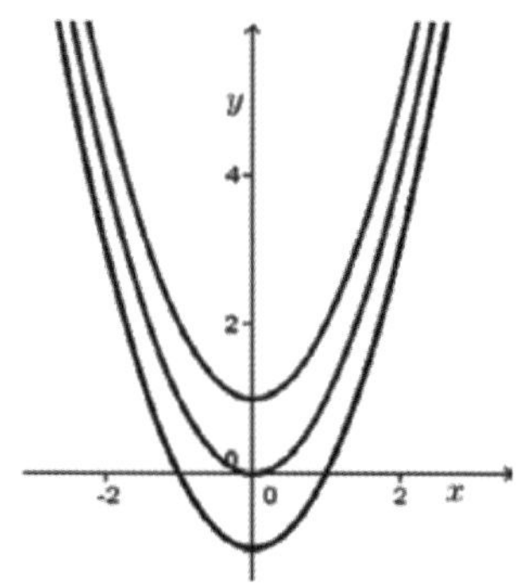

Curvas da família para c = 0, c = 1, c = –1

**(c) Solução singular**

É uma solução não originada da solução geral de uma Equação Diferencial.

**Exemplo**

Seja a Equação Diferencial: $y\frac{dy}{dx} + \sqrt{4 - y^2} = 0$ e sua solução geral

$(x - c)^2 + y^2 = 4$, cuja representação gráfica é uma família de circunferências centro no eixo x e raio 2(dois).

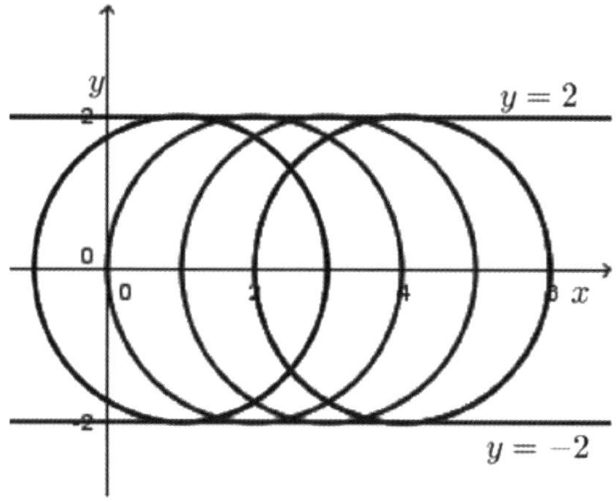


Verificamos que todos os pontos das retas y = 2 e y = – 2 são pontos das circunferências cujas coordenadas são soluções da Equação Diferencial dada, logo as coordenadas dos pontos das retas y = 2 e y = – 2 também são soluções da Equação Diferencial dada.

Entretanto, as equações destas retas não originam da solução geral, que representa geometricamente uma família de circunferências.

**Conclusão**

**Solução geral**: $(x - c)^2 + y^2 = 4$ , família de circunferências: centro (c,0) e raio 2.

**Soluções singulares:** y = 2 ou (x, 2) e y = –2 ou (x, – 2), graficamente as retas y = 2 e y = – 2, paralelas ao eixo x, são retas tangentes a todas as circunferências da representação gráfica da solução geral.

**Representação gráfica das soluções singulares: Curvas envoltórias**

São curvas que tangenciam todas as curvas da solução geral. No exemplo as retas $y = 2$ e $y = -2$

**Observação**

Neste Livro, não trabalharemos com soluções singulares, porque a resolução e interpretação dos problemas de fenômenos físicos (objetivo do estudo de Equações Diferenciais deste Livro) requerem ênfase para o uso e a interpretação das soluções gerais e particulares e suas respectivas representações gráficas.

## VIII. FORMAÇÃO DA EQUAÇÃO DIFERENCIAL A PARTIR DE SUA SOLUÇÃO GERAL

Dada a solução geral de uma Equação Diferencial, determinar a Equação Diferencial cuja solução é dada.

I – O número de derivadas (primeira, segunda, terceira . . .) é determinado pelo número de constantes da equação da família dada.

Assim, se a solução geral da Equação Diferencial é dada por: $f(x, y, c_1, c_2, \ldots c_n) = 0$ tem-se **n** derivadas.

II – Após aplicação das **n** derivadas, se permanecer algumas constantes, estas serão eliminadas por outros processos algébricos, normalmente uma constituição de um sistema de equações.

O esquema pode favorecer uma visualização melhor:

| $f(x, y, c_1, c_2 \ldots c_n) = 0$ | $\longrightarrow$ | Eliminando-se as constantes $\dfrac{d^n y}{dx^n} = g(x, y)$ |
|---|---|---|

Derivar a solução geral quantas vezes for o número de constantes e, combinar a solução geral com suas derivadas, para eliminar as constantes que permanecem depois da derivação.

O número de constantes é o mesmo da ordem da Equação Diferencial.

**Verificação importante**

As constantes estão na solução geral e não na Equação Diferencial

**Exemplo 1**

Formar as equações cuja solução geral é dada

$y = x^2 + c$ , como só tem uma constante, deriva-se uma vez:

$y = x^2 + c \Rightarrow \dfrac{dy}{dx} = 2x + 0 \therefore \dfrac{dy}{dx} - 2x = 0$ ; verifique que ao derivar a equação $y = x^2 + c$, a constante é eliminada, então, a Equação Diferencial é $y' - 2x = 0$

**Exemplo 2**

$y = c_1 x^2 + c_2$

Como são duas constantes, derivamos duas vezes:

$$y = c_1 x^2 + c_2 \Rightarrow y' = 2c_1 x \Rightarrow y'' = 2c_1$$

A constante $c_2$ foi eliminada, mas a $c_1$, não. Para eliminar $c_1$, como já foi derivada a função-solução duas vezes (número de derivadas igual ao número de constantes), fazemos uma combinação da derivada primeira e segunda, nas quais tomamos $c_1$, isto é, tomamos $c_1$ na derivada segunda e substituímos na derivada primeira:

$$c_1 = \frac{y''}{2} \Rightarrow y' = 2\frac{y''}{2}x \therefore \; xy''-y'=0, \text{ donde a Equação Diferencial é: } xy''-y'=0$$

**Exemplo 3**

$y = c_1 \operatorname{sen}(x - c_2)$ , como são duas constantes derivamos duas vezes

$y' = c_1 \cos(x - c_2)$

$y'' = c_1[-\operatorname{sen}(x - c_2)] = -[c_1 \operatorname{sen}(x - c_2)]$ ; mas $y = c_1 \operatorname{sen}(x - c_2)$ , então substituindo dentro dos colchetes virá: $y'' = -[y]$ ou $y'' + y = 0$

## IX. EQUAÇÃO DIFERENCIAL AUTÔNOMA

É uma Equação Diferencial na qual se tem a derivada e uma função de variável dependente.

**Exemplos**

(a) $\frac{dy}{dx} = 4 - y$ [a função (4 – y) é da variável dependente y]

(b) $\frac{dT}{dt} = 5 + T$ [a função (5+T) é da variável dependente T]

**Observação**

Vários fenômenos físicos tem modelo de Equação Diferencial deste tipo.

## EXERCÍCIOS PROPOSTOS

1) Classifique quanto a ordem, grau e identifique as variáveis dependente e independente

a) $\frac{d^2s}{dt^2} - 6t + 18 = 0$  b) $(y''')^2 + 2y(y')^5 = x$  c) $\left(\frac{db}{dp}\right)^7 = 3p^8$

d) $\frac{d^7r}{dt^7} - 3t + e^{-t} = 0$  e) $y'' - 5y' + y = e^x$  f) $y' + ty = t^2$

2) Verifique se $y = \frac{1}{x^2 - c}$ é solução da Equação Diferencial $y' + 2xy^2 = 0$

3) Verifique se $y^2 = c_1x + c_2$ é solução da Equação Diferencial $2yy'' + 2(y')^2 = 0$

4) a) Verifique se $y' + y = 0$ tem solução igual a $y = e^{-x}$.

b) Determine a solução particular para a condição dada: y(3) = 2

5) a) Verifique se $y = c_1 \operatorname{sen}(2x) + c_2 \cos(2x)$ é solução da Equação Diferencial $y'' + 4y = 0$.

b) Encontre a solução particular para a condição inicial $y(0) = 0$ e $y'(0) = 1$

6) Forme a Equação Diferencial cuja solução geral (famílias de curvas) é dada por

a) $y = 4x^2 - \frac{1}{2}x + c$

b) $x^2 + y^2 = c^2$

c) $y = c\,x^2$

d) $y = c_1 x^2 + c_2$

e) $y = c_1 senx + c_2 \cos x$

f) $y = c_1 \cos(x + c_2)$

g) $y = c_1 e^x + c_2 e^{2x}$

h) $y = c_1 + c_2 e^{2x}$

i) $y = ce^x$

7) Sabendo-se que a equação da elipse centrada na origem é $\frac{x^2}{a^2} + \frac{y^2}{b^2} = 1$; a da parábola, com vértice na origem e eixo de simetria sobre o eixo das ordenadas, é $x^2 = 2py$; a da circunferência de centro na origem é $x^2 + y^2 = r^2$ e a da reta é $y = ax + b$, obtenha, para os itens de **a** até **h**, a seguir

(I) a equação da família de curvas

(II) o gráfico de pelo menos 3 curvas da família

(III) a Equação Diferencial cuja solução geral é a equação da família

a) Retas com coeficiente angular 2(dois) e coeficiente linear qualquer

b) Retas com coeficiente angular qualquer e coeficiente linear 2(dois)

c) Circunferências de centro na origem

d) Circunferências de raio 5(cinco) e centro no eixo y

e) Circunferências de raio 10(dez) e centro no eixo *x*

f) Elipses centradas na origem, com a = 2 sobre o eixo das abscissas e o valor b = c (positivo qualquer) sobre das ordenadas.

g) Parábolas com vértice na origem, eixo de simetria coincidindo com o das ordenadas, parâmetro 2p qualquer igual a c.

CAPÍTULO 2

# RESOLUÇÃO DE EQUAÇÕES DIFERENCIAIS ORDINÁRIAS DE PRIMEIRA ORDEM

Equações Diferenciais Ordinárias de primeira ordem tem a função-solução **derivada apenas uma vez**.

**Exemplo**

$\frac{dy}{dx} = x^2 + 5x - 3$ com a notação de derivada

$dy = x^2dx + 5xdx - 3dx$ com a notação de diferencial

O método padrão para resolução constitui-se em separar as variáveis dependente e independente em cada membro da igualdade e, integrar: **método de separação de variáveis – s. v.**

Mas há outros métodos que classificaremos pela linearidade das Equações Diferenciais, da seguinte forma:

(a) Método para resolução de Equações Diferenciais Lineares ou não Lineares:

(i) Separação de variáveis – **s.v.**

(ii) Redutível à **s.v.**, por uma mudança de variável

(iii) Exata ou de diferencial total

Há um instrumento para transformar uma Equação Diferencial não exata em exata denominado: fator Integrante.

(iv) para Equações Diferenciais Lineares Homogêneas: por s.v.

(b) Método exclusivo para resolução de Equações Diferenciais Lineares não homogêneas:

(i) Por fator integrante

(ii) Por variação de parâmetros- Lagrange

Há uma Equação Diferencial importante, não linear, mas que por uma mudança de variável se reduz a uma linear: **Equação de Bernoulli**, a qual é resolvida após a mudança de variável, por um dos métodos da linearidade.

Neste Capítulo, serão estudados estes métodos com todo desenvolvimento dos cálculos operacionais, precedidos de uma SÍNTESE que traz uma visão geral de todos os métodos. Apresentamos esta síntese, anteriormente às resoluções, para que o estudante adquira uma visão sintética, dos processos de resolução a serem estudados.

## SÍNTESE DOS MÉTODOS DE RESOLUÇÃO DE EQUAÇÕES DIFERENCIAIS DE 1ª ORDEM

**TIPO DE EQUAÇÃO**

### NÃO LINEARES / LINEARES

**1º MÉTODO: BÁSICO**

**- Separação de variáveis: s.v.**

A Equação Diferencial tipo:

$$f(x)dx = g(y)dy \rightarrow \int f(x)dx = \int g(y)dy$$

**2º MÉTODO**

**- Redutível à s.v. por mudança de variável dos tipos:**

I) $\dfrac{dy}{dx} = f\left(\dfrac{y}{x}\right) \rightarrow \dfrac{y}{x} = u$

ou $y = ux \rightarrow \dfrac{dy}{dx} = u + \dfrac{du}{dx}x$

II) $\dfrac{dy}{dx} = f(x \pm y) \rightarrow u = x \pm y$

ou $y = u \mp x \rightarrow \dfrac{dy}{dx} = \dfrac{du}{dx} \mp \dfrac{dx}{dx} = \dfrac{du}{dx} \mp 1$

**3º MÉTODO**

**- Cálculo da primitiva de Equação Diferencial exata ou de diferencial total**

$$\underbrace{M(x,y)}_{a}\,dx + \underbrace{N(x,y)}_{b}\,dy = 0$$

Condição: $\dfrac{\partial M}{\partial y} = \dfrac{\partial N}{\partial x}$

Solução: $\underbrace{\dfrac{\partial}{\partial x}[u(x,y)]dx}_{a} + \underbrace{\dfrac{\partial}{\partial y}[u(x,y)]dy}_{b} = 0$

$u(x,y) = \int \dfrac{\partial}{\partial x}[M(x,y)]dx + g(y)$ ou ainda

$u(x,y) = \int \dfrac{\partial}{\partial y}[N(x,y)]dy + h(x)$

**FATOR INTEGRANTE**

- Usar fator integrante se $\dfrac{\partial M}{\partial y} \neq \dfrac{\partial N}{\partial x}$

### EXCLUSIVAMENTE LINEARES

**4º MÉTODO: Homogênea**

$$\frac{dy}{dx} + P(x)y = 0$$

**Por separação de variável**

$$\frac{dy}{y} = -P(x)dx \rightarrow \int \frac{dy}{y} = \int -P(x)dx \rightarrow \ln|y| = -\int P(x)dx$$

$y = e^{-\int P(x)dx + c}$ ou $y = ce^{-\int P(x)dx}$

**5º MÉTODO – Não Homogênea**

$$\frac{dy}{dx} + P(x)y(x) = Q(x) \; ; \quad Q(x) \neq 0$$

**a) Usando fator integrante**

$$I(x) = e^{\int P(x)dx}$$

$$y = [I(x)]^{-1}\left(\int Q(x)I(x)dx + c\right)$$

**b) usando variação de parâmetros (Lagrange)**

$$\begin{cases} y(x) = u(x)y_h(x) \ (\text{h} = \text{homogênea}) \\ \dfrac{dy}{dx} = \dfrac{du}{dx}y_h + u\dfrac{dy_h}{dx} \end{cases}$$

**EQUAÇÃO DE BERNOULLI**

- Redutível à linear

$$\frac{dy}{dx} + P(x)y = y^n Q(x); \quad n \neq 0 \ e \ n \neq 1$$

$$y^{-n}\frac{dy}{dx} + P(x)y^{-n+1} = Q(x)$$

Substituição de variável

$y^{-n+1} = z \rightarrow \dfrac{dz}{dx} = (-n+1)y^{-n}\dfrac{dy}{dx}$ ou

$$y^{-n}\frac{dy}{dx} = \frac{1}{1-n}\frac{dz}{dx}$$

A equação com esta substituição fica linear em z

$\dfrac{1}{1-n}\dfrac{dz}{dx} + P(x)z = Q(x)$ ; resolver a Equação Diferencial em z e voltar para y.

## 2.1 MÉTODO 1: SEPARAÇÃO DE VARIÁVEIS – S.V.

### PRIMEIRO MÉTODO: EQUAÇÃO DIFERENCIAL **ORDINÁRIA DE PRIMEIRA ORDEM**

Equação Diferencial **ordinária,** como definido anteriormente tem uma variável dependente (que representa a função-solução que está derivada ou diferenciada) e uma independente que expressam a função-solução que está derivada ou diferenciada.

**Exemplo**

$\frac{dy}{dx} = xy$ , sendo y variável dependente e x variável independente, a função-solução a ser determinada é do tipo y = y(x).

Então, como ordinária, a Equação Diferencial permite trabalhar com uma variável em cada membro da equação, que é uma igualdade, e integrar independentemente. Genericamente, podemos definir Equação Diferencial Separável, assim:

$$\boxed{f(x)dx = g(y)dy}$$

Método de resolução

**1º Passo:** Separar as variáveis em cada membro da equação;

**2º Passo**: Integrar em cada membro da equação.

Ao integrarmos, cada integral indefinida tem sua constante de integração. Estas constantes serão agrupadas e desta forma constituirão uma só constante. Obtemos a solução geral.

$$\int f(x)dx + c_1 = \int g(y)dy + c_2 \Rightarrow \int f(x)dx - \int g(y)dy + c = 0 \quad \text{sendo} \quad c = c_1 - c_2$$

Todos os outros métodos de resolução de Equação Diferencial de 1ª ordem se reduzem à **s. v.,** que poderemos ter como um **padrão de referência.**

A função-solução não tem necessidade de ser explicitada, isto é, escrever y como função de x. Isto se justifica porque há curvas que são melhor identificadas com sua equação implícita, como exemplos, as cônicas.

A seguir, apresentamos a resolução de várias Equações Diferenciais que permitem separar as variáveis. Separamos a resolução das Equações Diferenciais, da resolução das integrais que são necessárias.

**Exemplo 1**

**RESOLUÇÃO DAS EQUAÇÕES DIFERENCIAIS POR S.V.**

| Resolução da Equação Diferencial | Resolução das integrais |
|---|---|
| $x\cos x\, dx - \ln\|y\|\, dy = 0$<br><br>**1º Passo:**<br>$s.v. \Rightarrow x\cos x\, dx = \ln\|y\|\, dy$<br><br>**2º Passo:**<br>Integra $\underbrace{\int x\cos x\, dx}_{(I)} = \underbrace{\int \ln\|y\|\, dy}_{(II)}$<br><br>Trazendo as soluções das integrais (I) e (II), resolvidas ao lado:<br><br>$\underbrace{xsenx - (-\cos x) + c_1}_{(I)} = \underbrace{y\ln\|y\| - y + c_2}_{(II)}$ | Integração por partes<br><br>Fórmula $\int u\,dv = uv - \int v\, du$<br><br>(I) $\int x\cos x\, dx$<br><br>Preparação para uso da fórmula<br><br>$\begin{cases} u = x \text{ ——— } du = dx \\ dv = \cos x dx \text{ ——— } v = \int \cos x\, dx = senx \end{cases}$<br><br>Aplicando a fórmula:<br><br>$\int \underbrace{x}_{u} \underbrace{\cos x\, dx}_{dv} = \underbrace{x}_{u}\underbrace{senx}_{v} - \int \underbrace{senx}_{v}\, \underbrace{dx}_{du}$<br><br>$= xsenx - (-\cos x) + c_1$<br><br>(II) $\int \ln\|y\|dy$ (por substituição de variáveis)<br><br>Preparação para uso da fórmula de integração:<br><br>$\begin{cases} u = \ln\|y\| \text{ ——— } du = \frac{1}{y}dy \\ dv = dy \text{ ——— } v = y \end{cases}$<br><br>Aplicando a fórmula:<br><br>$\int \underbrace{\ln\|y\|}_{u}\underbrace{dy}_{dv} = \underbrace{y}_{v}\underbrace{\ln\|y\|}_{u} - \int \underbrace{y}_{v}\underbrace{\frac{1}{y}dy}_{du} =$<br><br>$= y\ln\|y\| - \int dy = y\ln\|y\| - y + c_2$ |

**Exemplo 2**

| Resolução da Equação Diferencial | Resolução das integrais |
|---|---|
| $\frac{5}{3x+1}+sen(7y)\frac{dy}{dx}=0$<br>**1º Passo:**<br>$s.v.\Rightarrow \frac{5}{3x+1}=-sen(7y)\frac{dy}{dx}$<br>$\frac{5dx}{3x+1}=-sen(7y).dy$<br>**2º Passo:**<br>Integrando $\Rightarrow \underbrace{\int\frac{5dx}{3x+1}}_{(I)}=\underbrace{\int -sen(7y)dy}_{(II)}$<br>Trazendo as soluções das integrais (I) e (II) ao lado:<br>$\underbrace{\frac{5}{3}\ln\|3x+1\|+c_1}_{(I)}=\underbrace{\frac{1}{7}\cos(7y)+c_2}_{(II)}$<br>$\frac{5}{3}\ln\|3x+1\|-\frac{1}{7}\cos(7y)+\underbrace{c_1+c_2}_{c}=0$<br>$\boxed{\frac{5}{3}\ln\|3x+1\|-\frac{1}{7}\cos(7y)+c=0}$ | Por substituição de variáveis<br>(I) $\int\frac{5dx}{3x+1}$<br>$\begin{cases}u=3x+1\\ du=3dx\therefore dx=\frac{du}{3}\end{cases}$<br>$5\int\frac{dx}{3x+1}=5\int\frac{\frac{du}{3}}{u}=\frac{5}{3}\int\frac{du}{u}=$<br>$=\frac{5}{3}\ln\|u\|+c_1=\frac{5}{3}\ln\|3x+1\|+c_1$<br>(II) $\int -sen(7y)dy$<br>$\begin{cases}u=7y\\ du=7dy\therefore dy=\frac{du}{7}\end{cases}$<br>$\int -sen(7y)dy=\int -senu\frac{du}{7}=\frac{1}{7}\cos u+c_2=$<br>$=\frac{1}{7}\cos(7y)+c_2$ |

**Exemplo 3**

<table>
<tr><th>Resolução da Equação Diferencial</th><th>Resolução das integrais</th></tr>
<tr><td>

$$\frac{dn}{dt} = 2 + 2n + t + tn$$

**1º Passo: s.v.**

Colocando em evidência “2” e “t” :

$$\frac{dn}{dt} = 2(1+n) + t(1+n)$$

Colocando em evidência (1+n):

$$\frac{dn}{dt} = (2+t)(1+n)$$

$$\frac{dn}{1+n} = (2+t)dt$$

**2º Passo:**

Integrando: $\underbrace{\int \frac{dn}{1+n}}_{(\mathrm{I})} = \underbrace{\int (2+t)dt}_{(\mathrm{II})}$

Trazendo as soluções das integrais:

$$\ln|1+n| + c_1 = 2t + \frac{t^2}{2} + c_2$$

$$\ln|1+n| - 2t - \frac{t^2}{2} + \underbrace{c_1 - c_2}_{c} = 0$$

$$\boxed{\ln|1+n| - 2t - \frac{t^2}{2} + c = 0}$$

</td><td>

Por substituição de variáveis

(I) $\int \frac{dn}{1+n} = \int \frac{du}{u} = \ln|u| + c_1 = \ln|1+n| + c_1$

$$\begin{cases} u = 1+n \\ du = dn \end{cases}$$

(II) $\int (2+t)dt = \int 2dt + \int tdt = 2t + \frac{t^2}{2} + c_2$

</td></tr>
</table>

**Exemplo 4**

| Resolução da Equação Diferencial | Resolução das integrais |
|---|---|
| $\frac{dy}{dx}=\frac{e^{5y}}{7+16x^2}$ | Por substituição de variáveis |
| **1º Passo:** | $u=-5y \;\rightarrow\; du=-5dy \;\rightarrow\; dy=-\frac{du}{5}$ |
| $s.v. \Rightarrow \frac{dy}{dx}=\frac{e^{5y}}{7+16x^2}$ | (I) $\int e^{-5y}dy=\int e^{u}\left(-\frac{du}{5}\right)=-\frac{1}{5}\int e^{u}du=$ |
| $\frac{dy}{e^{5y}}=\frac{dx}{7+16x^2}$ | $=-\frac{1}{5}e^{u}+c_1=-\frac{1}{5}e^{-5y}+c_1$ |
| **2º Passo:** | (II) $\int\frac{dx}{7+16x^2}=\int\frac{dx}{(\sqrt{7})^2+(4x)^2}$ |
| Integra: $\int e^{-5y}dy=\int\frac{dx}{7+16x^2}$ <br> (I) (II) | $\begin{cases} u=4x \\ du=4dx \therefore dx=\frac{du}{4}\end{cases}$ |
| Trazendo as soluções das integrais: <br> $-\frac{1}{5}e^{-5y}+c_1=\frac{\sqrt{7}}{28}arctg\left(\frac{4x}{\sqrt{7}}\right)+c_2$ | $\int\frac{\frac{du}{4}}{(\sqrt{7})^2+u^2}=\frac{1}{4}\int\frac{du}{(\sqrt{7})^2+u^2}=$ |
| $-\frac{e^{-5y}}{5}-\frac{\sqrt{7}}{28}arctg\left(\frac{4x}{\sqrt{7}}\right)+\underbrace{c_1+c_2}_{c}=0$ | |
| $\boxed{-\frac{e^{-5y}}{5}-\frac{\sqrt{7}}{28}arctg\left(\frac{4x}{\sqrt{7}}\right)+c=0}$ | $\frac{1}{4}\cdot\frac{1}{\sqrt{7}}arctg\left(\frac{u}{\sqrt{7}}\right)+c_2=\frac{\sqrt{7}}{28}arctg\left(\frac{4x}{\sqrt{7}}\right)+c_2$ |

**Exemplo 5**

| Resolução da Equação Diferencial | Resolução das integrais |
|---|---|
| $(1-y^2)\ dx-(4+x^2)\ dy=0$ | Por substituição de variáveis |
| **1º Passo:** | (I) $\int \frac{dx}{4+x^2}=\int \frac{dx}{(2)^2+x^2}=$ |
| s.v. $\Rightarrow$ $(1-y^2)\ dx=(4+x^2)\ dy$ | $=\frac{1}{2}arctg\left(\frac{x}{2}\right)+c_1$ (Consultar Tabela de Integrais) |
| $\frac{dx}{4+x^2}=\frac{dy}{1-y^2}$ | II) $\int \frac{dy}{1-y^2}$ (por decomposição em frações parciais) |
| **2º Passo:** | $\frac{1}{1-y^2}=\frac{1}{(1-y)(1+y)}=\frac{A}{1-y}+\frac{B}{1+y}=$ |
| Integra $\underset{(\text{I})}{\int \frac{dx}{4+x^2}}=\underset{(\text{II})}{\int \frac{dy}{1-y^2}}$ | $=\frac{A(1+y)+B(1-y)}{(1-y)(1+y)}$ ou |
| Trazendo as soluções das integrais: | $1\equiv A(1+y)+B(1-y)$ |
| $\frac{1}{2}arctg\left(\frac{x}{2}\right)+c_1=\frac{1}{2}\ln\left\|\frac{y+1}{y-1}\right\|+c_2$ | $y=1\Rightarrow 1=2A\ \therefore\ A=\frac{1}{2}$ |
| $\frac{1}{2}arctg\left(\frac{x}{2}\right)-\frac{1}{2}\ln\left\|\frac{y+1}{y-1}\right\|\underbrace{+c_1-c_2}_{c}=0$ | $y=-1\ \Rightarrow\ 1=2B\ \therefore\ B=\frac{1}{2}$ |
| $\boxed{\frac{1}{2}arctg\left(\frac{x}{2}\right)-\frac{1}{2}\ln\left\|\frac{y+1}{y-1}\right\|+c=0}$ | Donde, voltando à integral: |
| | $\int \frac{1}{1-y^2}dy=\int \frac{\frac{1}{2}}{1-y}dy+\int \frac{\frac{1}{2}}{1+y}dy=$ |
| | $=\frac{1}{2}\int \frac{dy}{1-y}+\frac{1}{2}\int \frac{dy}{1+y}=$ |
| | $=\frac{1}{2}\left(\ln\|1+y\|-\ln\|1-y\|\right)+c_2=\frac{1}{2}\ln\left\|\frac{1+y}{1-y}\right\|+c_2=$ |
| | $\frac{1}{2}\ln\left\|\frac{y+1}{y-1}\right\|+c_2$. Pois está em módulo, logo $\|1-y\|=\|y-1\|$. Verifique na tabela de integrais. |
| | Pela propriedade do logaritmo: $\ln\|a\|-\ln\|b\|=\ln\left\|\frac{a}{b}\right\|$ |

**Exemplo 6**

| Resolução da Equação Diferencial | Resolução das integrais |
|---|---|
| $(1+\cos y)(sen^2 x)dx - dy = 0$<br><br>**1º Passo:** $(1+\cos y)(sen^2 x)dx - dy = 0$<br><br>s.v. $sen^2 x dx = \dfrac{dy}{1+\cos y}$<br><br>**2º Passo:**<br><br>Integra: $\int \underbrace{sen^2 x dx}_{(I)} = \underbrace{\int \dfrac{dy}{1+\cos y}}_{(II)}$<br><br>Trazendo (I) , (II) e (a) , (b):<br><br>$\dfrac{1}{2}x - \dfrac{1}{4}sen2x + c_1 = -\text{cotg}\, y - \dfrac{1}{seny} + c_2$<br><br>$\dfrac{1}{2}x - \dfrac{1}{4}sen2x + \text{cotg}\, y + \dfrac{1}{seny} + \underbrace{c_1 - c_2}_{c} = 0$<br><br>$\boxed{\dfrac{1}{2}x - \dfrac{1}{4}sen2x + \text{cotg}\, y + \dfrac{1}{seny} + c = 0}$ | Usando as fórmulas de Trigonometria<br><br>(I) Usando a fórmula do cosseno do arco duplo:<br><br>$\begin{cases} \cos^2 x + sen^2 x = 1 \\ \cos^2 x - sen^2 x = \cos(2x) \end{cases}$<br><br>$2sen^2 x = 1 - \cos(2x) \Rightarrow sen^2 x = \dfrac{1-\cos(2x)}{2}$<br><br>$\int sen^2 x\, dx = \int \dfrac{1-\cos(2x)}{2} dx = \dfrac{1}{2}x - \dfrac{1}{4}sen(2x) + c_1$<br><br>*II)* Multiplicando $\dfrac{1}{1+\cos y}$ por $1-\cos y$ virá:<br><br>$\dfrac{1}{1+\cos y} = \dfrac{1-\cos y}{(1+\cos y)(1-\cos y)} =$<br><br>$= \dfrac{1-\cos y}{1-\cos^2 y} = \dfrac{1-\cos y}{sen^2 y} = \dfrac{1}{sen^2 y} - \dfrac{\cos y}{sen^2 y} =$<br><br>$= \cos\sec^2 y - (seny)^{-2} \cos y$<br><br>$\int \dfrac{dy}{1+\cos y} = \int \underbrace{\text{cossec}^2\, dy}_{(a)} - \int \underbrace{(seny)^{-2} \cos y dy}_{(b)}$<br><br>(a) $\int \cos\sec^2 y dy = -\cot g y$<br><br>(b) Aplicando substituição de variável:<br><br>$u = seny \Rightarrow du = \cos y dy$<br><br>$\int (seny)^{-2} \cos y dy = \int u^{-2} du = \dfrac{u^{-2+1}}{-2+1} = \dfrac{u^{-1}}{-1} =$<br><br>$= -\dfrac{1}{u} = -\dfrac{1}{seny} + c_2$ |

## 2.2 MÉTODO 2: EQUAÇÕES DIFERENCIAIS REDUTÍVEIS À SEPARAÇÃO DE VARIÁVEIS, POR MUDANÇA DE VARIÁVEL

O método de separação de variáveis: s.v. é básico e padrão. Assim os vários métodos de resolução de Equações Diferenciais, após aplicação de um processo com suas etapas, levarão a separar variáveis para integração e a determinação da solução.

Desta forma, sintetizamos este segundo método:

Mudar de variável → Aplicar s.v. → Integrar → Voltar com a variável original

As Equações Diferenciais poderão ser escritas nas seguintes formas, por exemplo:

$\frac{dy}{dx} = f(x+y)$ ou $\frac{dy}{dx} = f(x-y)$ ou $\frac{dy}{dx} = f\left(\frac{y}{x}\right)$ entre outras, desde que se tenha uma expressão com as variáveis $\underline{x}$ e $\underline{y}$. A mudança de variável ocorrerá tomando a expressão em $\underline{x}$ e $\underline{y}$ como uma nova variável.

**Nota importante:** A variável a ser substituída será a dependente y, nas Equações Diferenciais dadas em $\underline{x}$ e $\underline{y}$. Permanece a variável independente $\underline{x}$, com a nova variável dependente definida. Os passos para resolução da Equação Diferencial com mudança de variável podem ser visualizados, como a seguir:

**1º Passo:** Identificar a Equação Diferencial, como mudança de variável (s.v. não é apropriada)

↓

**2º Passo:** Verificar que a Equação Diferencial é da forma $\frac{dy}{dx} = f(x \pm y)$ ou $\frac{dy}{dx} = f\left(\frac{y}{x}\right)$

↓

**3º Passo:** Escolher a nova variável e preparar para mudança

↓

**4º Passo:** Aplicar **s.v.** com a nova variável, tendo x como variável independente

↓

**5º Passo:** Integrar

↓

**6º Passo:** Voltar à variável original da Equação Diferencial que é y

Calcular a solução geral para as Equações Diferenciais, mudando de variáveis.

**Exemplo 1**

| Resolução da Equação Diferencial | Resolução das integrais |
|---|---|
| $\frac{dy}{dx}=(x+y)^2$<br>**1º Passo:** Verifique que a Equação Diferencial tem um termo $x+y$ que poderá ser substituído, denominando-o de uma nova variável<br>**2º Passo:** Mudando a variável dependente "y" para "m", que será m(x), virá a mudança:<br>$\boxed{x+y=m}$ (I) $\frac{dy}{dx}=\frac{dm}{dx}-\frac{dx}{dx}\Rightarrow$<br>$\boxed{\frac{dy}{dx}=\frac{dm}{dx}-1}$ (II)<br>Levando (I) e (II) na Equação Diferencial dada virá:<br>$\frac{dm}{dx}-1=m^2$<br>**3º Passo:** Aplicando **s.v.**<br>$\frac{dm}{dx}=m^2+1\Rightarrow\frac{dm}{m^2+1}=dx$<br>**4º Passo:** Integrar, $\underbrace{\int\frac{dm}{m^2+1}}_{(a)}=\underbrace{\int dx}_{(b)}$<br>a partir de (c):<br>$\text{arctg}\,m=x+c\Leftrightarrow m=tg(x+c)$<br>**5º Passo:** Voltando à variável y<br>$x+y=tg(x+c)$ ou $y=tg(x+c)-x$ | Resolução das integrais<br>$(a)\ \int\frac{dm}{m^2+1}=\text{arctg}\,m+c_1$<br>$(b)\ \int dx=x+c_2$<br>Ou igualando (a) e (b), $\text{arctg}\,m+c_1=x+c_2$, donde<br>$\text{arctg}\,m=x+\underbrace{c_2-c_1}_{c}$<br>Ou<br>$(c)\ \text{arctg}\,m=x+c$ |

**Exemplo 2**

| Resolução da Equação Diferencial | Resolução das integrais |
|---|---|
| $\frac{dy}{dx}=\frac{x^2-y^2}{xy} \Rightarrow \frac{dy}{dx}=\frac{x^2}{xy}-\frac{y^2}{xy}=\frac{x}{y}-\frac{y}{x}$<br><br>Mudando a variável: Verifique que a Equação Diferencial tem um termo $\frac{y}{x}$ que será igualado a uma nova variável m ou m(x).<br><br>1º Passo: Escolher a nova variável e preparar a mudança:<br><br>$\frac{y}{x}=m \Rightarrow y=mx \Rightarrow \frac{dy}{dx}=\frac{dm}{dx}x+m \Rightarrow$ (*) ou<br><br>ainda $\frac{dy}{dx}=\frac{x^2}{xy}-\frac{y^2}{xy}=\frac{x}{y}-\frac{y}{x}=\frac{1}{m}-m$ (**)<br><br>Verificando as duas igualdades em $\frac{dy}{dx}$, isto é, (*) e (**) virá:<br><br>$\frac{dm}{dx}x+m=\frac{1}{m}-m$ ou ainda<br><br>$\frac{dm}{dx}x=\frac{1}{m}-2m=\frac{1-2m^2}{m}$<br><br>2º Passo: Separando variáveis teremos:<br><br>$\frac{dm}{dx}x=\frac{1}{m}-2m=\frac{1-2m^2}{m}$<br><br>3º Passo: Integrar $\Rightarrow \underbrace{\int\frac{mdm}{1-2m^2}}_{(I)}=\underbrace{\int\frac{dx}{x}}_{(II)}$<br><br>Trazendo (III) $-\frac{1}{4}\ln\|1-2m^2\|=\ln\|x\|+\ln\|c\|$<br><br>Aplicando propriedades de logaritmo, ao lado:<br><br>4º Passo: Voltando para a variável y, isto é, $(m=\frac{y}{x})$<br><br>$\left[1-2\left(\frac{y}{x}\right)^2\right]^{-\frac{1}{4}}=cx$ | (I) $\int\frac{mdm}{1-2m^2}$<br><br>Sendo: $\begin{cases} u=1-2m^2 \\ du=-4mdm \end{cases}$<br><br>$\Downarrow$<br><br>$-\frac{du}{4}=mdm$<br><br>$\int\frac{mdm}{1-2m^2}=\int\frac{-\frac{du}{4}}{u}=-\frac{1}{4}\int\frac{du}{u}=$<br><br>$=-\frac{1}{4}\ln\|u\|=-\frac{1}{4}\ln\|1-2m^2\|+c_1$<br><br>(II) $\int\frac{dx}{x}=\ln\|x\|+c_2$<br><br>Igualando (I) e (II)<br><br>$-\frac{1}{4}\ln\|1-2m^2\|+c_1=\ln\|x\|+c_2$<br><br>$-\frac{1}{4}\ln\|1-2m^2\|=\ln\|x\|+\underbrace{c_2-c_1}_{\ln\|c\|}$<br><br>$-\frac{1}{4}\ln\|1-2m^2\|=\ln\|x\|+\ln\|c\|$ (III)<br><br>$\ln\|1-2m^2\|^{-\frac{1}{4}}=\ln\|cx\| \Rightarrow (1-2m^2)^{-\frac{1}{4}}=cx$<br><br>Obs: Muitos autores denominam esta equação como Equação Diferencial homogênea, pois os termos $x^2$, $y^2$, xy possuem o mesmo grau.<br><br>O grau do termo xy é dado pela soma dos expoentes de cada fator $xy=x^1y^1$, logo a soma é igual a 2, portanto o grau do termo xy é dois<br><br>Propriedade de Logaritmo:<br><br>$\ln\|a\|+\ln\|b\|=\ln\|ab\|$ e $\frac{1}{n}\ln\|a\|=\ln\|a\|^{\frac{1}{n}}$ |

## 2.3 MÉTODO 3: RESOLUÇÃO DE EQUAÇÕES DIFERENCIAIS EXATAS OU DE DIFERENCIAL TOTAL

Para se aplicar este método, escrevemos a Equação Diferencial na forma de diferencial $M(x,y)dx + N(x,y)dy = 0$

**Exemplo**

Dada a Equação Diferencial exata de 1ª ordem

(I) Escrita na forma de derivada: $\dfrac{dy}{dx} = \dfrac{x^2 - y^2}{2xy}$

(II) Escrita na forma de diferencial é: $2xy\ dy = (x^2 - y^2)\ dx$ ou, $(x^2 - y^2)\ dx - 2xy\ dy = 0$ sendo os termos $M(x,y) = x^2 - y^2\ e\ N(x,y) = -2xy$

Os passos para resolução da Equação Diferencial exata $M(x,y)\,dx + N(x,y)\,dy = 0$, são:

**1º Passo:** Integrar parcialmente um dos termos

↓

**2º Passo:** Derivar parcialmente a expressão determinada do 1º passo em relação à variável não utilizada na integral anterior

↓

**3º Passo:** Determinar a constante de integração parametrizada

↓

**4º Passo:** Escrever a solução

Desta forma, sintetizamos este método

Integrar um dos termos M ou N → Calcular a constante de integração parametrizada → Solução

**Resolução**

Para a Equação Diferencial de 1ª ordem exata ou de diferencial total existe uma função primitiva (solução da Equação Diferencial) que diferenciada é o primeiro membro da equação dada

$M(x,y)dx + N(x,y)dy = 0 \Rightarrow$ Equação Diferencial dada

$f = f(x,y,c) \Rightarrow$ função primitiva (solução da Equação Diferencial), cujo diferencial total é:

$$df = M(x,y)dx + N(x,y)dy \text{ ou}$$

$$M(x,y)\ dx + N(x,y)\ dy = 0 \text{ (I)}$$

A resolução da Equação Diferencial consiste em determinar a função f, cujo diferencial total é o 1º membro da Equação Diferencial dada.

Ora pela definição de diferencial total, temos: $$\boxed{df = \frac{\partial f}{\partial x}dx + \frac{\partial f}{\partial y}dy \quad \text{(II)}}$$

Comparando (I) com (II), temos

$$\frac{\partial f}{\partial x} = M(x,y) \ e \ \frac{\partial f}{\partial y} = N(x,y) \ ou \ df = 0 \ \therefore \ f = c_1 \text{ ou } f(x,y) = c_1 \text{ (III)}$$

Para determinar f basta integrar uma das derivadas, e determinar a constante de integração parametrizada.

**Exemplo**

Calcular a solução geral da equação diferencial: $(x^2 - y^2)dx - 2xydy = 0$

$$\frac{\partial f}{\partial x} = x^2 - y^2 \ e \ \frac{\partial f}{\partial y} = -2xy \ (*)$$

Partindo da derivada de f em relação a x virá: ( $\int_x f(x,y)dx$, denotamos como uma integral em relação a x).

$$\int_x \frac{\partial f}{\partial x}dx = \int_x (x^2 - y^2)dx = \frac{x^3}{3} - y^2x + g(y)$$

A constante é uma função de y, pois ao integrarmos em relação a x, qualquer função de y é constante, portanto a constante fica parametrizada, isto é $c = g(y)$

Então temos: $f = f(x,y) = \frac{x^3}{3} - y^2x + g(y)$ (**)

Para determinarmos g(y) derivamos (**) em relação a y :

$\frac{\partial f}{\partial y} = -2xy + g'(y)$ e, igualamos a (*) $-2yx + g'(y) = -2xy$

$\therefore g'(y) = 0$ ou $g(y) = c(\text{const.})$

Levando g(y) em (**) temos a solução da equação que é a função primitiva:

$f = f(x,y) = \frac{x^3}{3} - y^2x + c_2$ como f também é $c_1$ (const.) por (III), virá

$$c_1 = \frac{x^3}{3} - y^2x + c_2 \text{ ou } \frac{x^3}{3} - y^2x + \underbrace{c_2 - c_1}_{c} = 0 \ \therefore \frac{x^3}{3} - y^2x + c = 0$$

**Observação**

**(a)** Se partir de $\frac{\partial f}{\partial y}$, a constante parametrizada é do tipo $g(x)$;

$$\underbrace{\int_y \frac{\partial f}{\partial y}dy}_{(I)} = \underbrace{\int_y -2xydy}_{(II)}$$

$$\int_y \frac{\partial f}{\partial y}dy = f \qquad \text{(I)}$$

$$\int_y -2xydy = -xy^2 + g(x) \qquad \text{(II)}$$

$$\Rightarrow f = -xy^2 + g(x) \qquad \text{(I)} = \text{(II)}$$

Derivando f em relação a x para calcular g(x): $\frac{\partial f}{\partial x} = -y^2 + g'(x)$ , comparando com (II) virá: $-y^2 + g'(x) = x^2 - y^2$ donde $g(x) = \frac{x^3}{3} + c_2$ levando em f, temos a solução $f = -xy^2 + \frac{x^3}{3} + c_2$ como $f = c_1$ (visto anteriormente) temos $\frac{x^3}{3} - xy^2 + c_2 = c_1$ *ou* $\frac{x^3}{3} - xy^2 + c_2 - c_1 = 0$ *ou* $\frac{x^3}{3} - xy^2 + c = 0$.

**(b)** Diferenciando f, solução da equação dada, encontramos o 1º membro da Equação Diferencial.

**Importante**

Se for resolver uma Equação Diferencial, inicialmente verifique se esta condição é satisfeita.

**Condição para que uma Equação Diferencial seja exata ou de diferencial total**

A Equação Diferencial $M(x,y)\ dx + N(x,y)\ dy = 0$ , com as funções M e N contínuas e deriváveis, é diferencial exata, se somente se, $\boxed{\frac{\partial M}{\partial y} = \frac{\partial N}{\partial x}}$

**Exemplo**

Verificar que a Equação Diferencial de 1ª ordem é exata ou de diferencial total (equação resolvida na página anterior):

$(x^2 - y^2)dx - 2xydy = 0$, sendo $M(x,y) = x^2 - y^2$ e $N(x, y) = -2xy$

Observe que o termo $M(x,y)$ é multiplicado por dx na equação dada e derivado em y; o termo $N(x,y)$ que é multiplicado por dy é derivado em x:

$$\frac{\partial M}{\partial y} = -2y \ , \ \frac{\partial N}{\partial x} = -2y \Rightarrow \frac{\partial M}{\partial y} = \frac{\partial N}{\partial x}$$

Só conseguiremos aplicar o método do exemplo resolvido, se $\frac{\partial M}{\partial y} = \frac{\partial N}{\partial x}$

## 2.4 FATOR INTEGRANTE

**Definição**

Se $M(x,y)dx + N(x,y)dy = 0$ não é exata, então: $\frac{\partial M}{\partial y} \neq \frac{\partial N}{\partial x}$. Se existir $R = R(x)$ ou $R = R(y)$ tal que $\frac{\partial (RM)}{\partial y} = \frac{\partial (RN)}{\partial x}$ (*), então $RMdx + RNdy = 0$ é exata.

Observe que a desigualdade é eliminada com o termo R, ao multiplicar N e M por R a equação se torna diferencial exata e R é denominado fator integrante, a ser determinado.

**Cálculo do fator integrante**

Desenvolvendo (*), isto é, derivando como produto:

$$R\frac{\partial M}{\partial y}+M\frac{\partial R}{\partial y}=R\frac{\partial N}{\partial x}+N\frac{\partial R}{\partial x}$$

Consideramos, neste Livro, o fator integrante uma função apenas de x ou uma função apenas de y (fazer uma opção), então podemos afirmar.

$$R=R(x)\Rightarrow\frac{\partial R}{\partial y}=0 \quad \text{ou se} \quad R=R(y)\Rightarrow\frac{\partial R}{\partial x}=0$$

**Exemplo**

Determine um fator integrante para a equação $(x^2-y^2)dx+2xydy=0$

$$M(x,y)=x^2-y^2\Rightarrow\frac{\partial M}{\partial y}=-2y$$

$$N(x,y)=2xy \quad \Rightarrow\frac{\partial N}{\partial x}=2y$$

$$\longrightarrow \quad \frac{\partial M}{\partial y}\neq\frac{\partial N}{\partial x}$$

Aplicando o fator integrante:

$R(x^2-y^2)dx+R2xydy=0$, temos $\dfrac{\partial\left[R(x^2-y^2)\right]}{\partial y}=\dfrac{\partial[R2xy]}{\partial x}$, derivando:

$$R\frac{\partial(x^2-y^2)}{\partial y}+(x^2-y^2)\frac{\partial R}{\partial y}=R\frac{\partial(2xy)}{\partial x}+2xy\frac{\partial R}{\partial x}$$

$$-2yR+(x^2-y^2)\frac{\partial R}{\partial y}=R2y+2xy\frac{\partial R}{\partial x} \quad (**)$$

Se $R=R(x)\Rightarrow\dfrac{\partial R}{\partial y}=0$, pois se R é função apenas de x a derivada parcial em relação a y é zero.

Então temos, levando $\dfrac{\partial R}{\partial y}=0$ na igualdade (**)

$$-2yR+(x^2-y^2)\cdot 0=R2y+2xy\frac{\partial R}{\partial x}$$

$-4yR=2xy\dfrac{\partial R}{\partial x}$ ; simplificando y nos dois termos da igualdade e integrando em relação a x e R, verificamos que R é função apenas de x, então podemos escrever $\dfrac{dR}{R}=-2\dfrac{dx}{x}$, fazendo **s.v.**

Donde: $Ln|R|=-2Ln|x| \therefore R=x^{-2}=\dfrac{1}{x^2}$

**Observação**

Consideramos nas integrais do cálculo do fator integrante c = 0, pois necessitamos apenas de um fator integrante.

Verificação: Multiplicando a equação por $R = \dfrac{1}{x^2}$, ela se torna exata.

$$\frac{1}{x^2}(x^2 - y^2)dx + \frac{1}{x^2}2xydy = 0 \Rightarrow \left(1 - \frac{y^2}{x^2}\right)dx + \frac{2y}{x}dy = 0$$

$$\begin{cases} M(x,y) = 1 - \dfrac{y^2}{x^2} \Rightarrow \dfrac{\partial M}{\partial y} = -\dfrac{2y}{x^2} \\ N(x,y) = \dfrac{2y}{x} \Rightarrow \dfrac{\partial N}{\partial x} = -\dfrac{2y}{x^2} \end{cases}$$

Se tentarmos $R = R(y)$, temos:

Se $R = R(y) \Rightarrow \dfrac{\partial R}{\partial x} = 0$ pois R é somente função de y, e derivando parcialmente em relação a x, temos a derivada nula.

Levando em (**), se tem:

$$-2yR + (x^2 - y^2)\frac{\partial R}{\partial y} = R.2y + 0$$

Tentando separar variáveis **(s.v.)**, temos a seguinte igualdade

$$(x^2 - y^2)\frac{\partial R}{\partial y} = -4Ry$$

Verificamos que a presença do termo $(x^2 - y^2)$ não nos permite separar as variáveis, logo não temos um fator integrante como função só de y.

Outras Equações Diferenciais não exatas podem admitir fatores integrantes em relação a x e também em relação a y, então fazemos uma opção para usar um ou outro.

## 2.5 MÉTODO 4: RESOLUÇÃO DE EQUAÇÕES DIFERENCIAIS LINEARES

**Definição 1**

Equação Diferencial de **1ª ordem linear** é do tipo $\dfrac{dy}{dx} + P(x)y = Q(x)$

Verifique que

**(a)** A variável dependente y e sua derivada são do 1º grau e não podem constituir um mesmo termo como produto de elementos, isto é, são somadas ou subtraídas;

**(b)** $Q(x)$ é um termo independente, isto é, função apenas de x (variável independente).

**(c)** *P(x)* também é função de x.

**Exemplos**

I) $\dfrac{dy}{dx} + xy = e^x$ II) $\dfrac{dy}{dx} - (senx)y = 3$

**Contraexemplos**

I) $\dfrac{dy}{dx} - y^2 = x^2 \Rightarrow$ y de 2º grau

II) $\frac{dy}{dx}y = x^2 \Rightarrow$ produto de y por $\frac{dy}{dx}$

III) $\left(\frac{dy}{dx}\right)^2 - y = 0 \Rightarrow \frac{dy}{dx}$ elevada ao quadrado

**Definição 2**

Equação Diferencial de 1ª ordem linear **homogênea** tem $Q(x) = 0$, isto é, termo independente nulo:

$$\frac{dy}{dx} + P(x)y = 0$$

### 2.5.1 RESOLUÇÃO DE EQUAÇÕES DIFERENCIAIS LINEARES HOMOGÊNEAS

Método – **s.v**: $\frac{dy}{dx} + P(x)y = 0 \Rightarrow \frac{dy}{dx} = -P(x)y \Rightarrow \boxed{\frac{dy}{y} = -P(x)dx}$

**Exemplo**

Determine a solução geral da Equação Diferencial: $\frac{dy}{dx} + xy = 0$

Aplicando **s.v.** virá: $\frac{dy}{dx} = -xy$ ou $\frac{dy}{y} = -xdx$, integrando $\int \frac{dy}{y} = -\int xdx$

Donde $\ln|y| + c_1 = -\frac{x^2}{2} + c_2 \Rightarrow \ln|y| = -\frac{x^2}{2} + c$

### 2.5.2 EQUAÇÕES DIFERENCIAIS LINEARES NÃO HOMOGÊNEAS

#### *2.5.2.1 POR FATOR INTEGRANTE*

Denominaremos o fator integrante por I = I(x). O fator integrante é função de x (variável independente). A Equação Diferencial dada não se altera, multiplicando toda ela pelo fator integrante:

$$I(x)\frac{dy}{dx} + I(x)y(x)P(x) = I(x)Q(x) \quad (*)$$

**Propriedade**

Para toda Equação Diferencial Linear a derivada do produto da solução pelo fator integrante é igual ao produto do termo independente pelo fator integrante.

$$\boxed{\underbrace{[I(x)y(x)]'}_{Derivada} = I(x)Q(x) \quad (**)}$$

**1º passo**: Cálculo do fator integrante $I(x)$

Para o cálculo do fator integrante executamos a derivada do primeiro membro da igualdade (**)

$\frac{d[I(x)]}{dx}y + I(x)\frac{dy}{dx}$ igualando esta derivada com o primeiro membro da igualdade (*), virá

$\frac{d[I(x)]}{dx}y + \underbrace{I(x)\frac{dy}{dx}}_{(a)} = \underbrace{I(x)\frac{dy}{dx}}_{(a)} + I(x)P(x)y$ ou eliminando os termos iguais (a) nos dois membros da igualdade, virá: $\frac{d[I(x)]}{dx}\underbrace{y}_{(b)} = I(x)\underbrace{y}_{(b)}P(x)$ eliminando também os termos iguais (b)

$\frac{d[I(x)]}{dx} = I(x)P(x)$ ou $\frac{d[I(x)]}{I(x)} = P(x)dx$ e integrando $\int \frac{dI(x)}{I(x)} = \int P(x)dx$

$\log_e I(x) = \int P(x)dx$ ou $\boxed{I(x) = e^{\int P(x)dx}}$

**2º passo**: Cálculo da solução da Equação Diferencial

Integrando a igualdade (**), virá $I(x)y(x) = \int I(x)Q(x)dx$

$$\boxed{y(x) = \frac{1}{I(x)}\int I(x)Q(x)dx}$$

**Exemplo**

| Resolução da Equação Diferencial | Resolução das integrais |
|---|---|
| $\frac{dy}{dx} + 2y = x$ ; P(x) = 2 , Q(x) = x<br><br>**1º passo:**<br>Cálculo do fator integrante: $I(x) = e^{\int 2dx} = e^{2x}$<br><br>**2º passo:**<br>Cálculo da solução da equação:<br>$y(x) = \frac{1}{e^{2x}}\int \underbrace{e^{2x}xdx}_{\text{int. } por \text{ partes}}$ , trazendo o resultado<br>da integral $y(x) = e^{-2x}\left[\frac{1}{2}xe^{2x} - \frac{1}{4}e^{2x} + c\right]$ | Integração por partes<br>fórmula : $\int udv = uv - \int vdu$<br><br>$\int e^{2x}xdx$<br><br>$\begin{cases} u = x \Rightarrow du = dx \\ dv = e^{2x}dx \Rightarrow v = \frac{1}{2}e^{2x} \end{cases}$<br><br>$\int e^{2x}xdx = \frac{1}{2}xe^{2x} - \int \frac{1}{2}e^{2x}dx$<br><br>$\int e^{2x}xdx = \frac{1}{2}xe^{2x} - \frac{1}{4}e^{2x} + c$ |

### *2.5.2.2 POR VARIAÇÃO DE PARÂMETROS (LAGRANGE)*

Este método consiste também em mudar a variável para se obter uma separação de variáveis (**s.v.**) na Equação Diferencial Linear.

Tomamos a variável dependente da Equação Diferencial Linear, como um produto de um parâmetro pela solução da equação homogênea obtida da Equação Diferencial dada.

Seja a Equação Diferencial dada, isto é, Q(x) = 0.

$\frac{dy}{dx} + P(x)y = Q(x)$ ; Q(x) ≠ 0 cuja solução é: $y = y(x, C)$

Seja a equação homogênea obtida: $\frac{dy_h}{dx} + P(x)y_h = 0$

A solução desta equação é: $y_h = y_h(x)$ , h = homogênea.

A solução da equação não homogênea é dada por $y(x) = u(x)y_h(x)$

Sendo $u = u(x)$ um parâmetro tomado, isto é, a nova variável.

**Método de resolução**

**1º passo:** Resolver a Equação Diferencial linear homogênea obtida da Equação Diferencial dada

$$\frac{dy_h}{dx} + P(x)y_h(x) = 0$$

Resolução por separação de variável **(s.v.)**

**2º passo:** Tomar o produto

$$\boxed{y(x) = u(x)y_h(x)} \quad (*)$$

**3º passo:** Derivar $y(x)$ em função de x, aplicando a fórmula de derivada de produto:

$$\boxed{\frac{dy}{dx} = \frac{dy}{dx} y_h(x) + u(x)\frac{dy_h}{dx}} \quad (**)$$

**4º passo:** Substituir $y(x)\,(*)$ e $\frac{dy}{dx}$ (**) e na equação dada, ocorrendo uma mudança de variável (troca de y por u; x continua na equação porque tanto y quanto u são funções de x)

**5º passo:** Resolver a Equação Diferencial na variável u por separação de variável (s.v.)

**6º passo:** Voltar para variável y

**Exemplo**

| Resolução da Equação Diferencial | Resolução das integrais |
|---|---|
| $\frac{dy}{dx} - \frac{2}{x}y = x^2\cos 3x$<br>**1º passo:** Cálculo de $y_h$<br>$\frac{dy_h}{dx} - \frac{2}{x}y_h = 0$ por **s.v.** virá: $\frac{dy_h}{dx} = \frac{2}{x}y_h \Rightarrow$<br>$\frac{dy_h}{y_h} = 2\frac{dx}{x}$ integrando.<br>$\underbrace{\int \frac{dy_h}{y_h}}_{(a)} = 2\underbrace{\int \frac{dx}{x}}_{(b)} \Rightarrow \ln\lvert y_h\rvert = 2\ln\lvert x\rvert \Rightarrow y_h = x^2$ | Não há necessidade em $y_h$ de tomar a constante de integração, pois teremos o cálculo de u com a possibilidade de tomar a constante da Equação Diferencial. |
| **2º passo:** A solução da equação não homogênea é<br>$y(x) = u(x)y_h(x) \therefore \quad y = x^2u \quad (*)$<br>Derivada do produto: $(uv)' = u'v + uv'$<br>**3º passo:** Derivando y (*) em relação a x<br>$\boxed{\frac{dy}{dx} = 2xu + x^2\frac{du}{dx}} \quad (**)$<br>**4º passo:** Levando $y(*)$ e $\frac{dy}{dx}(**)$ na Equação Diferencial dada<br>$2xu + x^2\frac{du}{dx} - \frac{2}{x}x^2u = x^2\cos(3x)$ **ou ainda** | |
| $2xu + x^2\frac{du}{dx} - \frac{2}{\cancel{x}}x^{\cancel{2}}u = x^2\cos(3x)$ | $\frac{du}{dx} = \cos(3x)$ |
| $2\cancel{x}u + x^2\frac{du}{dx} - 2\cancel{x}u = x^2\cos(3x) \Rightarrow \cancel{x^2}\frac{du}{dx} = \cancel{x^2}\cos(3x)$<br>$\Rightarrow \frac{du}{dx} = \cos(3x)$ | $s.v. \Rightarrow du = \cos(3x)dx$<br>**Integrando** $\Rightarrow \int du = \int \cos(3x)dx$ |
| Resolvendo por **s.v**, no quadro ao lado, teremos<br>$u = \frac{1}{3}sen(3x) + c$, levando esse valor de u na igualdade<br>$y=x^2u$ virá $y = x^2\left[\frac{1}{3}sen(3x) + c\right]$ | $u = \frac{1}{3}sen(3x) + c$ |

## 2.6 RESOLUÇÃO DA EQUAÇÃO DIFERENCIAL DE BERNOULLI

**Definição**

É uma Equação Diferencial que apresenta características da Equação Diferencial de 1ª ordem linear, escrita na forma:

$$\frac{dy}{dx} + P(x)y = y^n Q(x) \; ; \; n \neq 0 \; , \; n \neq 1$$

Existe o termo $y^n$ que não ocorre na linear, descaracterizando a linearidade.

**Método de resolução**

Bernoulli fez uma mudança de variável, reduzindo a equação dada a uma linear, com os seguintes passos:

**1º passo:** Dividir toda Equação Diferencial por $y^n$

$$\frac{1}{y^n}\frac{dy}{dx} + \frac{1}{y^n}P(x)y = \frac{y^n Q(x)}{y^n}$$ ficando, assim: $$\boxed{y^{-n}\frac{dy}{dx} + P(x)y^{1-n} = Q(x)}$$

**2º passo:** Fazer uma mudança de variável, da seguinte forma:

$\boxed{y^{1-n} = z}$ (*) ⟶ grau de z é 1(um), caracterizando a linearidade

**3º passo:** Mudar a variável y por z

Para mudar de y para z na Equação Diferencial dada, deriva-se (*) em relação a x, observamos que a variável mudada foi y por z, assim z é função de x, isto é,

$$y = f(x) \Rightarrow z = f_1(x)$$

$z = y^{1-n} \quad \Rightarrow \quad \dfrac{dz}{dx} = (1-n)y^{1-n-1}y'$ , fórmula de derivada da função potência: $(u^n)' = nu^{n-1}u'$

**4º passo**: Então: $\dfrac{dz}{dx} = (1-n)y^{-n}\dfrac{dy}{dx}$ ou ainda $\boxed{y^{-n}\dfrac{dy}{dx} = \dfrac{1}{1-n}\dfrac{dz}{dx}}$

**5º passo**: Levando (*) e (**) na Equação Diferencial (I):

$$\boxed{\frac{1}{1-n}\frac{dz}{dx} + P(x)z = Q(x)}$$

É uma Equação Diferencial de 1ª ordem linear, mas na nova variável z.

Ao resolvê-la, é necessário voltar à variável y, que é a variável dada na Equação Diferencial proposta.

**Exemplo**

Calcular a solução geral da Equação Diferencial

| Resolução da Equação Diferencial | Resolução das integrais |
|---|---|
| $\frac{dy}{dx}+xy=xy^3$<br><br>**1º passo:** Dividir a equação por $y^3$ e preparar para mudança de variável<br><br>$\frac{1}{y^3}\frac{dy}{dx}+xy\frac{1}{y^3}=x$ ou ainda $y^{-3}\frac{dy}{dx}+xyy^{-3}=x$<br><br>$\boxed{y^{-3}\frac{dy}{dx}+xy^{-2}=x}$ (I)<br><br>**2º passo:** Fazer uma mudança de variável para transformá-la em linear:<br><br>$\boxed{y^{-2}=z}$ (II) $z=z^1$ 1º grau<br><br>**3º passo:** Deriva-se (II) para encontrar $\frac{dy}{dx}$<br><br>$\frac{dz}{dx}=(y^{-2})'=-2y^{-2-1}y'=-2y^{-3}\frac{dy}{dx}$ (Aplicando a derivada da potência: $(u^n)'=nu^{n-1}u'$ para derivar $y^{-2}=z$).<br><br>Isolando o termo $y^{-3}\frac{dy}{dx}$ ;<br><br>$\boxed{\frac{1}{-2}\frac{dz}{dx}=y^{-3}\frac{dy}{dx}}$ (III)<br><br>Levando (II) e (III) na equação I se tem:<br><br>$\boxed{-\frac{1}{2}\frac{dz}{dx}+xz=x}$ (IV) | |

**4º passo:** Verifique que esta Equação Diferencial é linear em z , função de x , isto é : $z = z(x)$

$$-\frac{1}{2}\frac{dz}{dx} + xz = x \quad \Rightarrow \quad \text{multiplicando por (-2)}$$

$$\Rightarrow \frac{dz}{dx} - 2xz = -2x$$

Calculando fator integrante: $I(x) = e^{\int P(x)dx}$ , sendo $P(x) = -2x$, virá: $I(x) = e^{\int -2xdx} = e^{-x^2}$ aplicando a fórmula de resolução de Equação Diferencial linear com fator integrante, então: $z = \frac{1}{e^{-x^2}}\left[\int \underbrace{e^{-x^2}xdx}_{*}\right]$, ao integrar não esqueça do c

Resolvendo a integral (*), usando a fórmula: $\int e^u du = e^u + c$

Sendo: $u = -x^2 \Rightarrow$ **du = -2xdx**

$$\int e^{-x^2}xdx = \frac{-1}{2}\int e^{-x^2}(-2xdx) =$$

$$= -\frac{1}{2}e^{-x^2} + c$$

Levando em z: $z = \frac{1}{e^{-x^2}}\left[-\frac{1}{2}e^{-x^2} + c\right]$

$$z = e^{x^2}\left[-\frac{1}{2}e^{-x^2} + c\right] = -\frac{1}{2}\underbrace{e^{x^2}e^{-x^2}}_{1} + e^{x^2}$$

$$z = -\frac{1}{2} + e^{x^2}$$

Voltando para variável y, pois a Equação Diferencial é dada em $y = y(x)$, retornando $z = y^{-2}$ pela fórmula (II):

$$y^{-2} = -\frac{1}{2} + e^{x^2} \quad \Rightarrow \quad \frac{1}{y^2} = -\frac{1}{2} + e^{x^2}$$

$$y^2 = \frac{1}{\frac{-1}{2} + e^{x^2}} \quad \Rightarrow \quad y = \left(\frac{1}{-\frac{1}{2} + e^{x^2}}\right)^{\frac{1}{2}}$$

## EXERCÍCIOS PROPOSTOS

**Método 1: Separação de variáveis - s.v.**

1) Calcule a solução geral das Equações Diferenciais, separando as variáveis (s.v.)

a) $\frac{dy}{dx} = \frac{5-x}{xy}$

b) $\frac{dy}{dx} = \frac{\cos 5x}{e^{10y}}$

c) $\frac{dy}{dx} = \frac{y+1}{x^2+4}$

d) $\frac{dn}{dt} = 2 + 2n + t + tn$

e) $\frac{dz}{dt} + e^{z+t} = 0$

f) x senx dx + lny dy = 0

g) $\frac{dy}{dx} = \frac{y^2-1}{x^2+1}$

h) $\frac{dy}{dx} = \frac{xy}{2\ln y}$

i) $\frac{4}{2x-1} - tgy\frac{dy}{dx} = 0$

j) $\frac{dy}{dx} = \frac{\cos 5x}{e^{10x}}$

**Método 2: Redutível à separação de variáveis (s.v.), por substituição de variável**

1) Calcule a solução geral das Equações Diferenciais mudando a variável

a) $y' = (x+y+1)^2$

b) $y'(x) = (x-y)^2$

c) $y'(x) = (x+2y)^2$

d) $y'(x) = \frac{x+y+1}{x}$

e) $\frac{dy}{dx} = \frac{x^2-y^2}{xy}$

f) $\frac{dy}{dx} = \frac{x-y}{x}$

g) $\frac{dy}{dx} = \cos(x+y)$

h) $\frac{dy}{dx} = \frac{x^2+xy+2}{x^2}$

i) $\frac{dy}{dx} = \frac{x^2+y^2}{xy}$

**Método 3 : Resolução de Equações Diferenciais exatas ou de diferencial total**

1) Calcule o diferencial total das funções de x e y

a) $\frac{x^3}{3} - y^2x = c$

b) $2x^2 - 2xy + 2x + 4y - 3y^2 = c$

c) $x^4y^2 + \ln(x/y) = c$

d) $x\cos y + ysenx - c$

2) Verifique que as Equações Diferenciais são exatas ou de diferencial total

a) $(x^2 - y^2)dx - 2xydy = 0$

b) $(2x - y + 1)dx - (x + 3y - 2)dy = 0$

c) $(4x^3y^2 +)$ dx + $(2x^4 y - \ )$ dy = 0

d) (cosy + y cosx) dx + (senx – xseny) dy = 0

3) Calcule a solução geral das Equações Diferenciais (Verifique que as soluções são as funções do exercício nº 1)

a) $(x^2 - y^2)dx - 2xydy = 0$

b) $(2x - y + 1)dx - (x + 3y - 2)dy = 0$

c) $\left(4x^3y^2 + \frac{1}{x}\right)dx + \left(2x^4y - \frac{1}{y}\right)dy = 0$

d) $(\cos y + y\cos x)dx + (senx - xseny)dy = 0$

4) Calcule a solução particular da Equação Diferencial com a condição inicial

$$(x + y + 1)dx - (y - x + 3)dy = 0 \text{ para } x = 0,\ y = 0$$

5) Verifique que as funções dadas f(x) ou f(y) são fatores integrantes das Equações Diferenciais em cada item

a) $ydx + 2xdy = 0;\ f(y) = y \ \ ou\ \ f(x) = \frac{1}{\sqrt{x}}$

b) $(x^2 - y^2)dx + 2xydy = 0;\ f(x) = \frac{1}{x^2}$

c) $2y(y-1)dx + x(2y-1)dy = 0$ ; f(x) = x

d) $yxdx + x^2dy = 0$ ; $f(y) = y$ ou $f(x) = x^2$

e) $y(x + y + 1)dx + (x + 2y)dy = 0$ ; $f(x) = e^x$

6) Determine um fator integrante para as Equações Diferenciais

a) $3ydx + 2xdy = 0$ b) $y^2\,dx + xy\,dy = 0$

7) Escreva a Equação Diferencial como diferencial total, na forma: $M(x,y)dx + N(x,y)dy = 0$

a) $\frac{dy}{dx} = \frac{y+1}{1-x}$ b) $\frac{dy}{dx} = -\frac{seny}{x\cos y}$

8) Verifique que as Equações Diferenciais do exercício 7 do método 3 são diferenciais exatas.

**Método 4: Resolução de Equações Diferenciais lineares e de Bernoulli**

1) Assinale com ( x ) as Equações Diferenciais lineares.

a) ( ) $\frac{dy}{dx} + x^2y = x$ b) ( ) $y' + y^2 = 0$

c) ( ) $dy + (x + y)dx = 0$ d) ( ) $(y')^3 - 2y = x$

2) Escreva as Equações Diferenciais na forma: $\frac{dy}{dx} + P(x)y = Q(x)$

a) $5dy + (x - y)dx = 0$ b) $dy - (2 + 4y)dx = 0$ c) $x\,dy + (x^2 - y)\,dx = 0$

3) Resolva as Equações Diferenciais lineares

I) Por fator integrante

a) $y' - y = 2$ b) $y' - y = 1 - x$

c) $y' + (\cos x)y = \cos x$ d) $xy' + y = 2x$

II ) Por variação de parâmetros

a) $y' - y = 3e^x$ d) $y' - \dfrac{2y}{x+1} = (x+1)^3$ g) $y' + 4y = e^{-x}$

b) $y' - y\,tg\,x = \operatorname{sen} x$ e) $y' - y = 2$

c) $xy' + y = 2x - 1$ f) $y' + y = \cos x$

4) Resolva as Equações Diferenciais de Bernoulli:

a) $y' + \dfrac{2y}{x} = 2y^2$ b) $y' - 2\dfrac{y}{x} = 3xy^2$

**Métodos Variados:**

1) Identifique o método mais adequado para o cálculo da solução geral das Equações Diferenciais e resolva-as

a) $y' + y = x\sqrt{y}$ f) $\dfrac{dy}{dx} = \dfrac{1}{x+y}$

b) $(x + xy)dx + (y + xy)dy = 0$ g) $\dfrac{dy}{dx} - \dfrac{e^{2y}}{x^2+4} = 0$

c) $x^2y' - xy = 1$ h) $\dfrac{dy}{dx} - \dfrac{2}{x+1}y = x + 1$

d) $2y(x^2 - x - 1)dx + (x^2 - x)dy = 0$ i) $y' = \dfrac{3xy + y^2}{x^2}$

e) $(4x^3y^3 + 1)dx + 3y^2x^4dy = 0$ j) $\dfrac{dy}{dx} = \dfrac{x+y}{x}$

2) Calcular a solução particular das equações para os valores dados:

a) $y\dfrac{dy}{dx} + x = 0,\ \ para\ x = 0\ ,\ y = 1$

b) $(e^y + y)dx + (e^y + 1)xdy = 0,\ \ para\ x = 2\ ,\ y = 0$

CAPÍTULO 3

# RESOLUÇÃO DE PROBLEMAS GEOMÉTRICOS E APLICAÇÕES FÍSICAS

Neste capítulo, são estudadas aplicações das Equações Diferenciais para resolver problemas geométricos e físicos.

No próximo capítulo, será estudado, com exclusividade, a resolução de problemas de fenômenos.

Especialmente, neste capítulo, serão tratados problemas geométricos partindo da derivada de uma função no ponto.

| Valor da derivada da função $y = f(x)$ num ponto de abscissa $x = a$ $\frac{dy}{dx} = f'(a) = tg\alpha$ | → | $tg\alpha$ coeficiente angular da reta tangente à curva $y = f(x)$ no ponto $(a, f(a))$ |
|---|---|---|

**Graficamente**

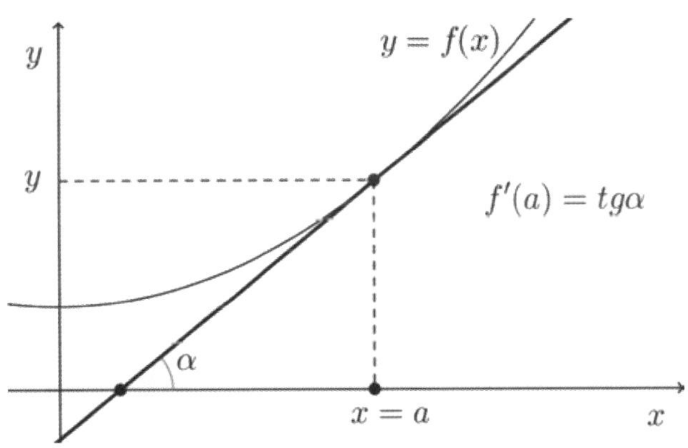


Para facilitar a resolução dos problemas, os mesmos serão classificados considerando algumas situações:

**1ª situação:** Dada a solução geral ou particular de uma Equação Diferencial, esboçar seu gráfico

**2ª situação:** Determinar a Equação Diferencial e sua solução, conhecendo-se propriedades da função solução e de sua derivada

**3ª situação:** Aplicação com a subtangente e subnormal

**4ª situação:** Trajetórias ortogonais: equação e esboço e aplicações físicas

**5ª situação:** Campos de direções ou de inclinações – retas assíntotas

**6ª situação:** Aplicação física usando campo de direções

**7ª situação:** Algumas funções mais utilizadas como modelos dos fenômenos físicos

## ESTUDO DAS DIVERSAS SITUAÇÕES

### 3.1 SITUAÇÃO 1: DADA A SOLUÇÃO GERAL OU PARTICULAR DE UMA EQUAÇÃO DIFERENCIAL, ESBOÇAR SEU GRÁFICO

**(a)** A solução geral de uma Equação Diferencial, geometricamente, é uma equação de uma família de curvas, cujas curvas são determinadas tomando-se valores para a constante de integração;

**(b)** Um valor particular da constante de integração é um número real a ser determinado, gerando a partir da solução geral uma solução particular.

Geometricamente, é uma curva da família de curvas da solução geral.

Sinteticamente: Tomando a Álgebra (equação) e a Geometria (figura/gráfico) tem-se a seguinte relação

| | | |
|---|---|---|
| **Solução geral** | ⟶ | **Família de curvas** |
| **Solução particular** | ⟶ | **Uma curva da família de curvas** |

**Exemplos**

Esboçar o gráfico da família de curvas que é a solução das Equações Diferenciais dadas e algumas curvas cujos gráficos são representações geométricas das soluções particulares.

1) $\dfrac{dy}{dx} - 2x = 0$ ⟶ Solução geral: $y = x^2 + c$

Soluções particulares: tomando valores de "c"

• Dado um valor real qualquer para "c"

Para c = 1 $\Rightarrow y = x^2 + 1$

Para c = - 1 $\Rightarrow y = x^2 - 1$

Para c = 0 $\Rightarrow y = x^2$

• Ou ainda, dados valores particulares para as variáveis, determinamos também c

Para $\begin{cases} x = -1 \\ y = 4 \end{cases} \Rightarrow 4 = (-1)^2 + c$, donde $c = 3$ ou

$y = x^2 + 3$

Geometricamente, teremos o gráfico.

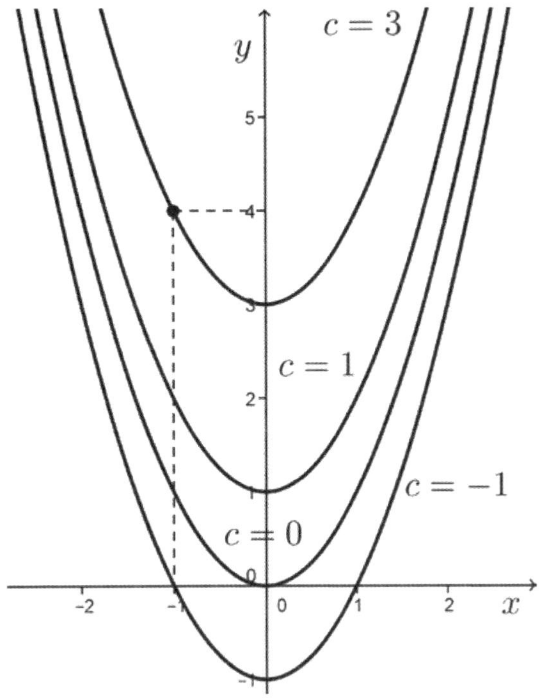


2) $\dfrac{dy}{dx} - y = 0 \quad \Longrightarrow \quad$ Solução geral: $y = ce^x$

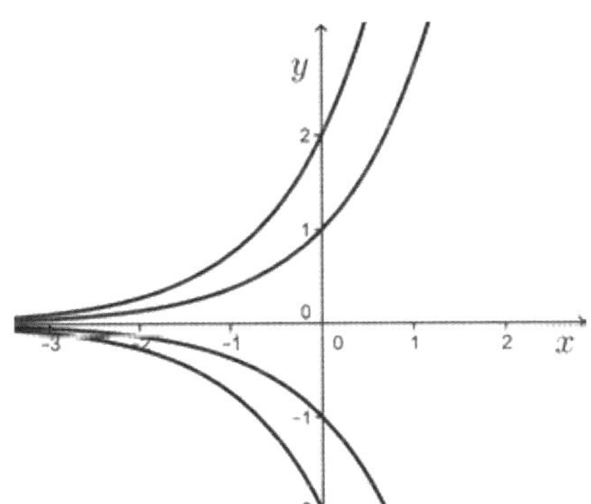

Os gráficos das soluções particulares são obtidos por valores dados a "c":

c = 1 $\Rightarrow$ $y = e^x$

c = 2 $\Rightarrow$ $y = 2e^x$

ou por valores dado às variáveis, determinamos também a constate "c"

$\begin{cases} x = 0 \\ y = -1 \end{cases} \Rightarrow -1 = ce^0$, donde $c = -1$, ou $y = -e^x$

## 3.2 SITUAÇÃO 2: DETERMINAR A EQUAÇÃO DIFERENCIAL E SUA SOLUÇÃO, CONHECENDO-SE PROPRIEDADES DA FUNÇÃO SOLUÇÃO E DE SUA DERIVADA

Na segunda situação, é mais difícil se determinar uma família de curvas, pois não se conhece sua equação nem o gráfico das curvas da família.

São dadas propriedades das curvas da família. Por estas propriedades, será determinada a equação da família de curvas, determinando-se a Equação Diferencial correspondente à família de curvas, usando uma interpretação geométrica com o coeficiente angular das retas tangentes às curvas da família em todos os seus pontos (derivada).

A metodologia para resolver os problemas desta situação consiste dos seguintes passos:

**1º passo:** Traçar uma curva, de acordo com a propriedade dada no problema, no 1º quadrante, se possível.

**2º passo:** Após traçar a curva, tomar 1 (um) ponto P de coordenadas **x** e **y** da curva esboçada. O ponto é então P(x,y). Este ponto P é um ponto qualquer, denominado genérico, isto é, representa todos os pontos da curva.

**3º passo:** Expressar as propriedades da família de curvas pelo ponto P e uma relação entre suas coordenadas. Com dados provenientes das propriedades e de posse de conhecimentos geométricos, impor as condições dadas às coordenadas do ponto genérico, utilizando sempre a derivada da variável dependente (ordenada **y** do ponto genérico P(x,y)) em relação a **x** (abcissa do ponto genérico P(x,y)), assim resultará uma Equação Diferencial, cuja solução geral é uma equação de uma família de curvas.

**4º passo:** Resolver a Equação Diferencial encontrada.

**5º passo:** Esboçar o gráfico da família de curvas encontrada (e uma curva da família).

**6º passo:** Verificar a compatibilidade entre as condições dadas e a solução do problema, isto é, se a família de curvas ou uma curva da família satisfaz as propriedades dadas (condições dadas). O esquema dos passos pode ser viabilizado, como a seguir:

1º passo: [Traçar o esboço aproximado da função solução pelas condições e propriedades]

↓

2º passo: [Tomar um ponto genérico P(x,y) da curva]

↓

3º passo: [Estabelecer a Equação Diferencial, relacionando x, y e $\frac{dy}{dx}$]

↓

4º passo: [Resolver a Equação Diferencial encontrada]

↓

5º passo: [Traçar o gráfico da função solução encontrada pelas condições/propriedades]

↓

6º passo: [Verificar a compatibilidade das propriedades com a solução encontrada]

**Exemplo**

Determine a equação e o esboço das curvas nas quais as retas tangentes, em qualquer ponto, passam pela origem.

**1º passo:** Esboço de curva com uma reta tangente a ela.

**2º passo:** Tomamos o ponto P(x,y) da curva que satisfaz a condição dada, isto é, a reta tangente passa pela origem.

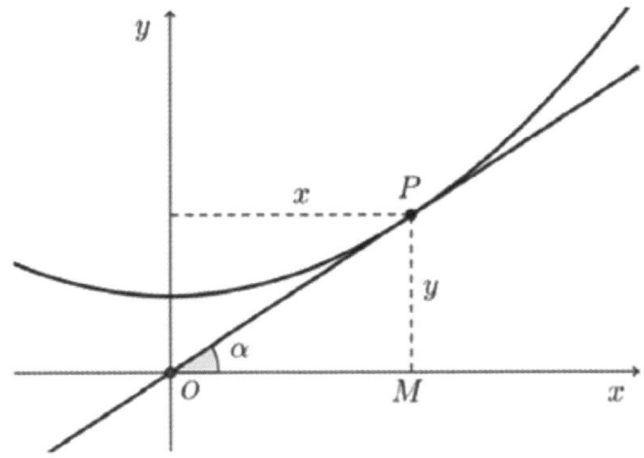


**3º passo:** Considere o ponto genérico P(x,y) da curva e aplique a propriedade dada (reta tangente que contém a origem (0,0), formando um triângulo retângulo OMP), sendo M(x,0) a projeção de P(x,y) sobre o eixo x;

Triângulo OMP: $tg\alpha = \frac{y}{x}$ (razão entre cateto oposto pelo cateto adjacente) ou $\frac{dy}{dx} = \frac{y}{x}$ que é a Equação Diferencial estabelecida, mas para $x \neq 0$.

**4º Passo:** Resolver a Equação Diferencial encontrada $\frac{dy}{dx} = \frac{y}{x}$

$s.v \Rightarrow \frac{dy}{y} = \frac{dx}{x}$

Integrando $\Rightarrow \int \frac{dy}{y} = \int \frac{dx}{x} \Rightarrow \ln|y| = \ln|x| + \ln|c_1|$ usando propriedades para simplificar o logaritmo:

$\ln|y| = \ln|c_1 x| \Rightarrow y = c_1 x$ (Família de retas que passam pela origem)

**5º passo:** Esboçar a família de curvas encontrada. No caso é uma família de retas da forma $y = c_1 x$.

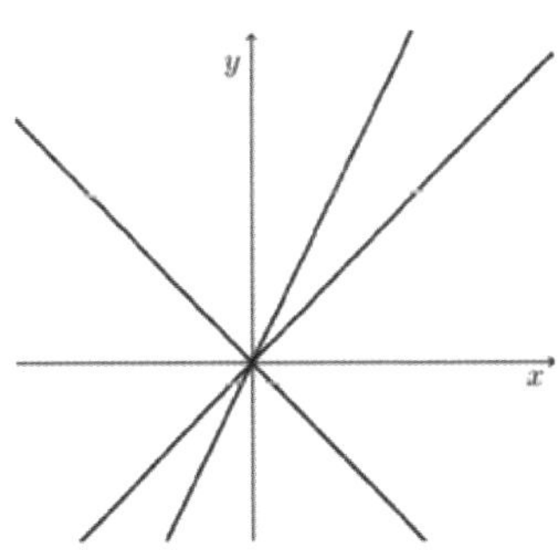


**6º passo:** Compatibilização

A solução geral encontrada é uma família de retas, as quais passam pela origem. Neste caso específico, a família de curvas é constituída, geometricamente, por retas da forma $y = c_1 x$ (passam pela origem). Tomamos, como hipótese, uma curva para iniciar a interpretação geométrica do problema porque não se conhecia a solução.

## 3.3 SITUAÇÃO 3: APLICAÇÃO COM A SUBTANGENTE E SUBNORMAL

1 – A **subtangente** é a medida de projeção do segmento limitado pelo ponto de tangência a uma curva e o ponto de interseção da reta tangente com o eixo das abcissas.

2 – A **subnormal** é a medida da projeção do segmento contido na reta normal cuja extremidades são: o ponto de tangência e o ponto de interseção da reta normal com o eixo das abcissas.

Pelo gráfico, a identificação da subtangente e subnormal pode ser facilitada

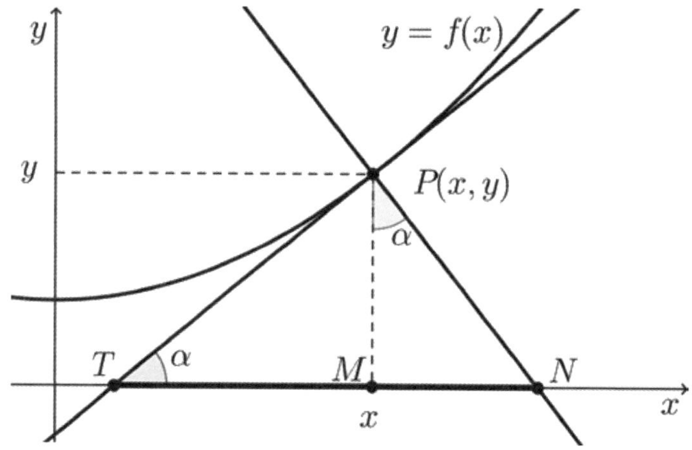


$|MT|$ = subtangente = projeção de PT sobre o eixo **x**

$|MN|$ = subnormal = projeção de PN sobre o eixo **x**

A metodologia para resolver problemas desta situação é dada pelos passos:

**1º passo:** Esboçar uma curva qualquer e um ponto genérico P(x ,y), ilustrando a situação problema.

**2º passo:** Impor as condições dadas no problema, relativamente, a subtangente ou subnormal.

**3º passo:** Resolver a Equação Diferencial resultante.

**4º passo:** Esboçar o gráfico da família de curvas ou da curva solução determinada.

**5º passo:** Verificar a compatibilidade.

**Exemplo**

Determine a família de curvas nas quais as subtangentes são iguais a 2 (dois).

**1º passo:** Traçar uma curva qualquer com a condição dada e elementos dados:

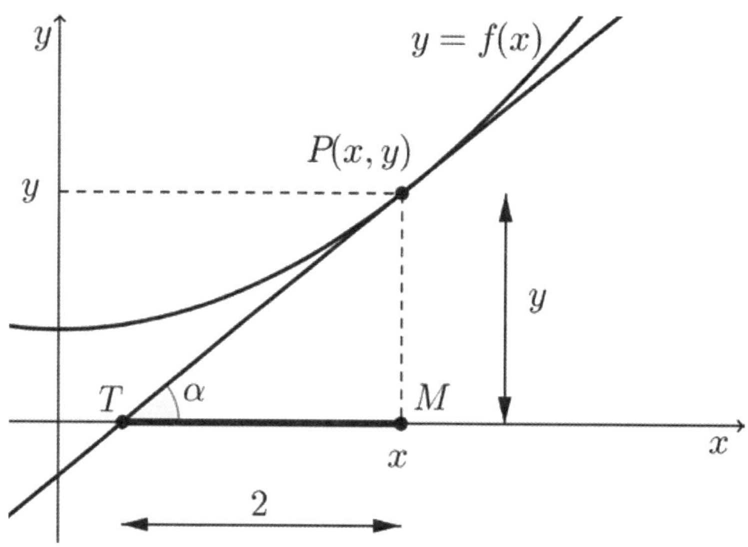


**2º passo:** Tomar o triângulo TPM e a tangente trigonométrica de $\alpha$ , direção da reta tangente à curva, cuja equação se quer determinar:

$$tg\alpha = \frac{|MP|}{|MT|} \quad \Rightarrow \quad \boxed{\frac{dy}{dx} = \frac{y}{2}} \quad (*)$$

**3º passo:** Resolver a Equação Diferencial (*) que é de 1ª ordem com **s.v.**:

$$s.v. \quad \Rightarrow \quad \frac{dy}{y} = \frac{dx}{2}$$

Integrar $\int \frac{dy}{y} = \frac{1}{2}\int dx \Rightarrow \log_e|y| = \frac{x}{2} + c$

Escrevendo na forma de exponencial: $y = e^{\frac{x}{2}+c} = e^{\frac{x}{2}} \cdot e^{c} = ce^{\frac{x}{2}}$

(Sabendo que e (número neperiano) = constante e $c$ = constante, então $e^c$ = constante).

A equação-solução do problema é $y = ce^{\frac{x}{2}}$, graficamente, uma família de exponenciais

**4º passo:** Esboçar o gráfico da família encontrada.

Tomar 3(três) valores para $c$:

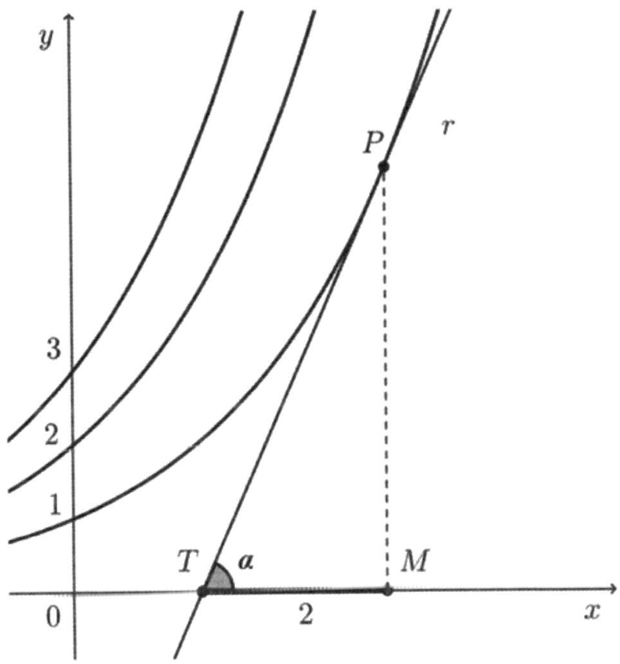


c = 1 $\Rightarrow y = e^{\frac{x}{2}}$

c = 2 $\Rightarrow y = 2e^{\frac{x}{2}}$

c = 3 $\Rightarrow y = 3e^{\frac{x}{2}}$

r: reta tangente a P

**5º passo:** Compatibilidade

Em qualquer ponto P(x, y) de qualquer curva a subtangente é 2, isto é, tomamos um ponto qualquer de uma curva e calculamos a subtangente.

## 3.4 SITUAÇÃO 4: TRAJETÓRIAS ORTOGONAIS - EQUAÇÃO E ESBOÇO E APLICAÇÕES FÍSICAS

As trajetórias ortogonais são definidas a partir de duas famílias de curvas.

Sabemos que o ângulo de interseção de duas curvas é dado pelo ângulo de suas retas tangentes no ponto de interseção, chamamos trajetórias ortogonais às curvas de uma família que interceptam, sob um ângulo reto todas as curvas de uma outra família.

Graficamente, a visualização facilita a compreensão das trajetórias ortogonais.

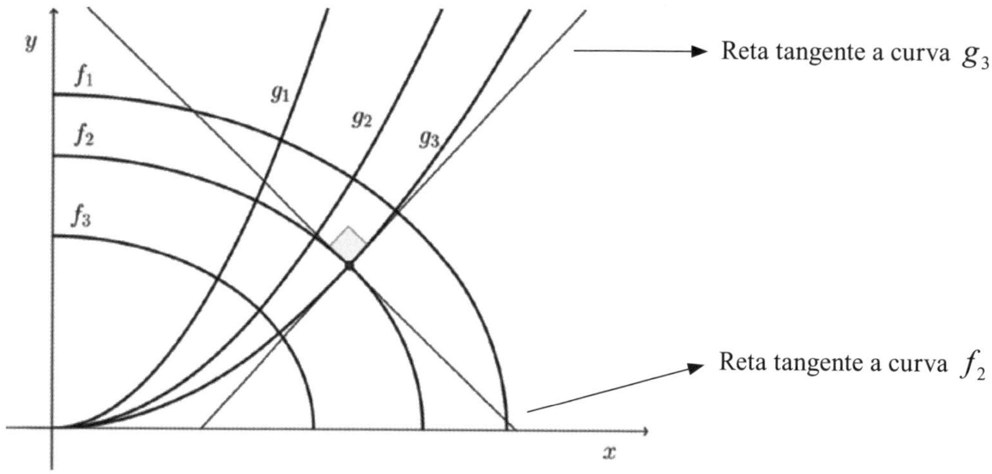


Família de curvas $f_1$ $f_2$ $f_3$ Família de curvas $g_1$ $g_2$ $g_3$

**Problematização**

Nos problemas que envolvem trajetórias ortogonais, é dada uma família de curvas e pedimos para determinar uma outra família cujas curvas são trajetórias ortogonais à família de curvas dadas.

A metodologia para resolver problemas desta situação é dada pelos passos que são melhor compreendidos com a análise geométrica:

**1º passo:** Esboce uma curva da família de curvas dadas, de parâmetro $c_1$, atribuímos um valor para a constante $c_1$, parâmetro da família de curvas dadas abaixo.

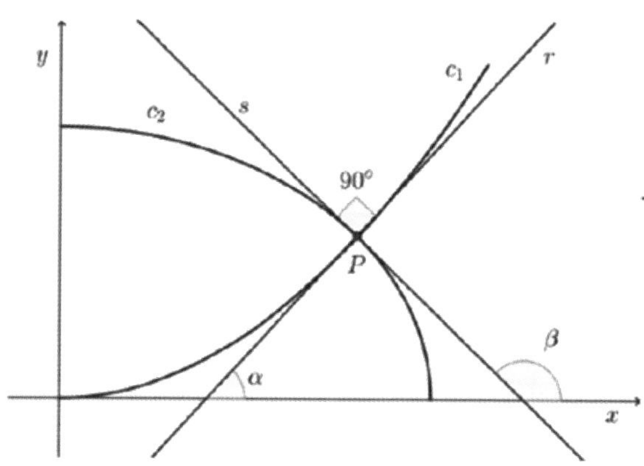


Como não se conhece a família de curvas de parâmetro $c_2$, esboce uma curva qualquer desde que as retas tangentes **r** e **s** sejam perpendiculares.

**2º passo:** Derivar a equação da família dada $f_1$ com a constante $c_1$: $\frac{dy}{dx} = f'(x, c_1)$.

**3º passo:** Tomar a constante da equação da família dada e substituir na derivada encontrada no 2º passo.

Determinamos a tangente de $\alpha$, coeficiente angular da reta tangente **s**: $\frac{dy}{dx} = f'(x) = tg\alpha$.

**4º passo:** Como **r** é perpendicular a **s**, para encontrar $tg\beta$, inverter e trocar de sinal a

$tg\alpha$ **tal que** $\text{tg}\beta = -\frac{1}{\text{tg}\alpha} \Rightarrow tg\beta = -\frac{1}{f'(x)}$.

Assim, tem-se o coeficiente angular da reta **s** a ser determinada.

**5º passo:** Resolver a Equação Diferencial proveniente da tangente de $\beta$, que é uma derivada.

**Exemplo**

Determine a equação e esboce a família de curvas que são trajetórias ortogonais à família de curvas $y = c_1x^2$ (família de parábolas).

reta **r**: $tg\alpha = \frac{dy}{dx} = c_1 2x$

Tomar a constante $c_1$ da equação $y = c_1x^2 \Rightarrow c_1 = \frac{y}{x^2}$ e substituir na derivada:

$$tg\alpha = \frac{dy}{dx} = c_1 2x \quad \text{substituindo } c_1 \quad tg\alpha = \frac{y}{x^2}2x \quad \Rightarrow tg\alpha = \frac{2y}{x} \quad \therefore \quad tg\beta = \frac{dy}{dx} = -\frac{x}{2y}$$

Resolvendo a Equação Diferencial dada pela tangente de $\beta$:

$$s.v. \quad \Rightarrow \quad \frac{dy}{dx} = -\frac{x}{2y} \quad \Rightarrow \quad 2ydy = -xdx$$

$$\text{Integrando} \Rightarrow \int 2ydy = \int -xdx \quad \Rightarrow \quad y^2 = -\frac{x^2}{2} + c_2 \quad ou \quad y^2 + \frac{x^2}{2} = c_2 \quad \Rightarrow \quad \frac{y^2}{c_2} + \frac{x^2}{2c_2} = 1$$

Uma família de elipses que são trajetórias ortogonais à família de parábolas dadas.

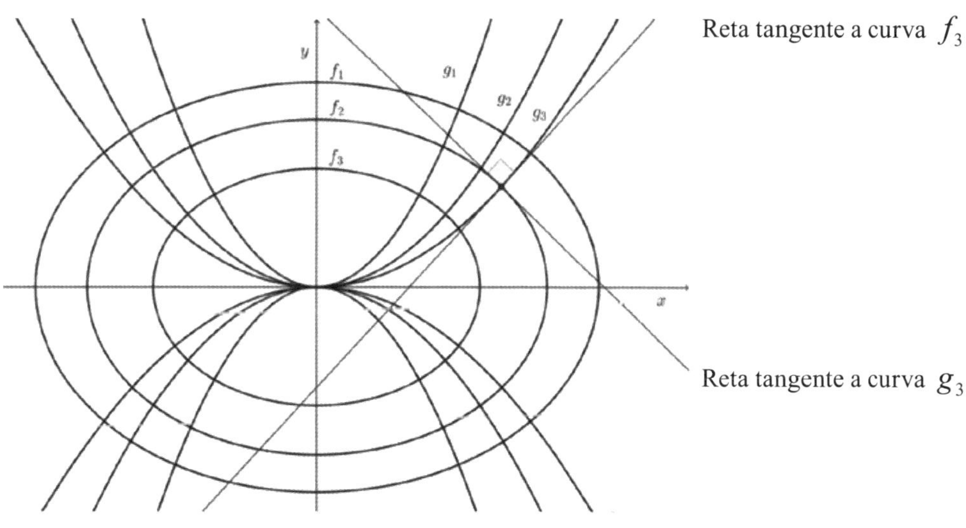


**Aplicações físicas com trajetórias ortogonais**

Muitos problemas físicos podem ser solucionados a partir do comportamento das grandezas.

Assim, nas construções de mapas meteorológicos como também em estudos de campos elétricos e magnéticos, as variáveis que representam a variação das grandezas presentes se comportam, geometricamente, como curvas ou trajetórias ortogonais.

Especificamente, num campo elétrico, no entorno de dois corpos, com cargas opostas, as linhas de força são perpendiculares às curvas equipotenciais (curvas ao longo das quais a potência é constante).

Também, linhas de fluxo em aerodinâmicas são perpendiculares / ortogonais às curvas de velocidades equipotenciais.

**Exemplo 1**

As trajetórias ortogonais são linhas de força que podem ser parábolas com elipses.

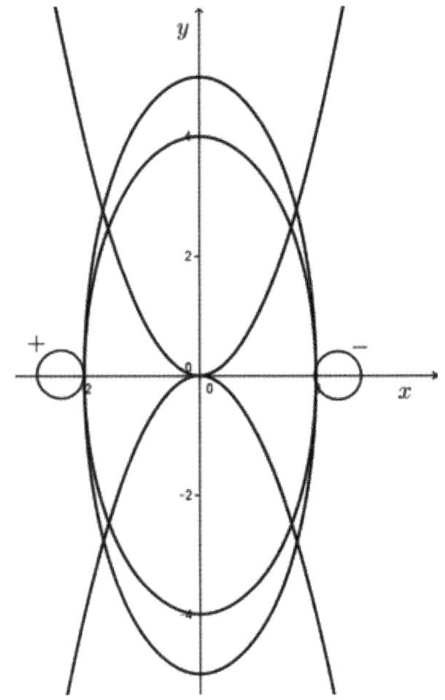


**Exemplo 2**

Se as linhas de fluxo são circunferências de centro na origem, as curvas de velocidades equipotenciais são retas que passam pela origem, logo trajetórias ortogonais

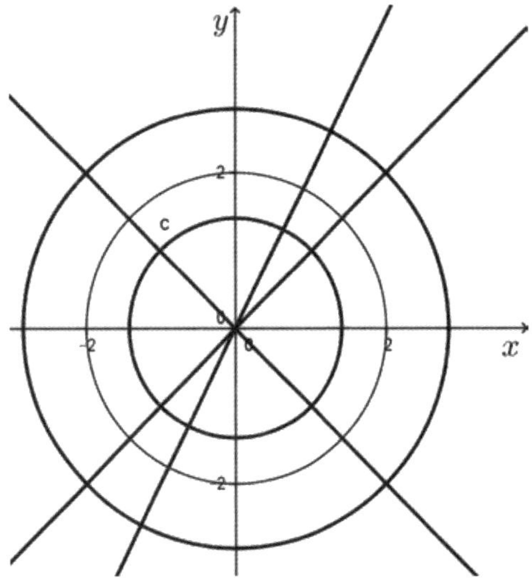


## 3.5 SITUAÇÃO 5: CAMPOS DE DIREÇÕES OU DE INCLINAÇÕES – RETAS ASSÍNTOTAS

**(a)** Traçado do campo de direções

Conceito

É uma interpretação geométrica da derivada como direção da reta tangente a uma curva.

Tomamos a direção da reta tangente, pelo cálculo do coeficiente angular dessa reta, utilizando as derivadas em diversos pontos. Podemos visualizar um esboço de família de curvas pelas retas tangentes.

**Objetivo**

Conhecer uma solução gráfica de uma Equação Diferencial, sem ter a sua solução expressa por uma função ou equação.

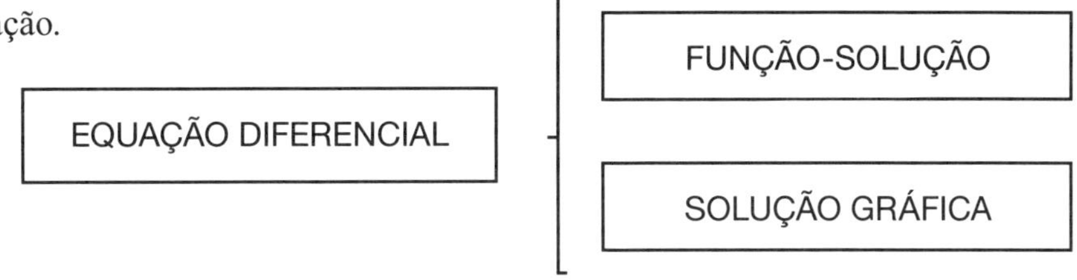


Há também a solução numérica de uma Equação Diferencial não apresentada neste livro.

Pelo campo de direções determina ão gráfica de uma Equação Diferencial.

$$\frac{dy}{dx} = 2 - y$$

**Exemplo 1**

Seja dada a Equação Diferencial Esta Equação Diferencial cuja derivada é expressa com a variável dependente é **denominada autônoma**.

Para traçar o campo de direções, interpretação geométrica desta Equação Diferencial, atribuímos um valor a y e variamos x em todo seu domínio. Para construir o esboço, as retas tangentes serão traçadas utilizando-se "pequenos segmentos" das mesmas facilitando a visualização de todo o campo.

**Método de Resolução**

**1º passo:** Tomamos a derivada igual a zero, sempre que possível. Neste exemplo é possível para y = 2. No sistema de eixo traçamos a reta y = 2 paralela ao eixo **x**, que é uma reta assíntota horizontal das curvas da família.

**2º passo:** Tomamos valores maiores e menores que y = 2, traçamos retas paralelas ao eixo **x**, pelos valores de y tomados. Notamos que para cada valor de y tomado se tem uma variação de x.

**3º passo:** Produzimos tabelas com os valores dos ângulos obtidos pela tangente trigonométrica que é igual a derivada em cada ponto.

inter nos uma visualização das curvas que permitem a ncial.

$$y' = \frac{dy}{dx} = 0 \quad \Rightarrow \quad 2 - y = 0 \quad \therefore \quad y = 2$$

, assim temos os pontos (x, 2), para qualquer valor real de **x**, os quais representam a reta y = 2 paralela ao eixo **x**.

| $x$ | 1 | 2 | 3 | 4 | 5 |
|---|---|---|---|---|---|
| $y$ | 2 | 2 | 2 | 2 | 2 |
| $tg\alpha = y'$ | 0 | 0 | 0 | 0 | 0 |
| $\alpha$ | 0° | 0° | 0° | 0° | 0° |

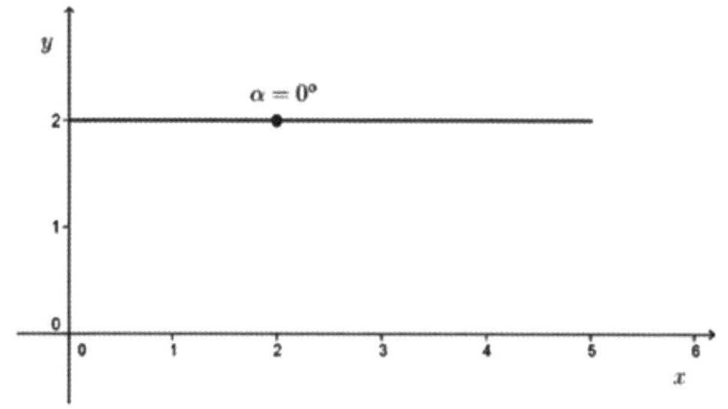


| $x$ | 1 | 2 | 3 | 4 | 5 |
|---|---|---|---|---|---|
| $y$ | 3 | 3 | 3 | 3 | 3 |
| $tg\alpha = y'$ | −1 | −1 | −1 | −1 | −1 |
| $\alpha$ | 135° | 135° | 135° | 135° | 135° |

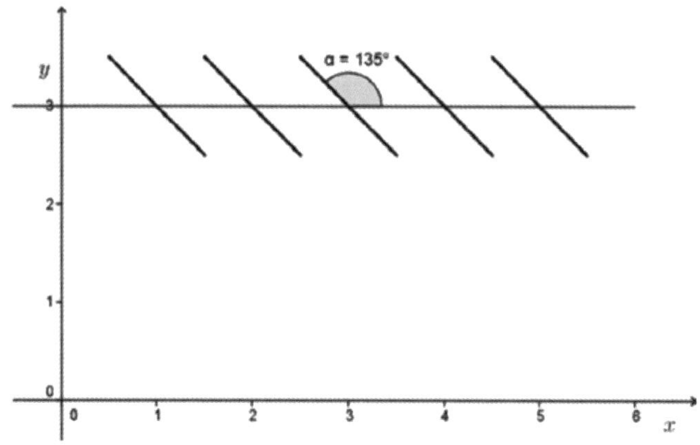


| $x$ | 1 | 2 | 3 | 4 | 5 |
|---|---|---|---|---|---|
| $y$ | 1 | 1 | 1 | 1 | 1 |
| $tg\alpha = y'$ | 1 | 1 | 1 | 1 | 1 |
| $\alpha$ | 45° | 45° | 45° | 45° | 45° |

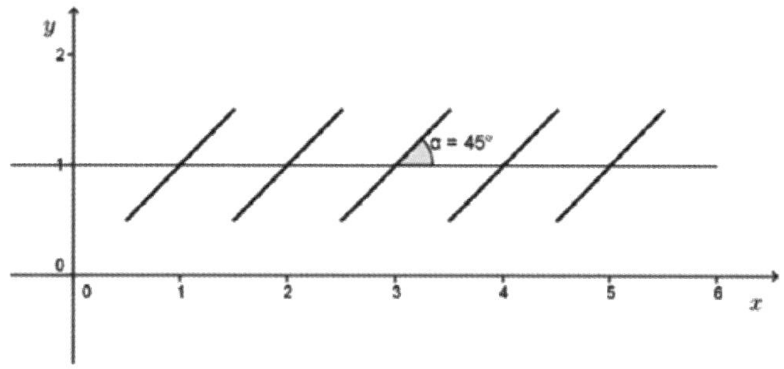


Esboçando no mesmo sistema de eixos:

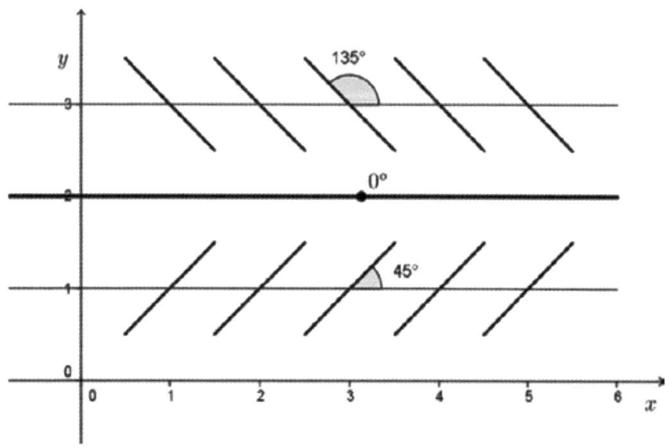

Atribuindo outros valores para y, temos um esboço mais completo, interpretando as inclinações, pelas quais se tem uma visualização das curvas.

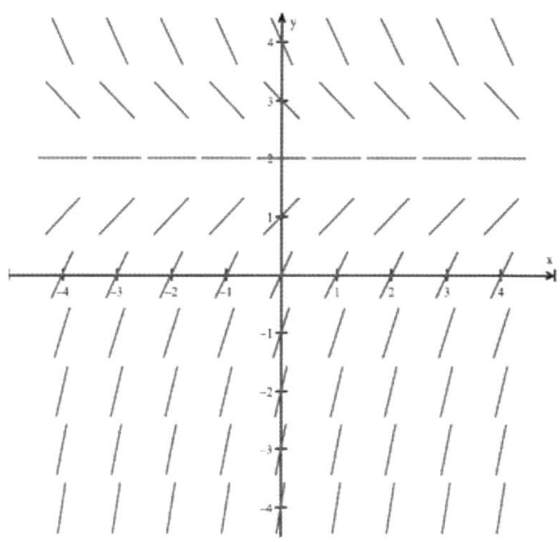

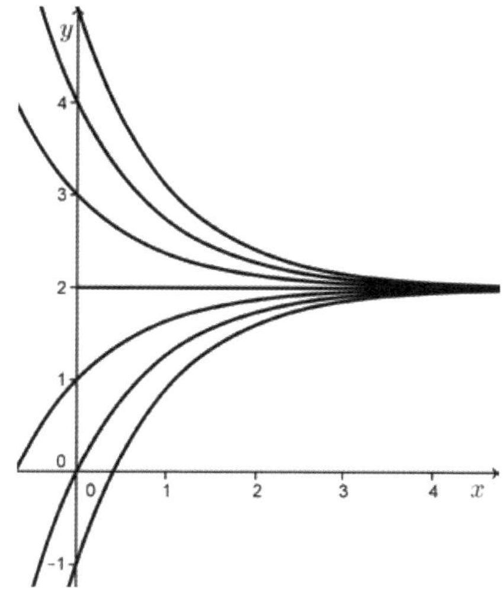

Assim, temos a solução geométrica/gráfica da Equação Diferencial, sem a resolução analítica da mesma.

**Exemplo 2**

Seja dada a Equação Diferencial $\frac{dy}{dx} = \frac{1}{x-2}$

Tomemos os mesmos passos do exemplo 1, mas como a Equação Diferencial tem a variável x, atribuímos valores para x e variamos y em todo o seu domínio.

Verificamos que a derivada existe para $x \neq 2$, valor este que anula o denominador.

Construímos tabelas com valores na vizinhança de x = 2, e y assume qualquer valor real. O que corresponde graficamente a uma assíntota vertical: reta de equação x = 2.

| $y$ | $-2$ | $-1$ | $0$ | $1$ | $2$ |
|---|---|---|---|---|---|
| $x$ | 2,5 | 2,5 | 2,5 | 2,5 | 2,5 |
| $tg\alpha = y'$ | 2 | 2 | 2 | 2 | 2 |
| $\alpha$ | 63° | 63° | 63° | 63° | 63° |
| $x$ | 3 | 3 | 3 | 3 | 3 |
| $tg\alpha = y$ | 1 | 1 | 1 | 1 | 1 |
| $\alpha$ | 45° | 45° | 45° | 45° | 45° |
| $x$ | 1,5 | 1,5 | 1,5 | 1,5 | 1,5 |
| $tg\alpha = y$ | $-2$ | $-2$ | $-2$ | $-2$ | $-2$ |
| $\alpha$ | 117° | 117° | 117° | 117° | 117° |
| $x$ | 1 | 1 | 1 | 1 | 1 |
| $tg\alpha = y$ | $-1$ | $-1$ | $-1$ | $-1$ | $-1$ |
| $\alpha$ | 135° | 135° | 135° | 135° | 135° |

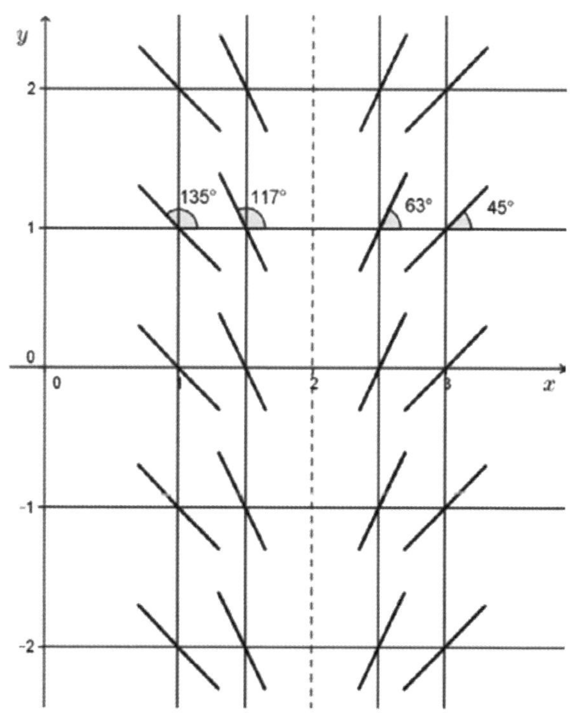

Atribuindo outros valores para x, temos um esboço mais completo, interpretando as inclinações, pelas quais se tem uma visualização das curvas, que são assintóticas à reta x = 2.

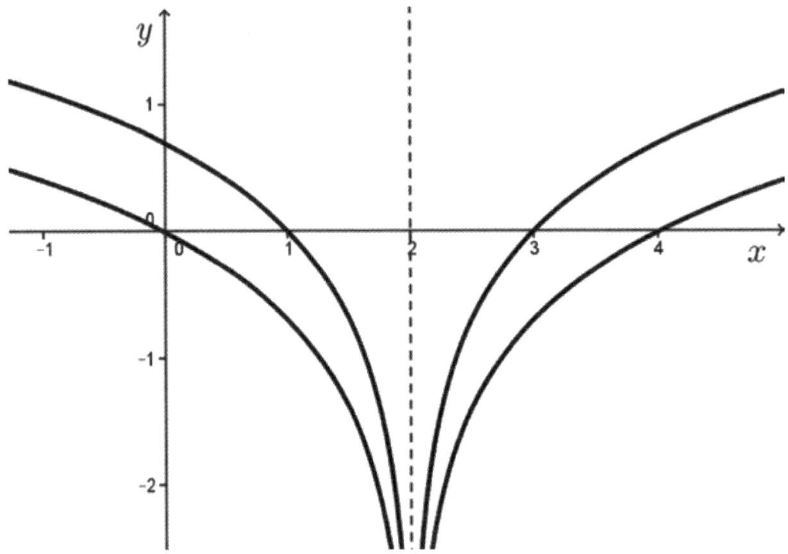


**Exemplo 3**

Seja dada a Equação Diferencial $\frac{dy}{dx} = y - x$

Tomamos os mesmos passos dos exemplos 1 e 2, mas como a Equação Diferencial tem a variável x e y, tomamos valores de x e y para derivada igual a zero, assim:

$y' = \frac{dy}{dx} = 0 \quad \Rightarrow \quad y - x = 0 \quad \therefore \quad x = y$ , assim temos os pontos (x, x), nos quais a derivada se anula, como por exemplo (0 , 0); (-1, -1); (-2, -2); (1, 1); (2, 2), entre outros.

Geometricamente, temos os pontos:

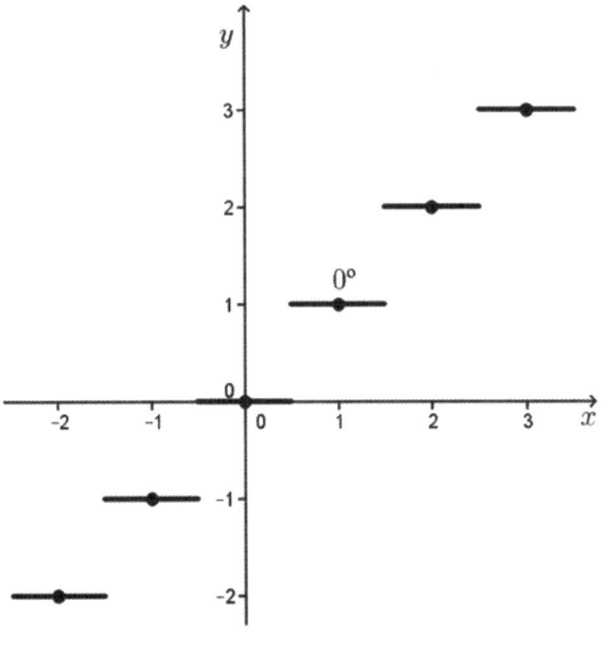

Para mais pontos no campo de direções, atribuímos valores próximos das coordenadas dos pontos P(x,x), isto é, nos quais a derivada é nula. Esboçamos, então, pontos da vizinhança daqueles cujas coordenadas anulam a derivada.

| $y$ | 1 | 1 | 1 | 1 | 1 |
|---|---|---|---|---|---|
| $x$ | $-1$ | 0 | 1 | 2 | 3 |
| $tg\alpha = y'$ | 2 | 1 | 0 | $-1$ | $-2$ |
| $\alpha$ | 63° | 45° | 0° | 135° | 117° |

| $y$ | 0 | 0 | 0 | 0 | 0 |
|---|---|---|---|---|---|
| $x$ | $-2$ | $-1$ | 0 | 1 | 2 |
| $tg\alpha = y'$ | 2 | 1 | 0 | $-1$ | $-2$ |
| $\alpha$ | 63° | 45° | 0° | 135° | 117° |

| $y$ | $-1$ | $-1$ | $-1$ | $-1$ | $-1$ |
|---|---|---|---|---|---|
| $x$ | $-3$ | $-2$ | $-1$ | 0 | 1 |
| $tg\alpha = y'$ | 2 | 1 | 0 | $-1$ | $-2$ |
| $\alpha$ | 63° | 45° | 0° | 135° | 117° |

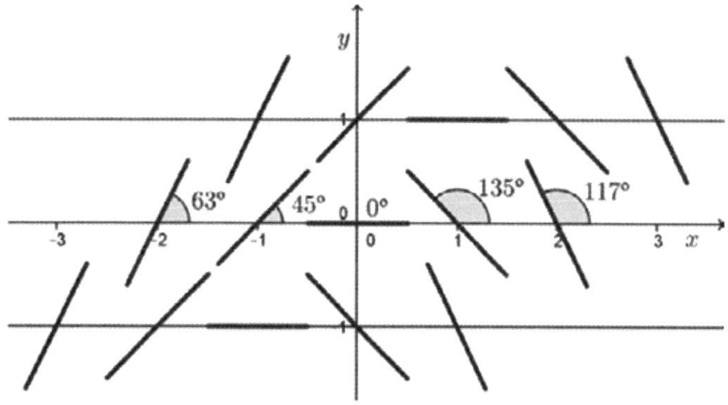


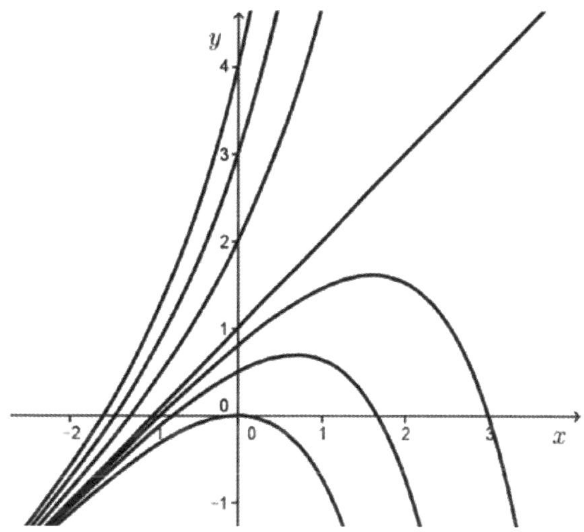


Curvas assintóticas à reta y = x + 1
soluções da Equação Diferencial

**Observação importante**

Na terceira parte do livro usaremos, o *software Máxima* para traçar o campo de direções e facilitar a análise gráfica.

**Reta assíntota**

Conceitualmente, temos que uma reta assíntota é uma reta para a qual uma curva tende a aproximar-se indefinidamente.

**Curva assintótica**

É uma curva que tende indefinidamente a uma reta.

**Classificação das retas assíntotas**

**1º Tipo:** reta assíntota horizontal

Uma reta y = b é uma assíntota horizontal ao gráfico da função y = f(x) quando $\lim_{x \to -\infty} f(x) = b$ e ou $\lim_{x \to +\infty} f(x) = b$. Existe um limite finito que é b para valores de x tendendo a infinito.

Notamos que o valor da derivada para pontos da curva próximos da reta assíntota tendem para zero.

As curvas solução das Equações Diferenciais **autônomas** de 1ª ordem serão curvas assintóticas.

**Exemplo**

$$\frac{dy}{dx} = 3 - y$$

$$\lim_{x \to \infty} f(x) = 3$$

Reta assíntota: y = 3

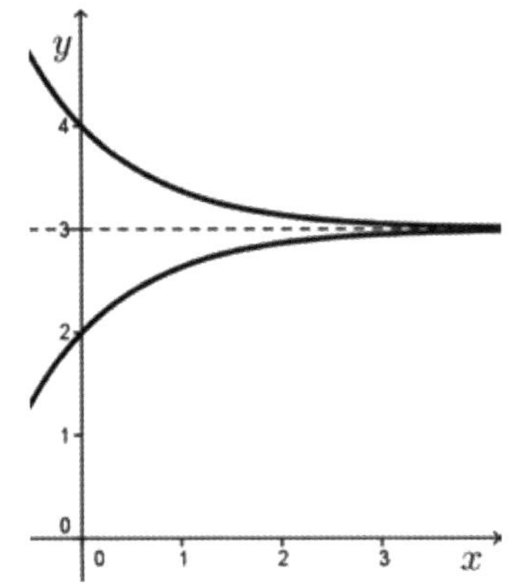

Equações Diferenciais do tipo $\frac{dy}{dx} = a \pm by,\ b \neq 0$ tem para sua solução curvas assintóticas horizontais. Existem outras curvas assintóticas horizontais como exponenciais, arco tangente, dentre outras.

**2º Tipo:** reta assíntota vertical

Uma reta x = k é assíntota vertical do gráfico de uma função y = f(x) quando pelo menos um dos limites laterais ( $\lim_{x \to k} f(x)$ ) tender para $-\infty$ ou $\infty$.

**Exemplo**

$$\frac{dy}{dx} = \frac{2}{(x-1)^3}$$

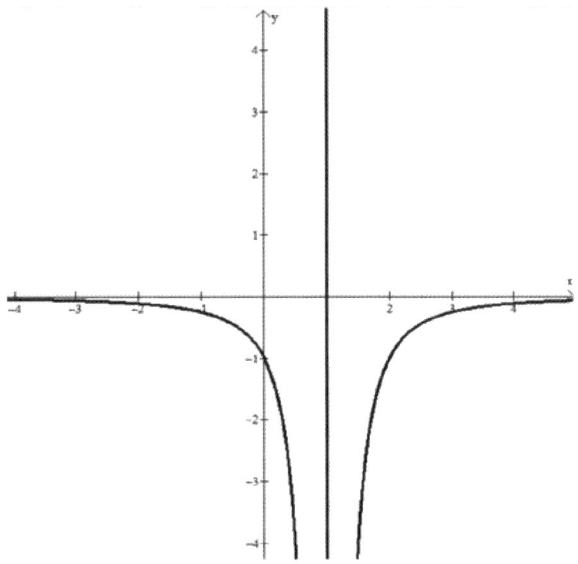

Equações Diferenciais do tipo $\frac{dy}{dx} = \frac{a}{b \pm cx}$ tem para sua solução curvas assintóticas verticais. Existem outras curvas assintóticas verticais tais como y = tgx e y = logx, dentre outras.

**3º Tipo:** reta assíntota oblíqua

Retas com inclinação diferente de $k\frac{\pi}{2},\ k \in Z$, com equação do tipo y = ax + b, $a \neq 0$.

As Equações Diferenciais cujas soluções tem retas assíntotas oblíquas podem ser

$$\frac{dy}{dx} = ax + by,\ a \neq 0 \ e \ b \neq 0.$$

**Exemplo**

$$\frac{dy}{dx} = y - x$$

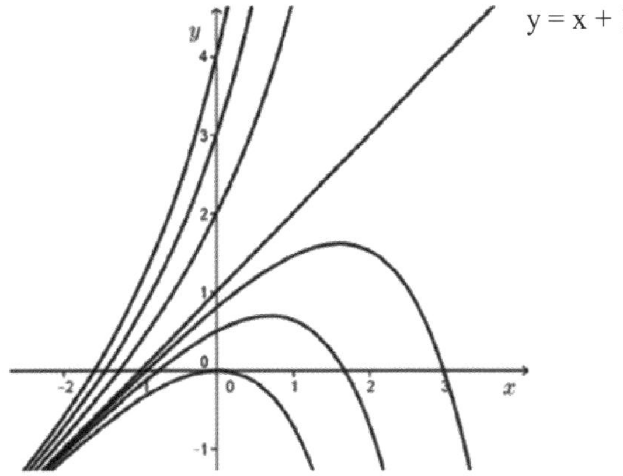


Verifique que graficamente a reta assíntota oblíqua é y = x + 1.

Podemos fazer a seguinte síntese: as curvas solução das Equações Diferenciais relacionadas no quadro síntese seguinte serão assintóticas, respectivamente com as retas assíntotas relacionadas.

| Retas Assíntotas | Equações Diferenciais |
|---|---|
| Horizontal | $\frac{dy}{dx} = a \pm by,\ b \neq 0$ |
| Vertical | $\frac{dy}{dx} = \frac{a}{b \pm cx},\ b \pm cx \neq 0\ e\ c \neq 0$ |
| Oblíqua | $\frac{dy}{dx} = ax \pm by,\ a \neq 0\ e\ b \neq 0$ |

**Observação**

As hipérboles com equações reduzidas do tipo $\frac{x^2}{a^2} - \frac{y^2}{b^2} = 1$ *ou* $\frac{y^2}{a^2} - \frac{x^2}{b^2} = 1$ são curvas assintóticas, com retas assíntotas obliquas, com Equação Diferencial do tipo $\frac{dy}{dx} = k\frac{x}{y}$

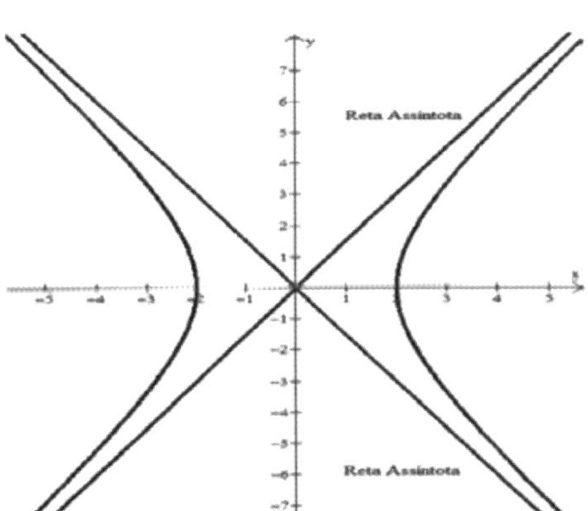


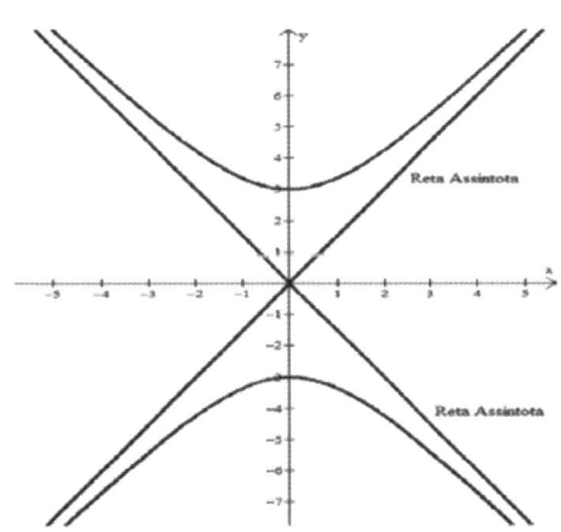

As hipérboles rotacionadas de equação $y = \frac{c}{x}$, a partir das reduzidas, têm os eixos coordenados como retas assíntotas, com Equação Diferencial $\frac{dy}{dx} = -\frac{y}{x}$.

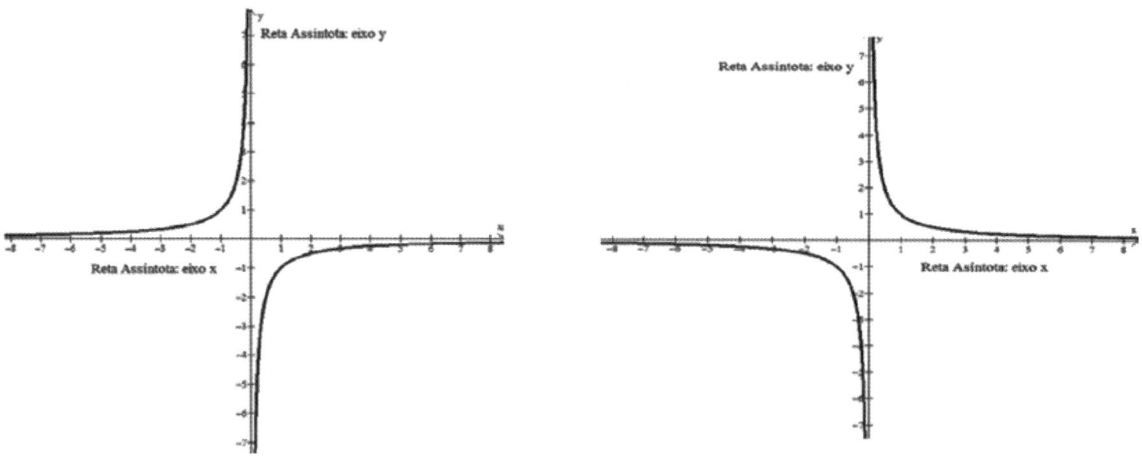


## 3.6 SITUAÇÃO 6: APLICAÇÃO FÍSICA USANDO CAMPO DE DIREÇÕES

Muitos fenômenos são analisados pelos seus modelos de Equações (a maioria) Diferenciais.

Para compreensão do desenvolvimento/comportamento do fenômeno, a análise gráfica de suas equações contribui significativamente.

Como primeira abordagem, faremos uma análise gráfica pelo campo de direções.

**1º passo:** Trace o campo de direções, construindo-se tabelas, como nos exemplos anteriores.

**2º passo:** Identifique as prováveis curvas que poderão representar o fenômeno.

**3º passo:** Identifique a curva pelas condições dadas no problema.

**Problema de resfriamento/aquecimento de um corpo no ar – Lei de Newton**

"A velocidade de resfriamento é proporcional à diferença entre a temperatura do corpo e do ambiente" dada, por exemplo, pelas Equações Diferenciais:

$$\boxed{\frac{dT}{dt} = -0{,}0347(T-20)} \quad \text{ou} \quad \boxed{\frac{dT}{dt} = -0{,}0347T + 0{,}694}$$

A temperatura do ambiente é de 20 °C, e a temperatura inicial do corpo é de 100 °C e resfria em 20 minutos para 60 °C, em 60 minutos para 30 °C.

Estude a variação da temperatura em função de um tempo crescente:

**1º passo:** Construção das tabelas, para $\frac{dT}{dt} = 0 \Rightarrow T = 20$

| $t$ | 20 | 40 | 60 | 80 |
|---|---|---|---|---|
| $T$ | 100 | 100 | 100 | 100 |
| $tg\alpha = \frac{dT}{dt}$ | $-2{,}776$ | $-2{,}776$ | $-2{,}776$ | $-2{,}776$ |
| $\alpha$ | 109° | 109° | 109° | 109° |
| $T$ | 80 | 80 | 80 | 80 |
| $tg\alpha = \frac{dT}{dt}$ | $-2{,}082$ | $-2{,}082$ | $-2{,}082$ | $-2{,}082$ |
| $\alpha$ | 115° | 115° | 115° | 115° |
| $T$ | 60 | 60 | 60 | 60 |
| $tg\alpha = \frac{dT}{dt}$ | $-1{,}388$ | $-1{,}388$ | $-1{,}388$ | $-1{,}388$ |
| $\alpha$ | 126° | 126° | 126° | 126° |
| $T$ | 40 | 40 | 40 | 40 |
| $tg\alpha = \frac{dT}{dt}$ | $-0{,}694$ | $-0{,}694$ | $-0{,}694$ | $-0{,}694$ |
| $\alpha$ | 145° | 145° | 145° | 145° |

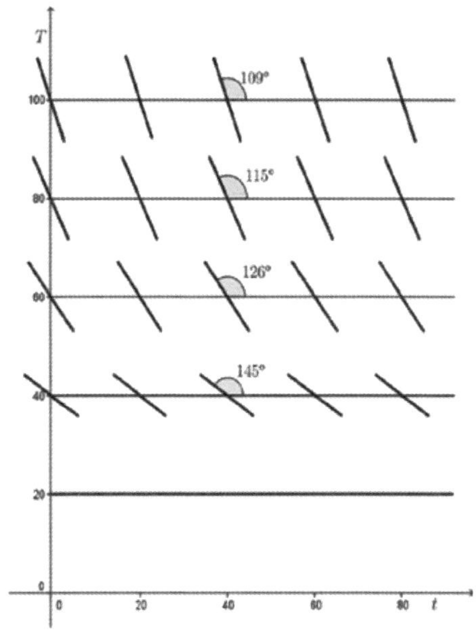


**2º passo:** A partir do campo de direções esboçado, as prováveis curvas do fenômeno são:

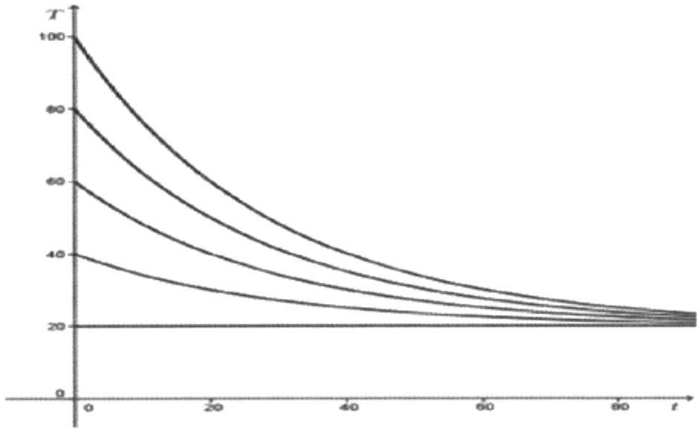

**3º passo**: Para a condição $t = 0$ minutos $\Rightarrow$ $T = 100°C$, a curva representativa é:

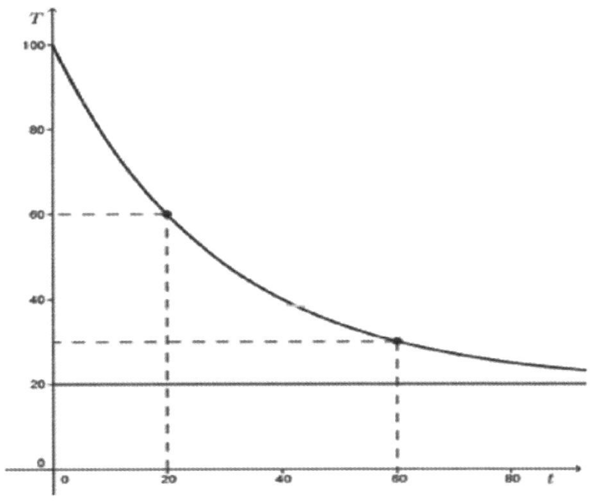

### Análise

A temperatura varia de modo decrescente tendendo a 20 °C, partindo da temperatura inicial do corpo de 100 °C. A derivada é negativa e o ângulo das inclinações das retas tangentes tende a $\pi$ radianos, para a inclinação cada vez mais tendendo a ser paralela ao eixo das abcissas (com o tempo crescente):

$$\left( tg\pi = 0 \Rightarrow \frac{dT}{dt} = 0 \right)$$

A análise da variação/comportamento da temperatura em função do tempo foi feita com a derivada, sem conhecer a equação analítica (algébrica) da temperatura em função do tempo.

### Problema de eletricidade – Lei de Kirchhoff

A variação da intensidade de corrente elétrica num circuito RL (série) é dada pela lei de Kirchhoff. Seja dado o exemplo:

$$\frac{di}{dt} + \frac{i}{2} = 2 \quad ou \quad \frac{di}{dt} = 2 - \frac{i}{2}$$

Num instante de 1 (um) segundo a intensidade de corrente é 3,5 ampéres. Estude a variação da corrente em relação ao tempo.

**1º Passo:** Construção das tabelas, para $\frac{di}{dt}$ = 0 tem-se i = 4

| $t$ | 1 | 2 | 3 | 4 | 5 |
|---|---|---|---|---|---|
| $i$ | 6 | 6 | 6 | 6 | 6 |
| $tg\alpha = \frac{di}{dt}$ | $-1$ | $-1$ | $-1$ | $-1$ | $-1$ |
| $\alpha$ | 135° | 135° | 135° | 135° | 135° |
| $i$ | 5 | 5 | 5 | 5 | 5 |
| $tg\alpha = \frac{di}{dt}$ | $-0{,}5$ | $-0{,}5$ | $-0{,}5$ | $-0{,}5$ | $-0{,}5$ |
| $\alpha$ | 153° | 153° | 153° | 153° | 153° |
| $i$ | 3 | 3 | 3 | 3 | 3 |
| $tg\alpha = \frac{di}{dt}$ | 0,5 | 0,5 | 0,5 | 0,5 | 0,5 |
| $\alpha$ | 27° | 27° | 27° | 27° | 27° |
| $i$ | 2 | 2 | 2 | 2 | 2 |
| $tg\alpha = \frac{di}{dt}$ | 1 | 1 | 1 | 1 | 1 |
| $\alpha$ | 45° | 45° | 45° | 45° | 45° |

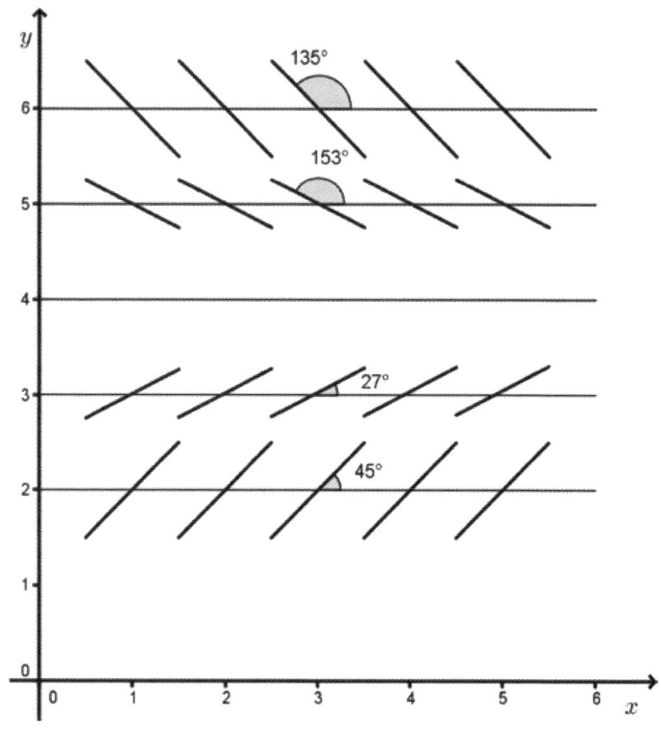

**2º passo:** A partir do campo de direções esboçado, as prováveis curvas do fenômeno são:

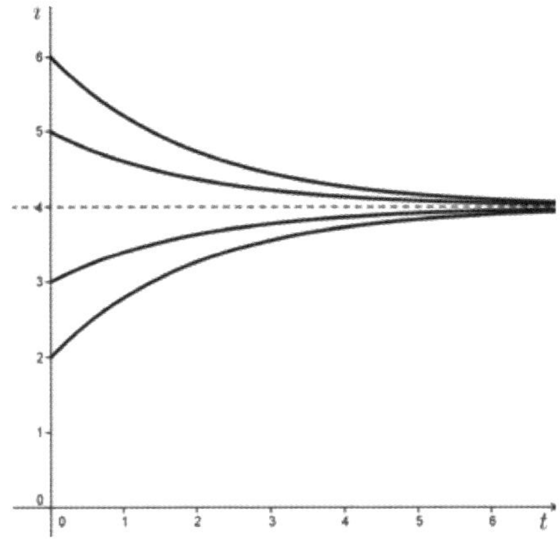

**3º passo:** Identificar a curva pelas condições dadas: t = 1; i = 3,5, isto é, o ponto na curva (1; 3,5)

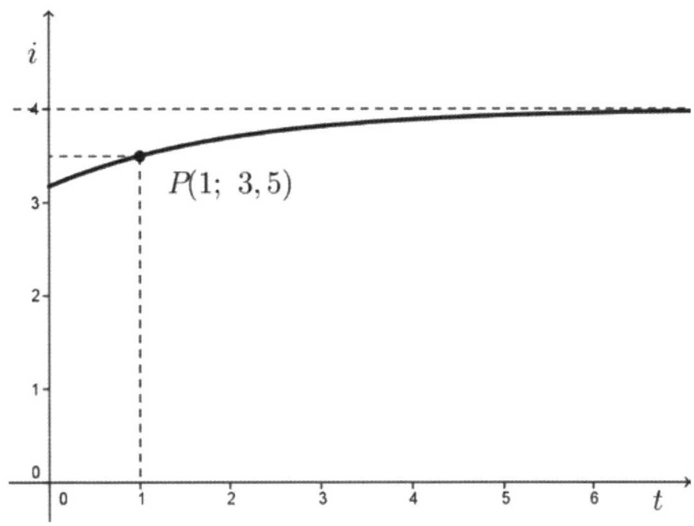


**Análise**

A intensidade de corrente para a condição dada é crescente, tendendo para i = 4 ampères. Dependendo das condições, a intensidade de corrente pode crescer ou decrescer. Para i > 4, decrescimento; para i < 4, crescimento. Para i = 4 ampères há uma situação de equilíbrio.

**Observação**

Estes 2 (dois) problemas terão um estudo mais completo no capítulo 4, no qual são analisados os fenômenos com interpretação gráfica e resolução das Equações Diferenciais que representam os modelos desses mesmos fenômenos.

## 3.7 SITUAÇÃO 7: ALGUMAS FUNÇÕES MAIS UTILIZADAS COMO MODELOS DOS FENÔMENOS FÍSICOS

Os modelos dos fenômenos físicos são representados matematicamente de quatro principais formas: gráfico, tabela, equação ou por uma descrição verbal.

A representação gráfica é muito utilizada, pois sua interpretação pode facilitar a compreensão do comportamento do fenômeno modelado, pela visualização.

**(a)** Função linear: É uma função cuja equação é $y = ax + b$, sendo $a$ = coeficiente angular e $b$ = coeficiente linear. A representação gráfica é uma reta.

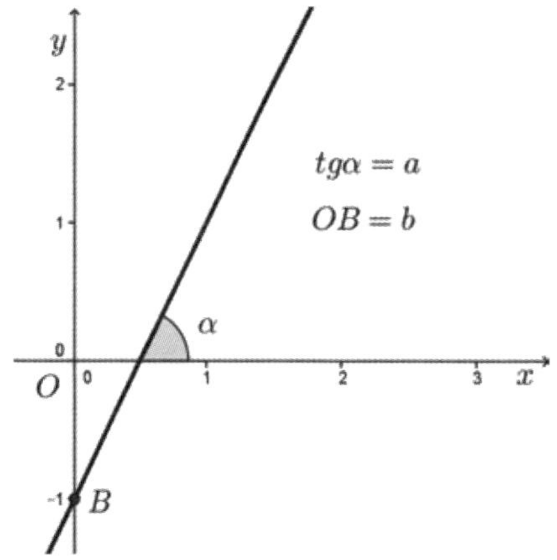


Esta função representa **modelos lineares de fenômenos** cujas grandezas são diretamente proporcionais.

A variável t representa a variação de tempo $(t \geq 0)$; os gráficos ficam limitados no 1º e 4º quadrantes, nos quais o tempo é maior que zero, tomamos também os eixos para o tempo igual a zero, como a seguir.

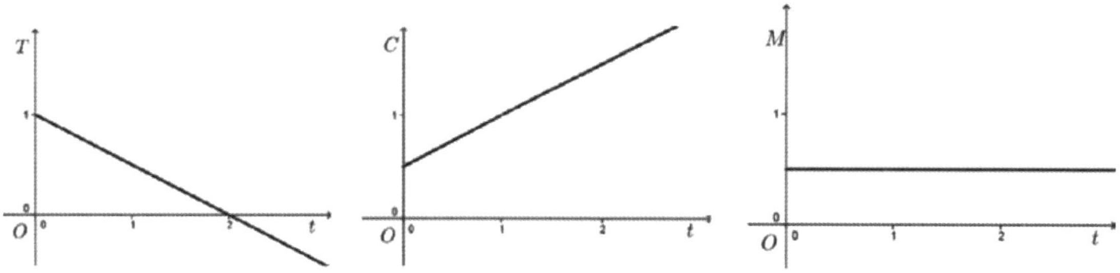

**(b)** Função exponencial natural (base do número "e"): Modelos Exponenciais

Essas funções representam fenômenos nos quais há crescimento ou decrescimento exponencial.

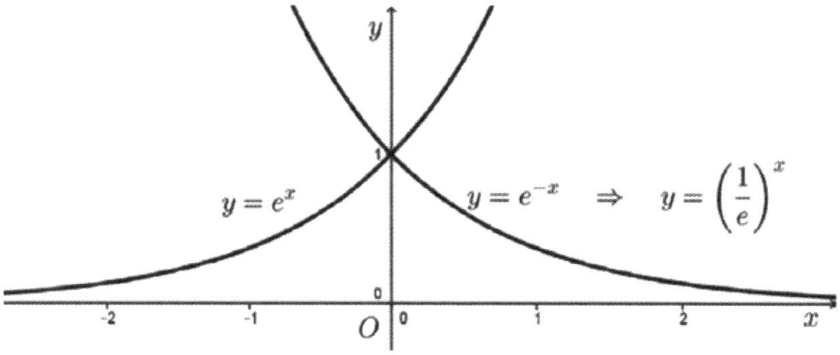

Para a análise dos fenômenos tem-se $t \geq 0$, limitando os gráficos. Por exemplo:

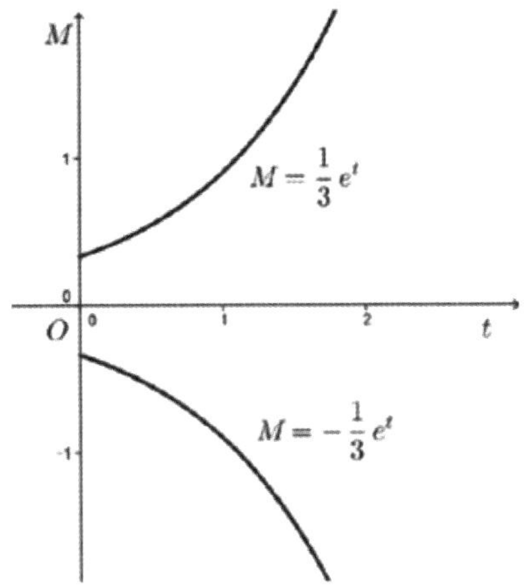


O gráfico de $M = -\frac{1}{3}e^t$ é uma reflexão do gráfico de $M = \frac{1}{3}e^t$.

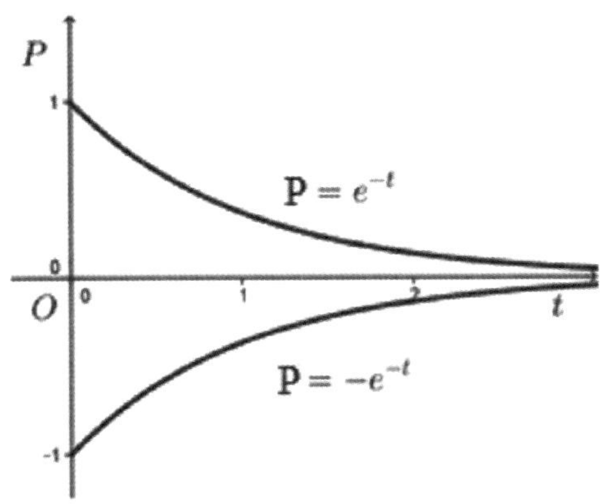


O gráfico de $P = e^{-t}$ é uma reflexão do gráfico de $P = -e^{-t}$.

**(c)** Funções trigonométricas: Modelos Senoidais Cossenoidais
Representam fenômenos nos quais há uma variação de natureza periódica

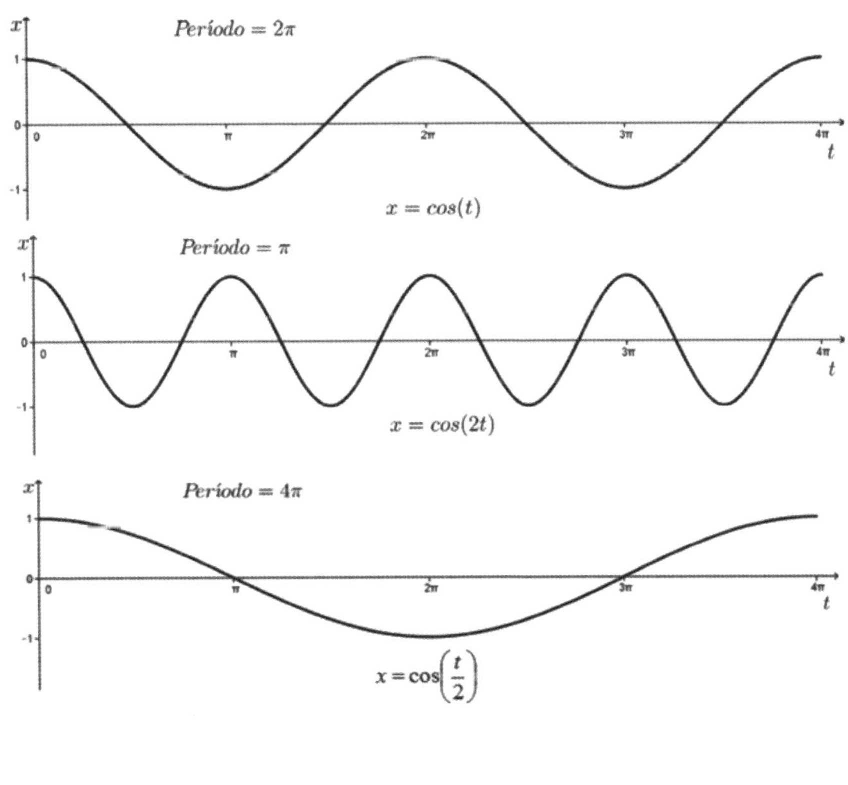

O período das funções originadas de cosseno de **t** é determinado pela divisão de $2\pi$ pelo coeficiente que multiplica **t** na função.

Verificamos que ao multiplicar **t** por um número maior que 1 (Exemplo: x = cos(2t)) há uma compressão da cossenóide e, ao multiplicar por 0 < t < 1, (Exemplo: $x = \cos\left(\frac{t}{2}\right)$) há um alongamento do gráfico, acontecendo a mudança do período das funções originadas da função cosseno. O mesmo ocorre com a função seno.

## EXERCÍCIOS PROPOSTOS E PROBLEMAS DE APLICAÇÕES GEOMÉTRICAS

**1) Situação 1:** Esboce o gráfico da solução geral(família de curvas) e solução particular(uma curva da família) das Equações Diferenciais dadas:

a) $\frac{dy}{dx} - e^x = 0$ ; Solução geral : $y = e^x + c$

b) $\frac{dy}{dx} - e^x = 0$ ; Determine a solução particular para y(0) =0 e esboce seu gráfico

**2) Situação 2:** Calcule a equação da

a) família de curvas em que todas as tangentes passam pela origem.

b) família de curvas em que todas as normais passam pela origem.

c) família de curvas cujo segmento de qualquer tangente entre os eixos coordenados é dividida ao meio pelo ponto de tangência.

d) curva que contém o ponto (3, 1) sabendo que a porção da reta tangente compreendida entre seu ponto de contato com a curva e o eixo x esta dividida em duas partes iguais pelo ponto de interseção com o eixo y.

e) curva que satisfaz a condição $\frac{dy}{dx} = 4x^3y$ e cujo intercepto com o eixo y é 7 (sete).

**3) Situação 3: Aplicação com a subtangente e subnormal**

a) Dê a equação da família de curvas tais que a subtangente seja o dobro da abscissa do ponto de tangência em qualquer ponto das curvas da família.

b) Dê a equação da curva da família de curvas da letra (a) que passa pelo ponto (1, 2).

c) Esboce a família de curvas da letra (a) e a curva da letra (b).

**4) Situação 4: Trajetórias ortogonais: Equação e esboço**

4.1) Dadas as equações $y = x^2$ e $\frac{x^2}{3} + \frac{y^2}{3/2} = 1$

a) Esboce seus gráficos e mostre o ponto $Q_1$ (1,1).

b) Trace as retas tangentes às curvas no ponto $Q_1$.

c) Calcule o coeficiente angular das duas retas tangentes(derivada no ponto).

d) Verifique que o valor das derivadas da letra c são inversos com o sinal trocados e, assim, as retas tangentes são perpendiculares (o que caracteriza trajetórias ortogonais).

4.2) Usando as mesmas equações, mas trocando o ponto: $Q_2(-1,1)$ faça os mesmos itens do exercício número 1(um).

4.3) Sejam famílias de curvas dadas pelas equações: $xy = c$ e $y^2 - x^2 = c$

a) Esboce, num mesmo sistema de eixos, pelo menos 3 (três) curvas de cada família.

b) Mostre que as curvas se interceptam no ponto (2,1) e as retas tangentes as curvas neste ponto são perpendiculares.

c) Mostre que as duas famílias de curvas são trajetórias ortogonais.

4.4) Dadas as famílias de curvas a seguir, determine, para cada uma, a família de curvas que são trajetórias ortogonais às mesmas. Trace o esboço de cada família dada, com sua trajetória ortogonal num mesmo sistema de eixos

a) $y^2 = c\,x$ b) $x^2 + y^2 = c^2$ c) $(x - c)^2 + y^2 = c^2$

**5) Situação 5: Campos de direções ou de inclinações**

5.1) Dado o esboço dos campos de direções ou de inclinações, trace pelo menos 3(três) curvas em cada campo

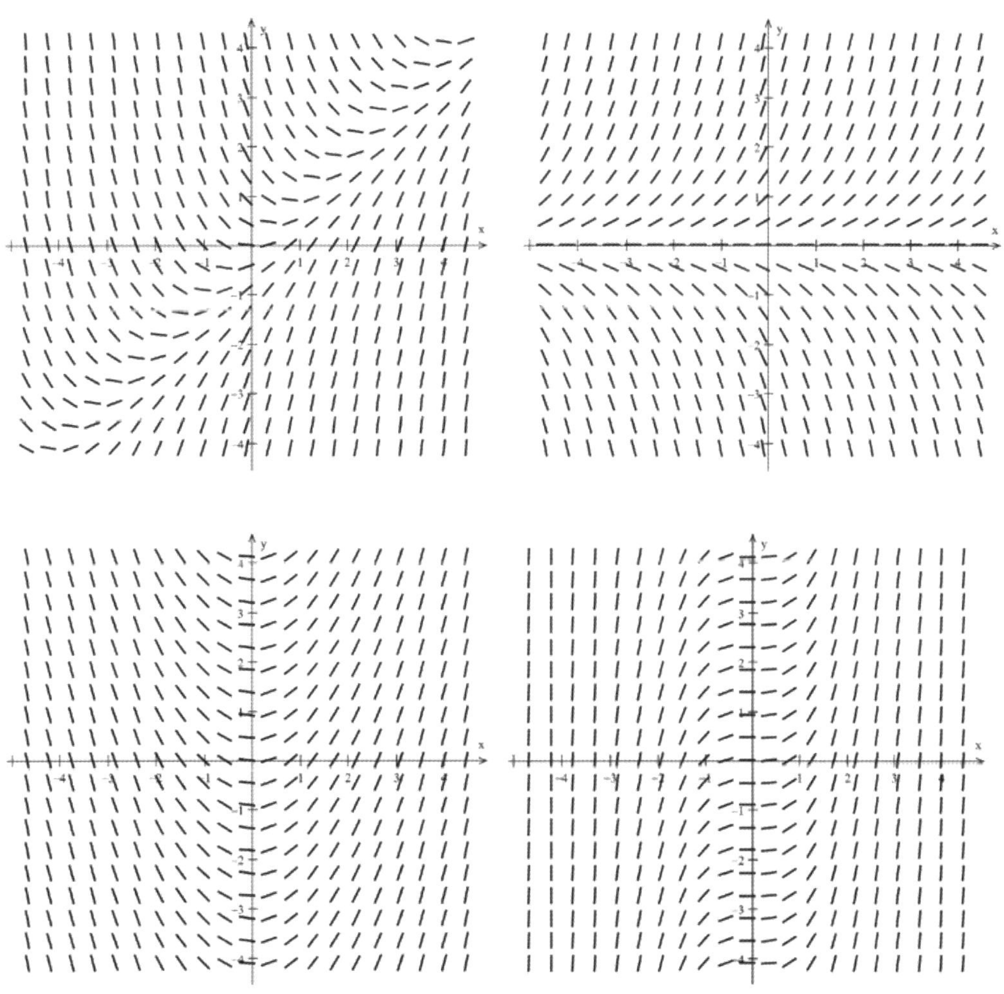

5.2) Esboce o campo de direções correspondentes às Equações Diferenciais

a) $\frac{dy}{dx} = x$ b) $\frac{dy}{dx} = 3 - y$ c) $\frac{dy}{dx} = y - 3$ d) $\frac{dy}{dx} = x - y$ e) $\frac{dy}{dx} = x + y$

5.3) Esboce pelo menos 5 (cinco) curvas de cada campo do exercício número 2(dois)

5.4) Identifique cada campo de direções do exercício número 1(um) com a Equação Diferencial dada e esboce a curva da família que contém o ponto dado

a) $\frac{dy}{dx} = x^2$ no ponto (0,1)

c) $\frac{dy}{dx} = 3 - y$ no ponto (2,5)

b) $\frac{dy}{dx} = x^2 - y^2$ no ponto (0,0)

d) $\frac{dy}{dx} = x + y$ no ponto (2,-2)

5.5) Das Equações Diferenciais dadas: I) $y' = -2x$ II) $y' = e^x$ III) $y' = x + y$

a) Esboce o campo de direções e pelo menos 3(três) curvas da família.

b) Resolva a Equação Diferencial.

c) Determine a solução particular para o ponto (0,1).

d) Esboce no campo de direções do item I, o gráfico da solução particular encontrada no item III.

**6) Situação 6: Aplicação física usando campo de direções**

6.1) Dado um circuito pela equação $\frac{di}{dt} + i = 3$ , sendo t = tempo e i = intensidade de corrente

a) Esboce o campo de direções.

b) Esboce 5 (cinco) curvas do campo de direções.

c) Esboce a curva que contem o ponto (0,0) , isto é, t = 0 , i = 0.

d) Esboce a curva que contem o ponto (0,5) , isto é, t = 0 , i = 5.

e) Analise a variação da corrente (crescimento/decrescimento) para t crescente.

f) Se o tempo cresce $(t \to \infty)$, qual é a tendência do valor da corrente i?

6.2) A velocidade de resfriamento/aquecimento de um corpo no ar é dada por:

$\frac{dT}{dt} = 5 - T$ ; sendo T = temperatura e t = tempo:

a) Esboce o campo de direções.

b) Esboce pelo menos 5(cinco) curvas do campo de direções.

c) Esboce a curva que contém o ponto (0,0) , isto é, t = 0, T = 0.

d) Esboce a curva que contém o ponto (0,7) , isto é, t = 0; T = 7.

e) Analise a variação da temperatura (crescimento/decrescimento) para t crescente.

f) Se o tempo cresce $(t \to \infty)$ qual é a tendência do valor da temperatura?

**7) Situação 7: Gráfico de funções mais utilizadas como modelos de fenômenos físicos**

7.1) Dado $y = e^x$

a) Esboce o gráfico da exponencial e de sua reta assíntota.

b) Determine a equação da reta assíntota.

c) No gráfico da exponencial e analisando a sua função, justifique porque y é sempre positivo.

d) Porque y não é nulo?

e) A função é estritamente crescente ou decrescente? Justitique pela erivada.

f) Faça os mesmos o itens do exercício com a função exponencial: $y = e^{-x}$.

7.2) Num mesmo sistema de eixos, trace os gráficos das funções exponenciais com suas retas assíntotas, isto é, um sistema de eixos para cada item a, b, c, d.

a) I) $y = e^x$ II) $y = e^x + 1$ III) $y = e^x + 2$ IV) $y = e^x - 1$

b) I) $y = e^{-x}$ II) $y = e^{-x} + 1$ III) $y = e^{-x} + 2$ IV) $y = e^{-x} - 1$

Para os itens c, d , e considerar $t \geq 0$,

c) I) $y = e^t$ II) $y = - e^t$

d) I) $y = e^{-t}$ II) $y = - e^{-t}$

e) Para as funções de c e d, quando $t \to \infty$, então para qual valor tende o limite de y.

7.3) Trace, num mesmo sistema de eixos, os gráficos das funções recíprocas transladadas e suas retas assíntotas.

a) $y = \frac{1}{x-1}$ $y = \frac{1}{x}$ $y = \frac{1}{x+1}$

b) $y = \frac{1}{x^2}$ $y = \frac{1}{x^2} + 1$ $y = \frac{1}{x^2} - 1$

7.4) Trace, num mesmo sistema de eixos, o gráfico das funções e determine seu período.

a) $y = \cos x$ $y = \cos(2x)$ $y = \cos\left(\frac{x}{2}\right)$

b) $y = \text{sen } x$ $y = \text{sen}(2x)$ $y = sen\left(\frac{x}{2}\right)$

7.5) Esboce pelo menos 3(trê: $y - 1 = cx^2$ e cada família de curvas num mesmo sistema de eixos.

a) $y = c$ f) l) $y = \frac{1}{x-c}$

b) $x = c$ g) $y = c(x-1)^2$ m) $y = e^{cx}$

c) $y = cx^2$ $c$ h) $x^2 + (y-c)^2 = 4$ n) $y = ce^x$

d) $x = cy^2$ i) $(x-c)^2 + y^2 = 4$ 0) $y = c + \cos x$

e) j) $y - \frac{c}{x}$ p) $y = c \text{ sen } x$

7.6) Trace os gráficos de:

a) $y = e^x senx$ e, determine o limite de y quando x tende para infinito

b) $y = e^{-x} senx$ e, determine o limite de y quando x tende para infinito

CAPÍTULO 4

# RESOLUÇÃO DE PROBLEMAS DE FENÔMENOS FÍSICOS COM EQUAÇÕES DIFERENCIAIS DE 1ª. ORDEM

## 4.1 CONSIDERAÇÕES INICIAIS

### 4.1.1 CONCEITO DE FENÔMENO

A caracterização de um fenômeno se faz pela manifestação de mudanças ocasionadas por uma ação executada por um agente físico, químico, social entre outros num processamento dinâmico.

É observado de maneira extraordinária por meio de movimento, experiência, percepção. Os termos ação, movimento, variação, mudança revelam a estrutura de um fenômeno. É um objeto de manifestação no tempo e num espaço que pode ser dimensionado por um observador, isto é, um acontecimento em ação, em processo, cuja ocorrência se faz por interações de sistemas.

Dois tipos de fenômenos físicos podem ser caracterizados:

**Natural:** Provocado pela natureza física, independente do homem: o movimento das marés, a ação dos ventos, a gravidade, o movimento dos planetas.

**Artificial**: Provocado pelo homem: a produção de energia pelas hidrelétricas, pelo átomo, a produção de eletricidade com os circuitos, o motor, a bateria.

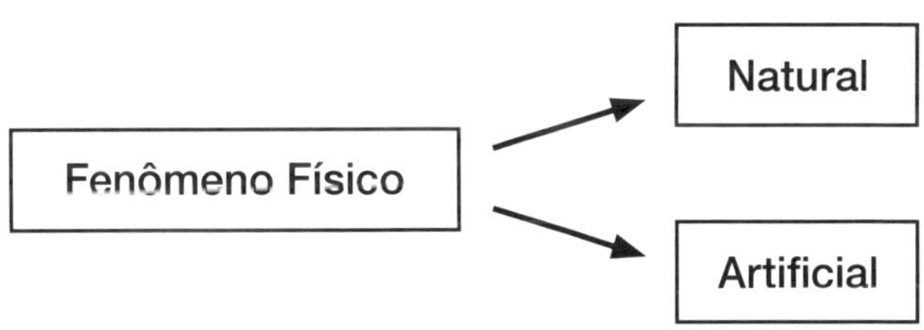


### 4.1.2 MATEMATIZAÇÃO DE FENÔMENOS COM EQUAÇÕES DIFERENCIAIS

O conceito de fenômeno, como um acontecimento, um processo em ação, em transformação, com mudanças perceptíveis por observação, pode ser entendido como uma experimentação pelo "movimento" e pela "variação".

Ao observar um fenômeno, em seu processo de variação, procedemos uma medição que requer uma analítica com instrumentação para aferir e tratar as informações com variáveis, com parâmetros, com sistema de unidades e escalas.

Traduzir este processo inerente ao fenômeno em uma linguagem simbólica específica, numa tentativa de sintetizar características de sua dimensão, constitui o ato de matematizar o fenômeno, ou seja, a ação de matematização.

Matematizar é, então, a ação que resulta numa manifestação sintética dos elementos observados, de suas relações e leis inerentes a um fenômeno processado, expressos em linguagem simbólica de uma das áreas específicas da Matemática. Essa manifestação se apresenta como um modelo matemático do fenômeno, segundo Bassanezi (2006).

A Matemática tem instrumental simbólico adequado para modelar um fenômeno, além da sua descrição, ou expressá-lo em linguagem natural, que pode ser oral ou escrita.

Como linguagem simbólica escrita, apresenta-se, como possibilidade analítica e instrumental, o Cálculo Infinitesimal da Matemática. Em sua base estrutural estão as grandezas ou variáveis simbolizadas por x e y, tal que y depende de x, isto é, y=f(x), e suas respectivas variações infinitesimais diferencias dx e dy. A relação, dy/dx, entre esses infinitésimos diferenciais, permite conhecer propriedades *locais (pontuais)* de y=f(x), como variação ou mudança de crescimento/decrescimento, dy/dx, pontos de máximo/mínimo e concavidade, objeto de estudo do Cálculo Diferencial. Por outro lado, o acúmulo ou soma do produto de partes infinitesimais, f(x)dx, permite conhecer propriedades *globais* de y=f(x), em dado intervalo da variável x, como área e volume ou pressão e trabalho, objeto de estudo do Cálculo Integral.

Entretanto, no estudo de fenômenos usaremos variáveis que expressam as grandezas dependentes e independentes inerentes ao fenômeno:

Variável independente t (tempo) na maioria dos fenômenos.

Variáveis dependentes podendo ser: T (temperatura), m (massa), i (intensidade de corrente no circuito). Deste modo y e x são mais usados em Matemática.

Assim, o Cálculo Infinitesimal engloba o Cálculo Diferencial e o Cálculo Integral. Atualmente, a denominação de Cálculo Diferencial e Integral é a mais usada.

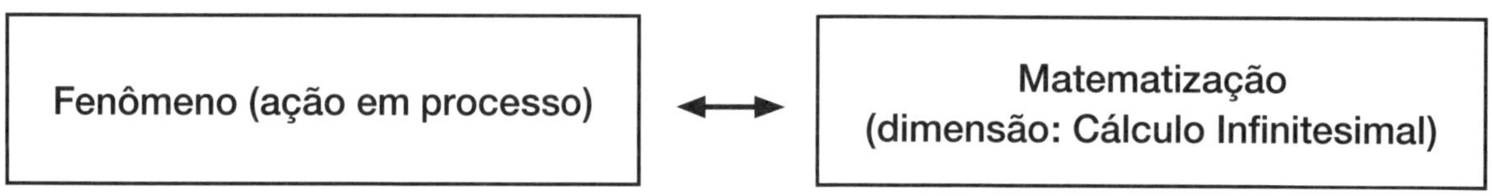


**Movimento - variação**

Assim o fenômeno, um acontecimento com plena ativação e em contínuo processo de variação com movimento, se manifesta por uma configuração dimensional (que pode ser medida, modelada por uma observação caracterizada pelo uso de unidades de medida).

Desta forma, todo fenômeno se oferece para ser medido, dimensionado a partir de uma observação, expressa por processos quantitativos ou qualitativos, por modelos definidos por parâmetros medidores, tal como a variação do tempo.

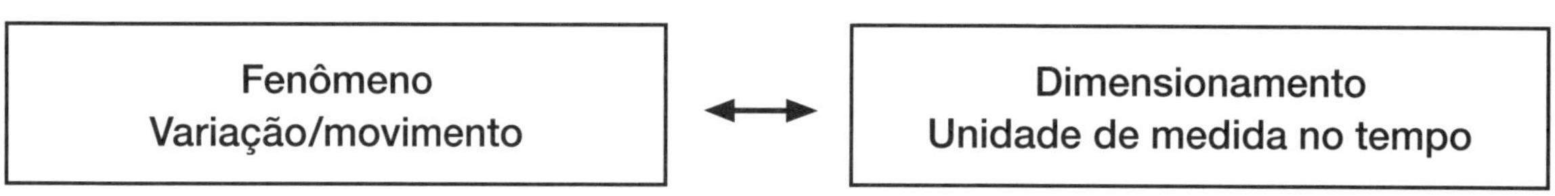


**Matematização**

Na matematização no ensino superior, a instrumentação criada para medir pode se configurar pelos conceitos de limite, derivada, diferencial, integral, a partir do cálculo infinitesimal.

Para modelagem matemática, as Equações Diferenciais se apresentam como instrumento adequado para a representação e configuração de muitos fenômenos.

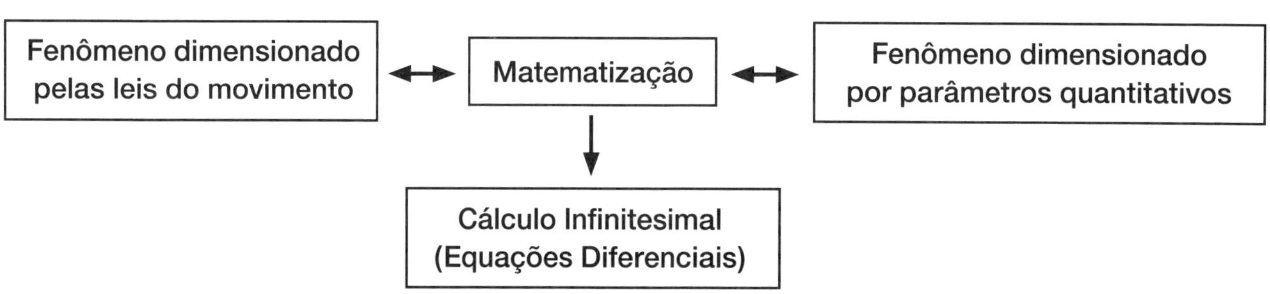

Em síntese, temos um fenômeno, observado quanto a duas varáveis x e t, e de seus acréscimos '$\Delta x = dx$' e "$\Delta t = dt$", ao entrar em processo de contínua variação, é expresso, muitas vezes, por uma Equação Diferencial dx/dt=f(x,t), e o Teorema Fundamental do Cálculo Infinitesimal permite-nos, em geral, partir da relação dx/dt e encontrar a função x =f(t), que relaciona as variáveis x e t.

### 4.1.3 METODOLOGIA DE ESTUDO DE UM FENÔMENO-RESOLUÇÃO DE PROBLEMA

O fenômeno gera uma situação na qual se configura uma problematização, isto é, a determinação de um problema, a ser delineado com seus parâmetros definidores e que possui muitas vezes um instrumento ou um modelo pronto e acabado para trazer a solução, ou para sua manifestação imediata.

"Uma situação somente pode ser concebida como um problema na medida em que exista um reconhecimento dela, como tal, e na medida em que não dispomos de procedimentos automáticos que nos permitam solucioná-la." Pozo (1998, p. 16). Desta forma um problema exige um processo de reflexão com tomada de decisões, a partir de uma "seqüência de passos" para sua resolução. Assim, um problema se diferencia de um exercício:

| Problema | Exercício |
|---|---|
| - Processo de reflexão<br>- Tomada de decisão<br>- Situação nova e aberta<br>- Há um contexto | - Procedimentos automáticos<br>- Habilidade mecânica de repetição<br>- Treinamento de modelo<br>- Há uma fórmula/padrão |
| ↓ | ↓ |
| Resolver um problema geométrico ou de fenômeno físico | Resolver uma Equação Diferencial |

Segundo Polya (1994 : pág. 3,4,5), como não há um procedimento padrão para resolver problemas, ao procurar a solução podemos determinar algumas fases ou passos que orientem o processo de resolução:

(I) Compreender a situação que define o problema, o qual é descrito verbalmente por um enunciado; então exige-se uma leitura cuidadosa e analítica das partes que compõem o enunciado;

(II) Estabelecimento de um plano diretor no qual se busca a relação dos dados e informações: parâmetros, incógnitas, leis, propriedades;

(III) Execução do plano, isto é, desenvolvimento dos passos formalizados no plano: resolução de equações, cálculos, traçado de diagramas e gráficos;

(IV) Retrospecto da resolução, análise e avaliação da solução determinada, compatibilizando dados iniciais com esta mesma solução.

### 4.1.4 MÉTODO/TÉCNICA PARA RESOLVER E INTERPRETAR UM PROBLEMA

Stewart (2013), na sua obra de Cálculo, dá diretrizes para resolução de um problema pela **regra das três abordagens**: (1) tratamento algébrico; (2) tratamento geométrico/gráfico; (3) tratamento numérico/tabelas de dados; depois acrescenta mais um tratamento que é da linguagem, a (4) descrição verbal na língua natural da situação em contexto e da problematização que o mesmo autor chama de **regra das quatro abordagens**.

A partir destas considerações, definiremos a resolução de problemas com Equações Diferenciais com 2(dois) tipos de modelos:

**Modelos das equações**

Consiste de equações que definem o modelo, isto é, as relações matemáticas expressas por uma variável independente t como o tempo e outras variáveis "t", "s", "m", "i", "x", como dependentes, caracterizando a variável do fenômeno em estudo:

* Temperatura de um corpo: $T = T(t)$ ; T = temperatura

* Posição de uma partícula num movimento: $s = s(t)$ ; s = posição

* Massa: $m = m(t)$ ; m = massa

* Intensidade de corrente num circuito: $i = i(t)$; i = intensidade de corrente

* A posição de uma mola pela sua vibração: $x = x(t)$; x = posição da mola

O fenômeno é matematizado, também, com as derivadas das variáveis que definem a variação e o movimento, expressando em cada situação um tipo de velocidade (derivada):

* Velocidade de resfriamento/aquecimento: $\frac{dT}{dt}$ função da temperatura "T"

* Velocidade da intensidade de corrente: $\frac{di}{dt}$ função da intensidade de corrente "i"

* Velocidade da variação de massa: $\frac{dm}{dt}$ função da massa "m"

* Velocidade da variação de posição: $\frac{dx}{dt}$ função da posição "x"

O problema é formalizado ao se dar uma expressão matemática com a derivada (velocidade), inicialmente denominamos a "lei física".

O conjunto das equações modelam o fenômeno físico observado.

As Equações Diferenciais que expressam, às vezes, situações que não trazem, explicitamente, a variável independente, são chamadas de "**Equações autônomas**".

**Exemplo:**

Num fenômeno de variação de temperatura em função do tempo, a equação autônoma pode ser:

$\frac{dT}{dt} = 2 - T$ , esta equação é da forma: $\frac{dT}{dt} = f(T)$.

Entretanto, a solução da Equação Diferencial vai ser expressa em função do tempo.

**Modelos dos gráficos**

Consiste no conjunto dos gráficos das equações encontradas. São os gráficos da função original e de suas derivadas, os quais representam a variação do fenômeno, traduzem aspectos constituintes da situação problematizadora.

A compreenssão do fenômeno é realizada pelas relações entre os diversos gráficos. Assim, não basta o traçado do gráfico, esperamos uma análise comparativa do comportamento das variáveis e dos parâmetros definidores da lei física inerente ao fenômeno.

**Uma análise qualitativa do fenômeno**

Finalmente, a análise do fenômeno pode ser sintetizada num "pequeno texto" , no qual se procura relacionar a lei física, expressa pelas funções matemáticas (especialmente as derivadas, que configuram as Equações Diferenciais) e os gráficos. Escrever, em língua natural, sem a simbologia matemática, a descrição do fenômeno mostra a compreensão da variação e do movimento em estudo.

### 4.1.5 APLICAÇÕES À FÍSICA E AS DEMAIS DISCIPLINAS TECNOLÓGICAS

**I – Considerações fundamentais**

O que fazer para se ter o inter-relacionamento das Equações Diferenciais com as demais matérias:

- entender a aplicação da derivada como taxa de variação e da integral, como anti-derivada (integral indefinida) e como soma (integral definida);
- fazer a interpretação cinemática da derivada: velocidade (derivada da função posição em relação ao tempo) e aceleração (derivada da velocidade em relação ao tempo);
- dominar as principais leis físicas e das demais ciências, que o problema a resolver envolve;
- distinguir os parâmetros das variáveis dependentes e independentes relacionados nas equações;
- usar corretamente as simbologias e nomenclaturas, principalmente da Matemática.

**II – Objetivos do estudo das Equações Diferenciais**

**(a)** Dar ao estudante a capacidade de desenvolvimento de cálculo, tanto no uso de processos convencionais, como na utilização da variação de parâmetros, mudanças de variáveis, entre outros;

**(b)** Fazer com que o estudante expresse uma lei física, matematicamente, analisando os conceitos envolvidos quanto às particularidades em cada situação, distinguindo os parâmetros das variáveis.

Por parâmetros, entendemos os valores presentes em uma expressão matemática, que permanecem constantes, enquanto as variáveis assumem todo seu domínio. Por exemplo, numa expressão do tipo $y = kx^2$, x e y são variáveis e k é um parâmetro.

Ao analisarmos uma função matemática, inicialmente, devemos distinguir as variáveis envolvidas e os parâmetros.

### 4.1.6 APRESENTAÇÃO METODOLÓGICA NA RESOLUÇÃO DE UM PROBLEMA COM EQUAÇÃO DIFERENCIAL

Vários são os passos a serem percorridos até a solução completa de um problema (suas equações) que envolve uma Equação Diferencial.

**Ressaltamos dois deles:**

**I) Lei física** – É expressa, matematicamente, pela análise da correlação das variáveis envolvidas e dos parâmetros. São estudados problemas que envolvem as Equações Diferenciais. O que queremos considerar são as etapas típicas da modelagem, isso é, os passos que vão da situação física à sua formulação matemática.

**II) Condições iniciais ou de contorno** – com as quais poderemos partir de uma solução genérica e chegar a uma solução particular.

**Condições iniciais:** entendemos uma situação em determinado instante. Esta conotação de "inicial" é sugerida visto que a variável independente, geralmente é o tempo. A solução do problema mostra o ocorrido após aquela situação dada (t = 0);

**Condições de contorno**: entendemos as situações em mais de um valor da variável independente. Normalmente após um instante inicial ($t > 0$).

Temos assim um **Problema de Valores Iniciais-PVI** ou um **Problema de Valores de Contorno-PVC.**

A metodologia que usaremos na resolução de um problema com Equação Diferencial será na determinação de passos, que apresentaremos a seguir, sempre num quadro e com um esquema, isto é, um design próprio que instituímos para que o estudante possa fazer uma **análise** (estudo em partes) da situação problema e assim facilitar a sua compreensão e elaborar em linguagem natural uma **síntese** (estudo global) para reter a compreensão totalizante do fenômeno em processo.

| ENUNCIADO |
|---|
| Dados |
| Questões |

| **Interpretação do enunciado** |
|---|
| **1º Passo:** Matematização da lei física |
| **2º Passo:** Constantes dadas – Substituição na equação do fenômeno |
| **3º Passo:** Condições iniciais ou de contorno |
| **4º Passo:** Resolução da Equação Diferencial do modelo |
| **5º Passo:** Cálculos solicitados nos problemas: explicitar o que se pede |
| **6º Passo:** Modelo das equações do fenômeno |
| **7º Passo:** Modelo dos gráficos do fenômeno |
| **8º Passo:** Descrição sintética do fenômeno num pequeno texto |

Cada tipo de problema exige uma determinação de passos. Esta estrutura dada pode ser considerada um padrão a ser seguido, ocorrendo alterações de acordo com o tipo de problema a resolver.

Resolver uma situação-problema demanda o desencadeamento do raciocínio, que é feito através do desenvolvimento de etapas ou passos. Evidentemente a Física e a Matemática estão envolvidas intrinsecamente nos problemas, mas podemos, para efeito de estudo, separá-las. No estudo específico de Equações Diferenciais, estaremos interessados na lei física que será dada no enunciado do problema. Faremos a sua expressão matemática com dados da situação-problema e dos conhecimentos básicos das outras ciências como a Física, Química, entre outras. Estaremos preocupados com os desenvolvimentos da expressão matemática, que envolverá a resolução da Equação Diferencial, pela interpretação das condições iniciais ou de contorno para determinação dos coeficientes e constantes de integração.

Duas importantes propriedades devem ser levadas em consideração:

1) O número de condições iniciais ou de contorno é equivalente a soma dos parâmetros a serem determinados mais as constantes de integração.
2) O número de constantes de integração na solução geral da Equação Diferencial ordinária é o mesmo da ordem da Equação Diferencial.

Por exemplo, um problema de resfriamento/aquecimento de um corpo dado por $\frac{dT}{dt} = k(T - T_A)$, sendo $T_A$ uma constante, temos k (parâmetro) mais a constante de integração para determinar, exigindo pelo menos duas condições; uma inicial, outra de contorno ou duas iniciais ou duas de contorno.

## 4.2 PROBLEMA 1: TERMODINÂMICA

**Lei de resfriamento ou aquecimento de Newton**

**Problema de Valor Inicial – PVI e Problema de Valor de Contorno - PVC**

**ENUNCIADO**

**Dados**

(I) A velocidade de resfriamento/aquecimento de um corpo num ambiente é proporcional à diferença entre a temperatura do corpo e do ambiente.

(II) A temperatura do ar é constante e igual a 20 °C.

(III) O corpo se resfria em 20 minutos de 100 °C a 60 °C.

**Questões**

(IV) Determine a variação da temperatura em relação ao tempo.

(V) Determine o tempo para a temperatura atingir o valor de 30 °C.

(VI) Determine os modelos de equações do fenômeno $\left(\frac{dT}{dt} = f(T); \frac{dT}{dt} = f(t); T = f(t)\right)$.

(VII) Esboce o gráfico dos modelos.

(VIII) Descreva num pequeno texto o fenômeno, comparando os gráficos obtidos e as equações.

**INTERPRETAÇÃO DO ENUNCIADO**

Os passos da resolução do problema estão de acordo com os itens do enunciado.

**1º Passo:** MATEMATIZAÇÃO DA LEI FÍSICA

Identificação das variáveis

T: variação da temperatura do corpo – Variável dependente

t: variação do tempo – Variável independente

Velocidade de resfriamento: $\frac{dT}{dt}$ (velocidade instantânea = derivada)

$T_a$: temperatura do ambiente considerada constante, durante o desenvolvimento do fenômeno

$k$: constante de proporcionalidade

Interpretando o item 1 do enunciado, a lei física pode ser expressa matematicamente da seguinte forma:

$$\boxed{\frac{dT}{dt} = k(T - T_a)}$$

**MODELO DAS EQUAÇÕES**

Constituído a partir de:

(1) Velocidade de resfriamento: $\frac{dT}{dt}$ em função da temperatura T.

(2) Velocidade de resfriamento: $\frac{dT}{dt}$ em função do tempo de t.

(3) A temperatura do corpo em função do tempo: $T = T(t)$.

**Observação**

É a solução da Equação Diferencial que representada a lei de resfriamento/aquecimento.

**2º Passo:** Substituição de $T_a$ por 20 ºC

Como $T_a$ (temperatura ambiente) é constante durante todo o tempo da variação da temperatura, podemos substituir seu valor dado no enunciado, ficando a lei de resfriamento:

$$\boxed{\frac{dT}{dt} = k(T - 20)}$$

**3º Passo:** Expressão do tempo e temperatura com as variáveis

**Condição inicial** (para o tempo zero, isto é, zerar o cronômetro):

$t = 0$ minutos $\Rightarrow T = 100\ ^oC$

**Condição de contorno** (para o tempo após o instante inicial):

$t = 20$ minutos $\Rightarrow T = 60\ ^oC$

Obs: Não há necessidade durante o processo de cálculo usar a unidade "Graus Celsius".

**4º Passo:** Determinação da variação da temperatura em relação ao tempo

Processo: Resolver a Equação Diferencial que define a lei física.

$$s.v. \Rightarrow \frac{\mathrm{dT}}{\mathrm{T - 20}} = k\ \mathrm{dt}$$

Integrando: $\displaystyle\int \frac{dT}{T-20} = k\int \mathrm{dt}$

$$\log_e|T-20| = kt + \log_e|c_1|$$

$$\ln|T-20| - \ln|c_1| = kt \quad (*)$$

Tomamos $\log_e|c_1|$ ao invés de $c_1$ para trabalhar com o logaritmo. Se $c_1$ é uma constante, logo $\log_e|c_1|$ é também uma constante.

$$\ln\left|\frac{T-20}{c_1}\right| = kt \quad \text{ou} \quad \frac{\mathrm{T - 20}}{\mathrm{c_1}} = e^{kt} \quad \text{ou} \quad \boxed{T = c_1 e^{kt} + 20} \quad (**)$$

**(*) Observação**

A notação de logaritmo neperiano muitas vezes é feita como $\log_e b$ ou ln b onde "e" é o número neperiano.

Aplicando as condições dadas (inicial e de contorno) determinaremos $c_1$ e k. Verifiquemos que o número de condições dadas é o mesmo número de constantes de integração e mais o de parâmetros a serem determinados, após a integração. Neste problema temos uma constante de integração $c_1$ mais um parâmetro k. Temos então dois valores a serem determinados por isso foram dadas uma condição inicial e uma de contorno.

$$\begin{cases} t=0 \\ T=100 \end{cases} \Rightarrow \quad 100 = c_1 e^{0.t} + 20 \therefore c_1 = 80$$

A equação ( ** ) ficará: $T = 80e^{kt} + 20$

$$\begin{cases} t=20 \\ T=60 \end{cases} \Rightarrow 60 = 80e^{20k} + 20 \therefore 40 = 80e^{20.k} \text{ ou ainda } \frac{40}{80} = e^{20k} \ , \ \frac{1}{2} = e^{20k}$$

Aplicando, logaritmo: $\log_e \frac{1}{2} = 20k \log_e e$ , logo $k = \frac{\log_e 0{,}5}{20}$

usando, a máquina de calcular encontraremos: $k \cong -0{,}0347$ (aproximação)

Determinados a constante $c_1$ e o parâmetro k, a lei física ficará:

$$\boxed{T = 80e^{-0{,}0347\,t} + 20}$$

**5º Passo:** Cálculo do tempo para temperatura

Substituir $T = 30$ na equação $T = 80e^{-0{,}0347t} + 20$ e calcular o t: $30 = 80e^{-0{,}0347t} + 20 \Rightarrow$ $t = 59{,}93$ minutos $\cong 60$ minutos

**6º Passo:** Modelos de Equações do fenômeno

(1) Velocidade de resfriamento em função da temperatura

Substituir $k = -0{,}0347$ na equação da lei de resfriamento (note que é uma Equação Diferencial linear):

$$\boxed{\frac{dT}{dt} = -0{,}0347(T - 20)} \quad \Rightarrow \quad \boxed{\frac{dT}{dt} = -0{,}0347T + 0{,}694} \quad (1)$$

**Observação**

Esta Equação Diferencial é denominada **autônoma**, porque está em função da variável dependente.

(2) Velocidade de resfriamento em função do tempo (t)

Derivar a equação da temperatura em função do tempo:

$$\boxed{T = 80e^{-0{,}0347\,t} + 20} \quad \Rightarrow \quad \boxed{\frac{dT}{dt} = -2{,}776e^{-0{,}0347\,t}} \quad (2)$$

(3) Temperatura em função do tempo

$$\boxed{T = 80e^{-0{,}0347\,t} + 20} \quad (3)$$

**7º Passo:** Esboço dos gráficos do fenômeno

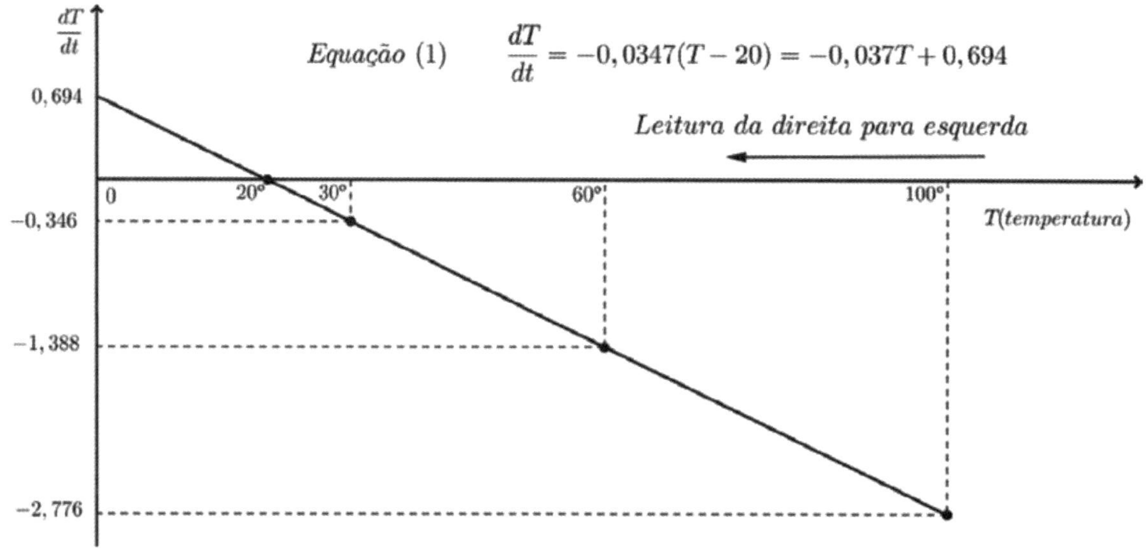


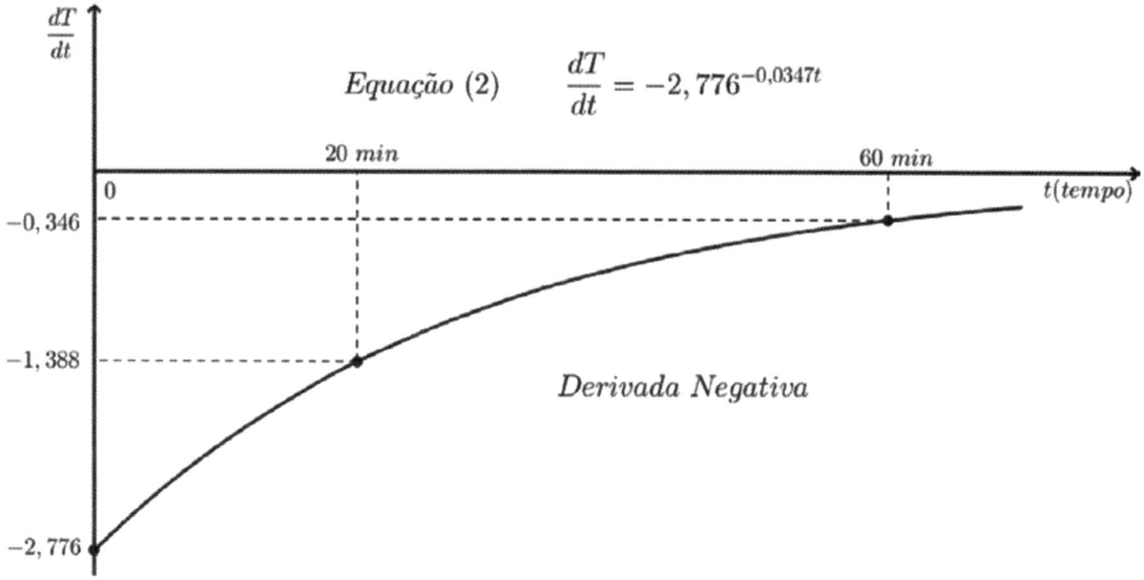


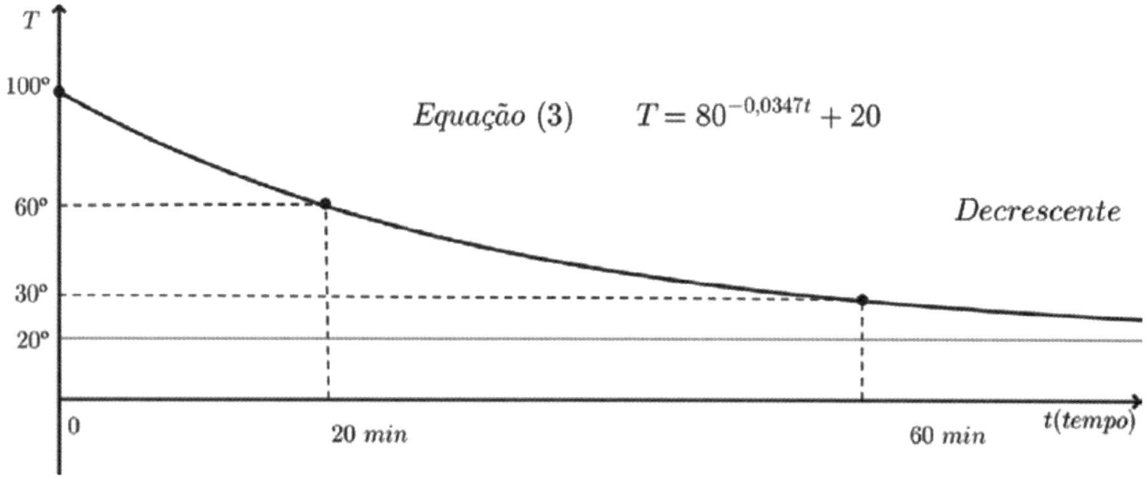

**8º Passo: (a)** As respostas das seguintes questões dão suporte à compreensão do comportamento do fenômeno estudado.

1) Porque o gráfico $\frac{dT}{dt}$ (Eq 1) é uma reta?

2) Quando o tempo cresce no gráfico $\frac{dT}{dt}$ (Eq 2), o que ocorre com a velocidade de resfriamento?

3) Analise os gráficos de $\frac{dT}{dt}$ (1) e $\frac{dT}{dt}$ (2) quanto à variação de sinal (positivo/negativo) e de valores. Obs: O sentido de leitura do gráfico $\frac{dT}{dt}$ (1) é da direita para esquerda, pois a temperatura inicial de 100 ºC diminui.

4) Dê o valor da velocidade de resfriamento no tempo inicial nos gráficos $\frac{dT}{dt}$ (1) e $\frac{dT}{dt}$ (2).

5) Dê o comportamento da temperatura em relação ao tempo, no gráfico (3), para um tempo crescente. Obs: Crescimento/Decrescimento e derivada positiva/negativa.

6) Lendo os três gráficos, para um tempo de 20 minutos, verifique a temperatura e a velocidade de resfriamento.

7) Determine uma tendência para o valor mínimo da temperatura para um tempo crescente.

8) Verifique que a temperatura no tempo inicial, dada no enunciado, é a mesma no gráfico de temperatura e tempo (Eq. 3), havendo uma compatibilização dos dados do enunciado com os do resultados encontrados.

**(b)** A partir do seu entendimento do comportamento do fenômeno, escreva um texto, no quadro seguinte, comparando os gráficos e as equações.

## 4.3 PROBLEMA 2: ELETRICIDADE

### INTRODUÇÃO AO PROBLEMA DE ELETRICIDADE – Equação Diferencial de 1ª ordem

Serão considerados 2 (dois) tipos de circuitos com aplicação das Equações Diferenciais.

**1º Tipo:** CIRCUITO RL

Consiste num circuito com os seguintes elementos :

R – Resistência, medida em Ohms

L – Indutância, medida em Henries

E – Força eletromotriz, medida em Volts

A lei física que expressa a queda de tensão é dada pela Lei de Kirchhoff:

$$L\frac{di}{dt} + Ri = E \quad \text{ou} \quad \frac{di}{dt} + \frac{R}{L}i = \frac{E}{L}$$

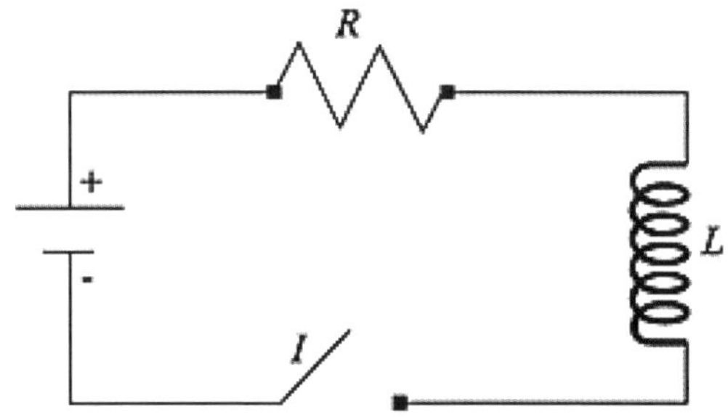


Variáveis: t – tempo: variável independente

i - intensidade de corrente: variável dependente

Parâmetros: R, L sendo constantes para um mesmo circuito

E(t) ( dada por uma bateria ou um gerador) pode assumir os valores:

E(t) = 0 (zero) ou constante;

E(t) = uma função de t , muito usual seno ou cosseno de t

Solução: i(t) = intensidade de corrente a ser determinada com a resolução de uma Equação Diferencial de primeira ordem, linear.

**2º Tipo:** CIRCUITO RC

Consiste num circuito com os seguintes elementos :

R – Resistência, medida em Ohms

C – Capacitância, medida em Farads

E – Força eletromotriz, medida em Volts

A lei física que expressa a queda de tensão é dada pela Lei de Kirchhoff:

$$R\frac{dq}{dt}+\frac{q}{C}=E \qquad \text{ou} \qquad \frac{dq}{dt}+\frac{1}{RC}q=\frac{E}{R}$$

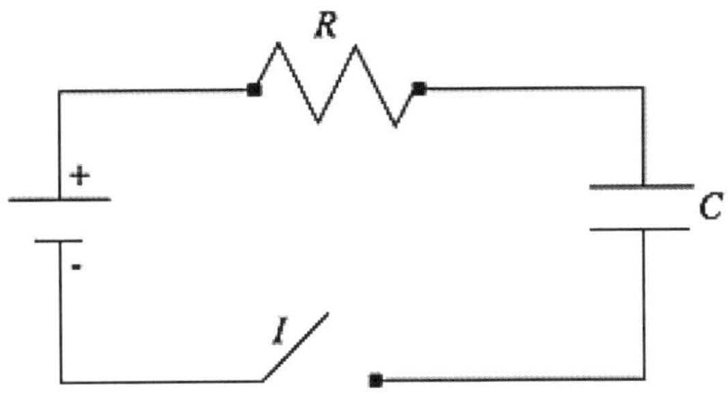


Variáveis : t – tempo: variável independente
q – carga: variável dependente

Parâmetros: R, C sendo constantes para um mesmo circuito
E(t) ( dada por uma bateria ou um gerador) pode assumir os valores:
E(t) = 0 (zero) ou constante
E(t) = uma função de t , muito usual seno ou cosseno de t

Solução: q(t) = carga variável em função do tempo, calculada com a resolução de uma Equação Diferencial de primeira ordem, linear.

A intensidade de corrente i (t) é calculada, para este tipo de circuito, pela derivada primeira de q(t) em relação a t, após o cálculo de q(t) , isto é: $i(t) = \frac{dq}{dt}$

Temos uma resolução completa de um problema de um circuito RL.

**Variação da carga e intensidade de corrente num circuito**
**Problema de Valor de Contorno - PVC**

**ENUNCIADO**

**Dados**

(I) A variação da intensidade de corrente elétrica num circuito RL (série) é dada pela lei de Kirchhoff:

$$L\,\frac{di}{dt}+R\,i=E(t)$$

Fazendo:
E = 4 volts
R = 1 ohm
L = 2 henries
i = intensidade de corrente (medida em ampéres)
(II) Sabemos que para 1 (um) segundo temos uma corrente de 6,2 ampéres

**Questões**

(III) Determine i em função de t.
(IV) Determine os modelos de equações do fenômeno.
(V) Esboce os gráficos das equações.
(VI) Descreva, num pequeno texto, o fenômeno comparando os gráficos e as equações.

## INTERPRETAÇÃO DO ENUNCIADO

Os passos da resolução do problema estão de acordo com os itens do enunciado.

**1º Passo:** MATEMATIZAÇÃO DA LEI FÍSICA

É dada pela lei de Kirchhoff, que é a diferença de dois potenciais igual a força eletromotriz.

$$L\,\frac{\mathrm{di}}{\mathrm{dt}} + R\,\mathrm{i} = \mathrm{E(t)}$$

Identificação das variáveis:

i = intensidade de corrente

t = tempo

Identificação dos parâmetros

R, L, E são constantes para variação do tempo, mas não são constantes absolutas, porque podem ser diferentes para circuitos diversos.

R = Resistência = 1 ohm

E = Força eletromotriz = 4 volts (em outra situação pode variar em função do tempo)

L = Indutância = 2 henries

E = E(t) pode variar da seguinte maneira em outras situações

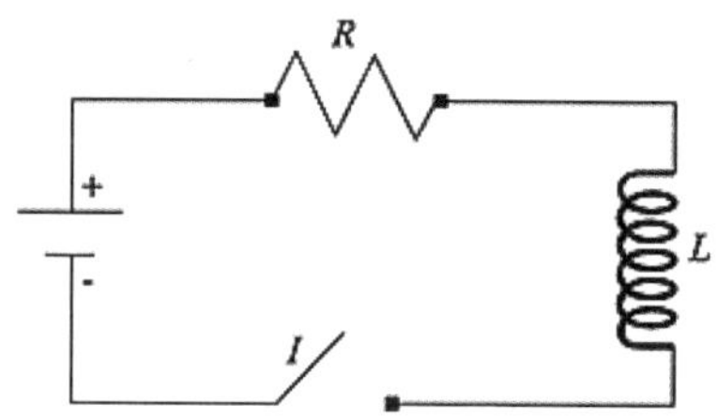


E = constante = 4 volts, e a lei de Kirchhoff, substituindo os parâmetros R, L e E, se expressa como:

$$\frac{di}{dt} + \frac{R}{L}i = \frac{E(t)}{L} \quad \Rightarrow \quad \frac{\mathrm{di}}{\mathrm{dt}} + \frac{1}{2}i = 2$$

## MODELO DAS EQUAÇÕES

(1) Velocidade da intensidade de corrente: $\dfrac{di}{dt}$ em função da temperatura $i$

(2) Velocidade da intensidade de corrente: $\dfrac{di}{dt}$ em função do tempo de $t$

(3) Intensidade de corrente em função do tempo: $i = i(t)$

**Observação**

A solução da Equação Diferencial é uma função da intensidade de corrente.

**2º Passo:** Condição de contorno (a lei física não possui nenhum parâmetro a determinar; então a condição dada é para determinação da constante de integração, que resulta da solução da Equação Diferencial obtida com uma integral indefinida)

$t = 1$ segundo $\Rightarrow$ $i = 6{,}2$ amperes.

**3º Passo:** Determinação de $i = i(t)$

Resolvendo-se a equação dada determinamos $i$ num tempo qualquer $t$.

A Equação Diferencial é linear com o termo independente constante igual a 2 (dois). Podemos então, separar as variáveis (**s.v.**) ou aplicar qualquer método de resolução de uma Equação Diferencial linear.

$$\text{s.v.} \Rightarrow \frac{di}{dt} + \frac{i}{2} = 2 \quad \Rightarrow \quad \frac{di}{dt} = 2 - \frac{i}{2} \quad \Rightarrow \quad \frac{\mathrm{di}}{\mathrm{dt}} = \frac{4-i}{2} \Rightarrow \frac{di}{4-i} = \frac{dt}{2} \Rightarrow$$

$$\text{integrando} \Rightarrow \int \frac{di}{4-i} = \int \frac{dt}{2} \Rightarrow -\frac{1}{2}\ln|4-i| = t + c \Rightarrow i = 4 - ce^{-\frac{t}{2}}$$

$$\boxed{i = 4 - e^{-\frac{t}{2}}}$$

Para determinar $c_1$, substituímos $t = 1$ e $i = 6{,}2$ que é a condição de contorno.

$6{,}2 = 4 + e^{-0{,}5} \Rightarrow c = 3{,}627$ (aplicando logaritmo neperiano em ambos os membros da igualdade e efetuando os cálculos)

$$\boxed{i = 4 - 3{,}627e^{-\frac{t}{2}}}$$

**4º Passo:** Equações que definem o modelo

(1) Velocidade da intensidade de corrente em função da corrente

$$\boxed{\frac{di}{dt} \text{ em função de i}} \Rightarrow \boxed{\frac{di}{dt} = 2 - \frac{i}{2}}$$

(2) Velocidade da intensidade de corrente em função do tempo

$$\boxed{\frac{di}{dt} \text{ em função de t}} \Rightarrow \boxed{\frac{di}{dt} = 1{,}8135e^{-\frac{t}{2}}}$$

(3) Intensidade de corrente em função do tempo

$$\boxed{\text{i em função de t}} \Rightarrow \boxed{i = 4 - 3{,}627e^{-\frac{t}{2}}}$$

**5º Passo:** Esboçar os gráficos das equações

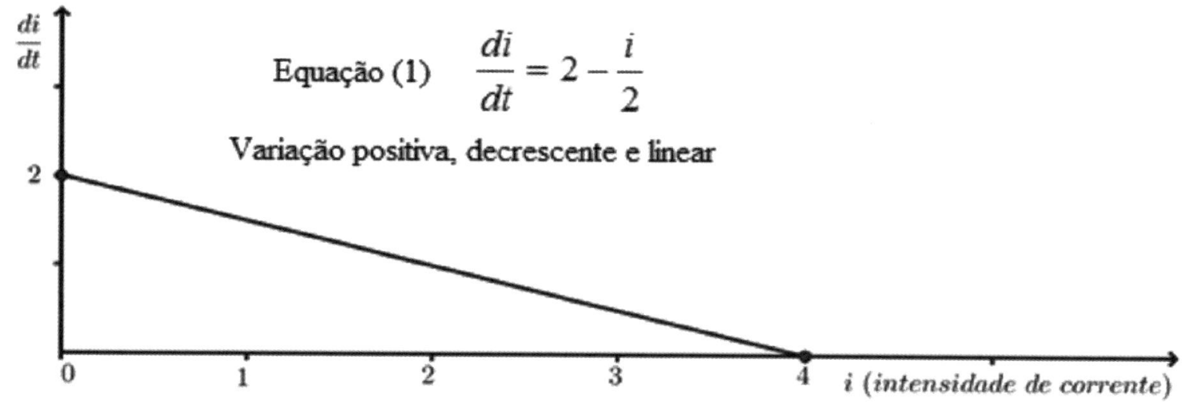


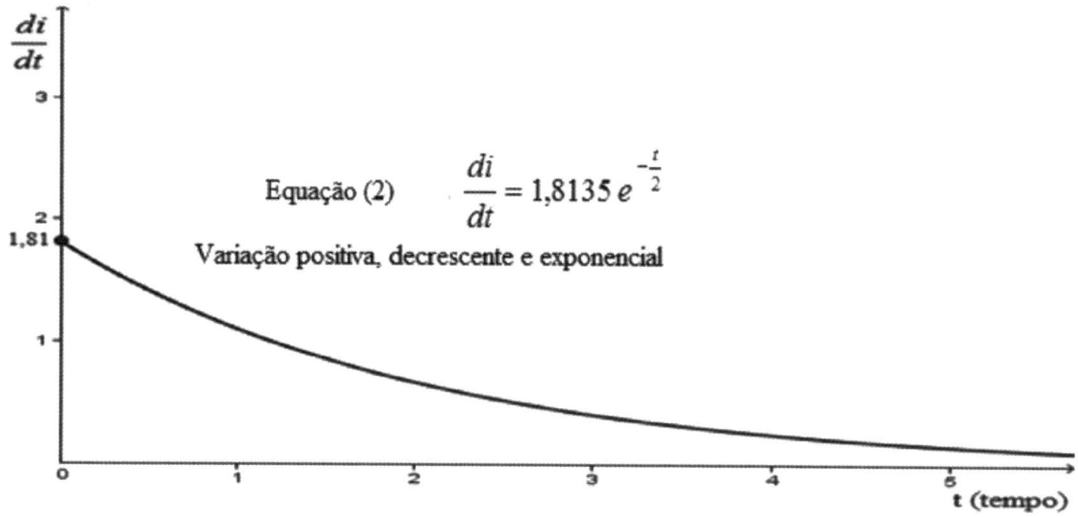


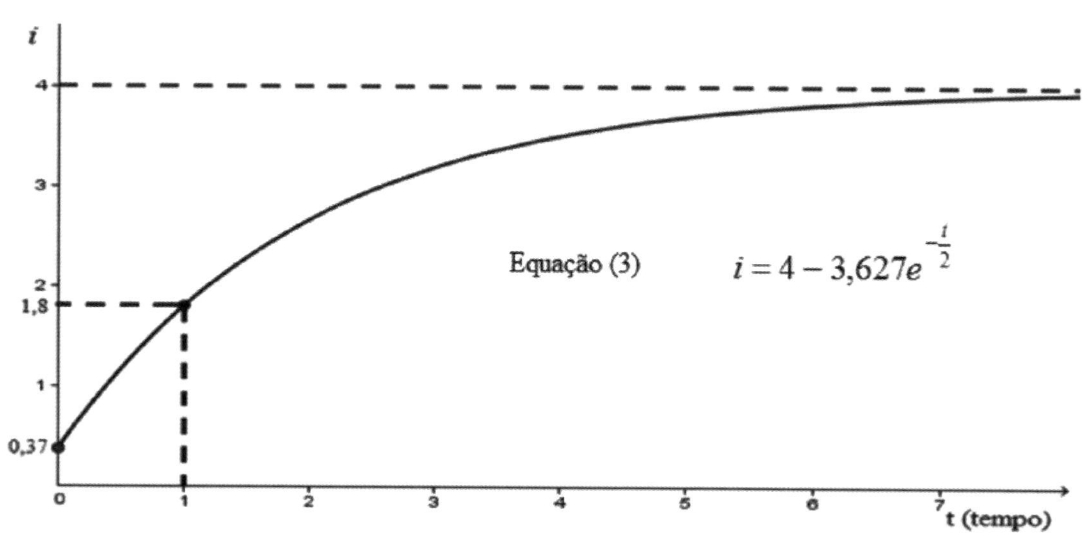

**6º Passo:** (a) As respostas das seguintes questões dão suporte à compreensão do comportamento do fenômeno estudado.

1) Porque o gráfico $\frac{di}{dt}$ (Eq 1) é uma reta?

2) Analise a variação de sinal (positivo/negativo) de $\frac{di}{dt}$ e a variação de comportamento (crescimento/decrescimento) de *i*.

3) Quando o tempo cresce o que ocorre com i nos gráficos, quanto a crescimento e decrescimento?

4) Confira o valor de contorno dado no enunciado e determinado no gráfico. Estão compatíveis?

5) Qual a tendência para um valor máximo da corrente para um tempo crescente?

6) Para o tempo 0 (zero) segundos, qual a intensidade de corrente?

7) Determine $\frac{di}{dt}$ para um valor t = 1 (um) segundo. (Use a equação 2 e calcule o valor $\frac{di}{dt}$, mostre um valor aproximado de i no gráfico das Eq 1 e Eq 2).

8) Determine $\frac{di}{dt}$ para um valor t = 2 (dois) segundos.

**(b)** A partir do seu entendimento do comportamento do fenômeno, escreva um texto no quadro seguinte comparando os gráficos e as equações.

## 4.4 PROBLEMA 3: MISTURA DE SUBSTÂNCIAS

**Variação de sal em um recipiente**

**Problema de Valor Inicial - PVI**

**ENUNCIADO**

**Dados**

(I) Um recipiente tem duas substâncias misturadas, água e sal. Uma solução, concentração de água e sal, entra e sai do recipiente a uma mesma taxa (velocidade). Permanece no tanque uma quantidade de sal. A taxa desta variação é a diferença entre a taxa de solução de entrada pela taxa de solução de saída. Água salgada, com 0,03kg de sal por litro, entra no recipiente a uma taxa de 25 litros/minuto. A solução é misturada e sai a mesma taxa.

(II) Inicialmente, há no recipiente 20kg de sal dissolvido em 5000 litros de água.

**Questões**

(III) Determine a quantidade de sal num instante t.

(IV) Determine a quantidade de sal no tempo 200 minutos.

(V) Determine os modelos de equações do fenômeno.

(VI) Esboce os gráficos das equações.

(VII) Descreva num pequeno texto o fenômeno comparando os gráficos e as equações.

**INTERPRETAÇÃO DO ENUNCIADO**

Os passos da resolução do problema estão de acordo com os itens do enunciado.

**1º Passo:** MATEMATIZAÇÃO DA LEI FÍSICA

Identificação das variáveis:

y – quantidade de sal

t – tempo

Função-solução do modelo:

$y = y(t)$ : quantidade de sal no recipiente em função do tempo

$\frac{dy}{dt}$ em função de y : taxa de variação da quantidade de variação de sal em função da quantidade de variação de sal

$\frac{dy}{dt}$ em função de t : taxa de variação da quantidade de sal em função do tempo

Seja:

y a quantidade de sal que permanece no recipiente

$y_1$ a quantidade de sal que entra e $\frac{dy_1}{dt}$ é a taxa de entrada

$y_2$ a quantidade de sal que sai e $\frac{dy_2}{dt}$ é a taxa de saída

Lei física: $\boxed{\frac{dy}{dt} = \frac{dy_1}{dt} - \frac{dy_2}{dt}}$ $\Rightarrow$ taxa de entrada menos a taxa de saída

Escrevendo, matematicamente, as várias taxas usando as unidades físicas:

$$\frac{dy_1}{dt} = \frac{0{,}03\ \text{kg(sal)}}{1\ell(\text{litro de água})} \cdot \frac{25\ell(\text{litros de água})}{1\text{min}} = 0{,}03 \,.\, 25 \frac{\text{kg}}{\text{min}} = 0{,}75 \frac{kg}{\text{min}}$$

$$\frac{dy_2}{dt} = \frac{y\ kg(sal)}{5000\ell(litro\ de\ água)} \cdot \frac{25\ell(litro\ de\ água)}{1\text{min(tempo)}} = \frac{25\text{y}}{5000}\frac{\text{kg}}{\text{min}} = \frac{y}{200}\frac{\text{kg}}{\text{min}}$$

Durante a realização das operações a unidade $\ell$ (litro de água) é cancelada restando kg/min.

- y é a quantidade de sal dentro do recipiente, varia.
- Quantidade de água, dentro do recipiente, constante por que entra e sai 25 litros.

A taxa de variação da quantidade de sal no recipiente é:

$$\frac{dy}{dt} = \frac{dy_1}{dt} - \frac{dy_2}{dt} = 0{,}75 - \frac{y}{200} \quad \Rightarrow \quad \boxed{\frac{dy}{dt} = 0{,}75 - \frac{y}{200}}$$

**2º Passo:** Condição inicial
t = 0 (zero) minuto $\Rightarrow \quad y = 20kg$

**3º Passo:** Pede-se
$t = 200$ minutos $\Rightarrow \quad y = ?\,\text{kg}$

Desenvolvendo a lei física que é a resolução de uma Equação Diferencial de 1ª ordem, virá:

$$\frac{dy}{dt} = \frac{150 - y}{200} \quad \Rightarrow \quad \frac{dy}{150 - y} = \frac{dt}{200} \quad \Rightarrow \quad \text{y} = 150 - \text{c}\,\text{e}^{-\frac{t}{200}}$$

Entrando com a condição inicial $t = 0$ minutos, $y = 20\ \ kg(sal) \therefore c = 130$

$$\boxed{y = 150 - ce^{-\frac{t}{200}}}$$

**4º Passo:**
Determinaremos a quantidade de sal, no recipiente em 200 minutos

$y(200) = 150 - 130\,\text{e}^{-\frac{200}{200}} \cong 102{,}2kg$, então $t = 200$ minutos a quantidade de sal no recipiente é de aproximadamente 102,2 kg.

**5º Passo:** Modelo das equações

(1) Velocidade da variação de sal em relação à concentração de sal

$\boxed{\frac{dy}{dt} \text{ em função de y}} \quad \Rightarrow \quad \boxed{\frac{dy}{dt} = 0{,}75 - \frac{y}{200}}$ (1)

(2) Velocidade da variação de sal em relação ao tempo
Derivando y em relação a t

$\boxed{\frac{dy}{dt} \text{ em função de t}} \quad \Rightarrow \quad \boxed{\frac{dy}{dt} = \frac{130}{200}e^{-\frac{t}{200}} = \frac{13}{20}e^{-\frac{t}{200}}}$ (2)

(2) Variação de sal em relação ao tempo

$\boxed{\text{y em função de t}} \quad \Rightarrow \quad \boxed{y = 150 - 130\,\text{e}^{-\frac{t}{200}}}$ (3)

**6º Passo:** Modelo dos gráficos

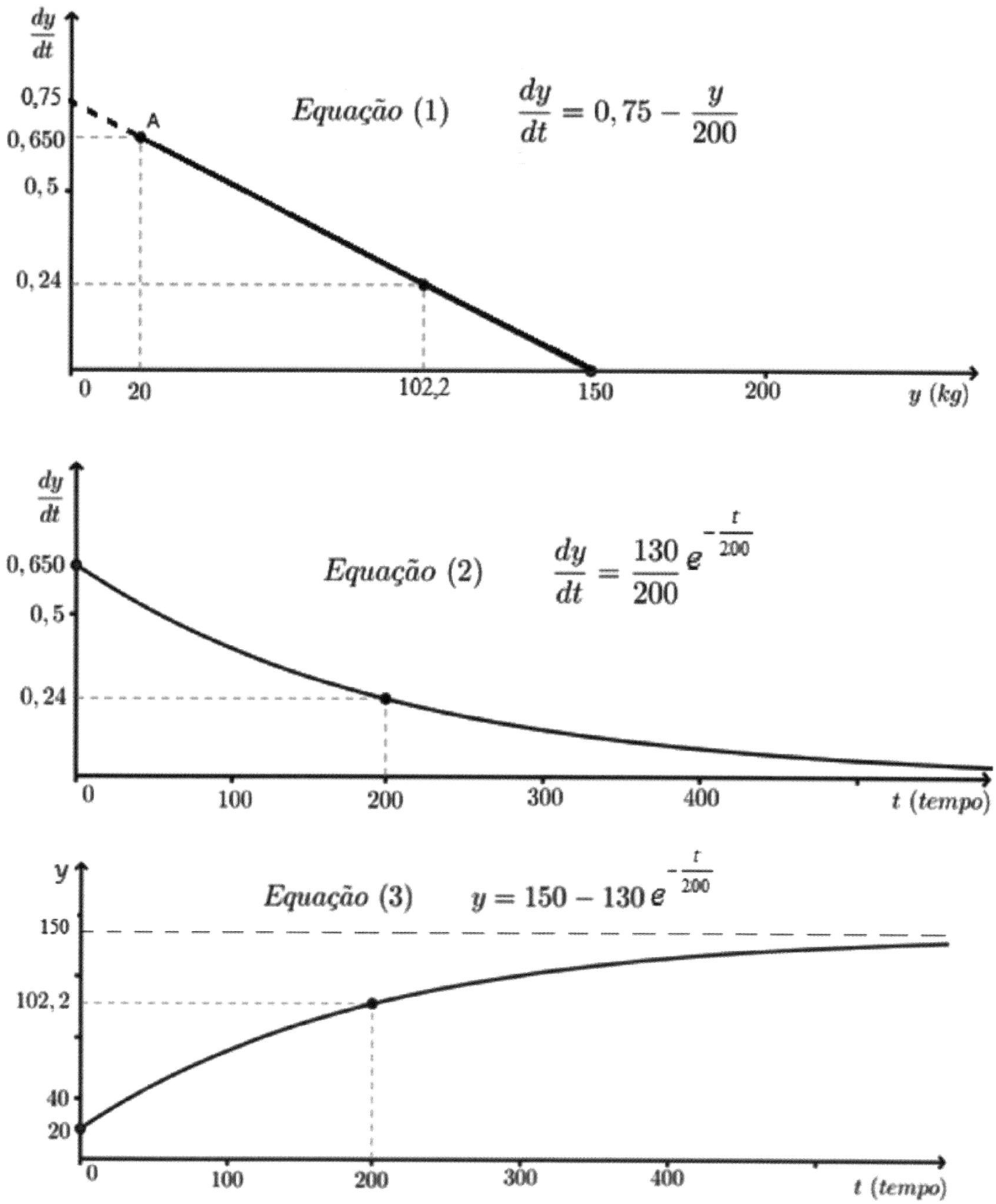


**7º Passo:** **(a)** As respostas das seguintes questões dão suporte à compreensão do comportamento do fenômeno estudado.

1) Analise o sinal (positivo ou negativo) da derivada nos gráficos das Eq (1) e Eq (2).
2) Relacione a variação de sinal das derivadas com o crescimento da quantidade de sal y, em função do tempo.
3) Para um tempo crescente (t tendendo ao infinito), qual a quantidade de sal há no recipiente?
4) No tempo inicial, qual é a quantidade de sal dada no enunciado e a encontrada no gráfico 3. São as mesmas?

5) Qual é a velocidade de variação da quantidade de sal para $t = 200$?

6) Porque o primeiro gráfico Eq (1) é uma reta?

7) Porque o gráfico Eq (1) tem início para $y = 20$?

8) Analise no gráfico da Eq (1) e Eq (2) o valor de $y = 0{,}24$, que é a velocidade da variação da quantidade de sal, e determine da quantidade de sal para esta velocidade e o tempo relacionado.

9) No primeiro gráfico porque a reta intercepta o eixo horizontal y no valor 150? Justifique sua resposta analisando o gráfico Eq(3) quando t cresce.

**(b)** A partir do seu entendimento do comportamento do fenômeno, escreva um texto no quadro seguinte comparando os gráficos e as equações.

## 4.5 PROBLEMA 4: DECAIMENTO EXPONENCIAL

**Problema de decomposição do elemento radium**

**Problema de Valor Inicial – PVI e Problema de Valor de Contorno - PVC**

**ENUNCIADO**

**Dados**

(I) O elemento químico "radium" se decompõe naturalmente em proporção direta à quantidade presente;

(II) Leva 250 anos para decompor 10% de uma certa quantidade.

**Questões**

(III) Determine a massa do radium em função do tempo.

(IV) Determine em quantos anos será decomposta metade da quantidade inicial do radium.

(V) Determine os modelos de equações do fenômeno.

(VI) Esboce os gráficos das equações.

(VII) Descreva num pequeno texto o fenômeno comparando os gráficos e as equações.

**INTERPRETAÇÃO DO ENUNCIADO**

Os passos da resolução do problema estão de acordo com os itens do enunciado.

**1º Passo:** MATEMATIZAÇÃO DA LEI FÍSICA

Identificação das variáveis:

m - massa do radium

t - tempo

k - constante de proporcionalidade

Interpretando o item I do enunciado, a lei física pode ser expressa, matematicamente, da seguinte forma:

$$\boxed{\frac{dm}{dt} = km} \quad \Rightarrow \quad \boxed{\frac{dm}{dt} - km = 0}$$

**MODELO DAS EQUAÇÕES**

(1) Velocidade de decomposição: $\frac{dm}{dt}$ em função da massa m.

(2) Velocidade de decomposição: $\frac{dm}{dt}$ em função do tempo t.

(3) A massa do elemento químico em função do tempo: $m = m(t)$

Obs: É a solução da Equação Diferencial - Lei de decaimento exponencial

**2º Passo:** Condições dadas

**Condição inicial**: $t = 0$ ano $\Rightarrow$ m = 1 (100% , total de massa presente no instante inicial)

Observação: m = massa em quilograma.

**Condição de contorno:** t = 250 anos $\Rightarrow$ m = 0,9 (90% de massa restante, 10% de decomposição)

**3º Passo:** Determinação da massa em função do tempo

Teremos a solução da Equação Diferencial, a qual representa a velocidade de decomposição, com a aplicação das condições dadas.

$$s.v. \quad \Rightarrow \quad \frac{dm}{m} = k\,dt$$

Integrando $\Rightarrow \int \frac{dm}{m} = \int k dt$ temos: $\log_e m = kt + c_1 \Rightarrow m = e^{kt + c_1} \Rightarrow$

$m = e^{kt}\, e^{c_1}$, fazendo $e^{c_1} = c$ temos:

$$\boxed{m = ce^{kt}}$$

A determinação c e k se faz, aplicando as condições dadas:

$$\begin{cases} t = 0 \\ m = 1 \end{cases} \Rightarrow \quad 1 = c\,e^{k\,0} \quad \therefore \quad c = 1$$

Portanto, $m = 1\,e^{k\,t}$ ou $m = e^{k\,t}$

$$\begin{cases} t = 250 \\ m = 0{,}9 \end{cases} \Rightarrow \quad 0{,}9 = e^{250k}$$

ou $k = \dfrac{\log_e 0{,}9}{250} = -4{,}21 \cdot 10^{-4} = -0{,}000421$ , finalmente:

$m = e^{-0{,}000421t}$

Esta é a expressão que dá m em função de t.

**4º Passo:** Cálculo da meia-vida

Cálculo do tempo (t em anos) para decomposição da metade da massa

Substituir $m = \frac{1}{2}$ na equação da massa em função do tempo: $m = \frac{1}{2} \rightarrow \frac{1}{2} = e^{-0{,}000421\,t}$

Aplicando logaritmo e isolando t, temos: $t \approx 1646{,}43$ anos

**5º Passo:** Equações definidoras do fenômeno

(1) Velocidade de decomposição da massa em função da massa m

Levando o valor de "k" na equação da decomposição, teremos

$$\boxed{\frac{dm}{dt} = km} \quad \Rightarrow \quad \boxed{\frac{dm}{dt} = -0{,}000421\,m} \quad (1)$$

(2) Velocidade de decomposição da massa em função do tempo.

Derivar a equação de "m" em função de "t":

$$\boxed{m = e^{-0{,}000421t}} \quad \Rightarrow \quad \boxed{\frac{dm}{dt} = -0{,}000421e^{-0{,}000421\,t}} \quad (2)$$

(3) Variação da massa em função do tempo.

Equação de $m$ em função de t $\Rightarrow$ $\boxed{m = e^{-0.000421t}}$ (3)

**6º Passo:** Esboçar os gráficos das equações

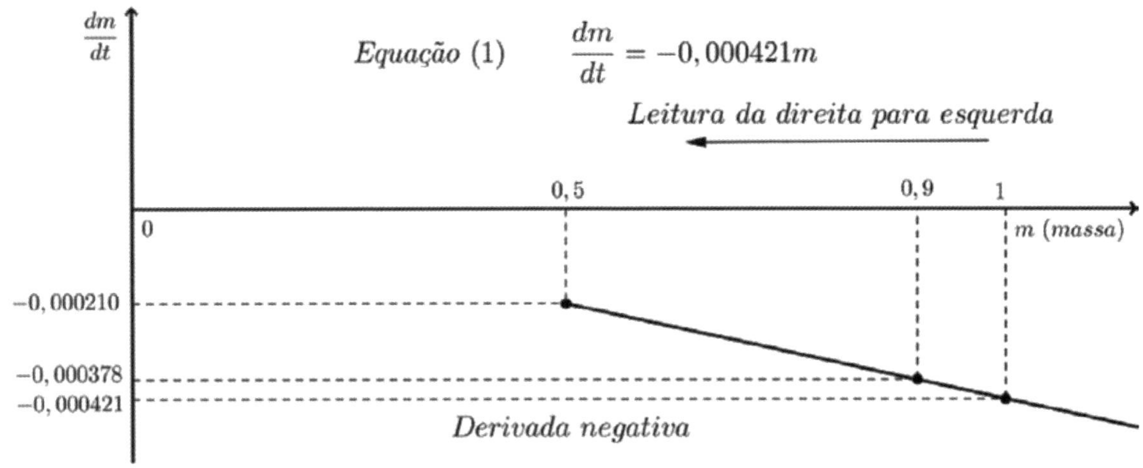


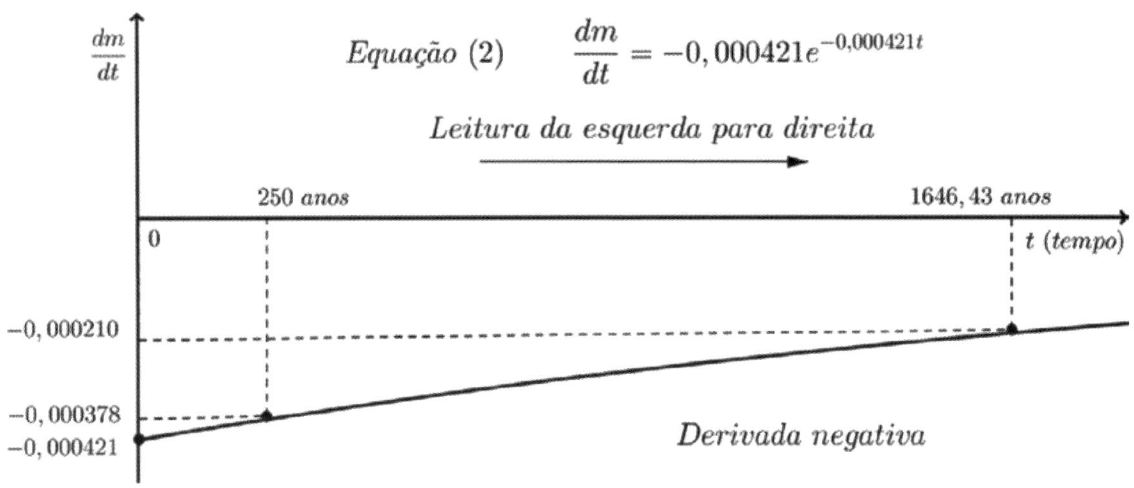


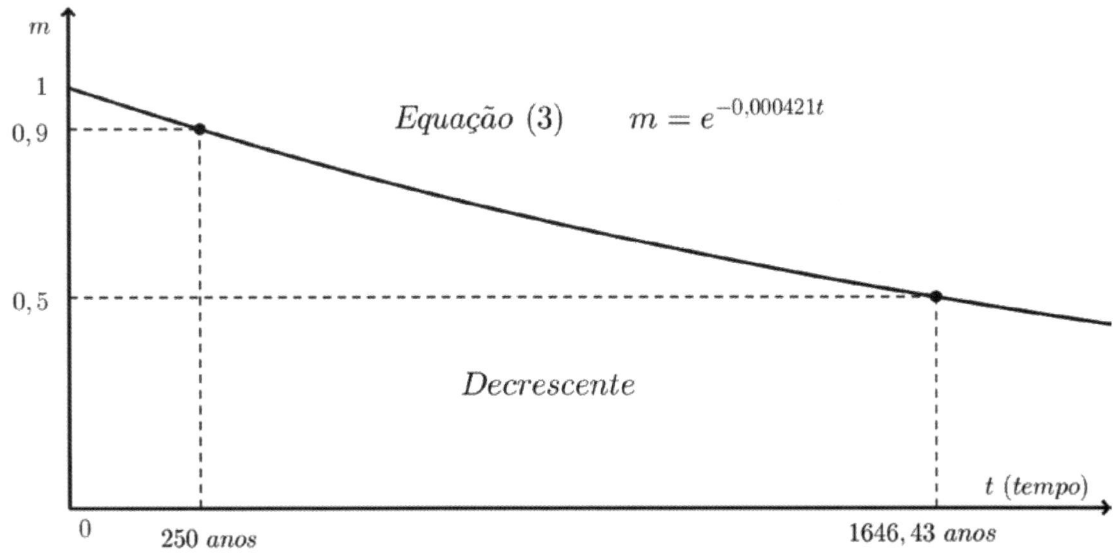

**7º Passo: (a)** As respostas das seguintes questões dão suporte à compreensão do comportamento do fenômeno estudado.

1) Porque o gráfico $\frac{dm}{dt}$ (Eq 1) é uma reta?
2) Quando o tempo cresce, no gráfico $\frac{dm}{dt}$ (Eq 2), o que ocorre com a velocidade de decomposição?
3) Analise os gráficos de $\frac{dm}{dt}$ (1) e $\frac{dm}{dt}$ (2) quanto à variação de sinal (positivo/negativo) e de valores. Obs: O sentido de leitura do gráfico $\frac{dm}{dt}$ (1) é da direita para esquerda, pois a massa inicial é 1(um), o que equivale a 100%.
4) Dê o valor da velocidade de decomposição no tempo inicial nos gráficos $\frac{dm}{dt}$ (1) e $\frac{dm}{dt}$ (2).
5) Dê o comportamento da variação de massa em relação ao tempo, no gráfico (3), para um tempo crescente. Obs: Variação do radium Crescimento/Decrescimento e variação da derivada positiva/negativa.
6) Lendo os três gráficos, para $m = \frac{1}{2}\,kg$, verifique o tempo e a velocidade de decomposição.
7) Determine o valor mínimo da massa para um tempo crescente.

**(b)** A partir do seu entendimento do comportamento do fenômeno, escreva um texto no quadro seguinte comparando os gráficos e as equações.

| |
|---|
| ________________________________________ |
| ________________________________________ |
| ________________________________________ |
| ________________________________________ |
| ________________________________________ |
| ________________________________________ |
| ________________________________________ |
| ________________________________________ |
| ________________________________________ |
| ________________________________________ |
| ________________________________________ |

## 4.6 PROBLEMA 5: CRESCIMENTO EXPONENCIAL

**Problema de variação populacional – Lei de Malthus**

**Problema de Valor de Contorno – PVC e Problema de Valor Inicial - PVI**

**ENUNCIADO**

**DADOS**

(I) Uma população se desenvolve proporcionalmente a população atual, segundo a Lei de Malthus.

(II) Sabemos que a população inicial é de 5000 habitantes e 10 anos depois é 8000.

**QUESTÕES**

(III) Determine a população em qualquer tempo.

(IV) Determine os modelos de equações da população.

(V) Analise a variação da população.

(VI) Esboce os gráficos do modelo.

(VII) Descreva num pequeno texto o fenômeno comparando os gráficos e as equações.

**INTERPRETAÇÃO DO ENUNCIADO E RESOLUÇÃO DO PROLBLEMA**

Os passos da resolução do problema estão de acordo com os itens do enunciado

**1º Passo:** MATEMATIZAÇÃO DA LEI DE MALTHUS

Identificação das variáveis

P - Variação da população - Variável dependente

t - Variação do tempo - Variável independente

k - Constante de proporcionalidade

A variação da população, segundo a Lei de Malthus, pode ser expressa matematicamente

$$\boxed{\frac{dP}{dt} = kP} \quad \Rightarrow \quad \boxed{\frac{dP}{dt} - kP = 0}$$

**2º Passo:** Condição inicial e de contorno

t = 0 anos P = 5000 habitantes

t = 10 anos → P = 8000 habitantes

**3º Passo:** Determinação da população em qualquer tempo

$$\text{s.v.} \to \frac{dP}{dt} = kP \to \frac{dP}{P} = k\,dt \to P = C\,e^{kt}$$

Aplicando as condições inicial e de contorno:

$t = 0$ ano → $P = 5000$ virá $P = 5000\,e^{kt}$

$t = 5$ anos → $P = 8000$ virá $P = 5000\,e^{0{,}094\,t}$

**4º Passo:** Modelos de equações da população

(1) Velocidade da variação da população em função do tempo

Levando o valor de "k" na equação de crescimento, teremos

$$\boxed{\frac{dP}{dt} = 0{,}094\ P} \quad (1)$$

(2) Velocidade de crescimento da população em função do tempo.
Derivar a equação de "P" em função de "t": $P = 5000\ e^{0{,}094\,t}$

$$\boxed{\frac{dP}{dt} = 470\ e^{0{,}094\,t}} \quad (2)$$

(3) Variação da população em função do tempo.

$$\boxed{P = 5000\ e^{0{,}094\,t}} \quad (3)$$

**5º Passo:** Análise do desenvolvimento da população

Verifique graficamente (6º passo) que a população (P) se desenvolve exponencialmente crescente de acordo com a Lei de Malthus. Isto significa que num desenvolvimento do tempo a população irá crescer indefinidamente, tratando-se de um Modelo Ideal. Entretanto, na realidade a população tende a se estabilizar o que será analisado por um outro modelo, o de Verhulst.

**6º Passo:** Esboço dos gráficos do desenvolvimento da população

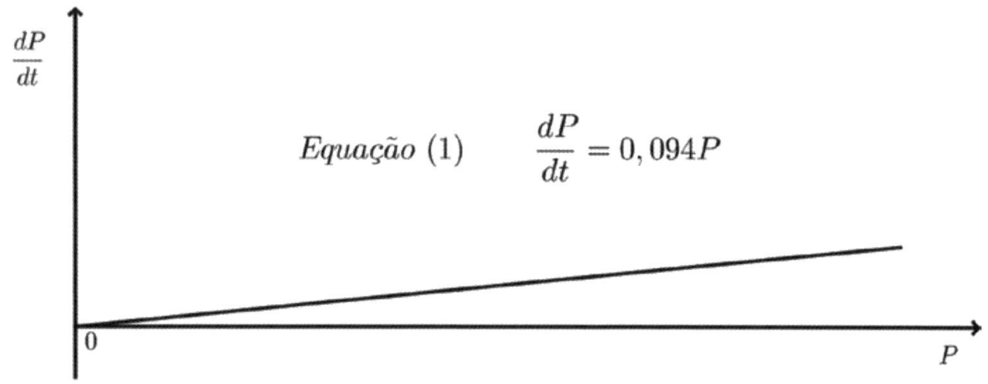


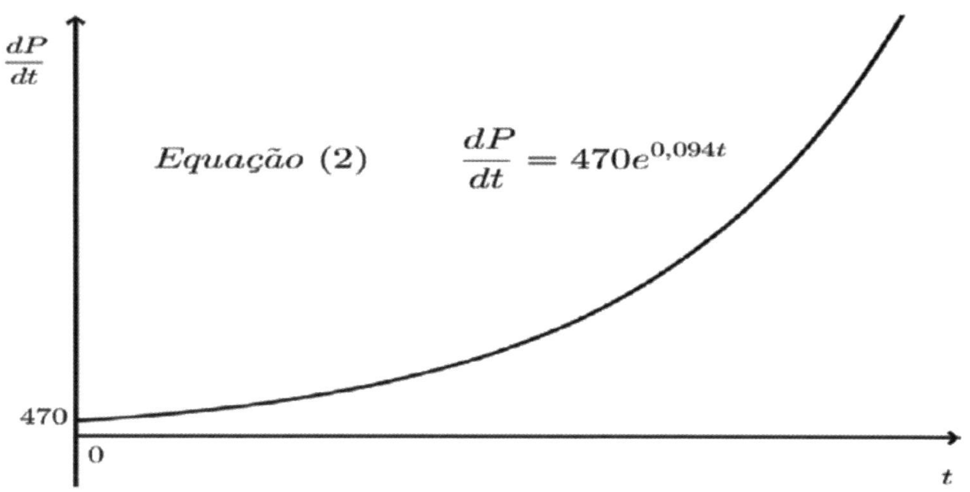


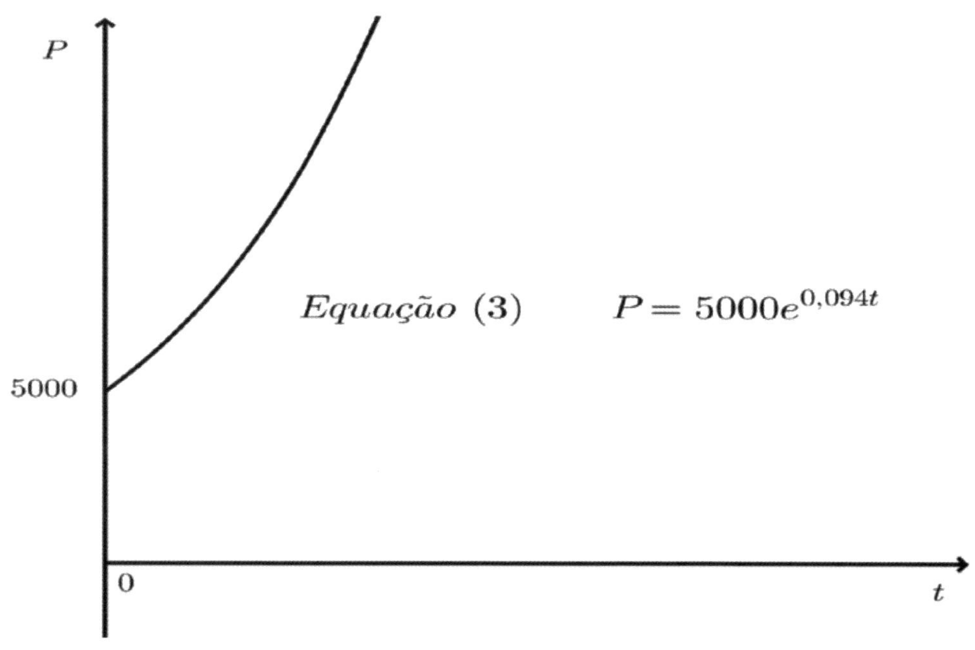

**7º Passo: (a)** As respostas das seguintes questões dão suporte à compreensão do comportamento do fenômeno estudado.

1) Por que o gráfico $\frac{dP}{dt}$ (Eq 1) é uma reta?

2) Por que o gráfico (Eq 1) é crescente?

3) Por que o gráfico (Eq 1) é positivo?

4) Analise o gráfico (Eq 2) quanto a natureza da derivada.

5) Verifique que a equação do gráfico (Eq 2) é crescente exponencialmente.

6) Verique que para um tempo crescente a população será sempre crescente. Não há limite.

**(b)** A partir do seu entendimento do comportamento do fenômeno, escreva um texto no quadro seguinte comparando os gráficos e as equações.

## 4.7 PROBLEMA 6: ANÁLISE DO MODELO DE DEMANDA E CRESCIMENTO POPULACIONAL

**Lei de Malthus e Verhulst**

**Problema de Valor Inicial - PVI**

**ENUNCIADO**

DADOS

(I) Leis de demanda e crescimento populacional

- LEI DE MALTHUS - A lei de Malthus (1798) é a taxa instantânea de variação de uma população P que é *proporcional* à população presente no instante t considerado, isto é,

$$\frac{dP}{dt} = KP, \text{ cuja solução é da forma } P = ce^{kt} \text{ (visto no 5º problema)}$$

- LEI DE VERHULST - Observando a lei de Malthus e a sua equação modelo, que admite um crescimento ilimitado (exponencial) para a população e, ainda, manipulando dados estatísticos da época, Verhulst percebeu que uma população, na vida real, não cresce de forma ilimitada. Ele constatou que em situações normais, as regiões habitáveis (cidades, estados e países) tendem a sofrer o efeito da concentração populacional e, então, ele assumiu que: "a taxa relativa de crescimento de uma população decresce, *linearmente*, considerando a evolução da população no tempo".

  Isso correspondeu a assumir K, na equação de Malthus, como uma função linear decrescente, na forma $K = a - bP$, com a, b constantes positivas e P a população. Significa considerar K como um fator de redução do crescimento ilimitado da população, provocado, na vida real, pela escassez e disputa por recursos materiais.

  Modelo logístico - *Verhulst*: $\boxed{\dfrac{dP}{dt} = (a - bP)P}$

(II) Num instante inicial t = 0 a população é dada por $P = P_o$.

**QUESTÕES**

(III) Determine a função P = P ( t ), solução analítica da Equação Diferencial de Verhulst.

(IV) Analise as condições para o traçado do esboço do modelo de Verhulst.

(V) Esboce os gráficos do modelo de Verhulst.

(VI) Descreva num pequeno texto os modelos de Malthus e Verhulst comparando os gráficos e as equações.

**INTERPRETAÇÃO DO ENUNCIADO**

Os passos da resolução do problema estão de acordo com os itens do enunciado.

**1º Passo:** MATEMATIZAÇÃO DA LEI DE DEMANDA E CRESCIMENTO POPULACIONAL

Identificação das variáveis

P - variação da população – Variável dependente

t - variação do tempo – Variável independente

Velocidade de crescimento ou de demanda: $\dfrac{dP}{dt}$ (velocidade instantânea = derivada)

$k$ - constante de proporcionalidade

Interpretando o item 1 do enunciado, a lei física pode ser expressa, matematicamente, da seguinte forma:

Lei de Maltus: $\frac{dP}{dt} = kP$

Lei de *Verhulst* (Modelo logístico): $\frac{dP}{dt} = (a - bP)P$

**2º Passo:** Condição inicial: t = 0 ano, a população é $P = P_0$

**3º Passo:** Determinação do modelo de Verhulst , que é uma Equação Diferencial, de primeira ordem do tipo separação de variáveis:

$\frac{dP}{dt} = (a - bP)P$ é uma Equação Diferencial de variáveis separáveis.

Separando as variáveis: $\frac{dP}{(a-bP)P} = dt$

Decompondo em frações parciais: $\frac{1}{aP}dP + \frac{b}{a\,(a-bP)}dP = dt$

Integrando, virá: $\frac{1}{a}\ln|P| - \frac{1}{a}\ln|a - bP| = t + c$ .

Simplificando: $|P| = |a - bP|e^{at}e^{c}$.

Pela condição inicial: $P(t_0)=P_0$ , virá: $|P_0| = |a - bP_0|e^{at_0}e^{c}$.

Para $P_0 \neq 0$ e $P_0 \neq \frac{a}{b}$, as duas últimas equações darão: $\left|\frac{P}{P_0}\right| = \left|\frac{a-bP}{a-bP_0}\right|e^{a(t-t_0)}$.

Retirando os módulos, pois só interessa $\frac{dP}{dt} > 0$, e isolando P, vem, finalmente:

$$\boxed{P(t) = \frac{aP_0}{bP_0 + (a - bP_0)e^{-a(t-t_0)}}}$$

**4º Passo:** Análise das condições para o traçado do esboço do modelo de Verhulst

**Primeira análise**: Tomemos o valor inicial do gráfico, isto é: t = 0 ano , então P assume o valor $P_0$ logo o primeiro ponto é: $(0,P_0)$ .

**Segunda análise:** Seja o tempo crescente

Na função P(t), vemos que com o correr de um longo tempo, isto é, tomando o limite, quando $t \rightarrow +\infty$, então temos:

$$P(t) = \frac{aP_0}{bP_0} = \frac{a}{b} \quad , \quad \left(\lim_{t\to\infty} P = \frac{a}{b}\right)$$

Usa-se escrever $P_\infty = \frac{a}{b}$, e esse valor é chamado de população limite (de suporte, de saturação), é o valor assintótico da população, para uma população inicial $P_0 > 0$.

Assim, percebemos que se $0 < P_0 < P_\infty$, a população P(t) cresce, tendendo para $P_\infty$, e o gráfico de P(t) estará entre as retas $P = 0$ e $P = P_\infty$. A curva do gráfico de P(t), neste caso, toma a forma de um *S*, denominada de *Curva Logística*.

**Observação**

Se $P_0 > P_\infty$, então a população P(t) decresce, tendendo para $P_\infty$. Situação menos explorada na prática.

**Terceira análise:** O gráfico terá um ponto de inflexão, de alta relevância porque nele há uma mudança no comportamento da variação de população:

(a) Antes do ponto de inflexão a concavidade está para cima, de acordo com a curva crescente de Malthus, isto é a população está crescendo de uma forma estrita tendendo a valores cada vez maiores.

(b) Depois do ponto de inflexão a concavidade está para baixo, de acordo com o modelo de Verhulst, isto é, continua a crescer mas para valores que tendem a uma população limite, valor assintótico. Se derivarmos a Equação Diferencial $\frac{dP}{dt} = (a - bP)P$, teremos: $\frac{d^2P}{dt^2} = (a - 2bP)\frac{dp}{dt}$, que, se igualada a zero, nos dá: $P = \frac{a}{2b} = \frac{P_\infty}{2}$, que é a ordenada do ponto de inflexão da curva logística. Isto significa que até atingir esse ponto, a população cresce com derivada positiva, depois dele cresce mais lentamente, se aproximando da assíntota $P_\infty = \frac{a}{b}$.

**5º Passo:** Gráfico do modelo de Verhulst

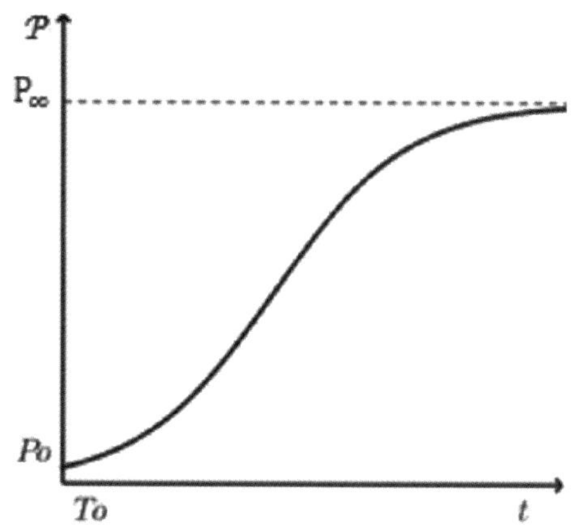


**6º Passo:** A partir do seu entendimento do comportamento da demanda e crescimento populacional, escreva um texto no quadro seguinte comparando os gráficos e as duas leis: de Malthus (problema 5) e Verhulst (problema 6)

| |
|---|
| |

## 4.8 SÍNTESE DOS PROBLEMAS DE FENÔMENOS FÍSICOS COM EQUAÇÕES DIFERENCIAIS DE 1ª ORDEM

Ao se estudar os diversos fenômenos de resfriamento e aquecimento de um corpo num ambiente / espaço de temperatura constante, decomposição de uma massa de um corpo (decaimento exponencial), um circuito com/sem fonte de alimentação, constatamos que as Equações Diferenciais que modelam os fenômenos são lineares, variando os parâmetros definidores do desenvolvimento dos fenômenos.

Assim, tomamos três tipos de problemas estudados, sintetizando sua análise como se segue.

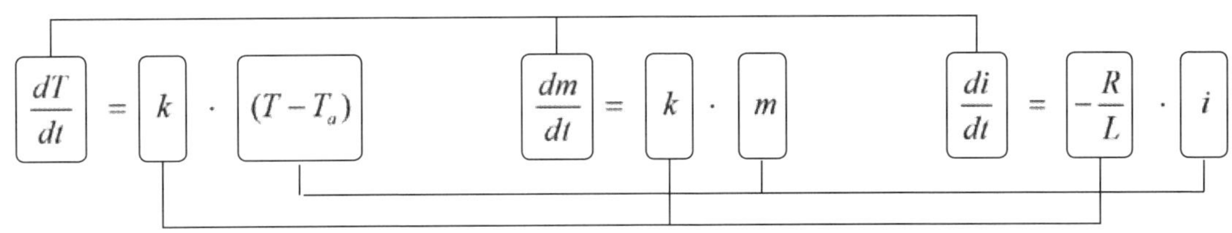


| Resfriamento e/ou aquecimento | Decomposição de massa | Circuito |
|---|---|---|
| $T$ = temperatura | $m$ = massa | $i$ = intensidade de corrente |
| $\frac{dT}{dt}$ = taxa de variação | $\frac{dm}{dt}$ = taxa de variação | $\frac{di}{dt}$ = taxa de variação |
| $k$ = constante | $k$ = constante | $-\frac{R}{L}$ |
| $T_a$ = temperatura constante do ambiente | | $E(t) = 0$ (não há fonte realimentadora no circuito nesta situação) |

A taxa de variação é linear nos três fenômenos, pois temos uma proporcionalidade direta com a da grandeza em cada fenômeno estudado: $T$ (temperatura), $m$ (massa), $i$ (intensidade de corrente).

No caso do circuito a constante de proporcionalidade é dada pela razão da resistência (R) pela indutância (L) .

Essas equações, nas quais a taxa de variação (derivada) tem sua variação em função da variável dependente do fenômeno, e não do tempo (variável independente), são as denominadas: **Equações autônomas,** como já definimos anteriormente. A linearidade se apresenta nestas equações com as variáveis do 1º grau T, $m$ e $i$, cujos gráficos são retas.

$\frac{dT}{dt}$ = Função de $T$ (Variável T do primeiro grau)

$\frac{dm}{dt}$ = Função de $m$ (Variável m do primeiro grau)

$\frac{di}{dt}$ = Função de $i$ (Variável m do primeiro grau)

Para se encontrar $\frac{dT}{dt}$, $\frac{dm}{dt}$, $\frac{di}{dt}$ em função do tempo, determinamos $(T, m, i)$, resolvendo a Equação Diferencial que modela o fenômeno e derivamos a solução em função do tempo, cujo gráfico é uma função exponencial.

## PROBLEMAS PROPOSTOS

### Tipo 1: Problemas de Mecânica – deslocamento de partícula e queda livre

1) Uma partícula se desloca obedecendo a equação da velocidade $\frac{dx}{dt} - 4t^3 + 18t^2 + 24t + 10 = 0$, onde $x(0) = 3$. Determine:

a) a equação da posição e da aceleração.

b) o gráfico da posição, velocidade e aceleração.

c) descreva o deslocamento da partícula numa reta horizontal.

2) Faça as mesmas questões do problema 1, sendo a equação da velocidade,

onde $x(0) = 0$: $\frac{dx}{dt} - 3t^2 + 12t - 8 = 0$

3) O gás exala de um balão de raio r num tempo t. Determine a Equação Diferencial, expressão da velocidade de variação da superfície do balão em relação ao seu volume: $\frac{dA}{dV}$

Sendo, Superfície: $A = 4r^2$, Volume: $V = \frac{4}{3}\pi r^3$

4) Um corpo cai no vácuo devido à ação da gravidade com aceleração constante 9,8 $m/s^2$, o corpo parte do repouso, calcule a (I) velocidade e o (II) deslocamento do corpo.

5) Um avião ao decolar de um campo de pouso percorre uma pista de 2 Km. Se este avião partir com a velocidade de 10 m/s, se deslocar com aceleração constante e fizer o trajeto em 50 s, com que velocidade decolará?

6) Uma bola de golfe de massa 0,8kg recebe uma tacada que lhe imprime uma velocidade de 20 m/s. Supondo-se que a bola permanece em contato permanente com o chão e sabemos que a força de atrito que atua sobre ela é de –5N, qual a distância percorrida pela bola até parar?

7) Os aceleradores lineares são usados em Física para acelerar partículas carregadas. Uma partícula entra no acelerador e com aceleração constante aumenta sua velocidade de $10^3$ m/s a $10^4$ m/s em $10^{-3}$s. Determine: (I) aceleração; (II) a distância percorrida pela partícula durante este período.

### Tipo 2: Problemas de Termodinâmica – Aquecimento e resfriamento de um corpo

1) Colocamos um corpo à temperatura de $0^0$C em um ambiente mantido à temperatura constante de $40^0$C. Se após 10 minutos a temperatura do corpo é de $20^0$C. Determine o tempo necessário para a temperatura do corpo atingir $15^0$C e a temperatura do corpo após 12 minutos.

2) Um corpo com temperatura desconhecida é colocado em um refrigerador mantido a temperatura constante de $0^0$C. Se após 20 minutos a temperatura do corpo é $40^0$C e após 40 minutos é de $20^0$C, determine a temperatura inicial do corpo.

3) Um termômetro está num ambiente onde a temperatura é de 15⁰C e é levado para outro com temperatura de 3⁰C. Depois de 5 minutos a leitura do termômetro é de 10⁰C. Determine:

a) Qual será a temperatura do termômetro depois de mais 1 (um) minuto?

b) Quando a temperatura do termômetro será de 12°C?

**Tipo 3: Problemas de decaimento exponencial - Decomposição**

1) Certa substância radiativa decresce a uma taxa proporcional à quantidade de substância presente. Se, para uma quantidade inicial de substância de 100 miligramas, se observa um decréscimo de 5% após dois anos, determine (a) uma expressão para a quantidade restante no tempo t e (b) o tempo necessário para uma redução de 10% da quantidade inicial.

2) Sabemos que a população de determinada cidade cresce a uma taxa proporcional ao número de habitantes existente. Se, após 10 anos a população triplica, e após 20 anos é de 150.000 habitantes, determine a população inicial.

3) Uma cultura de bactérias começa com 500 bactérias e cresce a uma taxa proporcional ao seu tamanho. Depois de 3 horas existem 8.000 bactérias.

a) Encontre uma expressão para o número de bactérias depois de t horas.

b) Calcule o número de bactérias depois de 4 horas.

c) Calcule a taxa de crescimento depois de 4 horas.

d) Quando a população será de 30.000?

e) Esboce o gráfico da expressão do item a e faça uma análise quanto a variação do número de bactérias.

f) Esboce o gráfico da taxa de crescimento em qualquer tempo.

g) Descreva num pequeno texto a variação do número de bactérias.

**Tipo 4: Problemas de eletricidade**

1) Um circuito RC tem fem(força eletromotriz) de 5 volts, resistência de 10 ohms, capacitância de $10^{-2}$ farad e inicialmente uma carga de 5 coulombs no capacitor.

a) Determine a corrente transitória (corrente em qualquer tempo).

b) Determine a corrente estacionária. (quando t tende para infinito).

c) Esboce o gráfico de i = i (t).

d) Esboce o gráfico de $\frac{di}{dt}$.

e) Descreva num pequeno texto a variação da corrente, relacionando a variação de i e de sua derivada.

2) Se num circuito elétrico a R(resistência) é 05 ohms, C(capacitância) 0,05 faraday e E(voltagem) é 60 volts.

a) Desenhe um campo de direções para a Equação Diferencial com os valores dados.

b) Existe uma solução de equilíbrio?

c) Se a carga inicial for Q(0) = 0 coulombs, use o campo de direções para esboçar a solução.

d) Descreva num pequeno texto a variação da carga.

3) Um circuito RL tem fem dada (em volts) por 4sent (seno de t) , resistência de 100 ohms, indutância de 4 henries, e corrente inicial zero; determine a corrente no instante t

4) Num circuito a força eletromotriz é dada por $E(t) = 2\cos(3t)$. Sabemos que $i(0) = 1$, a resistência é $2\ ohms$, a indutância 1H, determine a intensidade de corrente: $i = i(t)$

**Tipo 5: Problemas de misturas**

1) Um tanque contem 1000 litros de água salgada com 15 kg de sal dissolvido. Água entra no tanque a uma taxa de 10 litros/minutos. A solução é mantida bem misturada e sai do tanque na mesma taxa. Quanto sal permanece no tanque:

a) Depois de t minutos.
b) Depois de 20 minutos.
c) Esboce os gráficos da taxa de variação da quantidade de sal em relação ao tempo e a da taxa de variação da quantidade de sal em relação a quantidade de sal.
d) Compare os gráficos e elabore um pequeno texto.

2) Um tanque contem 1000 litros de água pura. Água salgada com 0,05 kg de sal por litro de água entra no tanque a uma taxa de 5 litros/minuto. Água salgada com 0,04 kg de sal por litro de água entra no tanque a uma taxa de 10 litros/minuto. A solução é mantida completamente misturada e sai do tanque a uma taxa de 15 litros/minuto. Quanto de sal está no tanque:

a) Depois de t minutos.
b) Depois de uma hora.

CAPÍTULO 5

# RESOLUÇÃO DE EQUAÇÕES DIFERENCIAIS ORDINÁRIAS DE 2ª ORDEM

Para melhor identificação dos métodos de resolução das Equações Diferenciais de segunda ordem, fazemos uma classificação das mesmas em lineares e não lineares, como na resolução de Equação de 1ª ordem.

Serão determinados alguns métodos específicos de acordo com o tipo de Equação Diferencial.

**Método para equações de segunda ordem lineares ou não lineares:** "redução à primeira ordem, por uma mudança de variável".

Dois tipos:

1) $\frac{d^2y}{dx^2} = f\left(x, \frac{dy}{dx}\right)$, podendo ser também $\frac{d^2y}{dx^2} = f(x)$ neste caso com função f somente de x, a Equação Diferencial pode ser resolvida integrando duas vezes, sem necessidade de mudança de variável;

2) $\frac{d^2y}{dx^2} = f\left(y, \frac{dy}{dx}\right)$, podendo ser também $\frac{d^2y}{dx^2} = f(y)$, ambos os casos utilizamos mudança de variável com a regra da cadeia, na derivada da função composta.

**Método para Equações Diferenciais, exclusivamente Lineares, mas com mais algumas especificidades:**

1) coeficientes constantes, homogênea do tipo: $A_0y''+A_1y'+A_2y = 0$ que se reduz a uma equação algébrica: $A_0 r^2 + A_1 r + A_2 = 0$;
2) coeficientes constantes NÃO homogênea: (B(x) assim definida: $A_0y''+A_1y'+A_2y = B(x)$

Dois tipos:

(a) (DESCARTES) coeficientes a determinar para diferentes B(x): polinômio, exponencial, funções seno e cosseno, soma ou produto destas mesmas funções;

(b) (LAGRANGE) variação de parâmetros para qualquer B(x) – Constitui-se um método genérico em relação ao de DESCARTES.

3) coeficientes variáveis, homogêneas ou NÃO homogêneas

(a) (EULER-CAUCHY) coeficientes variáveis do tipo: ax + b

# SÍNTESE DOS MÉTODOS DE RESOLUÇÕES DE EQUAÇÕES DIFERENCIAIS DE 2ª ORDEM

## TIPOS DE EQUAÇÕES

### NÃO LINEARES / LINEARES

1 - $\frac{d^2y}{dx^2} = f(x)$

ou $\frac{d^2y}{dx^2} = f\left(x, \frac{dy}{dx}\right)$

**MUDANÇA DE VARIÁVEL PARA REDUZIR À 1ª ORDEM** :

$$\begin{cases} \frac{dy}{dx} = m \\ \frac{d^2y}{dx^2} = \frac{dm}{dx} \end{cases}$$

2 - $\frac{d^2y}{dx^2} = f(y)$

ou

$\frac{d^2y}{dx^2} = f\left(y, \frac{dy}{dx}\right)$

**MUDANÇA DE VARIÁVEL PARA REDUZIR À 1ª ORDEM:**

$$\begin{cases} \frac{dy}{dx} = m \\ \frac{d^2y}{dx^2} = \frac{dm}{dx} = \frac{dm}{dy}\frac{dy}{dx} = \frac{dm}{dy}m \end{cases}$$

**Observações:**

(1) As Equações Diferenciais lineares podem também ser resolvidas por estes métodos desde que enquadradas nos dois tipos.

(2) A Equação Diferencial do tipo $\frac{d^2y}{dx^2} = f(x)$ pode ser resolvida integrando duas vezes, sem mudança de variável.

### EXCLUSIVAMENTE LINEARES

#### . HOMOGÊNEA

**. DE COEFICIENTES CONSTANTES**

$$A_0\frac{d^2y}{dx^2} + A_1\frac{dy}{dx} + A_2y = 0$$

**EQUAÇÃO CARACTERÍSTICA**

$y'' = r^2$ ; $y' = r$ ; $y = 1$

$$A_0r^2 + A_1r + A_2 = 0$$

**Soluções**

$\Delta > 0$

Raizes reais e diferentes: $r_1 \neq r_2$

$$y = c_1e^{r_1x} + c_2e^{r_2x}$$

$\Delta = 0$

Raízes reais e iguais:

$r_1 = r_2 = r$

$$y = (c_1x + c_2)e^{rx}$$

$\Delta < 0$

Raízes Complexas: $\begin{cases} r_1 = a + bi \\ r_2 = a - bi \end{cases}$

$$y = e^{ax}[c_1\cos(bx) + c_2\,sen(bx)]$$

#### . NÃO HOMOGÊNEA

**. DE COEFICIENTES CONSTANTES:** $A_0$ , $A_1$ , $A_2$

$$A_0\frac{d^2y}{dx^2} + A_1\frac{dy}{dx} + A_2y = B(x)$$

Solução geral: $y = y_h + y_p$

$y_h$ : solução da equação homogênea (h) obtida da equação dada B(x) = 0

$y_p$ : solução particular (p) que depende da natureza de B(x)

**1º Método: (Descartes) coeficientes a determinar**

I - $B(x)$ é um polinômio $\rightarrow y_p$ é um polinômio

II - $B(x)$ é uma exponencial: $e^{kx} \rightarrow y_p = Ax^te^{kx}$

III - $B(x)$ é seno ou cosseno: $\cos(kx) \pm sen(kx)$ $\rightarrow y_p = x^t(A\cos(kx) \pm B\,sen(kx))$

2º Método: **(Lagrange) variação de parâmetros.**

$y_h = c_1y_1(x) + c_2y_2(x)$

(solução da homogênea obtida)

$y_p = u_1(x)y_1(x) + u_2(x)y_2(x)$.

$$\begin{cases} y_1u_1' + y_2u_2' = 0 \\ y_1'u_1' + y_2'u_2' = B(x) \end{cases}$$

**3º Método: (Cauchy-Euler) Coeficientes variáveis**

$$A_0(ax+b)^2y'' + A_1(ax+b)y' + A_2y = B(x)$$

I) $B(x)$ qualquer

Mudança de variável de x para t $(x \rightarrow t)$

$ax + b = ae^t \Rightarrow x = \frac{ae^t - b}{a} \Rightarrow \frac{dx}{dt} = e^t$

$$\begin{cases} \frac{dy}{dx} = e^{-t}\frac{dy}{dt} \\ \frac{d^2y}{dx^2} = e^{-2t}\left(\frac{d^2y}{dt^2} - \frac{dy}{dt}\right) \end{cases}$$

Obtemos uma Equação Diferencial com coeficientes constantes.

II) $B(x) = 0$ ; $a = 1$ ; $b = 0$

Solução do tipo $y = x^m$, derivando y e levando na Equação Diferencial obtemos uma equação algébrica:

$y = x^m$; $y' = mx^{m-1}$ ; $y'' = m(m-1)x^{m-2}$

## 5.1 MÉTODO 1: REDUÇÃO À 1ª ORDEM

Como as Equações Diferenciais Ordinárias de 1ª ordem, as de 2ª ordem podem ser lineares ou não lineares.

Um processo padrão e básico para resolução das Equações Diferenciais de 2ª ordem Lineares ou não Lineares é de reduzir a ordem de 2ª à 1ª, em alguns casos usamos mudança de variáveis.

**Método de Resolução**

**1º passo:** Classifique a Equação Diferencial;

**2º passo:** Escolha uma variável conveniente para mudança de 2ª ordem para 1ª ordem;

**3º passo:** Resolva a Equação Diferencial de 1ª ordem, com a nova variável;

**4º passo:** Volte para as variáveis originais da Equação Diferencial dada, integrando novamente

São dois tipos:

**1º tipo:** $\frac{d^2y}{dx^2} = f\left(x, \frac{dy}{dx}\right)$ ou $\frac{d^2y}{dx^2} = f(x)$

Importante verificar que se tem uma função da variável independente x, isto é, f = f(x).
Para reduzir a ordem da Equação Diferencial dada, fazemos a seguinte mudança.

A mudança de variável é de $y \rightarrow m$ então x permanece:

$\frac{dy}{dx} = m$ ⟶ $\frac{d^2y}{dx^2} = \frac{dm}{dx}$ ⟶ $\frac{dm}{dx} = f(x)$

↓

$m = m(x, c_1)$

↓

$y = y(x, c_1, c_2)$

**Observação**

Se a Equação Diferencial é do tipo $\frac{d^2y}{dx^2} = f(x)$ isto é, a função f da variável independente x, podemos integrar duas vezes, sem usar nova variável.

↓

**Exemplo**

Resolva a Equação Diferencial $\frac{d^2y}{dx^2} = x^2 - 5e^x$ sendo $f(x) - x^2 - 5e^x$

Integrando a primeira vez: $\frac{dy}{dx} = \frac{x^3}{3} - 5e^x + c_1$

Integrando a segunda vez: $y = \frac{x^4}{12} - 5e^x + c_1 x + c_2$

<table>
<tr><th>Resolução da Equação Diferencial</th><th>Resolução das integrais</th></tr>
<tr><td>

$(1+x)\dfrac{d^2y}{dx^2}+\dfrac{dy}{dx}=0$

**1º passo:** Classifique a equação dada

de 2ª ordem do tipo $\dfrac{d^2y}{dx^2}=f\left(x,\dfrac{dy}{dx}\right)$

A função de x na equação é $f(x)=1+x$; a Equação Diferencial tem derivada primeira e segunda, então é de 2ª ordem

**2º passo**: Escolher uma variável conveniente:

$\dfrac{dy}{dx}=m \Rightarrow \dfrac{d^2y}{dx^2}=\dfrac{dm}{dx}$

Levando na Equação Diferencial dada:

$\boxed{(1+x)\dfrac{dm}{dx}+m=0}$

**3º passo:** Resolva a Equação Diferencial de 1ª ordem em "m" e "x"

**s.v.** $\Rightarrow$ $(1+x)\dfrac{dm}{dx}=-m$

$\dfrac{dm}{m}=-\dfrac{dx}{1+x}$ (I), trazendo a resolução da integral ao lado

$m=\dfrac{c_1}{1+x}$

**4º passo:** Voltando à variável original

$\dfrac{dy}{dx}=m \Rightarrow \dfrac{dy}{dx}=\dfrac{c_1}{1+x}$ *(II)*

Separando as variáveis e integrando a solução geral $y=c_1\log\lvert 1+x\rvert+c_2$

</td><td>

( I )

$\displaystyle\int_m \frac{dm}{m}=-\int_x \frac{dx}{1+x} \Rightarrow \log\lvert m\rvert=-\log\lvert 1+x\rvert+\log\lvert c_1\rvert$

Donde: $\log\lvert m\rvert=\log\left\lvert\dfrac{c_1}{1+x}\right\rvert \;\therefore\; m=\dfrac{c_1}{1+x}$

( II )

$\displaystyle\int dy=c_1\int\frac{dx}{1+x} \Rightarrow y=c_1\log\lvert 1+x\rvert+c_2$

</td></tr>
</table>

**2º tipo:** $\dfrac{d^2y}{dx^2}=f\left(y,\dfrac{dy}{dx}\right)$ ou $\dfrac{d^2y}{dx^2}=f(y)$

Verifique que a função f é com a variável y, isto é, f = f(y).

Para reduzir a ordem da Equação Diferencial dada, é necessário entrar com uma nova variável e aplicar a "regra da cadeia".

$$\begin{cases}\dfrac{dy}{dx}=m\\[2mm] \dfrac{d^2y}{dx^2}=\dfrac{dm}{dx}=\dfrac{dm}{dy}\dfrac{dy}{dx}=\dfrac{dm}{dy}m\end{cases}$$

Pois na Equação Diferencial dada se tem y , logo é preciso eliminar x, assim as variáveis a integrar são "m" e "y".

**Exemplo**

| Resolução da Equação Diferencial | Resolução das integrais |
|---|---|
| $\frac{1}{y}\frac{d^2y}{dx^2}=1$ *ou* $\frac{d^2y}{dx^2}=y$<br><br>**1º passo:** Verifique que é do tipo: $\frac{d^2y}{dx^2}=f(y)$<br><br>**2º passo**: Tomando a variável conveniente: $\frac{dy}{dx}=m$ (Regra da Cadeia) $\frac{d^2y}{dx^2}=m\frac{dm}{dy}$; $m\frac{dm}{dy}=y$ (I)<br><br>**3º passo:** Resolvendo a equação por **s.v.** ao lado.<br><br>**4º passo:** Voltando à variável original da Equação Diferencial dada:<br>$\frac{dy}{dx}=m \Rightarrow \left(\frac{dy}{dx}\right)^2=y^2+c_1 \Rightarrow \frac{dy}{dx}=\sqrt{c_1+y^2}$<br><br>ou separando variáveis:<br>$\frac{dy}{\sqrt{c_1+y^2}}=dx \Rightarrow (II)\int\frac{dy}{\sqrt{c_1+y^2}}=\int dx\ (III)$<br><br>Tomando a resolução das integrais ao lado,<br>$\ln\left\|y+\sqrt{c_1^2+y^2}\right\|+c_2=x+c_3$ ou tomando: $c_3-c_2=c_2$,<br>virá:<br>$\ln\left\|y+\sqrt{c_1^2+y^2}\right\|=x+c_2$ | (I) $m\frac{dm}{dy}=y$ ou **s.v.** $mdm=ydy$<br>Integrando:<br>$\int mdm=\int ydy \therefore \frac{m^2}{2}=\frac{y^2}{2}+c$<br><br>$m^2=y^2+2c$ fazendo $2c=c_1$, temos<br>$m^2=y^2+c_1$, sendo $m=\frac{dy}{dx}$<br><br>(II)<br>$\int_y\frac{dy}{\sqrt{c_1+y^2}}$, tomando um novo $c_1$ ao quadrado para tomar a solução da integral na Tabela de Integrais, ao final do livro.<br>$\int_y\frac{dy}{\sqrt{c_1^2+y^2}}=\ln\left\|y+\sqrt{c_1^2+y^2}\right\|+c_2$<br><br>(III)<br><br>$\int_x dx=x+c_3$ |

## 5.2 MÉTODO 2: EQUAÇÕES DIFERENCIAIS DE 2ª ORDEM, LINEARES, HOMOGÊNEAS, DE COEFICIENTES CONSTANTES.

Para construirmos a solução desta Equação Diferencial necessitamos de alguns conhecimentos da Álgebra Linear.

**1. Funções Linearmente Dependentes (LD) ou Linearmente Independentes (LI)**

Dadas duas funções $y_1(x)$ e $y_2(x)$ elas são

LD se $\frac{y_1}{y_2}=$ k (constante)

LI se $\frac{y_1}{y_2}\neq$ k (constante)

**Exemplos**

1) $y_1 = 3x$ $\quad \Rightarrow \dfrac{y_1}{y_2} = \dfrac{3x}{x} = 3$ (LD)

$y_2 = x$

2) $y_1 = e^{2x}$

$y_2 = e^x$ $\quad \Rightarrow \dfrac{y_1}{y_2} = \dfrac{e^{2x}}{e^x} = e^x$ (LI)

**Proposição**: Se duas funções $y_1$ e $y_2$ são LD, então o determinante $\begin{vmatrix} y_1 & y_2 \\ y'_1 & y'_2 \end{vmatrix} = 0$

**Verificação:** Se $y_1$ e $y_2$ são LD então: $y_1 = ky_2 \Rightarrow y'_1 = ky'_2$

$$\begin{vmatrix} y_1 & y_2 \\ y'_1 & y'_2 \end{vmatrix} = \begin{vmatrix} ky_2 & y_2 \\ ky'_2 & y'_2 \end{vmatrix} = ky_2\, y'_2 - ky'_2\, y_2 = 0$$

Este determinante é chamado WRONSKIANO, útil especialmente quando temos mais de duas funções para determinar o seu grau de dependência linear.

**2. Equação Diferencial de 2ª ordem, linear**

É da forma: $y'' + f(x)y' + g(x)y = r(x)$

I) Se $f(x)$ e $g(x)$ são constantes, então temos a Equação Diferencial de coeficientes constantes.

II) Se $r(x) = 0$, temos a equação homogênea.

**Proposição:** Se duas funções LI, $y_1$ e $y_2$, são soluções de uma Equação Diferencial de 2ª ordem, a combinação linear das mesmas é também solução desta mesma equação.

$y_1$ e $y_2$ soluções particulares e LI.

A combinação linear das mesmas dada por $y = c_1y_1 + c_2y_2$ é denominada solução geral da Equação Diferencial.

**Exemplo**

$y_1 = \cos x$ e $y_2 = senx$ são LI pois $\dfrac{y_1}{y_2} = \dfrac{\cos x}{senx} = \cot x \neq$ constante. Sendo soluções particulares da equação $y'' + y = 0$ então a solução geral é dada por $y = c_1 senx + c_2 \cos x$

**Observação**

A solução geral é construída a partir de soluções particulares.

**3. Resolução da Equação Diferencial de 2ª ordem, linear, de coeficientes constantes, homogênea**

A solução da Equação Diferencial de 2ª ordem, linear, de coeficientes constantes homogênea é do mesmo tipo da Equação Diferencial de 1ª ordem, linear, de coeficientes constantes homogênea. Examinemos então a solução da Equação Diferencial de 1ª ordem, linear e coeficientes constantes

$$A_0 \frac{dy}{dx} + A_1 y = 0 \quad (*)$$

$$\textbf{s.v.} \Rightarrow A_0 \frac{dy}{dx} = -A_1 y \Rightarrow \frac{dy}{y} = -\frac{A_1}{A_0} dx \Rightarrow \log_e y = -\frac{A_1}{A_0} x + c$$

$$\Rightarrow y = e^{-\frac{A_1}{A_0}x + c} \Rightarrow y = e^{-\frac{A_1}{A_0}x} e^c \text{, fazendo } -\frac{A_1}{A_0} = r \quad , \; e^c = c_1 \rightarrow \boxed{y = c_1 e^{rx}}$$

**Exemplo**

$y'-4y=0$. Sendo $A_0=1$ e $A_1=-4$. Logo $r=-\frac{(-4)}{1}=4 \Rightarrow y=c_1e^{4x}$

**Observação**

A solução da Equação Diferencial $A_0y'+A_1y=0$ é $y=c_1e^{rx}$ sendo $r=-\frac{A_1}{A_0}$, que pode ser determinado fazendo $y'=r$ e $y=1$, isto é, $A_0r+A_1(1)=0$ donde $r=-\frac{A_1}{A_0}$.

No exemplo dado: $y'-4y=0$ ou $r-4=0$ ou $r=4$.

Tomando a Equação Diferencial de 2ª ordem $A_0y''+A_1y'+A_2y=0$, e fazendo a sua solução, do mesmo tipo da 1ª ordem, teremos:

$$\begin{cases} y=ce^{rx} \\ y'=cre^{rx} \\ y''=cr^2e^{rx} \end{cases} \qquad A_0cr^2e^{rx}+A_1cre^{rx}+A_2ce^{rx}=0 \quad \text{ou} \quad ce^{rx}(A_0r^2+A_1r+A_2)=0$$

Como $ce^{rx}\neq 0 \Rightarrow \boxed{A_0r^2+A_1r+A_2=0}$ denominada equação característica, obtida da Equação Diferencial $A_0y''+A_1y'+A_2y=0$ fazendo: $y''=r^2$, $y'=r$ e $y=1$.

Assim:

$$\boxed{A_0y''+A_1y'+A_2y=0 \Rightarrow A_0r^2+A_1r+A_2=0}$$

**Estudo da equação característica**

**1º caso:** $r_1\neq r_2$, raízes reais e distintas, isto é $\Delta>0$ da equação característica algébrica que é $A_0r^2+A_1r+A_2=0$.

Duas são as soluções particulares do mesmo tipo da solução da Equação Diferencial de 1ª ordem, isto é $y_1=c_1e^{r_1x}$ e $y_2=c_2e^{r_2x}$, que são linearmente independentes, pois verificamos que:

$\frac{y_1}{y_2}=\frac{c_1}{c_2}e^{(r_1-r_2)x}\neq$ constante, pois tem x no expoente da potência.

Com base na proposição dada, anteriormente, a solução geral será dada por $\boxed{y=c_1e^{r_1x}+c_2e^{r_2x}}$ (1)

**2º caso:** $\begin{cases} r_1=a+bi \\ r_2=a-bi \end{cases}$, isto é $\Delta<0$ da equação característica algébrica $A_0r^2+A_1r+A_2=0$.

As soluções particulares são $\begin{cases} y_1=e^{(a+bi)x} \\ y_2=e^{(a-bi)x} \end{cases} \Rightarrow \frac{y_1}{y_2}=\frac{e^{ax}e^{bix}}{e^{ax}e^{-bix}}=e^{2bix}\neq$ constante

Como são linearmente independentes a solução geral é a combinação linear seguinte $y=c_1e^{(a+bi)x}+c_2e^{(a-bi)x}$ ou $y=e^{ax}(c_1e^{bix}+c_2e^{-bix})$ empregando as fórmulas de Euler:

$\begin{cases} e^{ibx}=\cos(bx)+isen(bx) \\ e^{-ibx}=\cos(bx)-isen(bx) \end{cases}$, podemos escrever

$$y=e^{ax}[c_1(\cos bx+isenbx)+c_2(\cos bx-isen(bx)]$$

$$y=e^{ax}[(c_1+c_2)\cos(bx)+i(c_1-c_2)sen(bx)]$$

Fazendo $c_1+c_2=c_1$ e $(c_1-c_2)i=c_2$. Então $\boxed{y=e^{ax}[c_1\cos(bx)+c_2sen(bx)]}$ (2)

**3º caso:** $r_1 = r_2 = r \Rightarrow \Delta = 0$

Logo as soluções particulares $y_1 = c_1e^{rx}$ e $y_2 = c_2e^{rx}$ são LD porque

$$\frac{y_1}{y_2} = \frac{c_1}{c_2}\frac{e^{rx}}{e^{rx}} = \frac{c_1}{c_2} = \text{constante}$$

Portanto, temos uma única solução particular que é $y = ce^{rx}$

Parametrizamos a constante para adquirir as duas soluções LI, isto é, c = u(x)

Procurar $y_2 = u(x)e^{rx}$ para que $y_1$ e $y_2$ sejam Linearmente Independentes. O problema é determinar: $u = u(x)$. Façamos $y_2 = u(x)e^{rx}$ solução da Equação Diferencial dada, e tomando as suas derivadas: $y_2'$ e $y''_2$.

$$y_2 = u(x)e^{rx}$$

$$y'_2 = u'e^{rx} + ure^{rx}$$

$$y''_2 = u''e^{rx} + u'r\,e^{rx} + r\,u'e^{rx} + r^2ue^{rx} = u''e^{rx} + 2u're^{rx} + r^2ue^{rx}$$

Levando $y_2$, $y'_2$ e $y''_2$ na equação $A_0y''+A_1y'+A_2y = 0$, teremos

$$\left[A_0\underbrace{(u''+2ru'+r^2u)}_{y''} + A_1\underbrace{(u'+ru)}_{y'} + \underbrace{A_2u}_{y}\right]e^{rx} = 0$$ Como $e^{rx} \neq 0$ teremos:

$$A_0u''+u'\underbrace{(2r\,A_0 + A_1)}_{0} + u\underbrace{(A_0r^2 + A_1r + A_2)}_{0} = 0$$ (*); pois como $r$ é solução de $A_0r^2 + A_1r + A_2 = 0$, sendo raiz única da equação (**Δ= 0**), isto é:

$$r = \frac{-A_1 \pm \sqrt{0}}{2A_0} \therefore 2A_0r + A_1 = 0$$ (Coeficiente de $u'$ na equação (*))

A Equação Diferencial (*) fica $A_0u'' = 0$ *ou* $u' = c_2$ *ou* $u = c_2x + c_3$

A solução geral é $y = c_1e^{rx} + (c_2x + c_3)e^{rx} = \underbrace{c_1e^{rx} + c_2xe^{rx} + c_3e^{rx}}_{c_1+c_3=c_1}$ *sendo* $c_1 + c_3 = c_1$, que é

$$y = c_1e^{rx} + c_2xe^{rx} \quad \text{ou} \quad \boxed{y = (c_1 + c_2x)e^{rx}} \quad (3)$$

Então podemos fazer a seguinte síntese

| Equação Diferencial de 2ª ordem linear, de coeficientes constantes e homogênea | Solução da Equação Diferencial a partir da análise de Δ da equação algébrica característica |
|---|---|
| $A_0\frac{d^2y}{dx^2} + A_1\frac{dy}{dx} + A_2y = 0$ <br> ↓ <br> $A_0r^2 + A_1r + A_2 = 0$ <br> (Equação Característica) | **Soluções** <br> $\Delta > 0$ <br> $y = c_1e^{r_1x} + c_2e^{r_2x}$ <br> $\Delta = 0$ <br> $y = (c_1x + c_2)e^{rx}$ <br> $\Delta < 0$ <br> $y = e^{ax}[c_1\cos(bx) + c_2\,sen(bx)]$ |

Verifique que a resolução deste tipo de Equação Diferencial fica reduzida à resolução de uma equação algébrica, denominada **equação característica**, e o tipo de solução depende da natureza do $\Delta$, isto é, do número de raízes da equação característica algébrica do segundo grau.

**Exemplo 1**

Determinar a solução geral das Equações Diferenciais de segunda ordem, lineares de coeficientes constantes e homogêneas.

| Resolução da Equação Diferencial | Resolução da Equação característica algébrica |
|---|---|
| $y''-5y'+6y=0$<br>Formando a equação característica:<br>$y''=r^2 \qquad y'=r \qquad y=1$<br>Recaímos em uma equação algébrica cuja solução está ao lado<br>$r^2-5r+6=0 \quad (\mathrm{I})$<br>Cujas raízes são $r_1=2 \quad e \quad r_2=3$<br>As raízes são reais e distintas<br>A solução geral é dada por $y=c_1e^{r_1x}+c_2e^{r_2x}$,<br>logo $y=c_1e^{2x}+c_2e^{3x}$ | (I) $r^2-5r+6=0$<br>Equação Algébrica do 2º grau $ar^2+br+c=0$<br>Utilizando a fórmula de Bháskara: $r=\dfrac{-b\pm\sqrt{\Delta}}{2a}$<br>$\Delta=b^2-4ac \rightarrow \Delta=25-4.1.6 \rightarrow \Delta=1$<br>$\therefore\ r_1=\dfrac{5\pm1}{2} \rightarrow r_1=3 \quad e \quad r_2=2$<br>Ou ainda, como a = 1, na equação do 2º grau, podemos tentar o cálculo das raízes pela sua soma (S) e pelo seu produto (P): $r^2-Sr+P=0$<br>(- S: Soma com sinal contrário), donde<br>$S=r_1+r_2=5 \qquad P=r_1r_2=6$<br>Isto é, dois números cuja soma é cinco e o produto é seis. |

**Exemplo 2**

| Resolução da Equação Diferencial | Resolução da Equação característica algébrica |
|---|---|
| $y''+2y'+5y=0$<br>Formando a equação característica:<br>$y''=r^2 \qquad y'=r \qquad y=1$<br>Recaímos numa equação algébrica<br>$r^2+2r+5=0$ ( I )<br>As raízes são $r_1=-1+2i$ e $r_2=-1-2i$, então elas são complexas escritas na forma $a+bi$, sendo a = -1 e b = $\pm 2$.<br>A solução é dada pela fórmula<br>$y=e^{ax}(c_1\cos(bx)+c_2 sen(bx))$<br>Substituindo a = -1 e b = 2, temos<br>$y=e^{-x}(c_1\cos(2x)+c_2 sen(2x))$<br>Podemos usar também a = -1 e b = -2,<br>$y=e^{-x}(c_1\cos(-2x)+c_2 sen(-2x))$<br>Mas pela trigonometria podemos garantir que $\cos(-2x)=\cos(2x)$ e $sen(-2x)=-sen(2x)$, então<br>$y=e^{-x}(c_1\cos(2x)-c_2 sen(2x))$<br>Como $c_2$ é uma constante qualquer, $-c_2$ pode ser tomada como um novo $c_2$, assim<br>$y=e^{ax}(c_1\cos(bx)+c_2 sen(bx))$<br>Conclusão: podemos usar o b positivo. | (I) $r^2+2r+5=0$<br>Equação do 2º grau com $\Delta$ negativo<br><br>$\Delta=2^2-4.1.5=4-20=-16$<br><br>Para $\Delta=-16$ a equação tem raízes complexas.<br><br>$r_1=\frac{-2\pm\sqrt{-16}}{2}=\frac{-2\pm 4i}{2}$<br><br>$r_1=-1+2i$ e $r_2=-1-2i$<br><br>Sendo **a** a parte real do complexo a + bi e **bi** a parte complexa. Donde a = -1, b = 2 e b = -2, mas utilizamos b positivo. |

**Exemplo 3**

| Resolução da Equação Diferencial | Resolução da Equação característica algébrica |
|---|---|
| $y''-4y'+4y=0$.<br>Formando a equação característica:<br>$y''=r^2 \quad y'=r \quad y=1$<br>Recaímos em uma equação algébrica<br>$r^2-4r+4=0$ (I)<br>Tomando a solução ao lado e usando a fórmula<br>$y=(c_1+c_2x)e^{rx}$<br>Sendo r = 2 a solução da equação característica<br>$y=(c_1+c_2x)e^{2x}$ | (I) $r^2-4r+4=0$<br>Equação do 2º grau com $\Delta=0$<br>$\Delta=4^2-4.1.4=16-16=0$<br>Para $\Delta=0$ a equação tem duas raízes reais iguais<br>$r^2-4r+4=$ , $r_1=r_2=2$ *ou* $r=2$ |

**4. Equação Diferencial de 2ª ordem linear, não homogênea com 2º membro constante**

Tomando a Equação Diferencial de 2ª ordem, linear, de coeficientes constantes e o termo independente D constante e diferente de zero.

$Ay''+By'+Cy=D$ ou $Ay''+By'+Cy-D=0$ (*)

Introduzindo uma mudança de variável:

$u=Cy-D$

$u'=Cy' \rightarrow y'=\dfrac{u'}{C}$

$u''=Cy'' \rightarrow y''=\dfrac{u''}{C}$

Levando na equação (*) $\dfrac{A}{C}u''+\dfrac{B}{C}u'+u=0 \Rightarrow Au''+Bu'+Cu=0$ (equação homogênea).

Resolvemos esta equação homogênea em u e voltamos para a variável y.

**Exemplo**

Dar a solução geral $y''-4y'+2y=4 \;\Rightarrow\; y''-4y'+2y-4=0$ (I)

Fazendo:

$$\text{(II)} \quad \begin{cases} u=2y-4 \\ u'=2y' \rightarrow y'=\dfrac{u'}{2} \\ u''=2y'' \rightarrow y''=\dfrac{u''}{2} \end{cases}$$

Substituindo (II) em (I), a equação dada em u é homogênea:

$\Rightarrow \frac{u''}{2} - 4\frac{u'}{2} + u = 0 \Rightarrow u'' - 4u' + 2u = 0$ ; tomando a equação característica

$$r^2 - 4r + 2 = 0 \Rightarrow \begin{cases} r_1 = 2 + \sqrt{2} \\ r_2 = 2 - \sqrt{2} \end{cases} \text{ Raízes reais e distintas.}$$

A solução em u é $u = c_1 e^{(2+\sqrt{2})x} + c_2 e^{(2-\sqrt{2})x}$, como

$$u = 2y - 4 \Rightarrow 2y - 4 = c_1 e^{(2+\sqrt{2})x} + c_2 e^{(2-\sqrt{2})x} \Rightarrow y = \frac{1}{2}\left[c_1 e^{(2+\sqrt{2})x} + c_2 e^{(2-\sqrt{2})x}\right] + 2$$

## 5.3 MÉTODO 3: EQUAÇÕES DIFERENCIAIS LINEARES, DE COEFICIENTES CONSTANTES NÃO HOMOGÊNEA, DE SEGUNDA ORDEM

**Definição**

É uma Equação Diferencial do tipo $A_0 y'' + A_1 y' + A_2 y = B(x), \ B(x) \neq 0.$

**Propriedade**: Uma solução geral $y(x)$ da Equação Diferencial não homogênea é a soma de uma solução $y_h(x)$ da equação homogênea obtida da Equação Diferencial dada e, de uma solução particular $y_p(x)$ isto é, $y = y_h(x) + y_p(x)$.

Sendo $y_h$ : solução da homogênea (calculada no item anterior 5.2)

$y_p$ : a solução particular a ser determinada.

### 5.3.1 COEFICIENTES A DETERMINAR - MÉTODO DE DESCARTES

Seja a Equação Diferencial $A_0 y^{(n)} + A_1 y^{(n-1)} + \cdots + A_n y = B(x)$ com $B(x) \neq 0$

Neste método temos 3 (três) casos a considerar:

**1º Caso:** B = B(x) é um polinômio inteiro de x , de grau m.

$y_p$ : é um polinômio inteiro em x de grau $m + t$, sendo t a ordem da derivada de menor ordem contida na equação e m o grau de B(x).

**Exemplo 1**

Calcular $\frac{d^2y}{dx^2} - 5\frac{dy}{dx} + 6y = 2x^2 - 1$

1) Cálculo de $y_h$

Equação característica: $r^2 - 5r + 6 = 0 \Rightarrow r_1 = 2$ , $r_2 = 3$ donde $y_h = c_1 e^{2x} + c_2 e^{3x}$

2) Cálculo de $y_p$

Como B = B(x) é um polinômio do 2º grau e o 1º membro da equação tem como derivada de menor ordem a de grau zero, que é a própria função $y(m = 2, \ t = 0)$, donde m+ t = 2 e temos que $y_p$ é um polinômio de grau 2

**Observação**

Consideramos y como derivada de ordem zero para determinação do grau do polinômio que é a solução particular.

$\boxed{y_p = ax^2 + bx + c}$ donde: $y'_p = 2ax + b \Rightarrow y''_p = 2a$, levando na Equação Diferencial dada:

$$2a - 5(2ax + b) + 6(ax^2 + bx + c) = 2x^2 - 1$$

$$2a - 10ax - 5b + 6ax^2 + 6bx + 6c = 2x^2 - 1$$

$$6ax^2 + (6b - 10a)x + 2a - 5b + 6c = 2x^2 + 0x - 1$$

Completando o polinômio para igualar os coeficientes:

Donde: $6a = 2 \therefore \mathrm{a} = \dfrac{1}{3}$

$6b - 10a = 0 \therefore \mathrm{b} = \dfrac{5}{9}$

$2a - 5b + 6c = -1 \therefore \mathrm{c} = \dfrac{5}{27} \Rightarrow \mathrm{y_p} = \dfrac{x^2}{3} + \dfrac{5x}{9} + \dfrac{5}{27}$

Como a solução geral é dada por $y = y_h + y_p \Rightarrow y = c_1e^{2x} + c_2e^{3x} + \dfrac{x^2}{3} + \dfrac{5x}{9} + \dfrac{5}{27}$

**Exemplo 2**

Resolver $y'' - y' = x^2 + 1$

1) Cálculo de $y_h$

$r^2 - r = 0 \Rightarrow r_1 = 1 \;\; ou \;\; r_2 = 0$

$y_h = c_1e^x + c_2$

2) Calculo de $y_p$

Como B = B(x) é um polinômio do segundo grau (m = 2) e a derivada de menor ordem é um (t = 1) então (m = 2, t = 1) donde m + t = 3, então o grau do polinômio da solução particular é 3. Fazendo

$y_p = ax^3 + bx^2 + cx + d$

$y'_p = 3ax^2 + 2bx + c$

$y''_p = 6ax + 2b$

Levando as derivadas primeira e segunda na Equação Diferencial dada, $y'' - y' = x^2 + 1$ determinaremos a, b e c. Convencionamos d = 0, pela Equação Diferencial ser incompleta.

$-3a = 1 \quad \rightarrow a = -\dfrac{1}{3}$

$6a - 2b = 0 \rightarrow b = -1 \qquad$ Logo: $y_p = -\dfrac{1}{3}x^3 - x^2 - 3x$

$2b - c = 1 \quad \rightarrow c = -3$

Donde $y = y_h + y_p \;\; ou \;\; y = c_1e^x + c_2 - \dfrac{1}{3}x^3 - x^2 - 3x$

**Observação**

Verifique que o valor do termo independente de $y_p$ que é **d** não foi considerado, porque ao derivar o y a derivada de **d** (constante) é zero. Na equação dada não há y, logo a solução não tem um termo independente de x.

**2º Caso:** B = B(x) é forma $e^{kx}$

$y_p$ é da forma $Ax^t e^{kx}$, sendo t o grau de multiplicidade de k como raiz da equação característica.

**Exemplo 1**

Dar a solução geral da Equação Diferencial

$$\frac{d^2y}{dx^2}+4\frac{dy}{dx}+5y=3e^{-x} \qquad (k=-1)$$

A equação característica é: $r^2+4r+5=0 \Rightarrow \Delta=-4 \Rightarrow \begin{cases} r_1=-2+i \\ r_2=-2-i \end{cases}$

Então: $y_h=e^{-2x}(c_1\cos x+c_2 senx)$

Como não há raiz igual a -1 da equação característica logo grau de multiplicidade de k é nulo, então t = 0

Temos: $y_p=Ax^0e^{-x}=Ae^{-x}$ uma vez que $t=0$, pois -1 não é raiz da equação característica.

$y'_p=-Ae^{-x} \Rightarrow y''_p=Ae^{-x}$

Substituindo na Equação Diferencial dada $y'_p$ e $y''_p$ vem

$Ae^{-x}-4Ae^{-x}+5Ae^{-x}=3e^{-x} \Rightarrow \therefore 2Ae^{-x}=3e^{-x} \therefore 2A=3 \therefore A=\frac{3}{2}$

ou $y_p=\frac{3}{2}e^{-x}$

A solução geral é $y=e^{-2x}(c_1\cos x+c_2 senx)+\frac{3}{2}e^{-x}$

**Exemplo 2**

Dar a solução geral da Equação Diferencial

$$\frac{d^2y}{dx^2}-7\frac{dy}{dx}+10y=8e^{2x} \qquad (k=2)$$

A equação característica: $r^2-7r+10=0 \Rightarrow \begin{cases} r_1=2 \\ r_2=5 \end{cases}$

Sendo $y_p=Axe^{2x}$, pois 2 é raiz da equação característica e valor de k logo t =1 (grau de multiplicidade um, da raiz dois da equação característica).

$y'_p=Ae^{2x}+2Axe^{2x}$

$y''_p=2Ae^{2x}+2Ae^{2x}+4Axe^{2x}=4Ae^{2x}+4Axe^{2x}$

Substituindo na Equação Diferencial y, y' e y'', respectivamente por $y_p$, $y'_p$ e $y''_p$, obtemos $A=-\frac{8}{3}$ logo $y_p=-\frac{8}{3}xe^{2x}$, e a solução geral é $y=c_1e^{2x}+c_2e^{5x}-\frac{8}{3}xe^{2x}$

**3º Caso:** B = B(x) é da forma $sen(kx)$ **ou** $\cos(kx)$ **ou** $sen(kx) \pm \cos(kx)$

A solução particular é da forma $(Asenkx+B\cos kx)x^t$, onde t indica o grau de multiplicidade da raiz imaginária **ki**, como raiz da equação característica.

**Exemplo 1**

Dar a solução geral da Equação Diferencial $\frac{d^2y}{dx^2} - 4\frac{dy}{dx} + 3y = sen(2x)$ (k = 2)

Equação característica é: $r^2 - 4r + 3 = 0 \Rightarrow \begin{cases} r_1 = 1 \\ r_2 = 3 \end{cases}$ (não há raiz igual a 2i)

Assim $y_h = c_1e^x + c_2e^{3x}$

Sendo $y_p = (Asen2x + B\cos 2x)x^0$, pois $t = 0$, já que a equação característica não apresenta a raiz imaginária 2i (k = 2).

$$\begin{cases} y_p = Asen2x + B\cos 2x \\ y'_p = 2A\cos 2x - 2Bsen2x \\ y''_p = -4Asen2x - 4B\cos 2x \end{cases}$$

Substituindo na Equação Diferencial dada:

$$-4Asen2x - 4B\cos 2x - 8A\cos 2x + 8Bsen2x + 3Asen2x + 3B\cos 2x = sen2x$$

$$(-A + 8B)sen2x + (-B - 8A)\cos 2x = sen2x + 0\cos 2x$$

É constituído o seguinte sistema igualando os coeficientes dos termos sen2x e cos2x

$\begin{cases} -A + 8B = 1 \\ 8A + B = 0 \end{cases} \Rightarrow A = -\frac{1}{65}$ e $B = \frac{8}{65}$ e a solução particular é $y_p = -\frac{1}{65}sen2x + \frac{8}{65}\cos 2x$

E a solução geral é $y = c_1e^x + c_2e^{3x} - \frac{1}{65}sen2x + \frac{8}{65}\cos 2x$

**Exemplo 2**

Dar a solução geral da Equação Diferencial $\frac{d^2y}{dx^2} + y = 4senx$ (k = 1)

Equação característica $\Rightarrow r^2 + 1 = 0 \therefore r = \pm i \Rightarrow y_h = c_1\cos x + c_2senx$

Sendo $y_p = (Asenx + B\cos x)x$ ; pois $k = 1$ e da raiz imaginária i ou 1i, tem-se t = 1 (grau de multiplicidade 1(um)) da raiz i da equação característica.

$$y'_p = Asenx + B\cos x + x(A\cos x - Bsenx)$$

$$y''_p = 2A\cos x - 2Bsenx + x(-Asenx - B\cos x)$$

Substituindo $y''_p$ e $y_p$ na Equação Diferencial e simplificando:

$2A\cos x - 2Bsenx = 4senx$ ou $2A\cos x - 2Bsenx = 0\cos x + 4senx$

Donde $-2B = 4 \therefore B = -2$ e $A = 0 \Rightarrow y_p = -2x\cos x$

A solução geral será: $y = c_1\cos x + c_2senx - 2x\cos x$

**4º Caso:** B= B(x) é uma soma ou produto com polinômio ou exponencial ou função trigonométrica ($senx$ ou cosx)

**Exemplo 1**

Dar a solução geral da Equação Diferencial $y'' - 5y' + 6y = 2x + 3e^x$

A equação característica é: $r^2 - 5r + 6 = 0 \Rightarrow \begin{cases} r_1 = 2 \\ r_2 = 3 \end{cases}$

Assim $y_h = c_1 e^{2x} + c_2 e^{3x}$

A solução particular $y_p = ax + b + ce^x$, a solução particular é composta da expressão de polinômio mais a exponencial.

Assim derivando: $\begin{cases} y'_p = a + ce^x \\ y''_p = ce^x \end{cases}$

Levando $y_p$, $y'_p$ e $y''_p$ na Equação Diferencial:

$ce^x - 5(a + ce^x) + 6(ax + b + ce^x) = 2x + 3e^x \Rightarrow 6ax - 5a + 6b + 2ce^x = 2x + 3e^x$ Igualando os termos de mesma natureza na igualdade (polinômio com polinômio e exponencial com exponencial) temos o sistema:

$$\begin{cases} 6a = 2 \Rightarrow a = \dfrac{1}{3} \\ -5a + 6b = 0 \Rightarrow b = \dfrac{5}{18} \\ 2c = 3 \Rightarrow c = \dfrac{3}{2} \end{cases}$$

A solução particular será: $y_p = \frac{1}{3}x + \frac{5}{18} + \frac{3}{2}e^x$

E a solução geral é: $y = c_1 e^{2x} + c_2 e^{3x} + \frac{1}{3}x + \frac{5}{18} + \frac{3}{2}e^x$

**Exemplo 2**

Dar a solução geral da Equação Diferencial $y'' - y = 3senx - e^{2x} + 1$

A equação característica é $r^2 - 1 = 0 \Rightarrow \begin{cases} r_1 = 1 \\ r_2 = -1 \end{cases}$

Assim $y = c_1 e^x + c_2 e^{-x}$

A solução particular é da forma: $y_p = a\ senx + b\cos x + ce^{2x} + d$, derivamos:

$y'_p = a\cos x - bsenx + 2ce^{2x}$

$y''_p = -asenx - b\cos x + 4ce^{2x}$, substituindo na Equação Diferencial:

$-asenx - b\cos x + 4ce^{2x} - (asenx + b\cos x + ce^{2x} + d) = 3senx - e^{2x} + 1 \Rightarrow$

$\Rightarrow -2asenx - 2b\cos x + 3ce^{2x} - d = 3senx - e^{2x} + 1$

$a = -\frac{3}{2}$, $b = 0$, $c = -\frac{1}{3}$ e $d = -1$

Logo $y_p = -\frac{3}{2}senx - \frac{1}{3}e^{2x} - 1$ e a solução geral é

$$y = c_1 e^{-x} + c_2 e^x - \frac{3senx}{2} - \frac{e^{2x}}{3} - 1$$

**Exemplo 3**

Dar a solução geral da Equação Diferencial $\frac{d^2y}{dx^2} - 3\frac{dy}{dx} + 2y = e^x \text{senx}$, sendo $B(x) = e^x senx$

Construindo a solução particular teremos:

$y_p = (a\cos x + bsenx)e^x$

Desenvolvendo os cálculos a solução geral será:

$$y = c_1e^x + c_2e^{2x} + \frac{e^x}{2}(\cos x - senx)$$

### 5.3.2 VARIAÇÃO DE PARÂMETROS - MÉTODO DE LAGRANGE

Tomemos a Equação Diferencial de 2ª ordem não homogênea na qual:

$A_0 = 1 \Rightarrow y'' + A_1y' + A_2y = B(x)$

A solução da equação homogênea correspondente é $y_h$, e uma solução particular é $y_p$

A solução geral é $y = y_h + y_p$ (A mesma solução do Método de Descartes)

A determinação de $y_p$ se faz tomando $y_p = c_1y_1 + c_2y_2$, tomando $c_1 = u_1(x)$ e $c_2 = u_2(x)$, parametrizando $c_1$ e $c_2$ em função de u $\boxed{y_p = u_1(x)y_1 + u_2(x)y_2}$

Impondo condições a $u_1$ e $u_2$ podemos ter $y_p$ como solução da equação dada, assim derivamos $y_p$ para substituir na Equação Diferencial dada

$y_p = u_1y_1 + u_2y_2$

$y_p' = u_1'y_1 + u_1y_1' + u_2'y_2 + u_2y_2'$

Impondo a condição: $\boxed{u_1'y_1 + u_2'y_2 = 0 \quad (1)}$

$$y_p' = u_1y_1' + u_2y_2'$$

$$\Downarrow$$

$$y_p'' = u_1'y_1' + u_1y_1'' + u_2'y_2' + u_2y_2''$$

Substituindo na equação dada

$$\underbrace{(u_1'y_1' + u_1y_2'' + u_2'y_2' + u_2y_2'')}_{y_p''} + A_1\underbrace{(u_1y_1' + u_2y_2')}_{y_p'} + A_2\underbrace{(u_1y_1 + u_2y_2)}_{y_p} = B(x)$$

Evidenciando $u_1$ e $u_2$

$$u_1\underbrace{(y_1'' + A_1y_1' + A_2y_1)}_{0} + u_2\underbrace{(y_2'' + A_1y_2' + A_2y_2)}_{0} + u_1'y_1' + u_2'y_2' = B(x) \therefore u'y'_1 + u'_2y'_2 = B(x)$$

Formando o sistema com as equações (1) e (2), podemos determinar $u_1$ e $u_2$

$$\begin{cases} u_1'y_1 + u_2'y_2 = 0 \\ u_1'y_1' + u_2'y_2' = B(x) \end{cases} \text{ ou } \begin{cases} y_1u_1' + y_2u_2' = 0 \\ y_1'u_1' + y_2'u_2' = B(x) \end{cases}$$

$$u_1' = \frac{\begin{vmatrix} 0 & y_2 \\ B(x) & y_2' \end{vmatrix}}{\begin{vmatrix} y_1 & y_2 \\ y_1' & y_2' \end{vmatrix}} \qquad u_2' = \frac{\begin{vmatrix} y_1 & 0 \\ y_1' & B(x) \end{vmatrix}}{\begin{vmatrix} y_1 & y_2 \\ y_1' & y_2' \end{vmatrix}}$$

O sistema sempre terá solução, pois $\begin{vmatrix} y_1 & y_2 \\ y_1' & y_2' \end{vmatrix} \neq 0$ , visto que $u_1$ e $u_2$ são linearmente independentes como soluções particulares da equação dada. (Wronskiano)

**Exemplo**

Dar a solução geral da equação $y''-3y'+2y = e^x senx$

Cálculo do $y_h$

Equação característica $\Rightarrow r^2 - 3r + 2 = 0$ $\begin{cases} r_1 = 1 — y_1 = e^x \\ r_2 = 2 — y_2 = e^{2x} \end{cases} \Rightarrow y_h = c_1 e^x + c_2 e^{2x}$

Cálculo do $y_p$ parametrizando $c_1$ e $c_2$, isto é: $c_1 = u_1(x)$ $e$ $c_2 = u_2(x)$

$y_p = u_1 e^x + u_2 e^{2x}$, derivando para substituir na Equação Diferencial.

$y_p' = u_1' e^x + u_1 e^x + u_2' e^{2x} + 2u_2 e^{2x}$

Impondo a condição: $\boxed{u_1' e^x + u_2' e^{2x} = 0}$ (1)

$y_p' = u_1 e^x + 2u_2 e^{2x}$

$y_p'' = u_1' e^x + u_1 e^x + 2u_2' e^{2x} + 4u_2 e^{2x}$

Substituindo na equação dada, virá:

$$\underbrace{u_1' e^x + u_1 e^x + 2u_2' e^{2x} + 4u_2 e^{2x}}_{y''} - 3\underbrace{(u_1 e^x + 2u_2 e^{2x})}_{y'} + 2\underbrace{(u_1 e^x + u_2 e^{2x})}_{y} = e^x senx$$

Evidenciando $u_1$ e $u_2$ virá:

$$u_1\underbrace{[e^x - 3e^x + 2e^x]}_{0} + u_2\underbrace{[4e^{2x} - 6e^{2x} + 2e^{2x}]}_{0} + u_1' e^x + 2u_2' e^{2x} = e^x senx \text{ ou ainda}$$

$\boxed{\therefore\ u_1' e^x + 2e^{2x} u_2' = e^x senx}$ (2)

Formando um sistema com (1) e (2) virá:

$$\begin{cases} e^x u_1' + e^{2x} u_2' = 0 \\ e^x u_1' + 2e^{2x} u_2' = e^x senx \end{cases}$$

Resolvendo o sistema por Cramer, virá:

$$u_1' = \frac{\begin{vmatrix} 0 & e^{2x} \\ e^x senx & 2e^{2x} \end{vmatrix}}{\begin{vmatrix} e^x & e^{2x} \\ e^x & 2e^{2x} \end{vmatrix}} = \frac{-e^{3x} senx}{e^{3x}} = -senx \ \therefore\ u_1' = -senx \Rightarrow \boxed{u_1 = \cos x}$$

$$u_2' = \frac{\begin{vmatrix} e^x & 0 \\ e^x & e^x senx \end{vmatrix}}{\begin{vmatrix} e^x & e^{2x} \\ e^x & 2e^{2x} \end{vmatrix}} = \frac{e^{2x} senx}{e^{3x}} = e^{-x} senx$$

$$\therefore \ u_2' = e^{-x} senx \quad \overset{\text{(Integração por partes)}}{\Longrightarrow} \quad \boxed{u_2 = -\frac{e^{-x}}{2}(senx + \cos x)}$$

A solução particular é, substituindo $u_1$ e $u_2$ : $y_p = u_1 e^x + u_2 e^{2x}$

$$y_p = e^x \cos x + \left[ -\frac{e^{-x}}{2}(senx + \cos x) e^{2x} \right] \text{ ou}$$

$$y_p = e^x \cos x - \frac{e^x}{2} senx - \frac{e^x}{2} \cos x \Rightarrow y_p = \frac{e^x}{2}(\cos x - senx)$$

E a solução geral é $y = c_1 e^x + c_2 e^{2x} + \dfrac{e^x}{2}(\cos x - senx)$

**Observação**

Esta equação foi resolvida, anteriormente, pelo Método de Descartes.

## 5.4 MÉTODO 4: RESOLUÇÃO DE EQUAÇÕES DIFERENCIAIS LINEARES, COM COEFICIENTES VARIÁVEIS – MÉTODO DE CAUCHY-EULER

A equação Diferencial, de 2ª ordem, resolvida por este método, tem as seguintes características:
- Coeficientes variáveis são potências de "$ax + b$" ou de "x"

A Equação Diferencial é do tipo:

$$\boxed{A_0 (ax+b)^2 \frac{d^2 y}{dx^2} + A_1 (ax+b) \frac{dy}{dx} + A_2 y = B(x)} \quad \text{ou} \quad \boxed{A_0 x^2 \frac{d^2 y}{dx^2} + A_1 x \frac{dy}{dx} + A_2 y = 0}$$

Verifique que as potências da função linear tem o mesmo expoente da derivada em cada termo:

2º grau de $ax+b$ — 2ª ordem      2º grau de x — 2ª ordem

ou

1º grau de $ax+b$ — 1ª ordem      1º grau de x — 1ª ordem

$A_0$ , $A_1$ , $A_2$ são constantes

$B(x)$ termo independente, função de x

### 5.4.1 PARA UM TERMO INDEPENDENTE B(X) QUALQUER

Esta equação foi resolvida por Cauchy - Euler reduzindo a uma de coeficientes constantes com a seguinte mudança de variável

$\boxed{ax + b = ae^t}$ $\Rightarrow$ mudamos x para t

A variável y dependente permanece, então se tem a mudança da função y(x) para y(t).

Para substituir a variável x por t

$$ax+b=ae^t \quad \Rightarrow \quad x=\frac{ae^t-b}{a} \quad \Rightarrow \quad \frac{dx}{dt}=e^t$$

Para se obter as derivadas de y em relação a t, aplicamos a regra da cadeia, para a derivada primeira e derivada segunda e substitui

$$\begin{cases} \dfrac{dy}{dx}=\dfrac{dy}{dt}\dfrac{dt}{dx}=\dfrac{dy}{dt}\dfrac{1}{\frac{dx}{dt}}=\dfrac{dy}{dt}\dfrac{1}{e^t}=\dfrac{dy}{dt}e^{-t} \quad (*) \\ \dfrac{d^2y}{dx^2}=\dfrac{d\left(\frac{dy}{dx}\right)}{dx}=\dfrac{d\left(\frac{dy}{dx}\right)}{dt}\dfrac{dt}{dx}=\dfrac{d\overbrace{\left(\frac{dy}{dt}e^{-t}\right)}^{\text{Trazendo } (*)}}{dt}e^{-t}=\left[\underbrace{\dfrac{d^2y}{dt^2}e^{-t}+\dfrac{dy}{dt}\left(-e^{-t}\right)}_{\text{derivada do produto de } (*)}\right]e^{-t}=e^{-2t}\left[\dfrac{d^2y}{dt^2}-\dfrac{dy}{dt}\right] \end{cases}$$

Temos as seguintes igualdades:

(1) $\boxed{ax+b=ae^t}$ (2) $\boxed{x=\dfrac{ae^t-b}{a}}$ (3) $\boxed{\dfrac{dy}{dx}=\dfrac{dy}{dt}e^{-t}}$ (4) $\boxed{\dfrac{d^2y}{dx^2}=e^{-2t}\left[\dfrac{d^2y}{dt^2}-\dfrac{dy}{dt}\right]}$

Substituímos (1), (2), (3) e (4) na Equação Diferencial dada em y e x, de coeficientes variáveis, para mudá-la para Equação Diferencial em y e t de coeficientes constantes.

Resolvida a Equação Diferencial com coeficientes constantes em t, voltamos à variável x.

**Exemplo**

Dar a solução geral da Equação Diferencial:

$$(2x+1)^2\frac{d^2y}{dx^2}-4(2x+1)\frac{dy}{dx}-12y=6x$$

**1º passo:** Mudamos a variável de x para t usando: (1) $\boxed{2x+1=2e^t}$, a=2, b=1

ou ainda (2) $\boxed{x=\dfrac{2e^t-1}{2}}$

**2º passo:** Tomamos as derivadas (3) e (4), mais (1) , (2), e levamos na Equação Diferencial

**3º passo:** A Equação Diferencial resultante em y e t é de coeficientes constantes, como se tem:

$$\left(2e^t\right)^2e^{-2t}\left[\frac{d^2y}{dt^2}-\frac{dy}{dt}\right]-4.2e^t\left[e^{-t}\frac{dy}{dt}\right]-12y=6\left[\frac{2e^t-1}{2}\right]$$

$$4\underbrace{e^{2t}e^{-2t}}_{1}\left[\frac{d^2y}{dt^2}-\frac{dy}{dt}\right]-8\underbrace{e^te^{-t}}_{1}\frac{dy}{dt}-12y=3\left(2e^t-1\right)$$

$$4\frac{d^2y}{dt^2}-8\frac{dy}{dt}-12y=6e^t-3$$

Equação Diferencial é de 2ª ordem, linear, de coeficientes constantes e não homogênea. Resolvida por Descartes ou Lagrange, se tem $y=c_1e^{-t}+c_2e^{3t}-\dfrac{3}{8}e^t+\dfrac{1}{4}$

**4º passo:** Voltando para variável x

$$2x+1=2e^t \quad \therefore \quad e^t=\frac{2x+1}{2}$$

Substituindo $e^t$ na solução y

$$y=c_1\left(\frac{2x+1}{2}\right)^{-1}+c_2\left(\frac{2x+1}{2}\right)^3-\frac{3}{8}\left(\frac{2x+1}{2}\right)+\frac{1}{4}$$

### 5.4.2 PARA OS COEFICIENTES SENDO POTÊNCIAS DE X – EQUAÇÃO DIFERENCIAL HOMOGÊNEA

Esta Equação Diferencial é mais simplificada que a anterior, tomamos a = 1, b = 0 assim ela pode ser escrita ficando da forma:

$$A_0x^2\frac{d^2y}{dx^2}+A_1x\frac{dy}{dx}+A_2y=0$$

A solução desta Equação Diferencial é da forma $y=x^m$, com o parâmetro m a ser determinado. Calculando as derivadas de y para substituir na Equação Diferencial dada:

$$y=x^m \rightarrow \frac{dy}{dx}=mx^{m-1} \rightarrow \frac{d^2y}{dx^2}=m(m-1)x^{m-2}$$

Substituindo na Equação Diferencial dada, obteremos uma equação algébrica de segundo grau cujas raízes dependem do valor de Delta (Δ). Desta forma as soluções poderão ser dadas como a seguir:

Caso I $\Delta>0$: raízes reais e diferentes $m_1$ e $m_2$, a solução geral é:

$$y=c_1x^{m_1}+c_2x^{m_2}$$

Caso II $\Delta=0$: raízes reais e iguais $m_1 = m_2$, a solução geral é:

$$y=c_1x^{m_1}+c_2x^{m_1}Lnx$$

Caso III $\Delta<0$: raízes complexas $m_1 = a + bi$ ; $m_2 = a - bi$ ; a solução geral é :

$$y=[c_1\cos(bLnx)+c_2sen(bLnx)]x^a$$ (Lnx = logaritmo neperiano)

**Exemplo 1**

Dar a solução geral da Equação Diferencial

$$x^2y''-2xy'-4y=0$$

Substituindo y por $x^m$ e suas derivadas $y'=mx^{m-1}$ , $y''=m(m-1)x^{m-2}$

$x^2m(m-1)x^{m-2}-2xmx^{m-1}-4x^m=0$ (*), fazendo $x^2x^{m-2}=x^m$ $e$ $xx^{m-1}=x^m$

Voltando em (*) $m(m-1)x^m-2mx^m-4x^m=0$ Colocando $x^m$ em evidência

$[m(m-1)-2m-4]x^m=0 \Rightarrow (m^2-3m-4)x^m=0 \Rightarrow m^2-3m-4=0$ *como* $\Delta>0$ as raizes são $m_1$ = -1 e $m_2$ = 4, donde a solução geral é $y=c_1x^{-1}+c_2x^4$

**Exemplo 2**

Dar a solução geral da Equação Diferencial

$x^2y''+7xy'+25y=0$

Resolução: Substituindo y por $x^m$ e suas derivadas, $y'=mx^{m-1}$ , $y''=m(m-1)x^{m-2}$

$x^2m(m-1)x^{m-2}+7xmx^{m-1}+25x^m=0$ recaímos na seguinte equação

$x^m(m^2+6m+25)=0$ ; $\Delta=-64<0$ as raízes são: $m_1=-3+4i$ e $m_2=-3-4i$

Donde a solução geral é: $y=[c_1\cos(4Lnx)+c_2sen(4Lnx)]x^{-3}$

## EXERCÍCIOS PROPOSTOS

1) Calcule a solução geral das Equações Diferenciais **não lineares,** reduzindo de 2ª para 1ª ordem

a) $(y'')^2-x=0$

b) $2y''-(y')^2=0$

c) $y''=1+(y')^2$

d) $y''y'=1$

e) $y''=(y')^2$

f) $y''=-4(y^{-3})$

g) $yy''+3(y')^2=0$

2) Calcule a solução particular das equações para as condições dadas:

a) $y''y'=1$ (equação d do exercício 1), condições: x=0, y=0; x=0, $y'=1$

b) $2y''-(y')^2=0$ (equação b do exercício 1), condições: x = 0, y = 0; x =1, y = 1

3) Calcule a solução geral das Equações Diferenciais

a) $y''+y'+2y=0$

b) $y''-6y'+9y=0$

c) $y''+9y=5$

d) $y''+4y=1$

e) $y''+8y'=0$

f) $y''+y'+y=3$

4) Calcule a solução geral das Equações Diferenciais por Descartes (coeficientes a determinar) ou por Lagrange (Variação de parâmetros)

a) $y''+y=e^{2x}$

b) $y''-4y'+y=2x^2-1$

c) $y''+4y=\cos(5x)$

d) $y''+25y=x+e^{3x}$

e) $y''+y'=e^{3x}+sen(3x)$

f) $y''-y=5senx+\cos x$

5) Resolva as Equações Diferenciais por Cauchy – Euler

a) $(x-1)^2y''-(x-1)y'+y=0$

b) $x^2y''-2xy'+2y=0$

c) $(2x+1)^2y''-(2x+1)y'+2y=0$

d) $x^2y''-2xy'+2y=2x-1$

CAPÍTULO 6

# RESOLUÇÃO DE EQUAÇÕES DIFERENCIAIS ORDINÁRIAS LINEARES DE 1ª E 2ª ORDENS USANDO SÉRIES DE POTÊNCIAS

Muitos problemas envolvendo fenômenos físicos são resolvidos com Equações Diferenciais, utilizando séries de potências. Principalmente quando a solução não existe na sua forma analítica. Uma vez que, uma série de potência comporta de modo semelhante a um polinômio, dentro de um intervalo de convergência, as manipulações algébricas e numéricas se tornam simplificadas, o que configura, como um tipo de solução útil.

## 6.1 MÉTODO DE RESOLUÇÃO COM SÉRIES DE POTÊNCIAS

Este método é utilizado em duas situações

**1ª (Primeira):** Para o cálculo de soluções numéricas, limitamos os termos da série surgindo assim um erro. Pela matemática numérica temos processos para calcular o erro e obter uma aproximação.

**2ª (Segunda):** Existe Equação Diferencial cuja solução analítica não é calculada pelos métodos tradicionais, então se utiliza a resolução por série de potência, como alternativa. Também nesta situação podemos determinar a solução numérica com aproximação.

Neste capítulo trabalharemos com:

1) Equação Diferencial ordinária linear de 1ª ordem do tipo
   $A(x)y'+B(x)y = D(x)$ com $A(x) \neq 0$ ;
2) Equação Diferencial ordinária linear de 2ª ordem do tipo $P(x)y'+Q(x)y'+R(x)y = D(x)$ com e $P(x) \neq 0$;
3) Se $A(x) \neq 0$ e $P(x) \neq 0$, neste caso chamamos x = $x_0$ ponto ordinário ou regular;
4) A(x), B(x), P(x), Q(x) e R(x) são polinômios (inclusive podem ser de grau zero);
5) D(x) e G(x) (termos independentes da Equação Diferencial) podem ser função constante, função polinomial, função trigonométrica (seno e/ou cosseno), função exponencial;
6) Logo: $\frac{B(x)}{A(x)}, \frac{Q(x)}{P(x)}, e \frac{R(x)}{P(x)}$, são analíticas em torno de x = $x_0$ ;
7) Consideraremos neste capítulo $x_0 = 0$, para efeito de cálculos;

Então (1) e (2) mediantes as condições apresentadas tem solução em série da forma

$$y = a_0 + a_1x + a_2x^2 + a_3x^3 + \dots + a_nx^n + \dots = \sum_{n=0}^{\infty} a_nx^n$$

Há teoremas e conceitos abordados na disciplina de Cálculo Diferencial e Integral que nos dá a garantia mediante os itens (1 a 7) apresentados, que haverá solução em forma de séries de potências e que esta solução irá convergir em um intervalo em torno de $x_0$. Não abordaremos aqui estes conceitos ou teoremas propondo o trabalho com Equações Diferenciais que atendam aos itens expostos.

Também não aprofundaremos nos demais casos de resolução por séries de potências. Queremos aqui exemplificar a utilidade do método e verificar que é possível a sua utilização.

Baseado em Diprima & Boyce (2009) Equações Diferenciais como as de

a) Airy: $y''+xy=0$ são utilizadas na teoria da difração;

b) Bessel: $x^2y''+xy'+(x^2-v^2)y=0$ com ordem $v \geq 0$ são utilizadas no estudo de vibrações de membranas.

Dentre outras Equações Diferenciais que tem como solução uma série de potências.

**O método**

Consiste em determinar os coeficientes $a_0, a_1, a_2, a_3, a_4 \cdots a_n \cdots$ por uma identidade de polinômios. Dada uma Equação Diferencial do tipo $A_0(x)y''+A_1(x)y'+A_2(x)y=B(x)$ onde $A_0(x_0) \neq 0$ (ponto ordinário) e $A_i, i \in \{0,1,2\}$ são constantes ou funções polinomiais:

**1º Passo:** Escrevemos a solução da Equação Diferencial que é y , como um polinômio de x

**2º Passo:** Derivamos y (derivada de polinômio); o número de derivadas correspondente a ordem da Equação Diferencial e levamos na Equação Diferencial a ser resolvida;

**3º Passo:** Tomamos a função (exponencial, trigonométrica ou outra qualquer), que aparecem nos termos da Equação Diferencial como uma série;

**4º Passo:** Agregamos os coeficientes de mesmo grau

(I) se a Equação Diferencial for homogênea, tomamos o polinômio identicamente nulo (II) se a Equação Diferencial não for homogênea, desenvolvemos a função do termo independente em potências (série de potências);

**5º Passo:** Calculamos os coeficientes igualando-se os termos de mesmo grau dos polinômios obtidos (identidade de polinômios)

Serão resolvidas Equações Diferenciais para condições dadas, determinando soluções particulares.

**Observação**

No Cálculo Numérico ou na Matemática Numérica, existem métodos para determinar o erro que ocorre, ao se limitar o número de termos tomados na série. Neste livro, determinamos a solução particular da Equação Diferencial, sem calcular o erro que ocorre.

**Exemplo**

Determinar a solução particular da Equação Diferencial, com a condição dada:

$$\frac{dy}{dx}+y=e^x \ , \ y(0)=1 \Rightarrow x=0, y=1$$

Usando série de potência.

**1º Passo:** Escrever a solução como uma série de potência

$$y=a_0+a_1x+a_2x^2+a_3x^3+a_4x^4+a_5x^5+a_6x^6+\cdots$$

**2º Passo:** Calcular $y'$

$$\frac{dy}{dx}=y'(x)=a_1+2a_2x+3a_3x^2+4a_4x^3+5a_5x^4+6a_6x^5+\cdots$$

**3º Passo:** Somamos y e sua derivada $y'$ que é o primeiro membro da Equação Diferencial

$$y'+y=(a_1+a_0)+(a_1+2a_2)x+(a_2+3a_3)x^2+(a_3+4a_4)x^3+(a_4+5a_5)x^4+\cdots \quad (*)$$

**4º Passo:** Como a Equação Diferencial não é homogênea, termo independente diferente de zero, isto é , igual a $e^x$, tomamos $e^x$ desenvolvido como uma série de potência (ver tabela no final deste capítulo).

$$e^x = 1 + \frac{x}{1!} + \frac{x^2}{2!} + \frac{x^3}{3!} + \frac{x^4}{4!} + \cdots \quad (**)$$

Igualando (*) com (**), que são os termos da Equação Diferencial dada, virá uma identidade de polinômios

$$(a_1 + a_0) + (a_1 + 2a_2)x + (a_2 + 3a_3)x^2 + (a_3 + 4a_4)x^3 + (a_4 + 5a_5)x^4 + \cdots$$

$$\equiv 1 + x + \frac{x^2}{2} + \frac{x^3}{6} + \frac{x^4}{24} + \frac{x^5}{120} + \ldots \quad (***)$$

**5º Passo:** São calculados os coeficientes: $a_0, a_1, a_2, a_3, \ldots$

Tomamos a condição particular: $x = 0$ tem-se $y = 1$, e já determinamos $a_0$, levando $x = 0$, $y = 1$ no polinômio y: $1 = a_0 + a_1 \cdot 0 + a_2 \cdot 0 + a_3 \cdot 0 + a_4 \cdot 0 + \cdots \quad \therefore \ a_0 = 1$

Igualamos os termos de mesmo grau da igualdade (***) , virá:

$a_1 + a_0 = 1$ , sendo $a_0 = 1 \Rightarrow a_1 = 0$ (coeficientes dos termos independentes de x)

$a_1 + 2a_2 = 1$ , sendo $a_1 = 0 \Rightarrow a_2 = \frac{1}{2}$ (coeficientes dos termos de 1º grau)

$a_2 + 3a_3 = \frac{1}{2}$ , sendo $a_2 = \frac{1}{2} \Rightarrow a_3 = 0$ (coeficientes dos termos de 2º grau)

$a_3 + 4a_4 = \frac{1}{6}$ , sendo $a_3 = 0 \Rightarrow a_4 = \frac{1}{24}$ (coeficientes dos termos de 3º grau)

$a_4 + 5a_5 = \frac{1}{24}$ , sendo $a_4 = \frac{1}{24} \Rightarrow a_5 = 0$ , assim sucessivamente.

A solução y é dada substituindo os valores dos coeficientes:

$$y = 1 + 0x + \frac{1}{2}x^2 + 0x^3 + \frac{1}{24}x^4 + 0x^5 + \cdots \quad \Rightarrow \quad y = 1 + \frac{x^2}{2!} + \frac{x^4}{4!} + \cdots$$

Voltando a tabela das séries de potências, y é o $\cosh x$ , donde:

y = cosh x ou $y = \dfrac{e^x + e^{-x}}{2}$, que converge para todo x real.

**Observação**

Neste exemplo a Equação Diferencial tem uma solução analítica. Mas, há Equações Diferenciais que não possuem solução analítica, logo a solução é dada por uma série que truncada ocorre um erro a ser determinado.

## EXERCÍCIOS PROPOSTOS

1) Resolver as Equações Diferenciais, por série de potências, com as condições dadas:

a) $y' + y = 0$ , condição: $y(0) = 1$

b) $y'' - y' = 0$ , condição: $y(0) = 1$ , $y'(0) = 0$

c) $y' - xy = 0$ , condição: $y(0) = 1$

d) $y' - y = \cos x$ , condição: $y(0) = 0$

2) Resolver as Equações Diferenciais, por série de potência sem condições específicas (numéricas dadas)

a) $y' - y = 0$

b) $y'' + xy' + y = 0$

**Tabela: Desenvolvimento de função em série de potências**

$$e^x = 1 + \frac{x}{1!} + \frac{x^2}{2!} + \frac{x^3}{3!} + \frac{x^4}{4!} + \frac{x^5}{5!} + \cdots$$

$$e^{-x} = 1 - \frac{x}{1!} + \frac{x^2}{2!} - \frac{x^3}{3!} + \frac{x^4}{4!} - \frac{x^5}{5!} + \cdots$$

$$\cosh x = 1 + \frac{x^2}{2!} + \frac{x^4}{4!} + \frac{x^6}{6!} + \frac{x^8}{8!} + \cdots \quad \text{(cosh = cosseno hiperbólico)}$$

$$senhx = x + \frac{x^3}{3!} + \frac{x^5}{5!} + \frac{x^7}{7!} + \frac{x^9}{9!} + \cdots \quad \text{(senh = seno hiperbólico)}$$

$$\cos x = 1 - \frac{x^2}{2!} + \frac{x^4}{4!} - \frac{x^6}{6!} + \frac{x^8}{8!} - \frac{x^{10}}{10!} + \cdots \quad \text{(cosseno trigonométrico)}$$

$$senx = x - \frac{x^3}{3!} + \frac{x^5}{5!} - \frac{x^7}{7!} + \frac{x^9}{9!} - \frac{x^{11}}{11!} + \cdots \quad \text{(seno trigonométrico)}$$

$$\cosh x = \frac{e^x + e^{-x}}{2} \quad ; \quad senhx = \frac{e^x - e^{-x}}{2}$$

CAPÍTULO 7

# RESOLUÇÃO DE PROBLEMAS FÍSICOS COM EQUAÇÕES DIFERENCIAIS DE 2ª ORDEM

## 7.1 CONSIDERAÇÕES INICIAIS

Há fenômenos físicos que são modelados por uma Equação Diferencial de segunda ordem.

A resolução de problemas, envolvendo tais fenômenos, se desenvolve com os mesmos passos dos problemas de primeira ordem. Importante considerar que existe um número maior de parâmetros e constantes a determinar, implicando mais condições iniciais ou de contorno.

Assim, voltando à primeira ordem um problema de PVI(valor inicial) ou PVC(valor contorno) cuja lei física é expressa por uma Equação Diferencial de 1ª Ordem, sem nenhum parâmetro a determinar, isto é, apenas a constante de integração, pode ser constituído por:

$$\frac{dy}{dx} = f(x,y) \quad y(x_0) = y_0 \quad \text{ou} \quad x = x_0 \quad \rightarrow \quad y = y_0$$

Para as Equações Diferenciais de segunda ordem um problema de PVI ou PVC, sem coeficientes a determinar , isto é, somente as constantes de integração a determinar , pode ser constituído como a seguir:

$$\frac{d^2y}{dx^2} = f(x,y)$$

$$y(x_0) = y_0 \ \ ou \ \ x = x_0 \ \rightarrow \ y = y_0$$

$$y'(x_0) = y_1 \ \ ou \ \ x = x_0 \ \rightarrow \ y' = y_1$$

Quando houver parâmetros na Lei Física a determinar, deverão ser conhecidas mais condições iniciais ou de contorno. A soma do número de parâmetros mais o números de constantes (de integração) determina o número de condições iniciais e/ou de contorno. Uma atenção especial deve ser tomada com a notação de derivada. A melhor notação é aquela que expressa as variáveis correspondentes às grandezas presentes no fenômeno estudado:

$$\frac{dy}{dt} \ \ ou \ \ y'(t) \qquad\qquad \frac{d^2y}{dt^2} \ \ ou \ \ y''(t)$$

Verifique que $\left(\frac{dy}{dt}\right)^2 = \frac{dy^2}{dt^2}$ derivada primeira ao quadrado, e $\frac{d^2y}{dt^2}$ derivada de segunda ordem.

Os problemas a serem resolvidos serão dos tipos:

- Mecânica: deslocamento de uma partícula
- Eletricidade: circuitos
- Vibração de Molas: movimento harmônico simples, vibrações amortecidas e vibrações forçadas;
- Resistência de Materiais: dimensionamento de vigas.

As equações do modelo terão uma expressão com maior dimensão gerando gráficos não tão simples como os problemas com Equações Diferenciais de 1ª ordem. É recomendável usar um recurso computacional para o traçado dos mesmos e proceder uma análise dos modelos para melhor entendimento do comportamento do fenômeno.

## 7.2 PROBLEMA 1: MECÂNICA – DESLOCAMENTO DE PARTÍCULAS

**Deslocamento de partícula (Equação Diferencial de 2ª ordem, não linear)**

**Probelma de Valor Inicial - PVI**

**ENUNCIADO**

**Dados**

(I) Uma partícula de massa m se desloca ao longo do eixo x, atraída por outra situada na origem com a força $F = -4mx^{-3}$ sendo $x \geq 0$

(II) Temos que no instante inicial $t = 0$ segundo, a posição é $x = 2cm$ e a velocidade $v = -\sqrt{3}$ cm/s

**Questões**

(III) Determine os modelos de equações do movimento da partícula

(IV) Esboce os gráficos do modelo

(V) Descreva num pequeno texto o movimento da partícula comparando os gráficos e as equações

**INTERPRETAÇÃO DO ENUNCIADO**

Os passos da resolução do problema estão de acordo com os itens do enunciado

**1º Passo:** MATEMATIZAÇÃO DA LEI FÍSICA

Identificação das variáveis

$a = a(x)$, aceleração

$v = v(x)$, velocidade em função da posição

$v = v(t)$, velocidade em função do tempo

$x = x(t)$, posição

Seja um diagrama para representar o modelo

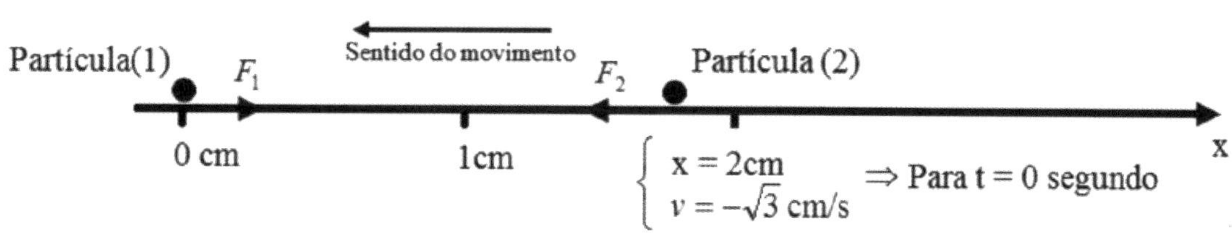


Seja

$$v = \frac{dx}{dt} \Rightarrow a = \frac{dv}{dt} = \frac{d^2x}{dt^2}$$

A força resultante pode ser expressa da seguinte forma.

$$\begin{cases} F = ma \\ F = -4mx^{-3} \end{cases}$$ (Pela segunda lei de Newton e os dados do problema)

$$\rightarrow ma = -4mx^{-3} \therefore \boxed{a = -4x^{-3}}$$

A Equação Diferencial é de 2ª ordem (I) (derivada em função da variável dependente, isto é, $f(x) = -4x^{-3}$) e sua resolução é dada pela regra da cadeia

$$\begin{cases} \dfrac{dx}{dt} = v \\ \dfrac{d^2x}{dt^2} = \dfrac{dv}{dt} = \dfrac{dv}{dx}\dfrac{dx}{dt} = \dfrac{dv}{dx}v \end{cases}$$

A Equação Diferencial (I) fica:

$\dfrac{dv}{dx}v = -4x^{-3}$ com as variáveis **v** e **x;** separando as variáveis e integrando

$\int v dv = -4\int x^{-3}dx \Rightarrow \dfrac{v^2}{2} = -4\dfrac{x^{-2}}{-2} + C_1$, donde $v^2 = 4x^{-2} + C_1$

**2º Passo:** Empregando a condição inicial

Determina-se a constante $C_1$ para $x = 2cm$ e $v = -\sqrt{3}$ cm/s, isto é, $C_1 = 2$

Logo, $v^2 = 4x^{-2} + 2 \quad \Rightarrow \quad \boxed{v = -\sqrt{\dfrac{4}{x^2} + 2}}$ (II)

A velocidade é negativa devido ao sentido do deslocamento contrário a orientação positiva do eixo x.

Para calcular o deslocamento, sabendo que $v = \dfrac{dx}{dt}$, então:

$$\frac{dx}{dt} = -\sqrt{\frac{4}{x^2}+2} \quad \Rightarrow \quad -\frac{dx}{\sqrt{\frac{4}{x^2}+2}} = dt \quad \Rightarrow \quad -\int \frac{dx}{\sqrt{\frac{4}{x^2}+2}} = \int dt \qquad (*)$$

Resolvendo a integral em x, temos:

$$\boxed{\int \frac{dx}{\sqrt{\frac{4}{x^2}+2}} = \int \frac{dx}{\frac{\sqrt{4+2x^2}}{x}} = \int \frac{xdx}{\sqrt{4+2x^2}} = \int \frac{xdx}{(4+2x^2)^{1/2}} = \int (4+2x^2)^{-1/2}xdx = \frac{1}{2}\sqrt{4+2x^2} + C_2}$$

Voltando em (*)

$-\dfrac{1}{2}\sqrt{4+2x^2} + C_2 = t + C_3$, donde $-\dfrac{1}{2}\sqrt{4+2x^2} = t + C_3 - C_2$, assim $-\dfrac{1}{2}\sqrt{4+2x^2} = t + C_4$

Tomando a condição inicial t =0 e x = 2, determina-se $C_4 = -\sqrt{3}$, então

$\dfrac{1}{2}\sqrt{4+2x^2} = t - \sqrt{3}$, isolando o valor de x, $\boxed{x = \sqrt{2[(\sqrt{3}-t)^2 - 1]}}$ (III)

Sendo x positivo, porque o deslocamento acontece no sentido positivo do eixo x (x > 0)

Derivamos a função de x por t, (derivada da raiz quadrada – consultar a tabela no final do livro) a velocidade v em função do tempo t

$$v = \frac{dx}{dt} = \frac{-2(\sqrt{3}-t)}{\sqrt{2[(\sqrt{3}-t)^2-1]}} \qquad \text{(IV)}$$

**3º Passo:** Equações que definem o modelo

$a = a(x)$, aceleração $\Rightarrow$ $a = -4x^{-3}$

$v = v(x)$, velocidade $\Rightarrow$ $v = -\sqrt{\dfrac{4}{x^2}+2}$

$x = x(t)$, posição $\Rightarrow$ $x = \sqrt{2[(\sqrt{3}-t)^2-1]}$

$v = v(t)$, velocidade $\Rightarrow$ $v = \dfrac{dx}{dt} = \dfrac{-2(\sqrt{3}-t)}{\sqrt{2[(\sqrt{3}-t)^2-1]}}$

**4º Passo:** Esboçar os gráficos do modelo

$$a = -4x^{-3} \Rightarrow \begin{cases} a \\ x \end{cases}$$

$$\begin{cases} x \to 0 & \Rightarrow \quad a \to -\infty \\ x = 2 & \Rightarrow \quad a = -\dfrac{1}{2} \\ x = 1 & \Rightarrow \quad a = -4 \end{cases}$$

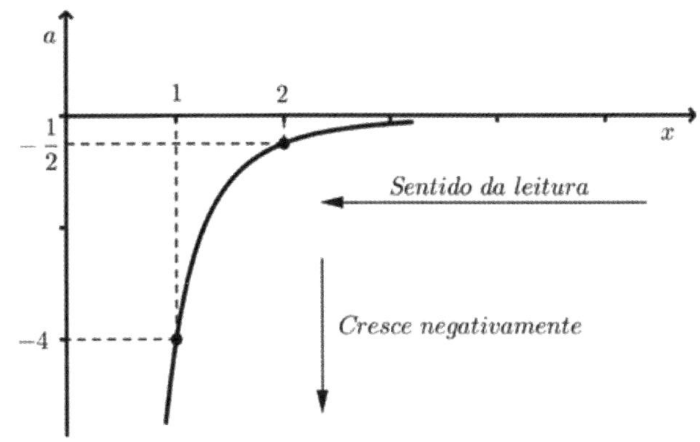


$$v = -\sqrt{\frac{4}{x^2} + 2} \Rightarrow \begin{cases} v \\ x \end{cases}$$

$$x \to 0 \quad \Rightarrow \quad v \to -\infty$$

$$\begin{cases} x = 2 & \Rightarrow \quad v = -\sqrt{3} \\ x = 1 & \Rightarrow \quad v = -\sqrt{6} \\ x = \dfrac{1}{2} & \Rightarrow \quad v = -\sqrt{18} \end{cases}$$

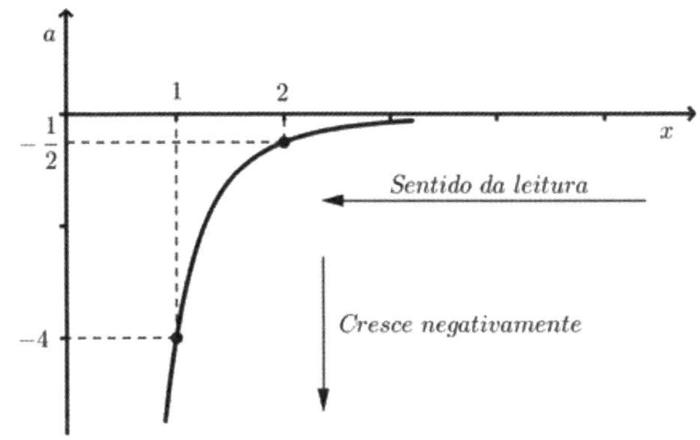


$$v = \frac{dx}{dt} = \frac{-2(\sqrt{3} - t)}{\sqrt{2.\left[\left(\sqrt{3} - t\right)^2 - 1\right]}} \Rightarrow \begin{cases} v \\ t \end{cases}$$

$$\begin{cases} t = 0 & \Rightarrow \quad \dfrac{dx}{dt} = -\sqrt{3} \\ t \to \sqrt{3} - 1 & \Rightarrow \quad \dfrac{dx}{dt} \to -\infty \end{cases}$$

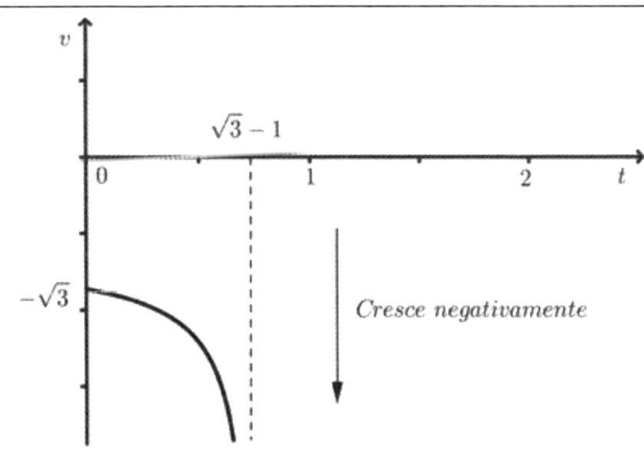


$$x = \sqrt{2.\left[\left(\sqrt{3} - t\right)^2 - 1\right]} \Rightarrow \begin{cases} x \\ t \end{cases}$$

$$\begin{cases} t = 0 & \Rightarrow \quad x = 2 \\ t = \sqrt{3} - 1 & \Rightarrow \quad x = 0 \end{cases}$$

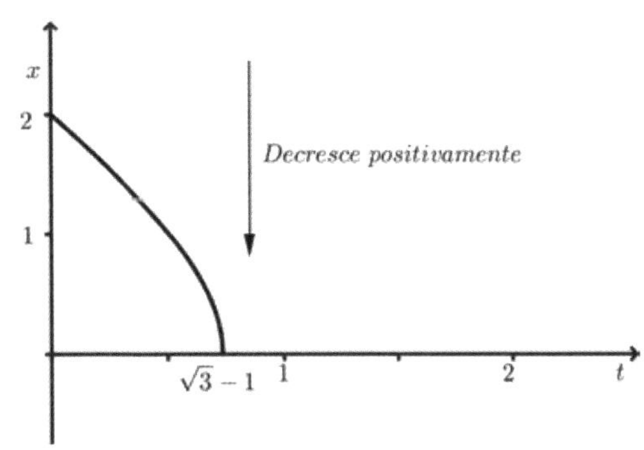

**5º Passo:** **(a)** As respostas das seguintes questões dão suporte à compreensão do comportamento do fenômeno estudado.

1) Analisando o gráfico da aceleração em função do deslocamento, dê o comportamento da aceleração
2) Justifique o sentido de leitura apresentado no gráfico ***a*** por ***x***
3) Justifique porque o gráfico **v** por **x** possui leitura da direita para esquerda
4) Analise o comportamento da velocidade em relação a x
5) Com a leitura do gráfico ***x*** por ***t***, dê a variação do deslocamento em função do tempo
6) Tome tangentes em pontos quaisquer da curva posição: $x = x(t)$. Verifique o sinais das derivadas nestes pontos. Constate que a função deslocamento é decrescente
7) Constate no gráfico de ***v*** por ***t*** e ***v*** por ***x*** que a velocidade é negativa e crescente negativamente no sentido do deslocamento
8) Releia o enunciado do problema e verifique a velocidade inicial. No modelo da velocidade em relação ao tempo constate que para $t = 0$, temos a velocidade inicial dada no enunciado do problema
9) Há uma compatilização dos dados do problema com os determinados nos cálculos e nos gráficos

**(b)** A partir do seu entendimento do comportamento do fenômeno, escreva um texto no quadro seguinte comparando os gráficos e as equações

## 7.3 PROBLEMA 2: MECÂNICA - DESLOCAMENTO DE UMA PARTÍCULA HORIZONTALMENTE (EQUAÇÃO DIFERENCIAL LINEAR NÃO HOMOGÊNEA)

**Problema de Valor Inicial - PVI**

**ENUNCIADO**

**Dados**

(I) O deslocamento de uma partícula é dado pela sua velocidade $\frac{ds}{dt} = 4t^3 - 18t^2 + 24t - 10$
Sendo t = 0 s, posição s = 3 m.

**Questões**

(II) Determine os modelos de equações do movimento (posição e aceleração)

(III) Esboce os gráficos da posição, velocidade e aceleração da partícula

(IV) Mostre num diagrama o deslocamento linear (horizontal) da partícula, determinando posição, velocidade e aceleração em alguns pontos estratégicos

(V) Descreva num pequeno texto o movimento comparando os gráficos e as equações

**INTERPRETAÇÃO DO ENUNCIADO**

Os passos da resolução do problema estão de acordo com os itens do enunciado

**1º Passo:** MATEMATIZAÇÃO DA LEI FÍSICA

A lei física é dada pela velocidade em relação ao tempo por uma função polinomial do tipo

$$\frac{ds}{dt} = 4t^3 - 18t^2 + 24t - 10$$

Identificação das variáveis

$s = s(t)$, posição $\qquad v = v(t)$, velocidade $\qquad a = a(t)$, aceleração

**2º Passo:** Modelo das equações

Separando as variáveis: $ds = (4t^3 - 18t^2 + 24t - 10)dt \rightarrow s = t^4 - 6t^3 + 12t^2 - 10t + c$ , quando t = 0, s = 3 donde c = 3.

Função posição

$s = s(t)$: Posição em função do tempo $s = t^4 - 6t^3 + 12t^2 - 10t + 3$

Derivando duas vezes a função posição, determinamos a aceleração

$a = a(t)$: Aceleração em função do tempo $a = \frac{dv}{dt} = 12t^2 - 36t + 24$

**3º Passo:** Esboce os gráficos do modelo

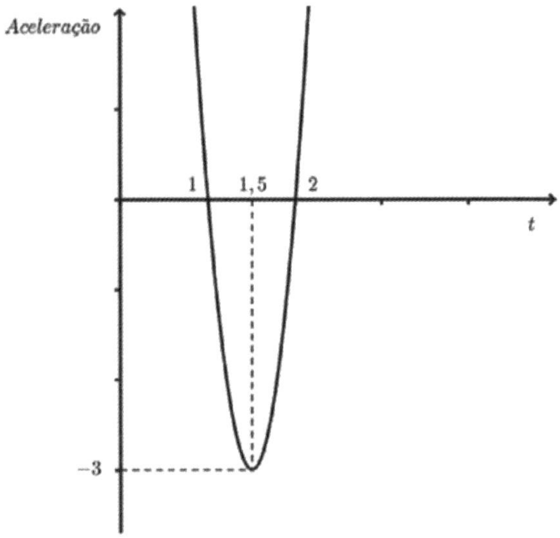


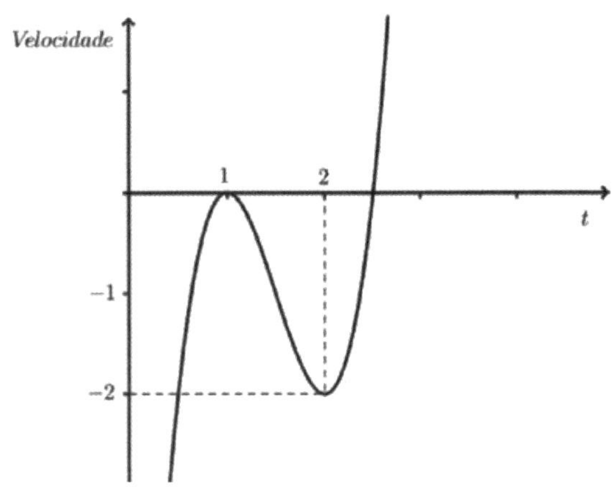


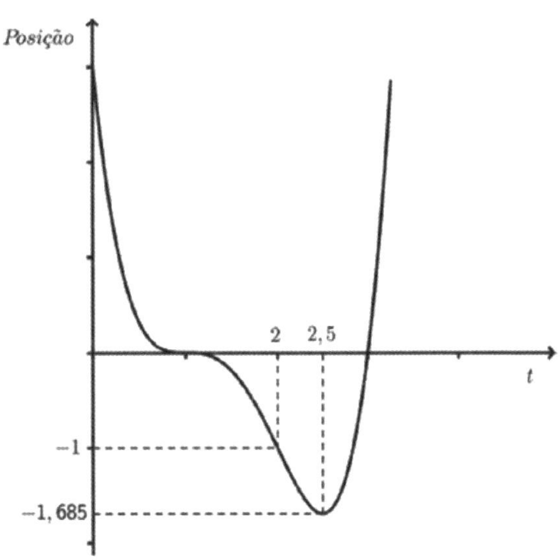


**4º Passo:** Mostre num diagrama o deslocamento linear (horizontal) da partícula, determinando alguns pontos estratégicos do tempo, da posição, da velocidade e da aceleração.

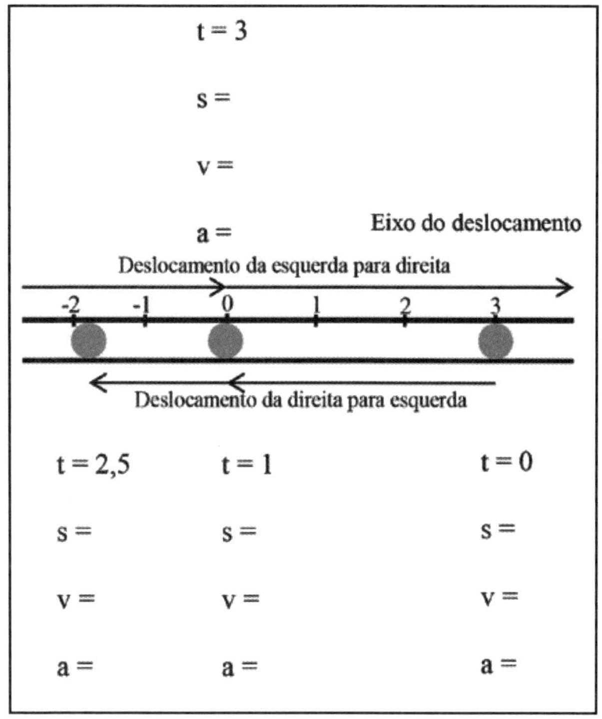

**5º Passo:** **(a)** As respostas das seguintes questões dão suporte à compreensão do comportamento do fenômeno estudado

1) Analise o gráfico da posição em função do tempo e verifique o deslocamento horizontal da partícula

2) Analise a velocidade da partícula interpretando o seu sinal (negativo ou positivo)

3) Analise a aceleração da partícula interpretando o seu sinal (negativo ou positivo)

4) No instante $t = 0$ determine pelas equações a velocidade e aceleração

5) Dê o deslocamento da partícula para um tempo crescente e para um tempo $t = 3$

6) Para um tempo crescente verifique, graficamente, o comportamento da velocidade e da aceleração

**(b)** A partir do seu entendimento do comportamento do fenômeno, escreva um texto no quadro seguinte comparando os gráficos e as equações

## 7.4 INTRODUÇÃO PARA OS PROBLEMAS DE VIBRAÇÃO DE MOLAS

A movimentação de um objeto preso a uma mola, horizontalmente ou verticalmente, constitui o fenômeno de vibração de molas.

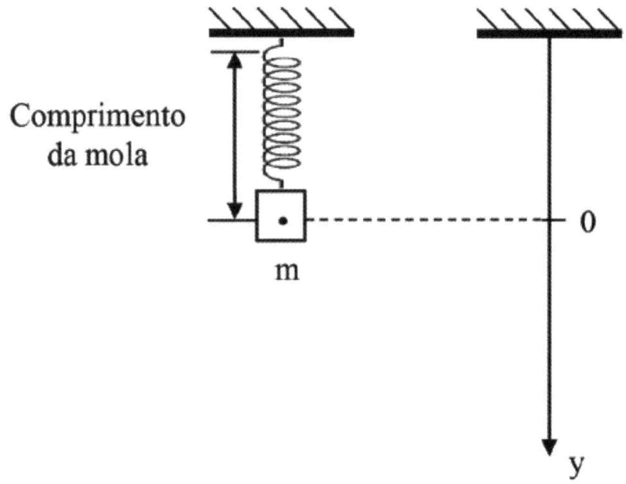


Posição de equilíbrio, não há movimentação da mola.

"$y$" mede o deslocamento da mola.

Na posição de equilíbrio $y$ é zero ($y = 0$)

A mola vibra com movimento de expansão/distensão (1) ou compressão (2)

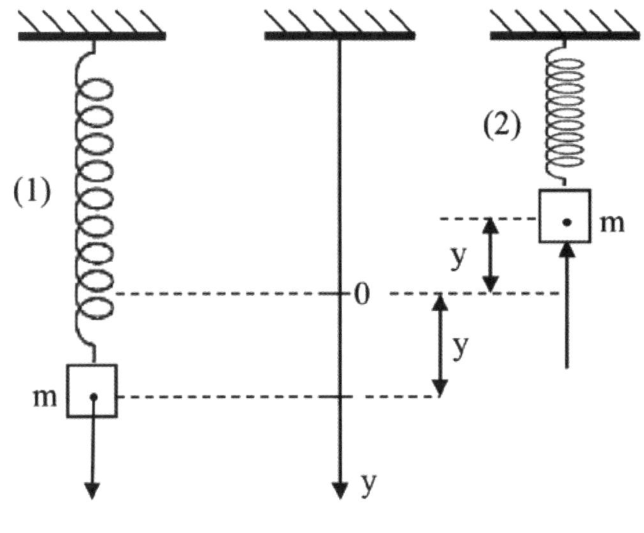


A vibração pode ocorrer horizontalmente

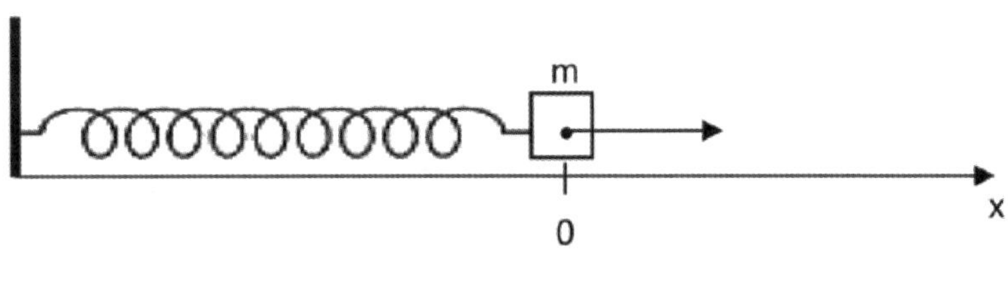

**Situação 1: movimento harmônico simples.**

Trata-se de um experimento "ideal" pois, somente há uma força atuando que foi descoberta e dimensionada por Hooke.

Ao comprimir ou esticar a mola, a partir de seu comprimento natural (posição de equilíbrio), há, segundo Hooke, uma força denominada "força restauradora", contrária ao movimento da mola e proporcional ao deslocamento da mesma, com uma constante positiva de proporcionalidade denominada "constante da mola". Só há, neste caso (ideal = movimento harmônico simples) esta força restauradora atuando, logo o movimento, isto é, a vibração seria perene (pois não há força oposta a esta). Força restauradora: $F_R = -ky$, na vertical e $F_R = -kx$, na horizontal. Esta é a lei de Hooke.

**Lei física:** Pela 2ª lei de Newton, a soma das forças resultantes num sistema é $F = ma$, que neste caso é igual a força restauradora, única força atuante no sistema, denominado massa-mola:

$$\begin{cases} F_R = -k_1 y \\ F = ma \end{cases} \Rightarrow \text{ma} = -\text{k}_1 y \Rightarrow \text{m}\frac{d^2y}{dt^2} = -k_1 y \Rightarrow \boxed{m\frac{d^2y}{dt^2} + k_1 y = 0} \quad (1)$$

**Situação 2: Vibrações amortecidas**

Nesta nova situação, a vibração (movimento da mola) fica sujeita a uma nova força de amortecimento por um fluído, uma graxa ou outro elemento que atua no sentido contrário à força restauradora.

Assim, a vibração é freada e não é mais perene, como no primeiro movimento "harmônico simples". Esta nova força pode ser dimensionada, experimentalmente, proporcional à velocidade da massa em muitas situações físicas.

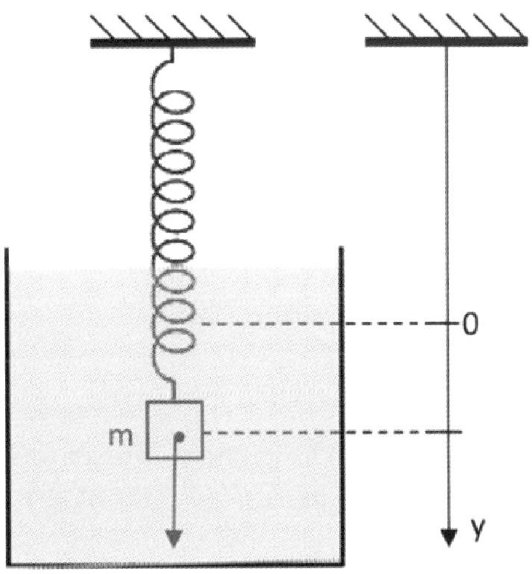


Força restauradora da mola: $F_R = -k_1 y$

Força de amortecimento: $F_a = -k_2 \frac{dy}{dt}$

A força resultante no sistema, pela 2ª lei de Newton é:

$$F = ma = m\frac{d^2y}{dt^2} = \text{Força restauradora + Força de amortecimento} = -k_2\frac{d^2y}{dt^2} - k_1 y \text{ donde:}$$

$$m\frac{d^2y}{dt^2} = -k_2\frac{dy}{dt} - k_1 y \text{ ou ainda} \qquad \boxed{m\frac{d^2y}{dt^2} + k_2\frac{dy}{dt} + k_1 y = 0} \quad (2)$$

### Situação 3: Vibrações forçadas

Nesta situação há um movimento para efetuar vibrações ao contrário do amortecimento que impediu a vibração. Há necessidade de acontecer uma força externa ao sistema massa-mola, por um mecanismo, apresentada no diagrama seguinte.

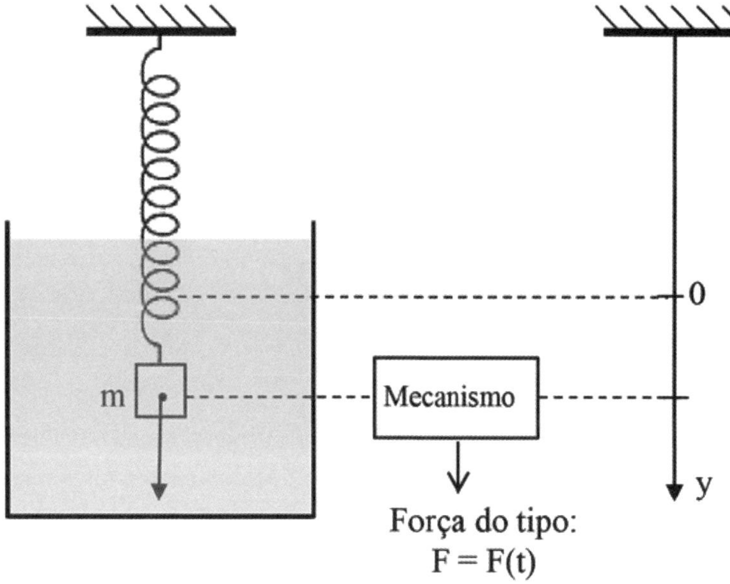


O mecanismo provoca uma força que equilibra o sistema, sinal contrário a força restauradora e de amortecimento.

A força resultante do sistema, pela 2ª lei de Newton, resulta num equilíbrio (balanceamento) da equação. Assim, no segundo membro da Equação Diferencial (2) se tem $F = F(t)$

$$\boxed{m\frac{d^2y}{dt^2} + k_2\frac{dy}{dt} + k_1 y = F(t)} \quad (3)$$

Em muitas situações a força $F(t)$ é dada pela função seno ou cosseno.

### Síntese

Nas 3(três) situações, a lei física é dada por uma "Equação Diferencial, **linear**, de **coeficientes constantes** $(m, k_1, k_2)$, **homogênea:** equações (1) e (2); não **homogênea** (equação (3)".

$$\boxed{ma = -k_1 y} \quad \Rightarrow \quad \boxed{m\frac{d^2y}{dt^2} + k_1 y = 0} \quad (1)$$

$$\boxed{ma = -k_1 y - k_2\frac{dy}{dt}} \quad \Rightarrow \quad \boxed{m\frac{d^2y}{dt^2} + k_2\frac{dy}{dt} + k_1 y = 0} \quad (2)$$

$$\boxed{m\frac{d^2y}{dt^2} + \underbrace{k_2\frac{dy}{dt}}_{\text{Força de amortecimento}} + \underbrace{k_1 y}_{\text{Força restauradora}} = \underbrace{F(t)}_{\text{Força externa}}} \quad (3)$$

SISTEMA MASSA-MOLA

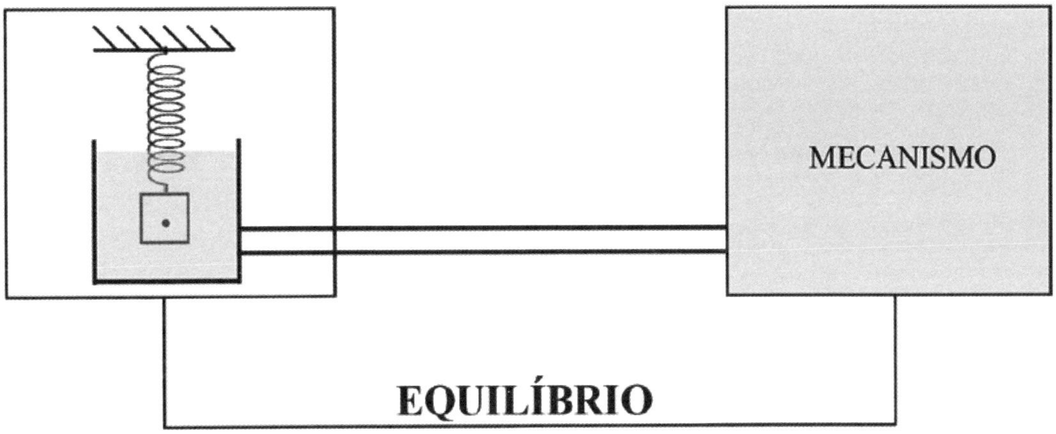


O equilíbrio do fenômeno é representado, matematicamente, pela igualdade dos dois membros da Equação Diferencial.

Segue um problema resolvido da primeira situação de massa-mola (movimento harmônico simples)

## 7.5 PROBLEMA 3: VIBRAÇÃO DE MOLAS

**Movimento harmônico simples**

**Problema de Valor Inicial - PVI**

**ENUNCIADO**

**Dados**

(I) Uma mola com massa 0,5kg tem comprimento natural de 0,8m.

(II) Uma força de 15 Newtons a estica de 0,25m de comprimento.

(III) A mola é esticada além de seu comprimento natural de 0,4m e solta com velocidade inicial zero.

**Questões**

(IV) Determine a posição (y) e a velocidade (v) em qualquer instante (t) em minutos.

(V) Determine os modelos de equações do fenômeno.

(VI) Esboce os gráficos de posição e velocidade.

(VI) Descreva num pequeno texto o fenômeno comparando os gráficos e as equações.

**INTERPRETAÇÃO DO ENUNCIADO**

Os passos da resolução do problema estão de acordo com os itens do enunciado

**1º Passo:** MATEMATIZAÇÃO DA LEI FÍSICA

É dada pela lei de Hooke

$$m\frac{d^2y}{dt^2}+k_1y=0$$

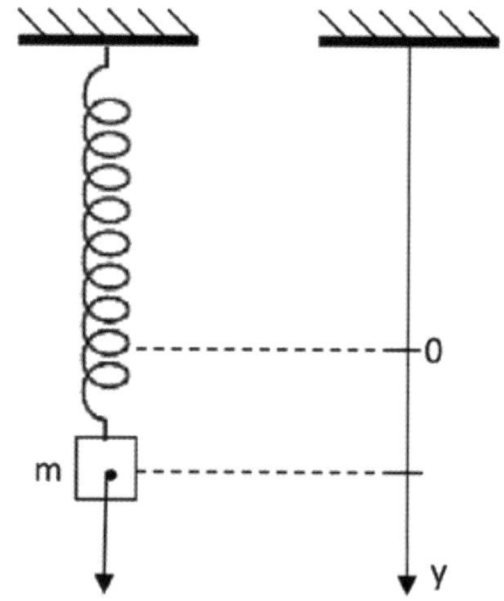


Identificação das variáveis:

$t$ = tempo

y = posição

$v$ = velocidade

**2º Passo:** Identificação da constante ou parâmetro da mola $k_1$ = constante da mola

Pela lei de Hooke, a única força atuante na mola, por se tratar de vibração(ideal) sem resistência, no movimento harmônico simples é dada por $F=-k_1y$, dado o valor da força para um determinado comprimento, determina-se $k_1$

$F=15\ N \Rightarrow$ estica a mola 0,25 m de comprimento $15=0{,}25k_1\ \therefore\ k_1=60$ (não há necessidade de usar o sinal negativo, que simboliza o movimento contrário a vibração; pois tomamos um valor determinado, discreto do comprimento da mola e da força aplicada).

**Observação**

Em vários problemas, $k_1$ (constante da mola) que é caracterizado pelo tipo de mola é dado.

Levando os valores, $m=0{,}5kg$ (dado) e $k_1=60$ (determinado), na lei de Hooke, dada no 1º passo, temos

$$m\frac{d^2y}{dt^2}+k_1y=0 \Rightarrow 0{,}5\frac{d^2y}{dt^2}+60y=0$$

**3º Passo:** Neste problema as condições iniciais são

$t=0$ minuto $\Rightarrow$ y = 0,4 m

$t=0$ minuto $\Rightarrow$ $v=y'=0$ m/min

**4º Passo:** Posição e velocidade em qualquer instante

A lei física é uma Equação Diferencial de 2ª ordem, de coeficientes constantes e homogênea, tomando-se a equação característica para $y=1$ , $y'=r$ , $y''=r^2$, virá

$$0{,}5\frac{d^2y}{dt^2}+60y=0 \Rightarrow 0{,}5r^2+0r+60=0 \Rightarrow r^2=-120 \Rightarrow r=\pm 2\sqrt{30}i$$

Donde, y(t):

$$\boxed{y = y(t) = C_1 \cos(2\sqrt{30}t) + C_2 sen(2\sqrt{30}t)}$$

Aplicando as condições iniciais $t = 0$ minuto $\Rightarrow$ y = 0,4 m

Cálculo de $C_1$: Levando os valores iniciais de t e y.

$y = C_1 \cos(2\sqrt{30}t) + C_2 sen(2\sqrt{30}t) \Rightarrow \quad 0{,}4 = C_1.1 + C_2.0 \quad (sen 0 = 0 \;\; e \;\; \cos 0 = 1) \Rightarrow C_1 = 0{,}4$, logo

$y = 0{,}4\cos(2\sqrt{30}t) + c_2 sen(2\sqrt{30}t)$

Cálculo de $C_2$: Derivando y (posição), a equação é da velocidade

$$v = \frac{dy}{dt} = y' = 0{,}4.2\sqrt{30}[-sen(2\sqrt{30}t)] + 2\sqrt{30}C_2 \cos(2\sqrt{30}t)$$

$$y' = -0{,}8\sqrt{30} sen(2\sqrt{30}t) + 2\sqrt{30}C_2 \cos(2\sqrt{30}t)$$

Para $t = 0$ minuto e $v = y' = 0$ m/min $\Rightarrow 0 = 0 + 2\sqrt{30}C_2 \quad (sen 0 = 0 \; e \; \cos 0 = 1) \quad \therefore \quad C_2 = 0$

Então a posição $y = 0{,}4\cos(2\sqrt{30}t) + 0 sen(2\sqrt{30}t) \Rightarrow y = 0{,}4\cos(2\sqrt{30}t)$

Derivando y, encontramos a velocidade $v = -0{,}8\sqrt{30} sen(2\sqrt{30}t)$

**5º Passo:** Equações que definem o modelo

| | | |
|---|---|---|
| Posição y = y(t) | $\Rightarrow$ | $y = 0{,}4\cos(2\sqrt{30}t)$ |
| Velocidade $v = v(t)$ | $\Rightarrow$ | $v = -0{,}8\sqrt{30} sen(2\sqrt{30}t)$ |

**6º Passo:** Gráficos da velocidade e posição

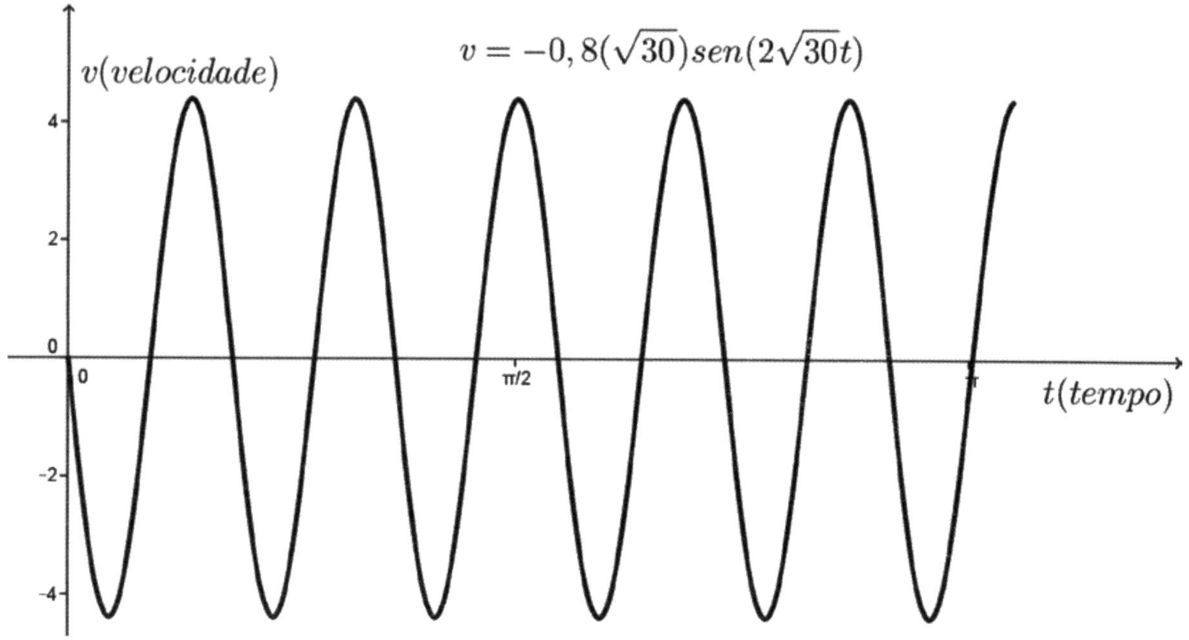


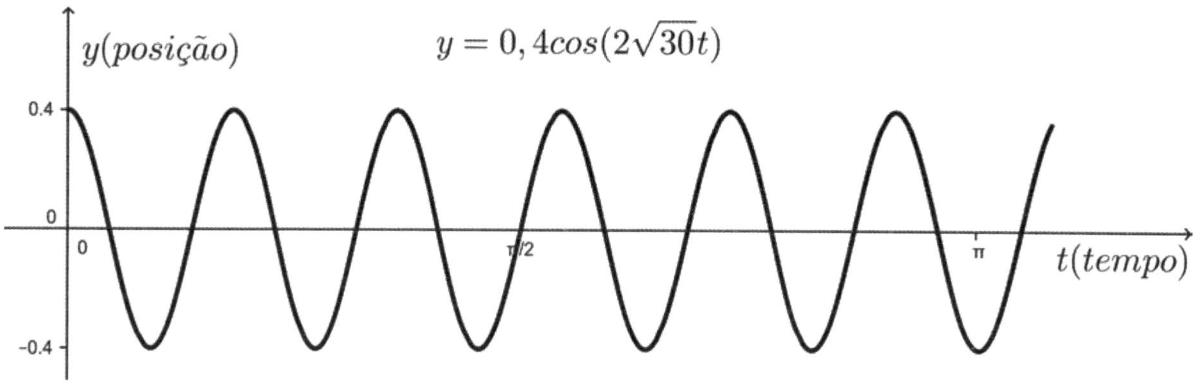


**7º Passo:** **(a)** As respostas das seguintes questões dão suporte à compreensão do comportamento do fenômeno estudado

1) Analise a variação da posição e da velocidade pelos gráficos

2) Verifique as condições iniciais e se há compatibilidade com os gráficos da posição e da velocidade

3) Tome alguns valores da posição e da velocidade da mola para um valor de tempo

4) O que ocorre quando o tempo cresce indefinidamente?

**(b)** A partir do seu entendimento do comportamento do fenômeno, escreva um texto no quadro seguinte comparando os gráficos e as equações

## 7.6 INTRODUÇÃO AO PROBLEMA DE ELETRICIDADE

Estudo de circuitos dos tipos:

Circuito RC (resistivo - capacitivo);

Circuito RL (resistivo - indutivo);

Circuito RLC (resistivo - indutivo - capacitivo)

**RC**

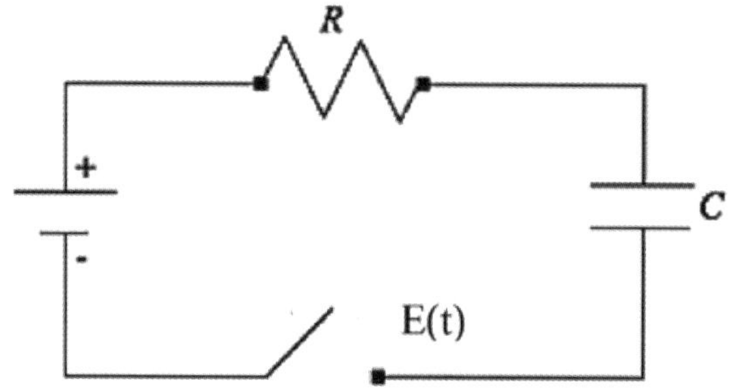


**RL**

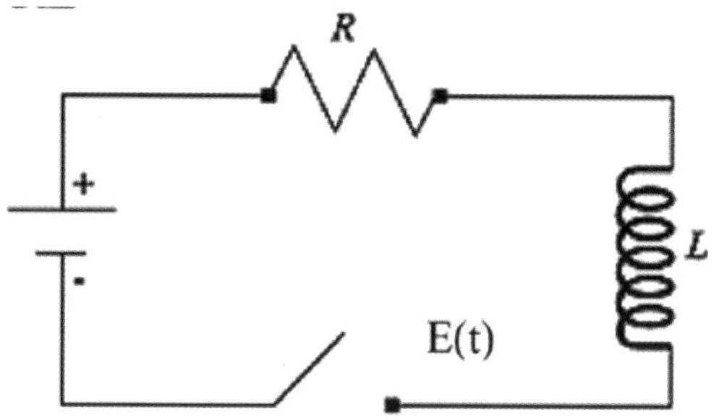


**RLC**

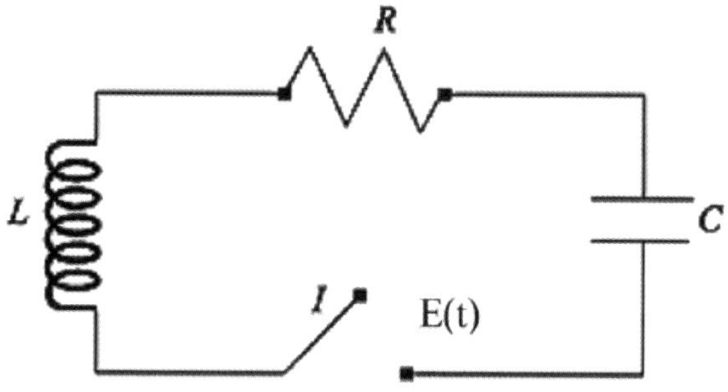


Como nos problemas de primeira ordem, há possibilidades de modelarmos circuitos com Equações Diferenciais de segunda ordem.

Da Física se tem que há quedas de voltagem pelo resistor, indutor e capacitor, dadas por: $Ri$ , $L\frac{di}{dt}$ , $\frac{Q}{C}$.

A lei de voltagem de KIRCHHOFF determina que a soma das quedas de voltagem é compensada pela carga realimentadora E(t) , matematicamente dada por uma Equação Diferencial:

(1) primeiro membro da Equação Diferencial: soma das quedas de tensão

(2) segundo membro da Equação Diferencial: realimentação do circuito dada pela força eletromotriz

Portanto, configuramos um equilíbrio no circuito representado pela equação matemática:

$$\boxed{L\frac{di}{dt} + Ri + \frac{Q}{C} = E(t)} \quad \text{(I)}$$

Mas sabemos que $i = \frac{dQ}{dt} \rightarrow \frac{di}{dt} = \frac{d^2Q}{dt^2}$

$$\boxed{L\frac{d^2Q}{dt^2} + R\frac{dQ}{dt} + \frac{Q}{C} = E(t)} \quad \text{(II)}$$

Variável dependente Q = Q(t) e a variável independente t

R, L, C parâmetros , isto é, constantes para um mesmo circuito

E(t) podendo variar de acordo com o tempo, sendo muito usual as funções seno e cosseno.

Sabemos que $i = \frac{dQ}{dt}$, para se ter a Lei de KIRCHHOFF com i = i(t) , basta derivar a fórmula (I):

$L\frac{d^2i}{dt^2} + R\frac{di}{dt} + \frac{1}{C}\frac{dQ}{dt} = E'(t)$ ou substituindo $\frac{dQ}{dt}$ por i (já definido nos problemas de circuito de primeira ordem no capítulo 4)

$$\boxed{L\frac{d^2i}{dt^2} + R\frac{di}{dt} + \frac{1}{C}i = E'(t)} \quad \text{(III)}$$

A equação (II) e (III) são as mais utilizadas tendo **Q** em função de **t** e **i** em função de **t**. Verificamos que a equação (I) tem na sua composição **i** e **Q**.

## 7.7 PROBLEMA 4: ELETRICIDADE

Análise de circuitos

Problema de Valor Inicial - PVI

**ENUNCIADO**

**Dados**

(I) De um circuito, sem resistor, com $R = 0$ ohm ; $L = 1$ henry ; $C = \frac{1}{4}$ faraday e força eletromotriz $E(t) = 2\cos t + sent$

(II) Carga e corrente iniciais são nulas

**Questões**

(III) Determine a carga Q e a intensidade de corrente i, em qualquer instante

(IV) Esboce os gráficos de $Q = Q(t)$ e $i = i(t)$

(V) Descreva num pequeno texto o movimento comparando os gráficos e as equações

**INTERPRETAÇÃO DO ENUNCIADO**

Os passos da resolução do problema estão de acordo com os itens do enunciado

**1º Passo:** MATEMATIZAÇÃO DA LEI FÍSICA

Identificação das variáveis

$t$, tempo

$Q = Q(t)$, carga

$i = i(t)$, corrente

Identificação dos Parâmetros

R = 0 ohm (Resistência)

L = 1 henry (Indutância)

$C = \frac{1}{4}$ Farady (Capacitância)

Identificação da função

$E(t) = 2\cos t + sent$ (Força eletromotriz)

Partindo da equação de Kirchhoff e substituindo os parâmetros L , C , R e tomando E = E(t)

$$1\frac{d^2Q}{dt^2} + 0\frac{dQ}{dt} + \frac{1}{1/4}Q = 2\cos t + sent \quad \Rightarrow \quad \frac{d^2Q}{dt^2} + 4Q = 2\cos t + sent \quad (*)$$

**2º Passo:** Condições iniciais

t = 0 ⇒ Q = 0

t = 0 ⇒ i = 0

**3º Passo:** Determinação da carga "Q" e corrente "i" em qualquer instante.

A equação (*) é diferencial linear, de coeficientes constantes, não homogênea, com solução geral do tipo $Q = Q_h(t) + Q_P(t)$

Tomando a Equação Diferencial homogênea obtida de (*), utilizamos a equação característica:

$\frac{d^2Q}{dt^2}=r^2$ , $\frac{dQ}{dt}=r$ , $Q=1$ $\Rightarrow$ $r^2+4=0 \therefore r=\pm 2i=0\pm 2i$ com a = 0 (parte real do complexo) e b = 2 (parte imaginária do complexo)

A solução da equação homogênea obtida é

$$Q_h = e^{0t}(c_1\cos(2t)+c_2 sen(2t) \qquad Q_h = C_1\cos(2t)+C_2 sen(2t)$$

Para o cálculo de $Q_P$ (solução particular do tipo seno e/ou cosseno), fazemos $Q_p = A\ \cos t + B\ sent$

Como $Q_P$ é uma solução particular da Equação Diferencial (*), deriva-se $Q_P$ para substituir na equação (*)

$$Q_P = A\cos t + Bsent$$

$$Q'_P = -Asent + B\cos t$$

$$Q''_P = -A\cos t - Bsent$$

Substituindo na Equação Diferencial (*) calculamos "A" e "B".

$$-A\cos t - Bsent + 4A\cos t + 4Bsent = 2\cos t + sent$$

$$3A\cos t + 3Bsent \equiv 2\cos t + sent \qquad 3A=2 \therefore A=\frac{2}{3}\ ; \qquad 3B=1 \therefore B=\frac{1}{3}$$

Logo, a equação da carga $Q=Q_h(t)+Q_P(t)$, é

$$Q = C_1\cos(2t)+C_2 sen(2t)+\frac{2}{3}\cos t+\frac{1}{3}sent \qquad (**)$$

Como $i=\frac{dQ}{dt}$, derivando (**)

$$i=-2C_1 sent(2t)+2C_2\cos t(2t)-\frac{2}{3}sent+\frac{1}{3}\cos t$$

Aplicando as condições iniciais, isto é, para t = 0 , i = 0 e Q = 0 nas equações de Q e i, temos

$C_1=-\frac{2}{3}$ e $C_2=-\frac{1}{6}$ Substituindo $c_1$ e $c_2$ nas mesmas equação encontramos carga e corrente, em qualquer instante, para as condições iniciais dadas.

$$\boxed{Q=-\frac{2}{3}\cos(2t)-\frac{1}{6}sen(2t)+\frac{2}{3}\cos t+\frac{1}{3}sent}$$

$$\boxed{i=\frac{4}{3}sent(2t)-\frac{1}{3}\cos(2t)-\frac{2}{3}sent+\frac{1}{3}\cos t}$$

**4º Passo:** Gráficos de $Q(t)$ e i(t)

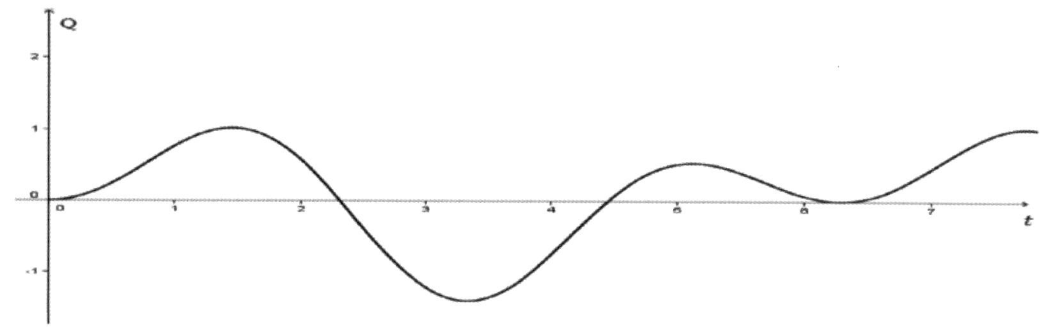

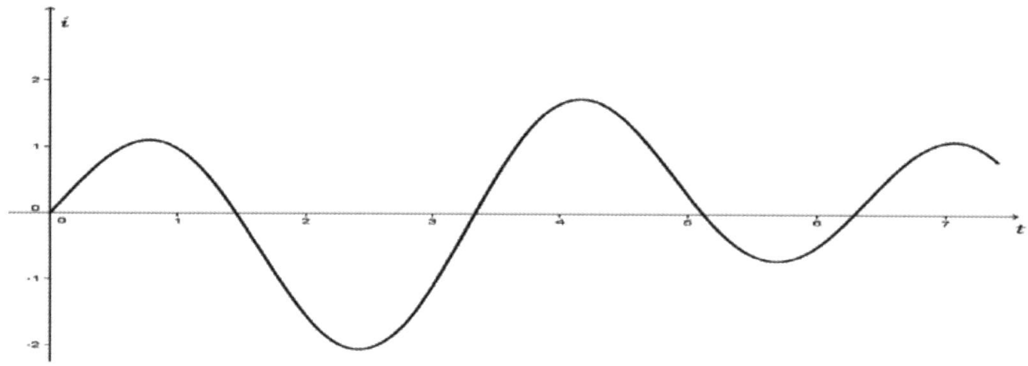

**5º Passo:** **(a)** As respostas das seguintes questões dão suporte à compreensão do comportamento do fenômeno estudado

1) Verifique, graficamente, que para t = 0 o valor da carga e intensidade de corrente são nulas de acordo com as condições iniciais dadas
2) Verifique que os gráficos da carga e intensidade de corrente são periódicos
3) Determine para alguns valores particulares de t, o valor da carga e da intensidade de corrente, fazendo uma análise gráfica

**(b)** A partir do seu entendimento do comportamento do fenômeno, escreva um texto no quadro seguinte comparando os gráficos e as equações.

## 7.8 TÓPICOS DE ENGENHARIA: RESISTÊNCIA DOS MATERIAIS, ESTUDO DE VIGAS

Os cursos de Engenharia têm, nos seus currículos, disciplinas tecnológicas tais como: Resistência dos Materiais e Teoria das Estruturas, que lidam com deformações de peças (vigas, pilares e lajes), submetidas a variados tipos de cargas em edificações. O Cálculo Diferencial e Integral e, mais especificamente, as Equações Diferencias têm uso importante na avaliação e análise dessas deformações ou deflexões. Concentremos nossa atenção em dois tipos de vigas:

**ENGASTADA**: Viga com um apoio na extremidade e as forças podem ser concentradas na outra extremidade ou distribuída, uniformemente, ao longo da viga.

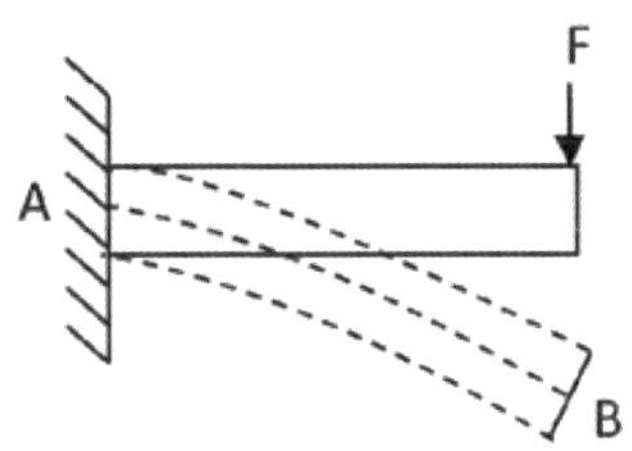


Força concentra na extremidade B
e apoio na extremidade A

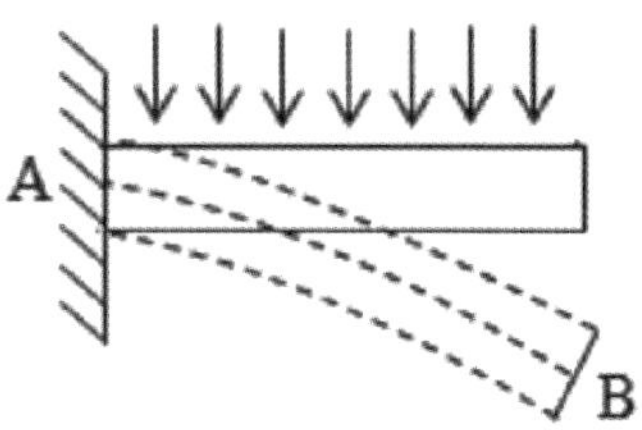


Força distribuída uniformemente
e apoio na extremidade A

**BI-APOIADA:** Viga com dois apoios, um em cada extremidade, e uma das possibilidades é que a carga seja distribuída uniformemente; outra possibilidade é que as forças fiquem centradas em um único ponto, dentre outras possibilidades.

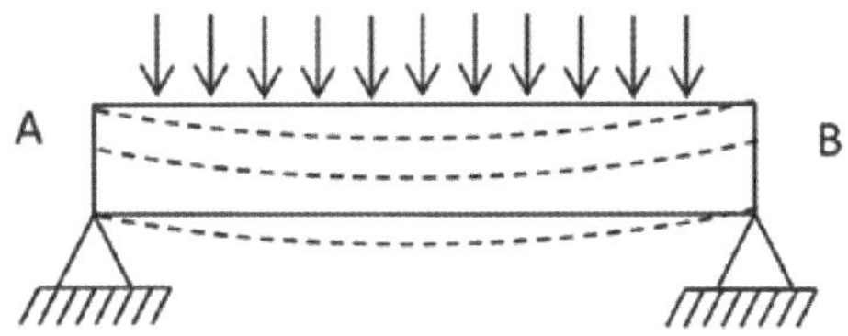


Força distribuída uniformemente
e apoios nas extremidades A e B

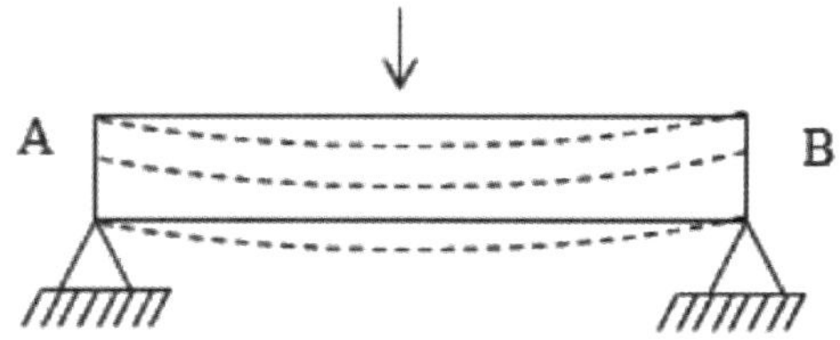


Força concentrada em um único ponto
e apoios nas extremidades A e B

Devido as forças (inclusive o peso próprio) distribuídas ao longo das vigas e/ou alguma força concentrada num ponto, estas vigas sofrem deformações ou deflexões, flexionando-se.

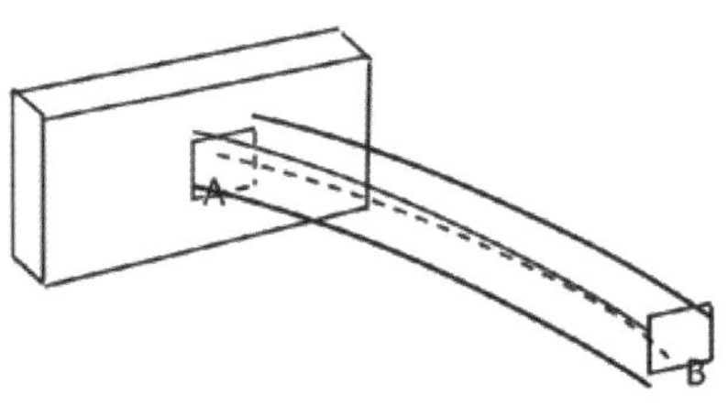


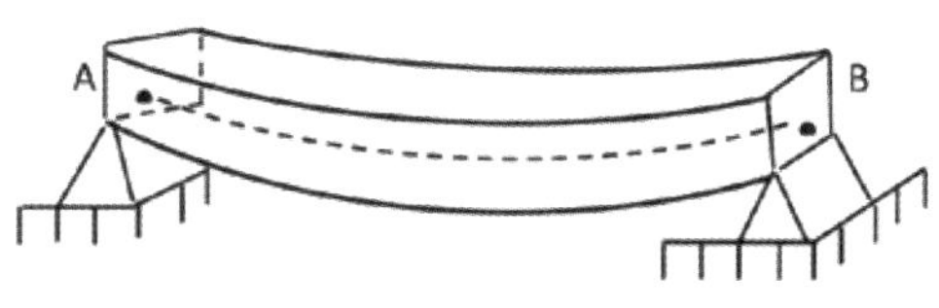

Nessa deflexão, nossa atenção se volta para o eixo de simetria flexionado da viga, o que denominamos de linha elástica (nas figuras as linhas pontilhadas) ou curva de deflexão da viga. Engenheiros estão interessados em analisar esta curva/linha, que fornece informações importantes sobre valores máximos de deflexão, ou até mesmo, a quantidade de carga que uma viga poderia suportar antes de romper-se.

O eixo de simetria de uma viga é uma linha imaginária que contém os centros de gravidade das secções transversais daquela viga e, por exemplo, quando a viga é submetida a uma carga uniformemente distribuída, ela adquire uma forma parabólica (linha elástica parabólica, ainda que imperceptível). Não nos interessa, aqui, envolver estudos comparativos sobre os materiais diversos usados em construções de vigas.

A curva que se forma é denominada **linha elástica** (linhas AC e AB, nas figuras).

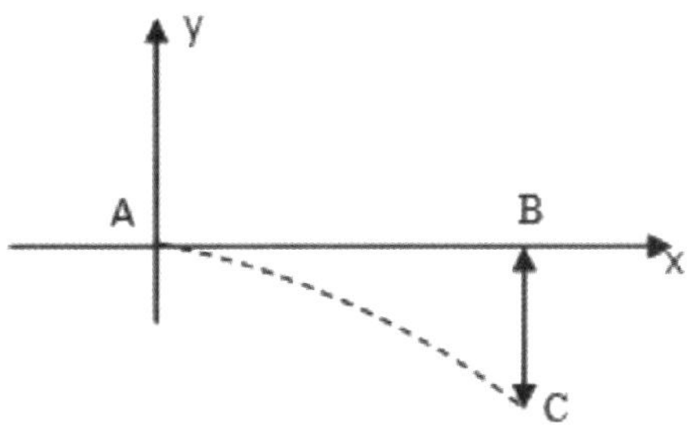


Análise da linha elástica
de uma viga engastada

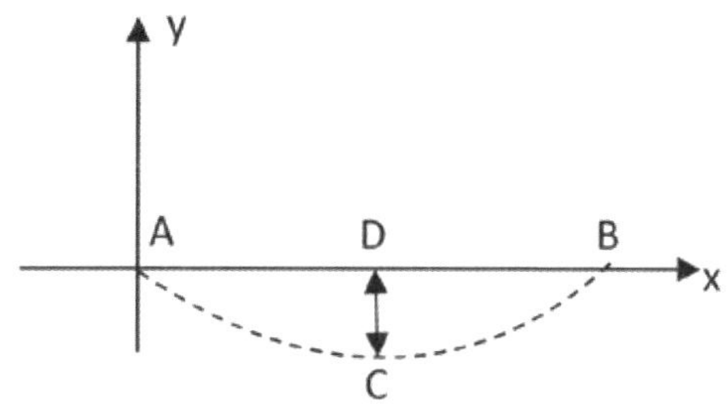


Análise da linha elástica
de uma viga bi-apoiada

Sejam:

x: a variação do comprimento da viga e y a medida da deflexão;

$\overline{BC}$ na viga engastada e $\overline{CD}$ na viga bi-apoiada é a **deflexão máxima,** em que estaremos interessados no cálculo, que denotaremos por $y_{máx}$.

## 7.9 PROBLEMA 5: VIGA ENGASTADA.

Seja uma viga engastada com a força (carga Q) concentrada na extremidade.

**1º Passo:** MATEMATIZAÇÃO DA LEI FÍSICA

Pela atuação da força na extremidade da viga se tem uma variação da deflexão em relação ao comprimento da viga, que é variável de **0** (zero) a **L** (comprimento da viga).

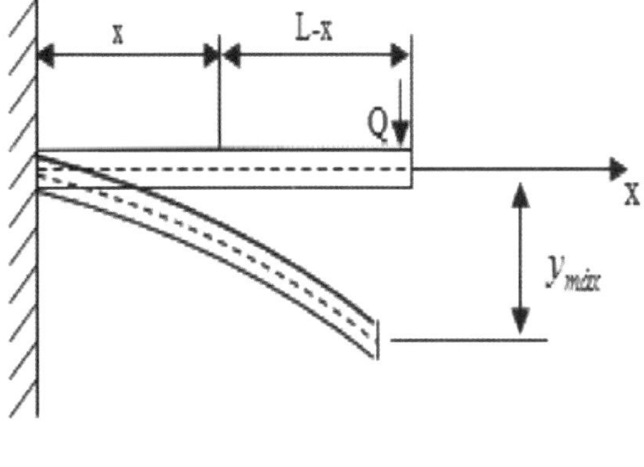


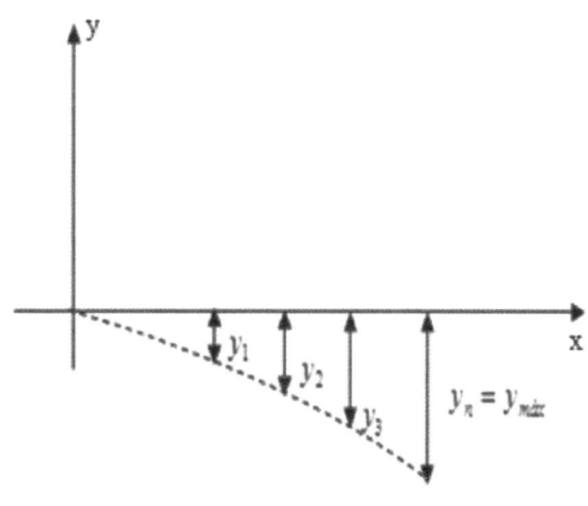

De acordo com o referencial adotado, a identificação das variáveis:

x: variação do comprimento da viga – de 0 (zero) a L

y: variação de deflexão

Identificação dos Parâmetros

Pelas leis físicas é possível calcular o que chamamos de Momento Fletor (M);

E e I parâmetros, relativos a rigidez de deflexão. São dados e suas propriedades serão analisadas na disciplina de Resistências dos Materiais.

Q é a carga.

A equação que resulta a deflexão (y) em função de x (comprimento da viga) é dada por

$$\boxed{\frac{d^2y}{dx^2} = \frac{M}{EI}} \quad (1)$$

M para uma viga engastada cuja força está atuando apenas na extremidade livre, a partir do momento de uma força, é escrito como:

$$\boxed{M = -Q(L - x)} \quad (2)$$

**2º Passo:** Condições iniciais

Observe pela figura que em:

$x = 0 \quad \Rightarrow \frac{dy}{dx} = 0$, pois a reta tangente é o próprio eixo Ox:

$x = 0 \quad \Rightarrow y = 0$, pois não há deflexão em x = 0

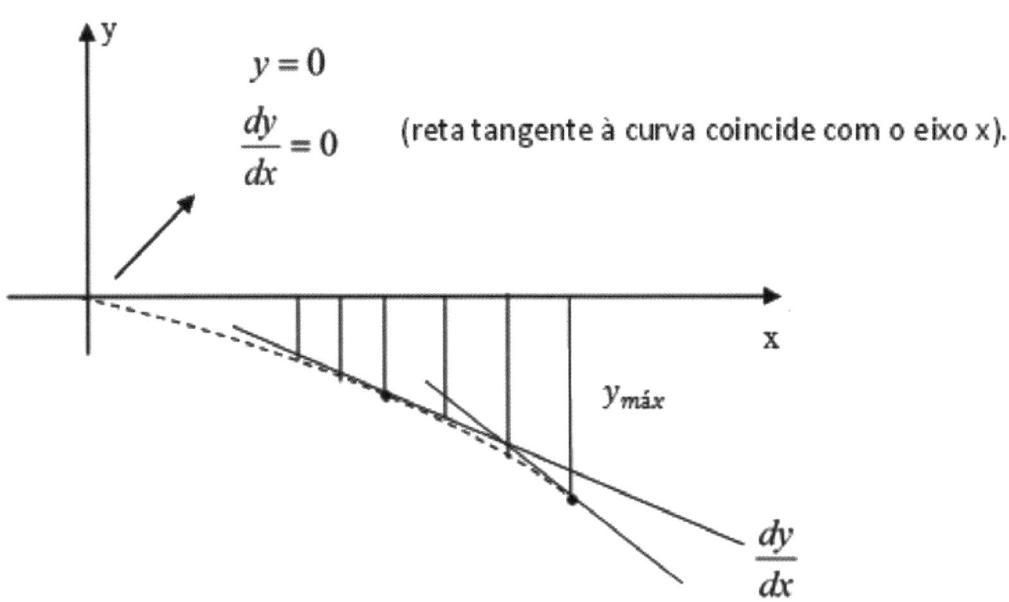


(derivada num ponto que é o coeficiente angular da reta tangente)

**3º Passo:** Determine o $y_{máx}$

Verificamos que o valor máximo de y é para $x = L$. Então, expressamos y função de x , e determinamos y para $x = L$, isto é, y(L).

**4º Passo:** Desenvolvimento da lei física.

Substituímos M de (2) na expressão (1):

$$\frac{d^2y}{dx^2} = \frac{Qx - QL}{EI}$$

Resolvendo a Equação Diferencial de 2ª ordem, cuja resolução pode ser feita por redução à 1ª ordem:

$$\int \frac{d^2y}{dx^2} dx = \int \frac{Qx - QL}{EI} dx \Rightarrow \frac{dy}{dx} = \frac{Qx^2}{2EI} - \frac{QLx}{EI} + c_1$$

Aplicando a condição inicial: $x = 0 \;\Rightarrow\; \frac{dy}{dx} = 0$ resulta $c_1 = 0$

$$\boxed{\frac{dy}{dx} = \frac{Qx^2}{2EI} - \frac{QLx}{EI}}$$ (3) Chamada de Equação da curva de inclinação.

Como queremos y, Integramos (3)

$$\int \frac{dy}{dx} dx = \frac{Q}{EI} \int \left( \frac{x^2}{2} - Lx \right) dx \Rightarrow y = \frac{Q}{EI} \left( \frac{x^3}{6} - \frac{Lx^2}{2} \right) + c_2$$

Aplicando a outra condição dada $x - 0 \;\Rightarrow\; y = 0$ resulta $c_2 = 0$, temos a deformação para $x \in [0, L]$

$$\boxed{y = \frac{Qx^2}{6EI}(x - 3L)}$$

Esta é uma expressão geral que dá a deformação em qualquer ponto x da viga. É na extremidade da viga que a deformação é máxima, isto é $x = L$

$y_{\max} = -\frac{QL^3}{3EI}$ que é a deflexão máxima , também chamada flecha máxima.

**Observação**

Dependendo do referencial adotado a deflexão poderá ser positiva. Nos cálculos realizados fizemos y < 0 logo, tomamos o módulo da mesma. Então $y_{\max} = \frac{QL^3}{3EI}$.

## 7.10 PROBLEMA 6: VIGA BI-APOIADA

Seja uma viga bi-apoiada com a força (carga Q) distribuída uniformemente na sua extensão.

**1º Passo:** MATEMATIZAÇÃO DA LEI FÍSICA

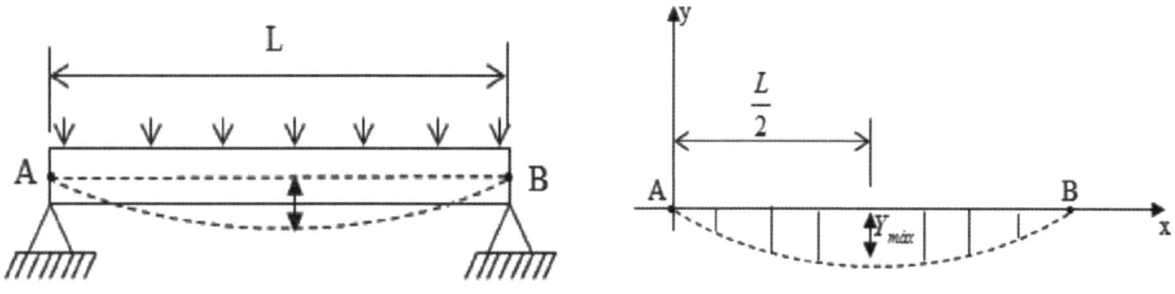


Matematizando a Lei Física

Identificação das variáveis com os referencias adotados nos diagramas anteriores:

x: variação do comprimento da viga – de 0 (zero) a L;

y: variação de deflexão;

Identificação dos Parâmetros

Chamaremos de Momento Fletor para a situação descrita, isto é, uma viga bi-apoiada com carga Q distribuída uniformemente;

E e I parâmetros, relativos a rigidez de deflexão; São dados e suas propriedades serão analisadas na disciplina de Resistência dos Materiais.

Q: carga

A equação que resulta a deflexão (y) em função de x (comprimento da viga) é dada por

$$\frac{d^2y}{dx^2} = \frac{M}{EI} \qquad (1)$$

M para a situação descrita, com os cálculos respaldados na Física, é dado por

$$M = -\frac{Q}{2}(x^2 - Lx) \qquad (2)$$

Observe que o momento fletor é diferente para a viga bi-apoiada, com carga uniforme de único material, em relação à viga engastada ou ainda em relação a outro tipo de distribuição de carga. Isto é, para cada caso o momento fletor será calculado pelas leis físicas chegando a valores diferentes.

**2º Passo:** Condição inicial e condição de contorno.

No ponto A a flexão é nula, logo: $x = 0 \Rightarrow y = 0$

No ponto médio $\left(x = \frac{L}{2}\right)$ a deflexão é máxima e a derivada é nula $\left(\frac{dy}{dx} = 0\right)$, isto porque a carga é distribuída uniformemente, graficamente o ponto de mínimo da parábola, logo:

$$\begin{cases} x = 0 & \Rightarrow & y = 0 \\ x = \frac{L}{2} & \Rightarrow & \frac{dy}{dx} = 0 \end{cases}$$

Como no exemplo anterior determinamos a flecha máxima.

**3º Passo:** Determinamos o $y_{máx}$

Verificamos que o valor máximo de y é para $x = \frac{L}{2}$. Então, temos que determinar uma expressão y função de x , e determinar y para $x = \frac{L}{2}$, e queremos achar $y\left(\frac{L}{2}\right)$.

**4º Passo:** Desenvolvimento da lei física.

Substituímos de (2) na expressão (1). Resolvemos a Equação Diferencial de 2ª ordem

$$\frac{d^2y}{dx^2} = \left[\frac{-\frac{Q}{2}(x^2 - Lx)}{EI}\right]$$

Equação Diferencial de 2ª ordem cuja a resolução pode ser feita por redução à 1ª ordem

$$\int \frac{d^2y}{dx^2}dx = \int \frac{-Qx^2 + QLx}{2EI}dx \Rightarrow \frac{dy}{dx} = \frac{1}{EI}\left(\frac{QLx^2}{4} - \frac{Qx^3}{6} + c_1\right)$$

Aplicando a condição inicial: $x = \frac{L}{2} \Rightarrow \frac{dy}{dx} = y' = 0$ resulta $c_1 = -\frac{QL^3}{24}$

$$\frac{dy}{dx} = \frac{1}{EI}\left(\frac{QLx^2}{4} - \frac{Qx^3}{6} - \frac{QL^3}{24}\right)$$ (3) Equação da linha de inclinação.

Cálculo de y (Integramos (3))

$$\int \frac{dy}{dx}dx = \int \frac{1}{EI}\left(\frac{QLx^2}{4} - \frac{Qx^3}{6} - \frac{QL^3}{24}\right)dx \Rightarrow y = -\frac{Q}{24EI}\left(L^3x - 2Lx^3 + x^4 + c_2\right)$$

Aplicando a outra condição dada $x = 0 \Rightarrow y = 0$ resulta $c_2 = 0$, temos a deformação para $x \in [0, L]$

$$y = -\frac{Qx}{24EI}\left(L^3 - 2Lx^2 + x^3\right) \quad (4)$$

Esta é uma expressão geral que dá a deformação em qualquer ponto x da viga. Como a deformação máxima ocorre no ponto médio $x = \frac{L}{2}$, substituindo este valor de x em (4) temos:

$y_{max} = -\frac{5L^4Q}{384EI}$ deflexão ou flecha máxima.

**Observação**

O nosso referencial y < 0, logo adotamos o módulo da mesma. Então $y_{max} = \frac{5L^4Q}{384EI}$.

## 7.11 PROBLEMA 7: VIGA BIAPOIADA COM CARGA CONCENTRADA

**ENUNCIADO**

**Dados**

(I) Uma barra ou viga simples AB de comprimento L, módulo de rigidez EI constante, suporta uma carga concentrada P, distante *a* e *b* dos apoios esquerdo e direito, respectivamente. Diagrama a seguir.

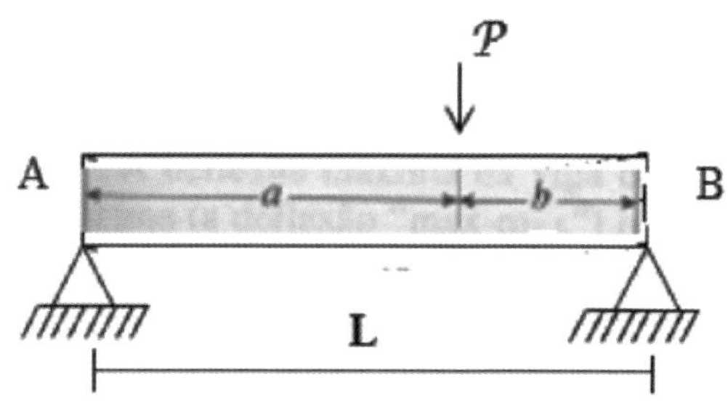


**Questões**

(II) Resolver as Equações Diferenciais das linhas elásticas ou de deflexões

(III) Aplicar as condições iniciais ou de contorno

(IV) Expressar as equações das linhas elásticas ou de deflexões

(V) Calcular a deflexão máxima

**1º Passo:** MATEMATIZAÇÃO DA LEI FÍSICA

Teremos 2(dois) momentos fletores neste caso:

(a) Considerando o lado esquerdo da viga ( $0 \le x \le a$ ), temos $M_1 = \dfrac{Pbx}{L}$

(b) Considerando o lado direito ( $a \le x \le L$ ), temos $M_2 = \dfrac{Pbx}{L} - P(x-a)$

Sabemos, dos problemas anteriores, que a Equação Diferencial que é o modelo ou lei matemática para descrever a linha elástica (curva de deflexão) de uma barra ou, viga simples, é dada pela expressão: $\dfrac{d^2y}{dx^2} = \dfrac{M}{EI}$, em que *M* é o momento fletor (ou flexionador) e *EI* o coeficiente ou módulo de rigidez da peça (depende do material de que é feito a barra ou viga).

**2º Passo:** Resolução das Equações Diferenciais

Substitua, primeiramente, a expressão do momentos $M_1$ no lugar de M, na Equação Diferencial da linha elástica, resolva-a e mostre que a equação da linha de deflexão para este momento é:

$$y_1 = \frac{1}{EI}\left(\frac{Pbx^3}{6L} + c_1x + c_2\right) \text{ para } 0 \le x \le a$$

Da mesma forma, substitua, a expressão do momentos $M_2$ no lugar de M, na Equação Diferencial da linha elástica, resolva-a e mostre que a equação da linha de deflexão para este outro momento é:

$$y_2 = \frac{1}{EI}\left(\frac{Pbx^3}{6L} - \frac{P(x-a)^3}{6} + c_3x + c_4\right) \text{ para } a \le x \le L$$

**3º Passo:** Aplicação das condições iniciais e de contorno

Observando a viga, figura anterior, podem ser tiradas quatro condições iniciais ou de contorno:

1ª) Em x = 0, a deflexão y é zero. (Então, verifique que se tem $c_2 = 0$);

2ª) Em x = a, as inclinações, dy/dx, são as mesmas para as duas partes da viga. (Então, verifique que se tem $c_1 = c_3$);

3ª) Em x = a, as deflexões y são as mesmas para as duas partes da viga. (Então, verifique que se tem $c_4 = 0$)

4ª) Em x = L, a deflexão y é zero. Então verifique que: $c_1 = c_3 = -\dfrac{Pb(L^2 - b^2)}{6L}$

**4º Passo:** Expressões das equações das linhas elásticas ou de deflexões

Substitua as constantes encontradas nas equações do **2º Passo** e mostre que as equações de deflexões tomarão as formas

$$y_1 = -\frac{1}{EI}\left[\frac{Pbx}{6L}\left(L^2 - b^2 - x^2\right)\right], \text{ para } 0 \le x \le a \quad \text{e}$$

$$y_2 = -\frac{1}{EI}\left[\frac{Pbx}{6L}\left(L^2 - b^2 - x^2\right) + \frac{P(x-a)^3}{6}\right], \text{ para } a \le x \le L$$

**5º Passo:** Cálculo da deflexão máxima

Conforme a disciplina Resistência dos Materiais, para vigas com esse tipo de carga, a deflexão máxima, $y_{máx}$, ocorre num ponto D, localizado na parte de maior dimensão. Nesse ponto a tangente à curva de deflexão deve ser paralela ao eixo x, logo a derivada é zero.

De posse dessas informações, calcule e mostre que a abscissa do ponto D será: $x_1 = \sqrt{\dfrac{L^2 - b^2}{3}}$ e que o valor da deflexão máxima é $y_{máx} = f(x_1) = \dfrac{Pb(L^2 - b^2)^{3/2}}{9\sqrt{3}LEI}$

**6º Passo:** Cálculo da deflexão no ponto médio da viga.

Calcule o valor da deflexão no ponto médio da viga. Verifique que é:

$$y_{ponto\ médio} = \frac{Pb(3L^2 - 4b^2)}{48EI}$$

## 7.12 SÍNTESE DOS PROBLEMAS DE FENÔMENOS FÍSICOS COM EQUAÇÕES DIFERENCIAIS DE 2ª ORDEM

Uma analogia entre os fenômenos de circuito e massa-mola pode ser analisada, a partir da equivalência dos parâmetros que definem a situação problema, isto é, a lei física destes fenômenos.

Estes tem o modelo matemático de mesma natureza, isto é, a Equação Diferencial, linear, de coeficientes constantes, homogênea ou não homogênea.

Comparando as duas equações diferenciais que modelam o desenvolvimento dos dois fenômenos, podemos ter a síntese num quadro (de Stewart página 1144, 4ª edição. vol.2)

$$m\frac{d^2x}{dt^2} + k_2\frac{dx}{dt} + k_1x = F(t)$$

$$\updownarrow \quad \updownarrow \qquad \updownarrow \quad \updownarrow \qquad \updownarrow \qquad \updownarrow$$

$$L\frac{d^2Q}{dt^2} + R\frac{dQ}{dt} + \frac{1}{C}Q = E(t)$$

| **Sistema massa-mola** | **Sistema circuito** |
|---|---|
| x = deslocamento | Q = carga |
| $\frac{dx}{dt}$ = velocidade | $I = \frac{dQ}{dt}$ = intensidade de corrente |
| m = massa | L = indutância |
| $k_2$ = constante de amortecimento | R = resistência |
| $k_1$ = constante da mola | $\frac{1}{C}$ = elastância |
| $F(t)$ = força externa | $E(t)$ = força eletromotriz |

Assim, analisando os dois fenômenos (massa-mola e circuito), concluimos, que há uma equivalência dos significados das variáveis, dos parâmetros e da própria constituição das equações que modelam os dois tipos de fenômenos.

A solução do estado estacionário do movimento de vibração da mola pode ser transportado para o circuito, no qual a força eletromotriz é nula. Já F(t) = Força externa e E(t) = Força eletromotriz, em muitas situações são determinadas pela função seno ou cosseno. O sistema tende a estabilizar-se para valores crescentes do tempo, o que se define como equilíbrio.

O fenômeno de ressonância no sistema massa-mola encontra seu equivalente nos circuitos como ressonância elétrica.

## PROBLEMAS PROPOSTOS

### Tipo 1: Problemas de Mecânica – Deslocamento de partícula

01. Uma partícula se desloca em linha reta de modo que sua aceleração é igual à sua velocidade. No instante $t = 0$ sua distância da origem é $1m$ e sua velocidade é $2m/s$. Ache sua posição e velocidade no instante $t = 5s$.

02. Uma partícula se desloca em linha reta de modo que o produto de sua velocidade por sua aceleração seja constante, a saber $1m^2/s^3$. Se em $t = 0$ a posição em relação à origem é de $2m$ e a velocidade é de $2m/s$, quais serão a posição, a distância percorrida pela partícula e a velocidade em $t = 6s$?

### Tipo 2: Vibração de molas

01.Uma mola com uma massa de 2kg tem um comprimento natural de 0,5 m e é mantida esticada até um comprimento de $1m$ por uma força de 50N. Se a mola for comprimida até um comprimento de $0{,}5m$ e, então for solta com velocidade zero, determine

a) posição da massa em qualquer instante
b) velocidade em qualquer instante
c) o esboço da função-posição
d) o esboço da função-velocidade
e) e descreva num pequeno texto o movimento da mola, a partir da análise dos gráficos.

02.Uma mola com uma massa de 1kg tem uma constante de amortecimento 10 e a constante da mola é 31,25. A partir da posição de equilíbrio começa o movimento com velocidade de 5 m/s. Determine:

a) posição da massa em qualquer instante
b) velocidade em qualquer instante
c) o esboço da função-posição
d) o esboço da função-velocidade
e) e descreva num pequeno texto o movimento da mola, a partir da análise dos gráficos

### Tipo 3: Problemas de circuito

01. Um circuito em série contém um resistor com $R = 5\Omega$, um indutor com $L = 1H$, um capacitor com $C = 0{,}01F$ e uma bateria de 10 volts. A carga inicial é $Q = 2C$ e a corrente inicial é $0$. ($\Omega = Ohm; H = Henrys; F = Faraday; V = Volt; C = Coulumb$), determine

a) a carga no instante $t$ b) a corrente no instante t

02.Um circuito em série tem um resistor com $R = 50\Omega$, um indutor com $L = 1H$, um capacitor com $C = 0{,}001F$ e um gerador alimentando o circuito com uma voltagem de $E(t) = sent$.
Sabendo-se que no instante inicial a carga é 0,02 coulombs e a corrente é zero, determine

a) a carga no instante $t$ b) a corrente no instante t.

### Tipo 4: Problemas de viga

01. Uma viga simples AB bi-apoiada tem comprimento L, rigidez de deflexão EI constante e suporta uma carga uniforme de intensidade Q atuando por toda a sua extensão.

a) determine a equação da curva de inclinação para esta viga

b) determine a equação da curva de deflexão para esta viga

c) determine a deflexão máxima

02. Uma viga simples AB engastada tem comprimento L, rigidez de deflexão EI constante e suporta uma carga uniforme de intensidade Q atuando por todo a sua extensão. Sabemos que para esta situação o momento fletor é dado por $M = -\frac{Q}{2}(L-x)^2$

a) determine a equação da curva de inclinação para esta viga

b) determine a equação da curva de deflexão para esta viga

c) determine a deflexão máxima

03. Uma viga simples AB engastada tem comprimento L, rigidez de deflexão EI constante e um carregamento triangular distribuído de intensidade máxima Q (conforme a figura apresentada). Sabemos que o momento fletor para a situação descrita é: $M = -\frac{Q}{6L}(L-x)^3$.

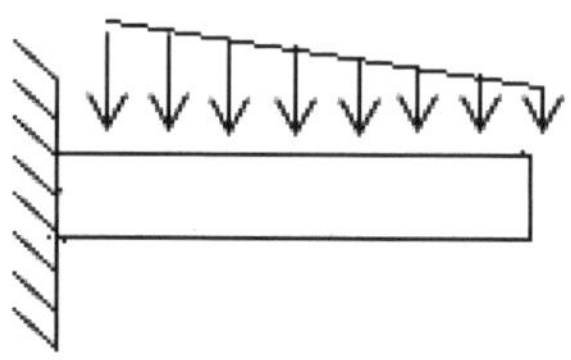

a) determine a equação da curva de inclinação para esta viga

b) determine a equação da curva elástica para esta viga

04. Seja uma barra ou viga simples, de comprimento L, módulo de rigidez EI constante, e carregada com uma carga triangular, distribuída de forma simétrica. Este tipo de viga é denominado viga bi-apoiada com carga triangular distribuída,conforme a figura a seguir. Em Resistência dos Materiais, determinamos que para esse tipo de viga o momento fletor que é único: $M = \frac{w_0 L x}{4} - \frac{w x^3}{4L}$

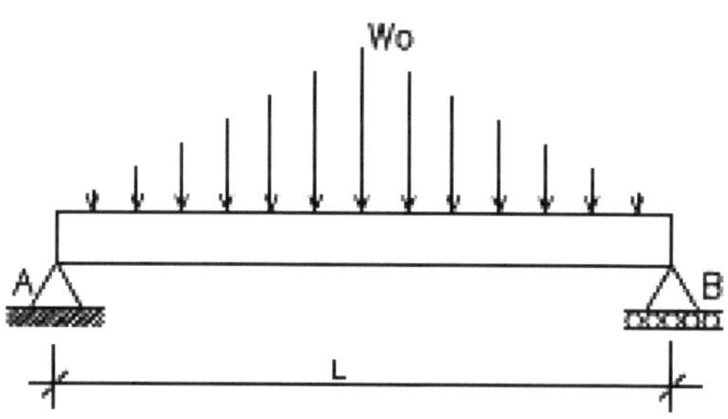


Então, use a Equação Diferencial, modelo da linha elástica do problema anterior resolvido e oriente-se pelos passos de solução dele, fazendo as devidas adaptações.

a) Calcule e mostre que a curva de deflexão (linha elástica) é: $y = \frac{w_0 L x^3}{24EI} - \frac{w_0 x^5}{60LEI} - \frac{5w_0 L^3 x}{192EI}$

b) Calcule e mostre que o valor da deflexão máxima é: $y_{máx} = -\frac{w_0 L^4}{120EI}$

05. Para descrever o carregamento de uma carga em uma viga bi-apoiada ou engastada podemos utilizar a seguinte relação: $y^{(4)} = -\frac{Q}{E}$ (1), isto é, o comportamento da carga é descrito pela gráfico da função que se encontra ao substituir a derivada quarta da equação elástica em (1) e isolar Q. Suponha que uma viga engastada tenha uma curva de deflexão dada pela equação: $y = -\frac{Q_0 x^2}{40LEI}(5L^3 - 20L^2 x - 10Lx^2 + x^3)$, escreva o carregamento que está atuando na viga.

06. Para descrever o carregamento de uma carga em uma viga bi-apoiada ou engastada podemos utilizar a seguinte relação: $y^{(4)} = -\frac{Q}{E}$ (1), isto é, o comportamento da carga é descrito pela gráfico da função que se encontra ao substituir a derivada quarta da equação elástica em (1) e isolar Q. Suponha que uma viga bi-apoiada tenha uma curva de deflexão dada pela equação: $y = -\frac{Q_0 L^4}{\pi^4 E}\cos\left(\frac{\pi x}{L}\right)$. Descreva o carregamento que está atuando na viga.

CAPÍTULO 8

# RESOLUÇÃO DE SISTEMAS DE EQUAÇÕES DIFERENCIAIS

## 8.1 CONSIDERAÇÕES INICIAIS

Vários fenômenos são constituídos por elementos distintos mas, integrados entre si. Em se tratando de fenômenos físicos da Eletricidade e da Mecânica temos vários exemplos como nas redes elétricas em circuitos RLC e no sistema massa-mola. Já na Ecologia, nos sistemas predador-presa, analisamos as populações de duas espécies, uma das quais é predadora da outra. Estes fenômenos são estudados por sistema de Equações Diferenciais.

Pela natureza de análise em separado de cada elemento e pelo comportamento integrado destes elementos, a matematização se faz com um sistema de Equações Diferenciais, o que caracteriza o conceito de sistemas de equações.

O sistema de Equações Diferenciais é composto de duas ou mais Equações Diferenciais, com duas ou mais funções-solução ou incógnitas que satisfazem a todas equações do sistema. Se as Equações Diferenciais são ordinárias, então há uma variável independente e duas ou mais variáveis dependentes.

**Sistema canônico de Equações Diferenciais**

É o sistema no qual o número de funções-solução ou incógnitas é igual ao número de suas Equações Diferenciais.

**Sistema de Equações Diferenciais lineares de primeira ordem**

As Equações Diferenciais constituintes do sistema são lineares de primeira ordem.

**Exemplo**

$$\begin{cases} \dfrac{dy}{dx} = ay + bz \\ \dfrac{dz}{dx} = cy + dz \end{cases}$$

Variável independente: x

Variáveis dependentes: y, z

Funções – Solução ou incógnitas: $y = y(x)$ e $z = z(x)$, portanto o que determinamos são os valores de y e z em função de x.

Os Sistemas de Equações Diferenciais podem ser linear, não linear, homogêneo ou não homogêneo de acordo com o tipos de Equações Diferenciais que os compõem.

**Resolução de sistemas de Equações Diferenciais ordinárias**

**Definição**

Um conjunto de Equações Diferenciais ordinárias são simultâneas e constituem um sistema se admitem soluções comuns.

**Exemplo**

As funções y = senx e z = cosx são soluções do sistema de equações

$$\begin{cases} y''+z'=0 \Rightarrow (\text{senx})''-(\text{cosx})'=-\text{senx}-(-\text{senx})=0 \\ y'+z''=0 \Rightarrow (\text{senx})'+(\text{cosx})''=\text{cosx}-\text{cosx}=0 \end{cases}$$

**Observação**

Como as equações são ordinárias a variável independente é a mesma, já as dependentes são diferentes. No exemplo:

$$y \text{ função de } x \Rightarrow y=y(x) \quad ou \quad \frac{dy}{dx} \quad ou \quad \frac{d^2y}{dx^2}$$

$$z \text{ função de } x \Rightarrow z=z(x) \quad ou \quad \frac{dz}{dx} \quad ou \quad \frac{d^2z}{dx^2}$$

## 8.2 MÉTODOS DE RESOLUÇÃO

### 8.2.1 MÉTODO 1: ELIMINAÇÃO DE UMA FUNÇÃO-SOLUÇÃO (VARIÁVEL DEPENDENTE)

A variável independente permanece, o método consiste, com uma combinação das equações, eliminar uma das variáveis dependentes, analogamente ao sistema de equações algébricas, o qual consiste em eliminar uma das variáveis com operações algébricas (soma, subtração, produto).

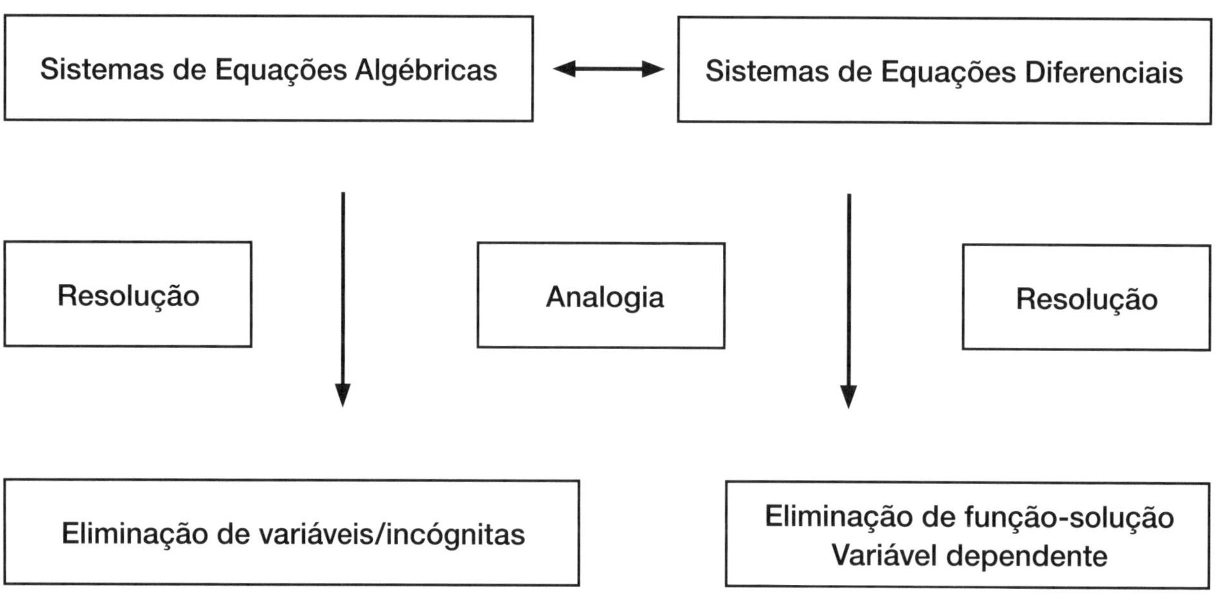


A resolução pode seguir os seguintes passos:

**1º Passo:** Escolhida a variável a ser eliminada, eliminamos a derivada desta variável, para explicitá-la, isolando-a num membro da igualdade;

**2º Passo:** Resolvemos a Equação Diferencial na variável não eliminada;

**3º Passo:** Tomamos a função-solução encontrada e a substituimos convenientemente, numa das equações do sistema para cálculo da outra solução.

**Exemplo**

Cálculo da solução do sistema, por eliminação de uma das variáveis; *y* ou *z*

$$\begin{cases} y + \dfrac{dz}{dx} = \cos x + senx & \text{ED1} \\ \dfrac{dy}{dx} + z = \cos x - senx & \text{ED2} \end{cases}$$

No sistema, temos:

Variável independente: x

Variáveis dependentes: y, z

As funções-solução serão do tipo: y = y(x, c) e z = z(x, c)

**1º Passo:** Eliminar a variável y (poderia começar eliminando z), temos dois modos de resolução:

**1º Modo**: Como na primeira Equação Diferencial não há derivada de y podemos explicitá-lo, isto é, podemos isolá-lo assim (1ª equação do sistema):

(ED1): $y + \dfrac{dz}{dx} = \cos x + senx \Rightarrow y = \cos x + senx - \dfrac{dz}{dx}$

Para levá-lo na 2ª equação, derivamos y:

$y = \cos x + senx - \dfrac{dz}{dx} \Rightarrow \dfrac{dy}{dx} = -senx + \cos x - \dfrac{d^2z}{dx^2}$ levando esta derivada na 2ª equação eliminamos y.

(ED2): $-senx + \cos x - \dfrac{d^2z}{dx^2} + z = \cos x - senx \Rightarrow \boxed{\dfrac{d^2z}{dx^2} - z = 0}$

**2º Modo**: Derivamos a primeira equação do sistema:

$$\begin{cases} y + \dfrac{dz}{dx} = \cos x + senx & \text{(I)} \\ \dfrac{dy}{dx} + z = \cos x - senx & \text{(II)} \end{cases} \Rightarrow \begin{cases} \dfrac{dy}{dx} + \dfrac{d^2z}{dx^2} = -senx + \cos x & \text{(I)} \\ \dfrac{dy}{dx} + z = \cos x - senx & \text{(II)} \end{cases}$$

Fazendo (I) - (II), teremos: $\boxed{\dfrac{d^2z}{dx^2} - z = 0}$

**2º Passo:** Resolvemos a Equação Diferencial em z que é de 2ª ordem, linear, coeficientes constantes e homogênea.

Tomado a equação característica:

$$\begin{cases} z = 1 \\ \dfrac{dz}{dx} = r \\ \dfrac{d^2z}{dx^2} = r^2 \end{cases} \Rightarrow r^2 - 1 = 0 \therefore r = \pm 1 \Rightarrow \boxed{z = c_1e^x + c_2e^{-x}}$$

(como não há o termo $\dfrac{dz}{dx}$ na Equação Diferencial, então não temos r - equação é incompleta - $\dfrac{d^2z}{dx^2} - z = 0$)

**3º Passo:** Para determinar y , levamos a derivada de z na 1ª Equação Diferencial do sistema, como a seguir:

$z = c_1 e^x + c_2 e^{-x} \Rightarrow \dfrac{dz}{dx} = c_1 e^x - c_2 e^{-x}$, levando z e $\dfrac{dz}{dx}$ na ED1

$$y + c_1 e^x - c_2 e^{-x} = \cos x + \operatorname{sen} x$$

$\boxed{y = -c_1 e^x + c_2 e^{-x} + \cos x + senx}$, como $c_1$ é uma constante qualquer, podemos ter apenas $c_1$

**Observação**

Com o mesmo processo podemos eliminar z antes de y.

**Exemplo**

Cálculo da solução do sistema, por eliminação de uma das variáveis

$$\begin{cases} 2\dfrac{dy}{dx} - \dfrac{dz}{dx} - y + z = 0 & \text{(ED1)} \\ \dfrac{dy}{dx} + \dfrac{dz}{dx} - 2z = 0 & \text{(ED2)} \end{cases}$$

A variável independente é x

Variáveis dependentes ou funções-solução são

y função de x $\Rightarrow y = y(x, c)$

z função de x $\Rightarrow z = z(x, c)$

**1º Passo:** Escolhemos uma variável a ser eliminada e eliminamos a sua derivada, para poder explicitar ou isolar a variável escolhida. Seja eliminar z, somando a 1ª equação com a 2ª, eliminamos a derivada de z, como a seguir:

$$\text{(ED1)+(ED2)}: \; 3\frac{dy}{dx} - y - z = 0 \;\; ou \;\; z = 3\frac{dy}{dx} - y \quad (*)$$

**2º Passo:** Levando esta expressão z na 2ª Equação Diferencial (ED2), eliminamos z e calculamos y, como a seguir

$$\frac{dy}{dx} + \left[\left(3\frac{dy}{dx} - y\right)\right]' - 2\left(3\frac{dy}{dx} - y\right) = 0 \Rightarrow y' + 3y'' - y' - 6y' + 2y = 0 \Rightarrow$$

$$\Rightarrow \quad 3y'' - 6y' + 2y = 0$$

Equação Diferencial em y, linear, coeficientes constantes, homogênea. Usando a equação característica:

$$3r^2 - 6r + 2 = 0 \quad \therefore \quad r = \frac{6 \pm \sqrt{36 - 24}}{6} = \frac{6 \pm 2\sqrt{3}}{6} = \frac{3 \pm \sqrt{3}}{3} \Rightarrow r_1 = \frac{3 + \sqrt{3}}{3} \quad e \quad r_2 = \frac{3 - \sqrt{3}}{3}$$

$$\boxed{y = c_1 e^{\frac{3+\sqrt{3}}{3}x} + c_2 e^{\frac{3-\sqrt{3}}{3}x}}$$

**3º Passo:** Para o cálculo de z, levamos y em (*)

$$z = 3\frac{dy}{dx} - y \Rightarrow z = 3\left( c_1 e^{\frac{3+\sqrt{3}}{3}x} + c_2 e^{\frac{3-\sqrt{3}}{3}x} \right)' - c_1 e^{\frac{3+\sqrt{3}}{3}x} - c_2 e^{\frac{3-\sqrt{3}}{3}x}$$

$$\boxed{z = (2+\sqrt{3})\ c_1 e^{\frac{3+\sqrt{3}}{3}x} + (2-\sqrt{3})\ c_2 e^{\frac{3-\sqrt{3}}{3}x}}$$

### 8.2.2 MÉTODO 2: USANDO OPERADOR DIFERENCIAL D

Podemos escrever a derivada com o operador D

$\frac{dy}{dx} = Dy(x)$ $\frac{d^2y}{dx^2} = D^2y(x)$ ou simplesmente $Dy$ , $D^2y$; com as propriedades

a) $D(y+z) = Dy + Dz$

b) $D(ky) = kDy$, k = constante

**1º Passo:** Usamos a derivada nas Equações Diferenciais com a notação do operador diferencial: D

**2º Passo:** Aplicamos as propriedades do diferencial para tornar os termos das equações diferenciais simétricos e eliminamos uma das variáveis dependentes (funções-solução).

**Exemplo 1**

Calculo da solução geral do seguinte sistema de Equações Diferenciais, usando operador diferencial

$$\begin{cases} 2\frac{dx}{dt} + \frac{dy}{dt} - 4x - y = e^t & \text{(ED1)} \\ \frac{dx}{dt} + 3x + y = 0 & \text{(ED2)} \end{cases}$$

Variáveis dependentes ou funções-solução: $y = y(t)$ e $z = z(t)$

**1º Passo:** Passando para notação de operador diferencial e preparando para eliminação

$$\begin{cases} 2Dx + Dy - 4x - y = e^t & \text{(ED1)} \\ Dx + 3x + y = 0 & \text{(ED2)} \end{cases}$$

Ou

$$\begin{cases} (2D-4)x + (D-1)y = e^t & \text{(ED1)} \\ (D+3)x + y = 0 & \text{(ED2)} \end{cases}$$

Para eliminar y basta aplicar o operador diferencial –(D – 1) na equação (ED2)

$$\begin{cases} (2D-4)x + (D-1)y = e^t \\ -(D+3)(D-1)x - (D-1)y = 0 \end{cases}$$

Somando as duas equações eliminamos y

$$[(2D-4) - (D+3)(D-1)]x = e^t$$

$$[2D - 4 - (D^2 + 3D - D - 3)]x = e^t$$

$$(-D^2 - 1)x = e^t \ \therefore \ (D^2 + 1)x = -e^t$$

Equação Diferencial de 2ª ordem, coeficientes constantes, não homogêneas com termo independente exponencial. Podemos escrever $(D^2+1)x=-e^t$ ou $x''+x=-e^t$ (resolução por Descartes ou Lagrange)

$$\boxed{x = c_1 sent + c_2 \cos t - \frac{1}{2}e^t}$$

Para calcular y levamos x na (ED2) $\frac{dx}{dt}+3x+y=0$

Donde: $y=-\frac{dx}{dt}-3x$

$$y = -\left(c_1 \cos t - c_2 sent - \frac{1}{2}e^t\right) - 3\left(c_1 sent + c_2 \cos t - \frac{1}{2}e^t\right) \Rightarrow$$

$$\Rightarrow y = -c_1 \cos t + c_2 sent + \frac{1}{2}e^t - 3c_1 sent - 3c_2 \cos t + \frac{3}{2}e^t \Rightarrow$$

$$\Rightarrow y = (-c_1 - 3c_2)\cos t + (c_2 - 3c_1) sent + 2e^t$$

Chamando novo $c_1 = -c_1 - 3c_2$ e um novo $c_2 = c_2 - 3c_1$ teremos

$$\boxed{y = c_1 \cos t + c_2 sent + 2e^t}$$

**Exemplo 2**

Cálculo da solução geral do seguinte sistema de Equações Diferenciais, usando operador diferencial

$$\begin{cases} \frac{dy}{dt} - 3x + y = 0 & (ED1) \\ 2\frac{dx}{dt} - y + x = 0 & (ED2) \end{cases}$$

Seguindo os mesmos passos, da resolução anterior.

$$\begin{cases} Dy - 3x + y = 0 \\ 2Dx - y + x = 0 \end{cases} \Rightarrow \begin{cases} -3x + (D+1)y = 0 & (ED1) \\ (2D+1)x - y = 0 & (ED2) \end{cases}$$

Para eliminarnos y multiplicamos (ED2) por (D+1) e somamos as duas equações

$$\begin{cases} -3x + (D+1)y = 0 \\ (2D+1)(D+1)x - (D+1)y = 0 \end{cases}$$

$$\left[2D^2 + 2D + D + 1 - 3\right]x = 0 \Rightarrow \left[2D^2 + 3D - 2\right]x = 0$$

Equação Diferencial de coeficientes constantes, linear, homogênea, de 2ª ordem, temos:

$\boxed{x = c_1 e^{-2t} + c_2 e^{\frac{t}{2}}}$, derivando x para o cálculo de y temos $\frac{dx}{dt} = -2c_1 e^{-2t} + \frac{c_2}{2}e^{\frac{t}{2}}$

Para calcular y levar x e $\frac{dx}{dt}$ em (ED2)

$$2\frac{dx}{dt} - y + x = 0 \Rightarrow y = x + 2\frac{dx}{dt} \Rightarrow y = c_1 e^{-2t} + c_2 e^{\frac{t}{2}} - 4c_1 e^{-2t} + c_2 e^{\frac{t}{2}} \Rightarrow \boxed{y = -3c_1 e^{-2t} + c_2 e^{\frac{t}{2}}}$$

### 8.2.3 MÉTODO 3: SISTEMAS DE EQUAÇÕES HOMOGÊNEAS DE 1ª ORDEM (APLICAÇÃO DO OPERADOR LINEAR: AUTOVALOR DA ÁLGEBRA LINEAR)

$$\begin{cases} x' = a_1 x + b_1 y \\ y' = a_2 x + b_2 y \end{cases}$$

Soluções do tipo: $\begin{cases} x = Ae^{\alpha t} \\ y = Be^{\alpha t} \end{cases}$, determinar $A, B, \alpha$

Levando nas equações $x, y, x', y'$ $(x' = \alpha A e^{\alpha t}\ ;\ y' = \alpha B e^{\alpha t})$

$$\begin{cases} \alpha A e^{\alpha t} = a_1 A e^{\alpha t} + b_1 B e^{\alpha t} \\ \alpha B e^{\alpha t} = a_2 A e^{\alpha t} + b_2 B e^{\alpha t} \end{cases}, \text{ ou ainda } \begin{cases} (\alpha - a_1)A - b_1 B = 0 \\ -a_2 A + (\alpha - b_2)B = 0 \end{cases} \text{ ou } \begin{cases} (a_1 - \alpha)A + b_1 B = 0 \\ a_2 A + (b_2 - \alpha)B = 0 \end{cases}$$

$$\Rightarrow \quad \Delta(\alpha) = \begin{vmatrix} a_1 - \alpha & b_1 \\ a_2 & b_2 - \alpha \end{vmatrix}$$

Como as equações são homogêneas o determinante ($\Delta$) dos coeficientes das equações pode ser

1ª) $\Delta(\alpha) \neq 0 \Rightarrow$ o sistema em $\alpha$ terá apenas soluções nulas

2º) $\Delta(\alpha) = 0 \Rightarrow$ o sistema em $\alpha$ terá soluções diferentes de zero ou não nulas

Faremos sempre $\Delta(\alpha) = 0$ para calcular soluções diferentes da nula, pois de $\Delta(\alpha) \neq 0$, $A = B = 0$, se tem $x = 0$, $y = 0$ (soluções nulas ou triviais), que sempre satisfazem ao sistema linear homogêneo.

Se o sistema for de 3 (três) equações do tipo:

$$\begin{cases} x' = a_1 x + b_1 y + c_1 z \\ y' = a_2 x + b_2 y + c_2 z \\ z' = a_3 x + b_3 y + c_3 z \end{cases}$$

Para determinar os valores de $\alpha$ resolvemos o determinante:

$$\begin{vmatrix} a_1 - \alpha & b_1 & c_1 \\ a_2 & b_2 - \alpha & c_2 \\ a_3 & b_3 & c_3 - \alpha \end{vmatrix} = 0$$

Obteremos 3 (três) valores, para $\alpha$

**Observação**

As soluções serão do mesmo tipo das Equações Diferenciais lineares, homogêneas, de coeficientes constantes. Para o sistema de duas Equações Diferenciais e duas variáveis:

**1º Caso:** $\alpha_1 \neq \alpha_2$ (reais) $\Rightarrow x = c_1 e^{\alpha_1 t} + c_2 e^{\alpha_2 t}$

**2º Caso:** $\alpha_1 = \alpha_2 = \alpha$ (reais) $\Rightarrow x = (c_1 + c_2 t)e^{\alpha t}$

**3º Caso:** $\alpha_1 = a + bi, \quad \alpha_2 = a - bi \Rightarrow x = e^{at}[c_1 \cos(bt) + c_2 sen(bt)]$

(1) Para o cálculo de y, tomamos x e x' e substituimos na 1ª equação do sistema.

(2) Podemos determinar y, usando $\alpha_1$ e $\alpha_2$, e substituir y e y' na segunda equação para determinar x.

**Exemplo 1**

Cálculo da solução geral do seguinte sistema de equações

$$\text{I - }\begin{cases} x' = 2x - y \;, & a_1 = 2 \quad b_1 = -1 \\ y' = 3x - 2y \;, & a_2 = 3 \quad b_2 = -2 \end{cases}$$

$$\Delta(\alpha) = \begin{vmatrix} 2-\alpha & -1 \\ 3 & -2-\alpha \end{vmatrix} = \alpha^2 - 1 \therefore \alpha_1 = 1 \text{ e } \alpha_2 = -1 \text{ (reais)}: \quad \boxed{x(t) = c_1e^t + c_2e^{-t}}$$

Levando x na 1ª equação, calculamos y:

$$x' = 2x - y \quad ou \quad y = 2x - x' \Rightarrow$$

$$y(t) = 2\left(c_1e^t + c_2e^{-t}\right) - (c_1e^t - c_2e^{-t}) = c_1e^t + 3c_2e^{-t} \;; \text{ Logo: } \boxed{y(t) = c_1e^t + 3c_2e^{-t}}$$

**Exemplo 2**

Cálculo da solução do seguinte sistema de equações

$$\begin{cases} x' = -4x - y & \Rightarrow \quad a_1 = -4 \;, \quad b_1 = -1 \\ y' = x - 2y & \Rightarrow \quad a_2 = 1 \;, \quad b_2 = -2 \end{cases}$$

$$\Delta(\alpha) = \begin{vmatrix} -4-\alpha & -1 \\ 1 & -2-\alpha \end{vmatrix} = \alpha^2 + 6\alpha + 9 = 0 \therefore (\alpha+3)^2 = 0 \Rightarrow \alpha_1 = \alpha_2 = -3 \text{ (real)}$$

Solução: $\boxed{x(t) = (c_1 + c_2t)e^{-3t}}$

Levando $x$ e x' na 1ª equação:

$x' = -4x - y$ *ou* $y = -4x - x'$ ou ainda $y = -\,4(c_1 + c_2t)e^{-3t} - [c_2e^{-3t} - 3(c_1 + c_2t)e^{-3t}]$ , logo

$$\boxed{y(t) = (-c_1 - c_2)^{e^{-3t}} - c_2te^{-3t}}$$

**Exemplo 3**

Cálculo da solução geral do seguinte sistema de equações

$$\begin{cases} x' = 6x - y & \Rightarrow \quad a_1 = 6 \;, \quad b_1 = -1 \\ y' = 5x + 4y & \Rightarrow \quad a_2 = 5 \;, \quad b_2 = 4 \end{cases}$$

$$\Delta(\alpha) = \begin{vmatrix} 6-\alpha & -1 \\ 5 & 4-\alpha \end{vmatrix} = \alpha^2 - 10\alpha + 29 = 0$$

$\therefore \alpha_1 = 5 + 2i \;, \quad \alpha_2 = 5 - 2i$ (complexos)

Soluções: $x(t) = e^{5t}[c_1\cos(2t) + c_2sen(2t)]$

Levando na equação: $x' = 6x - y$ , calculamos a solução $y = 6x - x'$

$$y = 6e^{5t}[c_1\cos(2t) + c_2sen(2t)] - \{5e^{5t}[c_1\cos(2t) + c_2sen(2t)] + e^{5t}[-2c_1sen(2t) + 2c_2\cos(2t)]\}$$

$$y = 6e^{5t}c_1\cos(2t) + 6e^{5t}c_2sen(2t) - 5e^{5t}c_1\cos(2t) - 5e^{5t}c_2sen(2t) + e^{5t}2c_1sen(2t) - e^{5t}2c_2\cos(2t)$$

$$y = e^{5t}c_1\cos(2t) + e^{5t}c_2sen(2t) + e^{5t}2c_1sen(2t) - e^{5t}2c_2\cos(2t)$$

$$\boxed{y(t) = e^{5t}\left[(c_1 - 2c_2)\cos(2t) + (2c_1 + c_2)sen(2t)\right]}$$

### 8.2.4 MÉTODO 4: USANDO TRANSFORMADA DE LAPLACE

**Método a ser estudado na 2ª parte deste livro.**

## 8.3 PROBLEMA: DUAS ESPÉCIES EM COMPETIÇÃO

**Subsistemas em competição**

Dois sistemas estão em competição, quando eles dependem de uma mesma fonte de recursos, se influenciam mutuamente, interagem. Por exemplo, dois circuitos elétricos, em bifurcação, alimentados por uma mesma fonte de energia elétrica, constituem dois subsistemas em competição. Seriam também exemplos de subsistemas em competição (influenciam-se mutuamente):

(a) duas espécies de animais selvagens, dependentes do mesmo tipo de alimento

(b) duas molas de matérias diferentes, conectadas entre si, e submetidas, simultaneamente, a uma mesma força de tração

(c) duas caixas d'água, interligadas, abastecidas pela mesma rede hidráulica

**Problema: duas espécies em competição**

**Lei da competição**

**ENUNCIADO**

**Dados**

(I) Dois subsistemas, competindo entre si, ao longo de um tempo, pela mesma fonte de recursos, têm suas respectivas taxas de crescimento variando de forma diretamente proporcional ao tamanho de cada um deles, com a condição de que a variação dessas taxas também são, proporcionalmente, reduzidas (diminuídas), devido à influência de um subsistema sobre o outro.

(II) No início, um primeiro subsistema possui 200 espécies, competindo com um segundo, que possui 400 espécies. As variações instantâneas do primeiro e do segundo sistema são, respectivamente de 400 e 1400 espécies/unidade de tempo.

**Questões**

(III) Escreva o sistema-modelo de Equações Diferenciais, para o problema proposto, encontrando os valores dos coeficientes de proporcionalidade (m, n, p, q) e sabendo-se que neste problema m = p e n = q.

(IV) Determine a expressão da equação de crescimento de cada uma das espécies, nas formas x = f(t) e y = g(t), isto é, resolver o sistema do item (I).

(V) Determine o tempo em que um dos sistemas será extinto.

(VI) Determine a expressão da equação de crescimento do sistema sobrevivente, após a extinção do primeiro.

(VII) Use um software computacional ou calculadora, e esboce os gráficos das equações de (h) acima, isto é, os gráficos das funções x(t) e y(t).

(VIII) Observe os gráficos e as equações anteriores e escreva um pequeno texto relatando o fenômeno. Procure também ler no gráfico o que acontece no ponto t = 0,549 e faça seu comentário.

## INTERPRETAÇÃO DO ENUNCIADO

Os passos da resolução do problema estão de acordo com os itens do enunciado

**1º Passo:** MATEMATIZAÇÃO DA LEI DO FENÔMENO

Identificação das variáveis

x: tamanho do primeiro subsistema – variável dependente

y: tamanho do segundo subsistema – variável dependente

t: variação do tempo – variável independente

Taxa de variação dos subsistemas: $\frac{dx}{dt}$ *e* $\frac{dy}{dt}$ (velocidade instantânea = derivada)

m, n, p, q serão admitidos como coeficientes de proporcionalidade, não negativos.

Interpretando o item 1 do enunciado, a lei física pode ser expressa matematicamente da seguinte forma:

$$\begin{cases} \frac{dx}{dt} = mx - ny \\ \frac{dy}{dt} = py - qx \end{cases}$$

**2º Passo:** Condição inicial

Para o tempo t = zero, isto é, ao zerar o cronômetro:

$t = 0$ minuto $\Rightarrow$ $x = 200$ espécies e $\frac{dx}{dt} = 400$ espécies/minuto

t = 0 minuto $\Rightarrow$ y = 400 espécies e $\frac{dy}{dt} = 1400$ espécies/minuto

**3º Passo:** Montagem do sistema para os dados do problema

Neste problema m = p e n = q, então virá:

$$\begin{cases} \frac{dx}{dt} = mx - ny \\ \frac{dy}{dt} = my - nx \end{cases}$$

Conforme os dados do problema, podemos montar um sistema de equações lineares para se encontrar os valores dos parâmetros:

$$\begin{cases} 400 = 200m - 400n \\ 1400 = 400m - 200n \end{cases}$$

Resolvendo, temos m = 4 e n = 1, donde se também p = 4 e q = 1 para este problema.

Logo o *sistema-modelo* de Equações Diferenciais é

$$\begin{cases} \frac{dx}{dt} = 4x - y \\ \frac{dy}{dt} = 4y - x \end{cases}$$ ; solução da questão III.

**4º Passo:** Determinação das expressões das equações x=f(t) e y=g(t)

Resolvendo o sistema de Equações Diferenciais:

$$\begin{cases} \dfrac{dx}{dt} = 4x - y \quad (a) \quad \Rightarrow y = 4x - \dfrac{dx}{dt} \quad (c) \quad \Rightarrow derivando \Rightarrow \dfrac{dy}{dt} = 4x' - x'' \quad (d) \\ \dfrac{dy}{dt} = 4y - x \quad (b) \end{cases}$$

Levando em (b) as equações (c) e (d)

$4x' - x'' = 4(4x - x') - x \Rightarrow x'' - 8x' + 15x = 0$ (e) , resolvendo, encontramos

$$x(t) = c_1 e^{3t} + c_2 e^{5t} \ (f) \Rightarrow \frac{dx}{dt} = 3c_1 e^{3t} + 5c_2 e^{5t}$$

Levando (e) e (f) em (c), calculamos $y(t) = c_1 e^{3t} - c_2 e^{5t}$ (g)

No tempo inicial: x(0) = 200 e y(0) = 400 espécies, vem (f) e (g):

$$\begin{cases} 200 = c_1 + c_2 \\ 400 = c_1 - c_2 \qquad donde: c_1 = 300; \quad c_2 = -100 \end{cases}$$

Logo a solução particular, ou expressão das equações de crescimento para os dois subsistemas:

Primeiro subsistema: $x(t) = 300e^{3t} - 100e^{5t}$

Segundo subsistema: $y(t) = 300e^{3t} + 100e^{5t}$ (h), Soluções da questão IV

**5º Passo:** Determinação do tempo e que um dos sistemas será extinto

O primeiro sistema será extinto, se x(t) = 0 então: $300e^{3t} - 100e^{5t} = 0$, vem $3 = e^{2t} \Rightarrow t = \dfrac{\ln 3}{2} \approx 0{,}549$ minuto. Solução da questão V

Logo, o primeiro sistema será extinto no tempo t = 0,549 minuto. A hipótese, então, é que o segundo sistema continuará a crescer sem a redução provocada pelo primeiro sistema, a partir desse momento.

**6º Passo:** Determinação da expressão da equação do sistema sobrevivente

Agora sem redução de crescimento (x = 0, sem predador) o segundo sistema crescerá conforme a equação inicial (b), modificada para: $\dfrac{dy}{dt} = 4y$, que, resolvendo pelo método das varáveis separáveis, dá:

$$\frac{dy}{y} = 4dt \quad \Rightarrow \quad \ln y = 4t + c_3 \quad \Rightarrow \quad y = c_4 e^{4t} \quad (i)$$

Para t = $t_0$, a equação (i), escrevemos: $y(t_0) = c_4 e^{4t_0} \quad \Rightarrow \quad c_4 = y(t_0)e^{-4t_0}$ ; levando na equação (*i*):

$y(t) = y(t_0)e^{-4t_0}e^{4t} \quad ou \quad y(t) = y(t_0)e^{4(t-t_0)}$, ou buscando y($t_0$) na equação (h):

$$y(t) = (300e^{3t_0} + 100e^{5t_0})e^{4(t-t_0)}$$

Como $t_0$ vale 0,549, que é o momento em que o primeiro subsistema se extinguiu, a equação de crescimento do sistema sobrevivente se escreve:

$y(t) = (300e^{3(0,549)} + 100e^{5(0,549)})e^{4(t-0,549)} \Rightarrow y(t) = \left(300e^{1,647} + 100e^{2,745}\right) e^{4(t-0,549)}$ Solução da questão VI

**7º Passo:** Resolução pelo estudante – Solução da questão VII

**8º Passo:** Resolução pelo estudante – Solução da questão VIII

## EXERCÍCIOS PROPOSTOS

1) Resolva os sistemas de Equações Diferenciais

a) $\begin{cases} y + \dfrac{dz}{dx} = \cos x + \operatorname{sen} x \\ \dfrac{dy}{dx} + z = \cos x - \operatorname{sen} x \end{cases}$

b) $\begin{cases} 2.\dfrac{dy}{dx} - \dfrac{dz}{dx} - y + z = 0 \\ \dfrac{dy}{dx} + \dfrac{dz}{dx} - 2z = 0 \end{cases}$

c) $\begin{cases} \dfrac{dx}{dt} = 4x - 2y \\ \dfrac{dy}{dt} = x + y \end{cases}$

d) $\begin{cases} \dfrac{dx}{dt} + \dfrac{dy}{dt} = \cos t \\ \dfrac{dx}{dt} - \dfrac{dy}{dt} = \operatorname{sen} t \end{cases}$

e) $\begin{cases} \dfrac{dx}{dt} = x + y \\ \dfrac{dy}{dt} = 4x + y \end{cases}$

f) $\begin{cases} \dfrac{dx}{dt} = x \\ \dfrac{dy}{dt} = 2x + 3y \\ \dfrac{dz}{dt} = -x + 5y + 2z \end{cases}$

g) $\begin{cases} \dfrac{dx}{dt} = y + z \\ \dfrac{dy}{dt} = x + z \\ \dfrac{dz}{dt} = x + y \end{cases}$

h) $\begin{cases} 2\dfrac{dx}{dt} + \dfrac{dy}{dt} - 4x - y = e^t \\ \dfrac{dx}{dt} + 3x + y = 0 \end{cases}$

i) $\begin{cases} \dfrac{dx}{dt} + \dfrac{dy}{dt} + y = 1 \\ \dfrac{dx}{dt} - \dfrac{dz}{dt} + 2x + z = 1 \\ \dfrac{dy}{dt} + \dfrac{dz}{dt} + y + 2z = 0 \end{cases}$

j) $\begin{cases} \dfrac{dx}{dt} - x + \dfrac{dy}{dt} = 2t + 1 \\ 2\dfrac{dx}{dt} + x + 2\dfrac{dy}{dt} = t \end{cases}$

2) Dê as soluções particulares dos sistemas de Equações Diferenciais. (Verifique que são os sistemas das letras c, e cuja soluções gerais já foram calculadas. Use estas soluções gerais para determinar as soluções particulares desta questão).

a) $\begin{cases} \dfrac{dx}{dt} = 4x - 2y \\ \dfrac{dy}{dt} = x + y \ , \ x(0) = 0 \ , \ y(0) = 1 \end{cases}$

b) $\begin{cases} \dfrac{dx}{dt} = x + y \\ \dfrac{dy}{dt} = 4x + y \ , \ x(0) = 0 \ , \ y(0) = -1 \end{cases}$

CAPÍTULO 9

# TEOREMA DE EXISTÊNCIA E UNICIDADE DE SOLUÇÕES DE UMA EQUAÇÃO DIFERENCIAL

## 9.1 INTRODUÇÃO

O objetivo deste capítulo é analisar um Problema de Valor Inicial (PVI) baseado no Teorema de Existência e Unicidade de soluções. O teorema será enunciado e interpretado com vários exemplos. Embasado na metodologia integrada da linguagem natural, algébrica e gráfica, pretendemos explorar a compreensão conceitual do teorema. Para tal, enunciamos:

**Teorema da Existência e Unicidade de Soluções**

Seja a Equação Diferencial de primeira ordem, na forma geral: $\frac{dy}{dx} = f(x,y)$.

Se a função real $f(x,y)$ for contínua em algum retângulo no plano xy, contendo o ponto ($x_0$, $y_0$) em seu interior, então o problema de valor inicial

$$\frac{dy}{dx} = f(x,y)\,;\;\; y(x_0) = y_0$$

terá pelo menos uma solução em algum intervalo $J$ contendo o ponto x = $x_0$.

Se, além disso, a derivada parcial $f_y = \frac{\partial f}{\partial y}$ for contínua neste retângulo, então essa solução será única em algum intervalo $J_0$ (por menor que seja) que contenha o ponto x = $x_0$.

Adaptado Edwards e Penney, p. 21, 1995.

Intuitivamente, nas condições dadas, este teorema significa que *existe* uma função y(x), e uma *só (única)*, cuja curva representativa passa pelo ponto ($x_0$, $y_0$). A demonstração deste Teorema é baseada nas aproximações sucessivas de Picard e pode ser encontrada em textos mais avançados de Equações Diferenciais. A intenção, aqui, é explorar o significado geométrico (gráfico) do teorema, objetivando entender melhor alguns aspectos de seu enunciado.

## 9.2 CONSIDERAÇÕES SOBRE O TEOREMA

A solução de um PVI, graficamente, é a curva y (x), cujas coordenadas da função atendam ao PVI e, assim, satisfaz a Equação Diferencial dada;

- Dizer que a solução do PVI, y(x) é única, significa que só há uma curva no intervalo $J$ (possivelmente podemos tomar $\mathbf{J_0}$ ($\mathbf{J_0} \subset \mathbf{J}$) que contém ($x_0$, $y_0$)).
- Considerando o retângulo R definido de domínio (x,y) e um intervalo $J$ de x, neste domínio, o teorema acima é expresso pelos dois casos:

I) Se y' = f(x,y) for contínua em um Retângulo $R = \{(x, y) / \alpha \leq x\beta, \gamma \leq y\delta\} \subset \mathbb{R}^2$, onde $(\mathbf{x_0}, \mathbf{y_0})$ é interior a R, então existe solução no intervalo $J = \{\mathbf{x} \in \mathbb{R}/\boldsymbol{\alpha} < \mathbf{x} < \boldsymbol{\beta}\}$. (Existência de solução)

II) Se $\dfrac{\partial f}{\partial y} = f_y$ for contínua em R então no intervalo *J*, ou em um intervalo menor $\boldsymbol{J_0}$ $(\boldsymbol{J_0} \subset \boldsymbol{J})$, do tipo $\boldsymbol{J_0} = \{\boldsymbol{x} \in \mathbb{R}/\boldsymbol{x_0} - \boldsymbol{h} < \boldsymbol{x} < \boldsymbol{x_0} + \boldsymbol{h}\} \subset J$, a solução será única. (Unicidade da Solução).

Observações importantes:

1ª) Se o Caso I não acontecer, ainda poderá haver solução, pois o teorema é uma condição apenas necessária, garante a existência nas condições dadas. Em outras condições diferentes, poderá haver solução também.

2ª) Em algumas situações, quando no intervalo *J* a solução não é única, podemos diminuir o intervalo para um $J_0$, de modo que neste intervalo $J_0$ a solução do PVI seja única.

## 9.3 COMPREENDENDO GRAFICAMENTE E CONCEITUALMENTE O TEOREMA

Adotamos y' como a função y' = f(x,y), que envolve duas variáveis x e y, tomamos um intervalo de $\mathbb{R}^2$ retangular para esta função. Seja R = $[\alpha, \beta] \times [\gamma, \delta]$, geometricamente um retângulo qualquer, onde o ponto $(x_0, y_0)$ é interior a R.

Figura 1 – A região R do Teorema

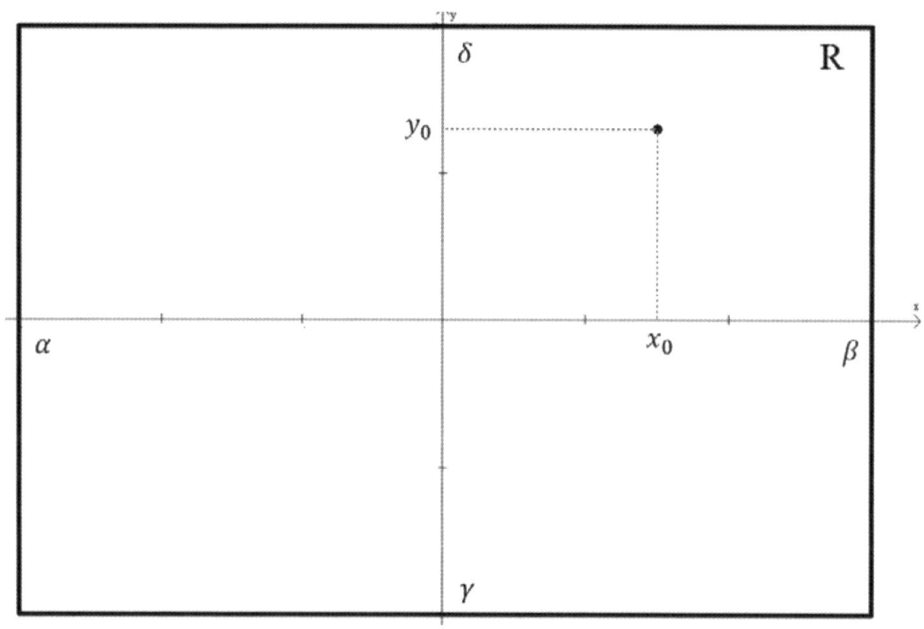


Fonte do Autor

I) Se y'= f(x,y) é contínua em R, então o Teorema garante que existe solução em algum intervalo $J = ]\alpha, \beta[$, onde $x_0 \in J$, atendendo a $y(x_0) = y_0$ **(Existência da Solução).** Garantir que a solução existe, não significa que seja única. Verifique, na figura 2, que pode haver muitas curvas (y(x), z(x), w(x) ...) contendo o ponto do PVI.

Figura 2 – Atendendo somente o caso I – Há solução

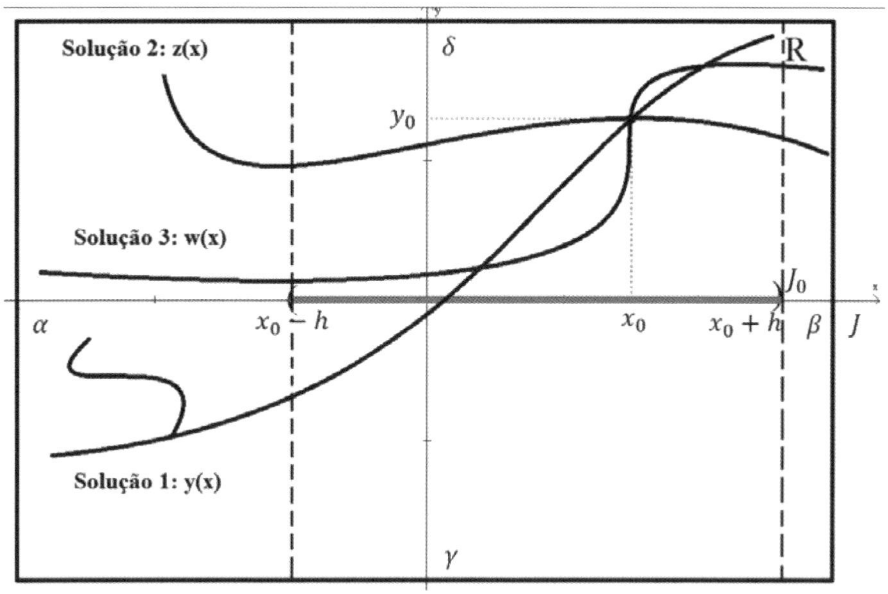


Fonte do Autor

II) Se $f_y$ for contínua em R, no intervalo *J*, então a solução y(x) é a única em *J* ou em um intervalo menor contido em *J* $(J_0 \subset J)$ **(Unicidade da Solução).**

Observemos, na figura 2, que se admitirmos a curva y(x) como solução do PVI, ela possui uma bifurcação no intervalo *J,* o que significa não ser única esta solução em *J*, porém $f_y$ será contínua em qualquer intervalo $J_0 \subset J$ com $x_0 \in J_0$, deste modo reduzindo o intervalo *J* para $J_0$, como se vê na figura 3, a solução é única.

Verifiquemos a representação do Teorema para o PVI que atenda a (I) e (II) concomitantemente.

Figura 3 – Representação gráfica da única solução y(x)

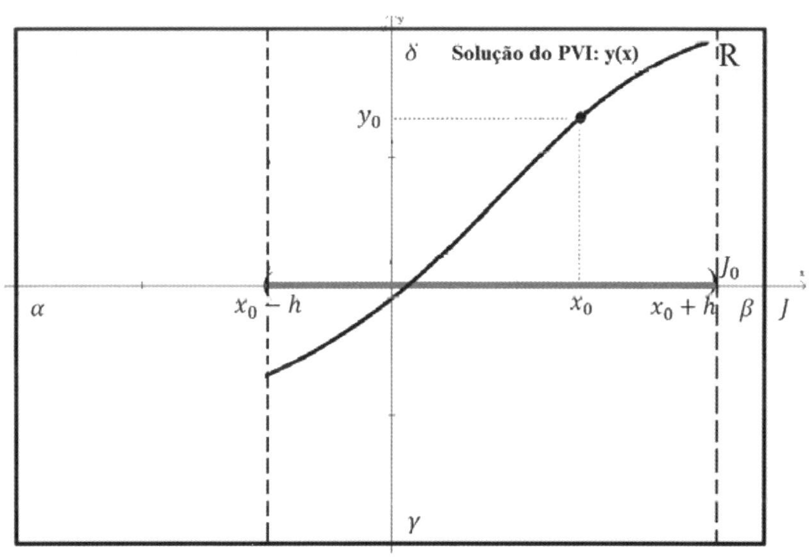


Fonte do Autor

Ao atender ambos os casos a solução do PVI existe e é única em um intervalo próximo a $x_0$. Este intervalo pode ser tão pequeno quanto se queira ou precise, o importante é que nele a solução existe e é única. Assim podemos resolver o problema com a certeza de obter uma única solução.

O teorema não garante existência ou unicidade de solução quando a função y' = f(x, y) for descontínua em determinado ponto. Deste modo, ao resolver, podemos encontrar solução ou não.

**Exemplo 1**

Suponhamos que um fenômeno físico foi modelado segundo o PVI:

$$y' = y^2 \qquad y(3/2) = 1.$$

Antes de resolver a Equação Diferencial apresentada, podemos perguntar: qual é a certeza de que existe solução para o mesmo? Utilizando o teorema:

I) Verifiquemos que a função f(x,y) = y' = $y^2$ é contínua em $\mathbb{R}^2$, assim podemos considerar qualquer retângulo R que contenha o ponto (3/2; 1). Seja R = [-1, 5] x [-1, 3]. Pelo Teorema, em R, a solução do nosso PVI existe. (**Existência**).

Figura 4 – Escolha de um Retângulo

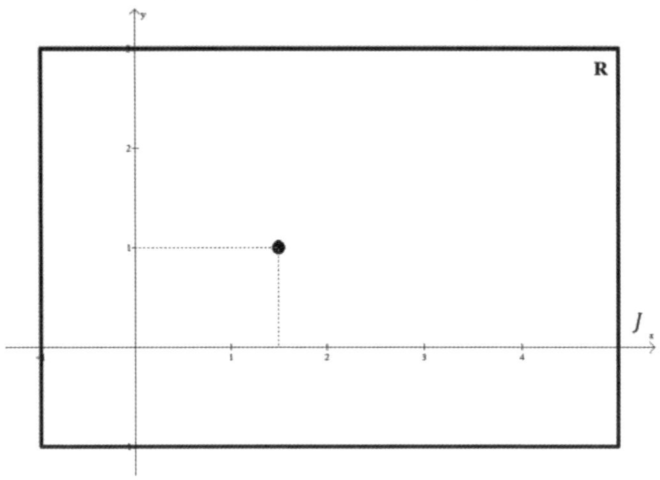


Fonte do Autor.

Agora, dentro de R, escolhamos o intervalo *J* = ]-1,5[, onde x = 3/2 *J*. Podemos trabalhar com este intervalo *J*, ou com um intervalo menor. Seja $J_0$= ]0,5; 2[, neste intervalo existe solução. **(Existência).**

Figura 5 – Escolha do intervalo J

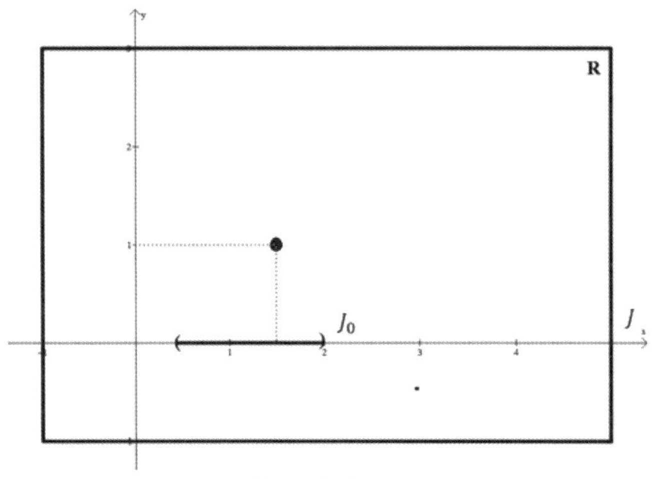


Fonte do Autor.

II) Como $f_y = 2y$ , $f_y$, é contínua em todo $\mathbb{R}^2$, por consequência $f_y$ é contínua no retângulo R escolhido e por fim contínua em *J*. Como é contínua em *J* então a solução é única em *J* próximo de $x_0$. Logo em $J_0$. **(Unicidade)**

Concluímos que para este PVI a solução **existe** e é **única** e deste modo podemos resolver a Equação Diferencial.

**Resolvendo** *Método: Variáveis Separáveis.*

$$\frac{dy}{dx} = y^2 \Rightarrow \frac{dy}{y^2} = dx \Rightarrow x = -\frac{1}{y} + c \Rightarrow y = \frac{1}{c - x}$$ (Solução Geral – Família de Hipérboles).

Para o dado inicial y(3/2) = 1, temos a solução particular determinada: $1 = \dfrac{1}{c - \frac{3}{2}} \Rightarrow c = \dfrac{5}{2}$

Donde $y = \dfrac{1}{\frac{5}{2} - x}$. Vejamos a solução gráfica do PVI:

Figura 6 – Solução gráfica do PVI

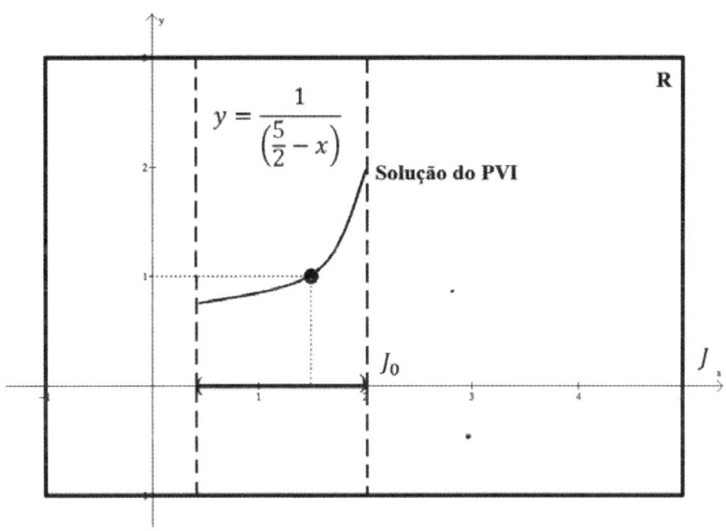


Fonte do Autor

**Conclusão:** Não há outra curva y(x) que passe pelo ponto (3/2; 1) e cujos valores das coordenadas satisfaça a Equação Diferencial dada.

## 9.4 EXPANDINDO CONCEITOS

Analisando o PVI agora de forma generalizada: $y' = y^2 \quad \Rightarrow \quad y(x_0) = y_0$

O campo de direções desta equação e um ponto qualquer estão apresentados na figura:

Figura 7 – Campo de Direção do PVI abordado

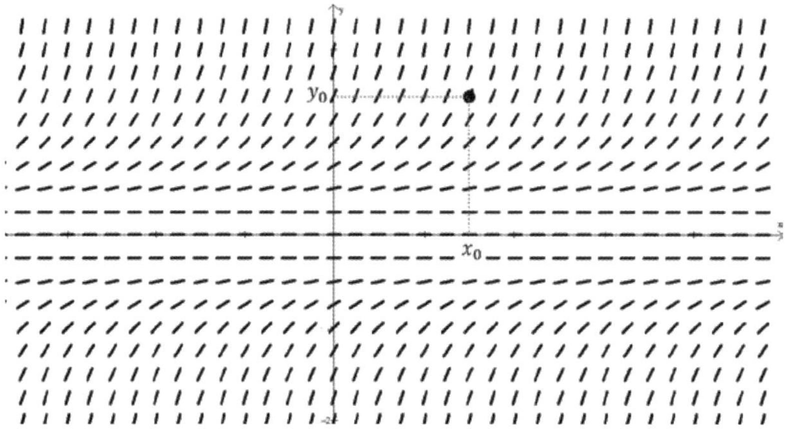


Fonte do Autor

Sabemos que a função f(x,y) = y² é definida em todo $\mathbb{R}^2$ assim tomando um retângulo R = $\mathbb{R}^2$, temos:

I) f(x,y) = y² é contínua em R = $\mathbb{R}^2$. Logo qualquer ponto $(x_0, y_0)$ está no interior de R. Escolhendo *J* dentro das condições apresentadas o Teorema garante que **existe solução** para qualquer PVI relativo a esta Equação Diferencial.

II) $f_y = 2y$, verifique que $f_y$ também é contínua em R, logo o Teorema garante que a solução para o PVI é **única** em qualquer intervalo $J_0$ contido em $J = ]-\infty;\infty[$ onde $x_0 \in J_0$. Inclusive $J_0$ pode ser igual ou o próprio *J*.

***Concluindo***: É possível resolver este PVI em qualquer ponto de , de modo, que só existirá uma única curva que passará pelo ponto escolhido num intervalo perto de $x_0$

**Exemplo 2**

Analisamos a resolução do PVI anterior em outro ponto (1, 2)

Tomando a solução geral encontrada no exemplo 1 e mudando o ponto do PVI:

$y = \dfrac{1}{c-x}$ (Solução Geral) , para y(1) = 2 temos $c = \dfrac{3}{2}$. A solução procurada é: $y(x) = \dfrac{1}{\frac{3}{2} - x}$.

A solução y(x) existe (existência) e é a única (unicidade). Veja no gráfico a solução y(x):

Figura 8 – Solução do P.V.I.

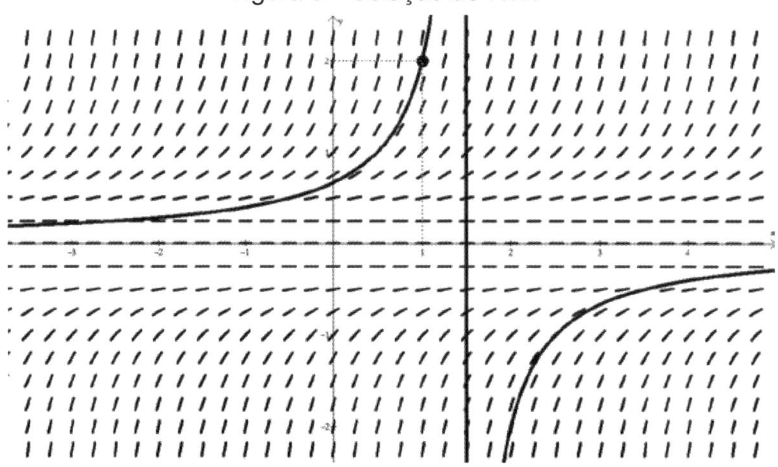

Fonte do Autor

Podemos considerar o intervalo $J_0 = (-4;\ 1{,}45) \subset (-\infty,\infty)$, neste intervalo a solução y(x) é única. Porém, podemos estender e usar $J = (-\infty,\infty)$ caso queira, porém não há garantia que ao estender a solução seja única .

**Exemplo 3**

Analisemos o PVI da equação diferencial $y' = 2\sqrt{y}$ nos pontos A(-3,0), B(-1,4), C (0,0), D(3,3) e E(1,-2).

Figura 9 – Conjunto de Pontos A, B, C, D e E

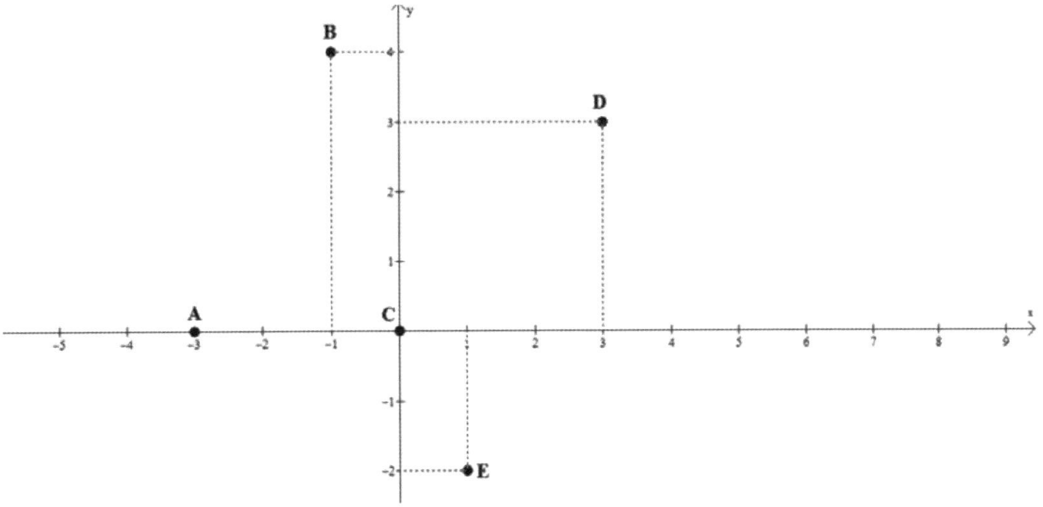

Fonte do Autor

Podemos observar que y' = f(x,y) é contínua em $H = \mathbb{R}_+ = \{y \geq 0\}$. Então o maior retângulo que pode ser considerado é o retângulo H. Seja R = H, a figura 10 traz o campo de direções de f(x,y) e o retângulo R.

Figura 10 – Campo de Direções de $y' = 2\sqrt{y}$

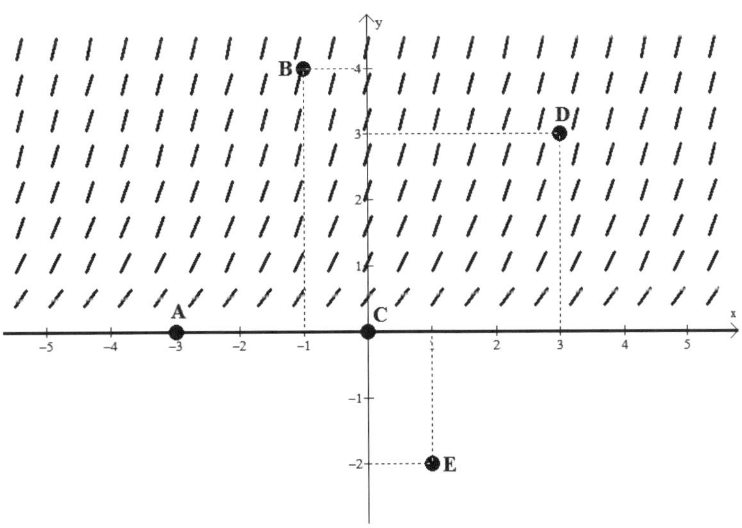

Fonte do Autor

De acordo com o Teorema existe solução nos pontos A, B, C e D, pois estão na região onde y' = f(x,y) é contínua em qualquer intervalo $J \subset \mathbb{R}$. No ponto E, o teorema não garante que haja solução, y' = f(x,y) não é contínua para pontos abaixo do eixo x.

Como as coordenadas do ponto E não satisfazem às condições do Teorema, este não garante a existência de solução. Pode ser que exista.

Ao prosseguirmos a análise:

I) y' = f(x,y) é contínua em R então, existe solução para qualquer ponto $(x_0, y_0) \in$ R, isto inclui os pontos A, B, C e D.

II) Analisando $f_y = \frac{1}{\sqrt{y}}$, $f_y$ é contínua em $R_1$={y > 0}. Logo para qualquer ponto pertencente a $R_1$ a solução **é única**. Basta utilizar o intervalo $J_0$. Fazendo a interseção de R com $R_1$:

Figura 11 – Interseção de R com

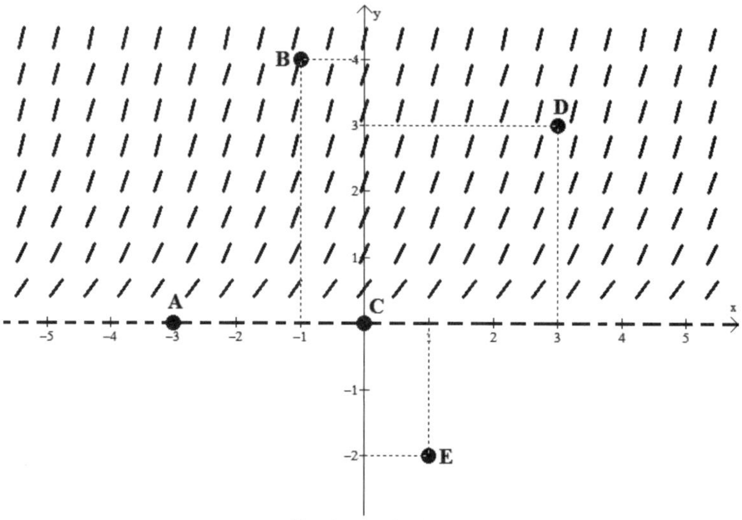


Fonte do Autor.

A interseção são todos os pontos que atendam a y > 0. Logo o Teorema garante solução única em tal região. Sobre a reta y= 0 (eixo Ox) o Teorema só garante que há solução e não necessariamente que seja única. Concluímos assim que nos pontos A e C que estão sobre a reta tracejada (y = 0) não temos a garantia que a solução é única, porém existe. Já nos pontos B e D temos a garantia que a solução existe e é única, pois estão na região de interseção abordada. E no ponto E não há garantia que a solução exista.

Resolvemos o PVI no ponto A, pois temos a garantia que a solução existe, porém não há garantia que seja única.

Resolvendo o PVI: $y' = 2\sqrt{y}$ para $y(-3) = 0$.

*Método Variáveis Separáveis:*

$$\frac{dy}{dx} = 2\sqrt{y} \overset{y\neq 0}{\Rightarrow} \frac{dy}{\sqrt{y}} = 2dx \overset{R_1=\{y>0\}}{\Rightarrow} \int \frac{dy}{\sqrt{y}} = \int 2dx \Rightarrow 2\sqrt{y} = 2x + 2c \Rightarrow x = \sqrt{y} + C$$

(Solução Geral)

Em y(-3) = 0, isto é, para x = -3 e y = 0 c = -3.

**Solução 1:** $x = \sqrt{y} - 3$

Porém, y = 0 também é solução para este PVI. Verifique!

**Solução 2:** y = 0.

O Teorema garante que existe solução. Porém não garantiu que é única. Veja o gráfico: a **solução 1** (que é um ramo de parábola) e a **solução 2** (o eixo x).

Figura 12 – Duas soluções para o mesmo P.V.I

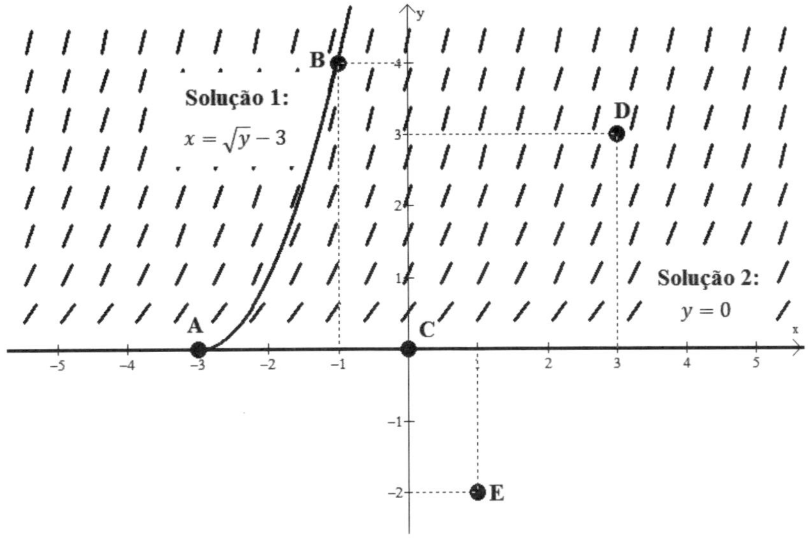


Fonte do Autor

Com o PVI a partir de dados iniciais contendo o ponto B ou D, ao invés do ponto A ou C, a solução em B e D existe e é única. E no ponto E não há solução. Verifique!

**Exemplo 4**

Analisemos o seguinte PVI:

$$y^2 - 2x^2y' = 0 \quad \Rightarrow \quad y(0) = 0.$$

Escrevendo a função y' = f(x,y) (forma explícita) tem-se que considerar $x \neq 0$, logo:

$$y' = \frac{y^2}{2x^2} = f(x,y) \qquad x \neq 0$$

Analisando a existência e unicidade de solução pelas condições do Teorema temos:

I) O maior retângulo R onde y' = f(x,y) é contínua (está definida) é $R = \{(x,y) \in \mathbb{R}^2 / (x,y) \neq (0,y) \; e \; y \neq 0\}$. Tomando o retângulo R citado, existe solução para qualquer ponto em $\mathbb{R}$, veja que R não contempla pontos sobre o eixo y, nestes pontos o Teorema nada garante.

Na figura está presente o campo de direções da equação diferencial, a região R (onde existe solução), o dado inicial C (0,0) e mais três dados para fazer uma análise conceitual do teorema, os pontos A(-2, 2), B(0,1) e D(2,-1):

Figura 13: Análises

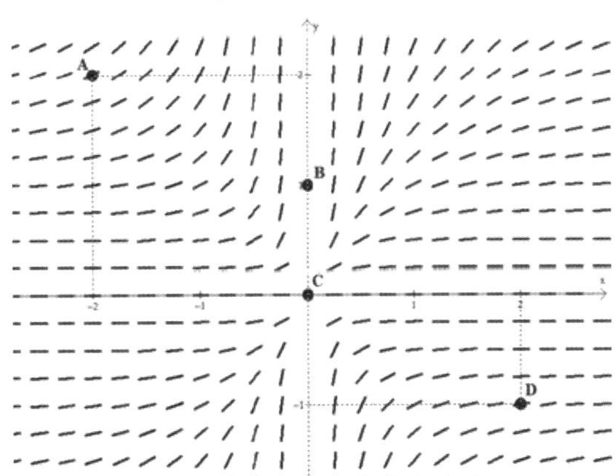


Fonte do Autor.

Antes de resolver a Equação Diferencial analisando-a sob a luz do Teorema:

I) Considerando o retângulo R, y' = f(x,y) é contínua em R, logo para qualquer ponto presente em R existe solução, isto é, em A e em D existe solução. Em B e C não há garantia de solução;

II) $f_y = \frac{y}{x^2}$, então $f_y$ é contínua em R assim temos a garantia que a solução em A e D é única. Nada podemos afirmar sobre C e B.

Assim resolvendo a equação diferencial pelo método de variáveis separáveis:

$$\frac{dy}{dx}=\frac{y^2}{2x^2}\Rightarrow\frac{dx}{2x^2}=\frac{dy}{y^2}\Rightarrow\frac{1}{2}\int\frac{dx}{x^2}=\int\frac{dy}{y^2}\Rightarrow-\frac{1}{2x}-c=-\frac{1}{y}\Rightarrow\frac{1+2xc}{2x}=\frac{1}{y}\Rightarrow y=\frac{2x}{1+2xc}$$

(Solução Geral).

Analisando cada dado Inicial (A, B, C e D):

» Ponto A: $y(-2)=2\Rightarrow 2=\dfrac{2(-2)}{1+2(-2)c}\Rightarrow 2=-\dfrac{4}{1-4c}\Rightarrow c=\dfrac{3}{4}$. Logo: $y=\dfrac{4x}{2+3x}$. Existe solução e é única.

Figura 14 – Solução com dado inicial (-2,2):

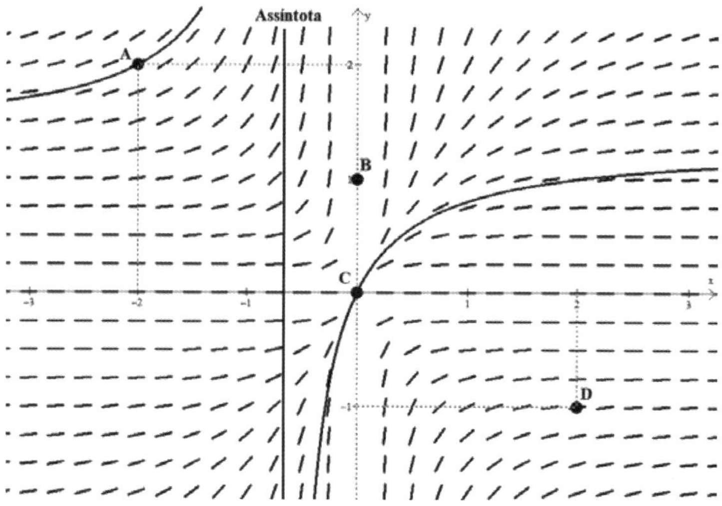


Fonte do Autor

» Ponto B: $y(0)=1\Rightarrow 1=\dfrac{2(0)}{1+2(0)c}\Rightarrow 1=\dfrac{0}{1}\Rightarrow 1=0$. Impossível. Logo não há solução passando por B. Lembramos que o teorema não garante para estes dados.

» Ponto C: $y(0)=0\Rightarrow 0=\dfrac{2(0)}{1+2(0)c}\Rightarrow 0=0$ pode ser qualquer número real. O que faz com que em (0,0) tenhamos infinitas soluções. Verificamos algumas:

$$c=-2\Rightarrow y_1=\frac{2x}{1-4x}\qquad c=0\Rightarrow y_2=2x\qquad c=2\Rightarrow y_3=\frac{2x}{1+4x}$$

Figura 15 – Soluções em (0,0)

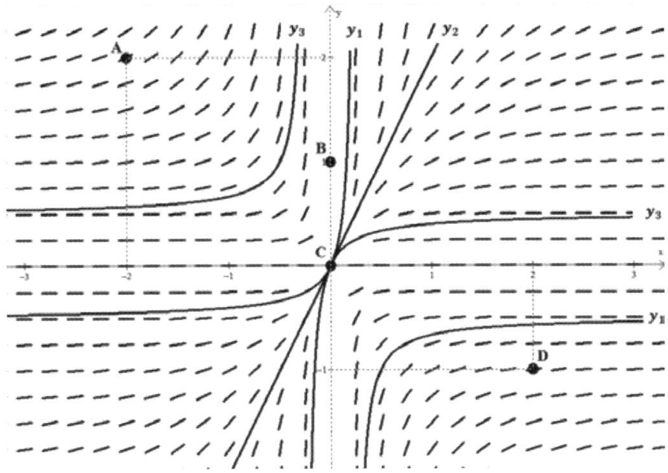


Fonte do Autor

E em D temos a certeza que existe uma solução e é única. Verifique!

**Resumo do exemplo 4:**

Em R:

- Em (0, 0) há infinitas soluções. Lembramos que o Teorema não garante que há solução.
- Em pontos (0, y) não existe nenhuma solução $y \neq 0$. O Teorema também não garante solução.
- Nos demais pontos existem solução e é única, garantido pelo Teorema.

## EXERCÍCIOS PROPOSTOS

1) Em cada um dos seguintes itens determine se o Teorema garante ou não a existência de solução para PVI dado. Se a existência for assegurada, determine se a unicidade pode ser garantida.

a) $\begin{cases} y' = -4x^3y^2 \\ y(-1) = 0 \end{cases}$

c) $\begin{cases} \dfrac{dy}{dx} = y^{\frac{2}{3}} \\ y(0) = 0 \end{cases}$

b) $\begin{cases} y' = x^2 \ln y \\ y(3) = -2 \end{cases}$

d) $\begin{cases} \dfrac{dy}{dx} = \ln(4 + y^2) \\ y(-2) = -5 \end{cases}$

2) Utilize o Teorema para localizar maior retângulo onde as Equações Diferenciais dadas possuem solução. Em seguida apresente pelo menos um ponto onde há solução e um onde o Teorema não garante solução. Identifique também o maior intervalo *J*, que se deve partir, para assegurar a existência da unicidade da solução.

a) $y' = -2y$

b) $y' - \sqrt{x} = 0$

c) $x^2 \dfrac{dy}{dx} + x^2 y = x^3$

d) $\dfrac{dy}{dx} = senx - \dfrac{x}{y}$

e) $\dfrac{dy}{dx} = \sqrt{x^2 - y^2}$

3) É dado o campo de direções da Equação Diferencial, com base no campo de direções e no Teorema apresente um PVI que possui solução, outro que possua solução única e outro que não possua solução Justifique os PVI's apresentados com base no Teorema e no campo de direções apresentado.

a) $y' = \ln(x + y)$

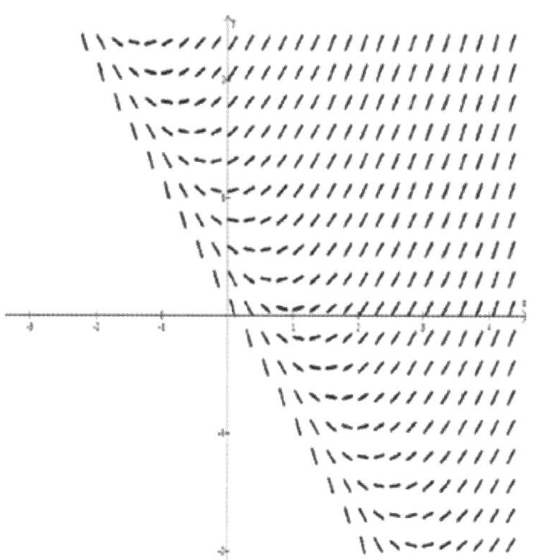

b) $\dfrac{dy}{dx} = -\cos x - \sqrt{y}$

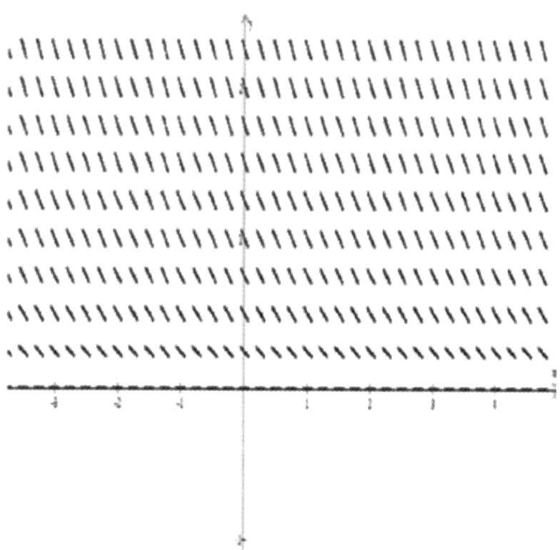

4) Dado o PVI: $\begin{cases} y' = \dfrac{1}{y} \\ y(-2) = 0 \end{cases}$

a) Resolva-o utilizando o método de separação de variáveis.

b) Este PVI ter solução contrariou o Teorema? Justifique.

5) (Baseado em Edwards e Penney) Dado o PVI $\begin{cases} xy' = 2y \\ y(-2) = 4 \end{cases}$

Acompanhe:

I) "O Teorema garante solução em $R = \{(\mathbf{x}, \mathbf{y}) \in \mathbb{R}^2 / (\mathbf{x}, \mathbf{y}) \neq (\mathbf{0}, \mathbf{y}) \text{ e } \mathbf{y} = \mathbf{0}\}$. Pois em R a função f = f(x, y) é contínua."

II) "$\mathbf{f_y} = \frac{\mathbf{2}}{\mathbf{x}}$, é contínua em $J = \mathbb{R}^*$. Logo a solução do PVI é única em *J*."

As afirmativas (I) e (II) deverão ser analisadas.

a) Será que no intervalo $J$ dado a solução realmente é única? Jusfitique.

b) Descubra a solução da Equação Diferencial dada no PVI. Utilize o método de separação de variáveis.

c) Descubra a solução do PVI. Esta solução em $J$ é única?

d) Verifique que à direita da origem a solução encontrada na letra b pode assumir qualquer valor para C fixo. Logo a solução do PVI é: $y(x) = \begin{cases} x^2, & se \quad x \leq 0 \\ cx^2, & se \quad x > 0 \end{cases}$

Verifique possíveis gráficos:

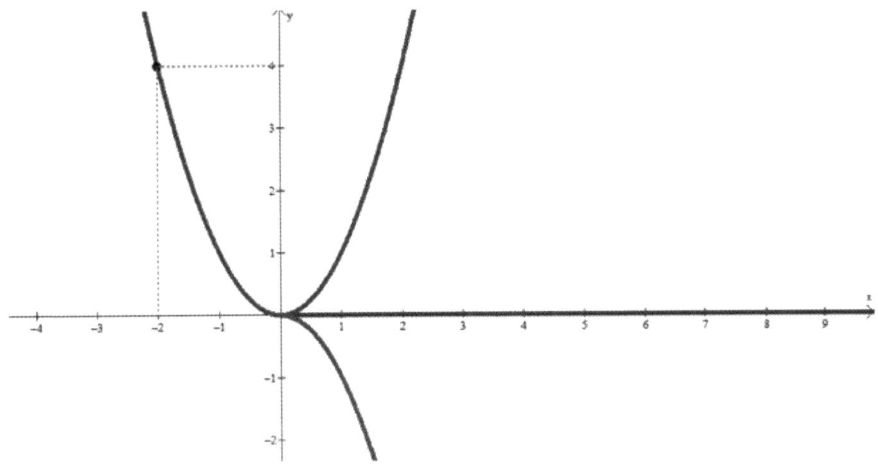

Logo no intervalo $J$ dado o PVI tem infinitas soluções, devido às bifurcações a partir do ponto (0,0). Este caso contrariou o Teorema? Justifique.

6) Encontre duas soluções diferentes para o problema de valor inicial $y' = 6y^{\frac{2}{3}}$, y(0) = 0

Por que este fato não contradiz o Teorema? Justifique sua resposta.

7) Na figura está representado o campo de direções da Equação Diferencial $\dfrac{dy}{dx} = \dfrac{\ln(x+y)}{x^2 - y^2}$, as retas y = x, y = -x e os retângulos A, B, C e D. Justificando o seu raciocínio, responda aos itens a seguir:

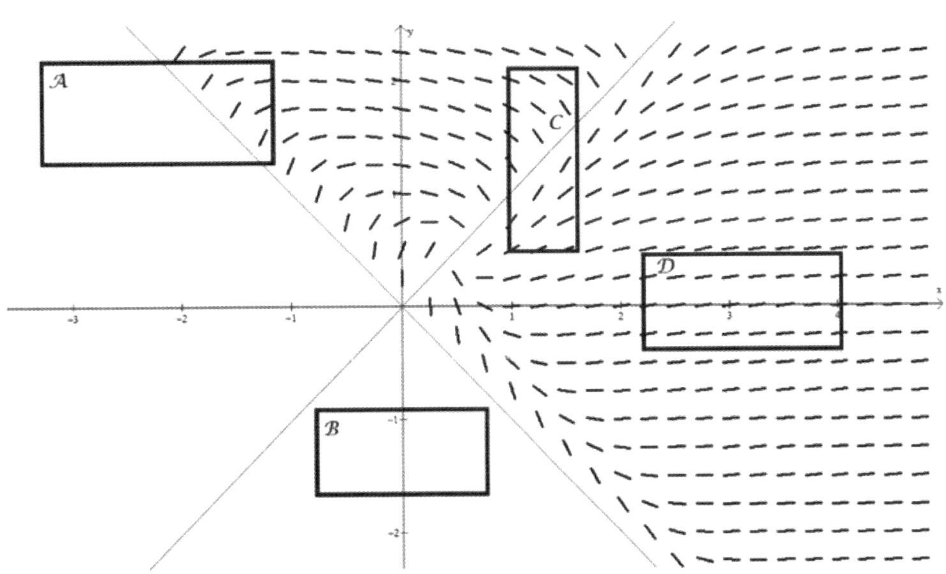

a) Em qual (is) retângulo (s) a Equação Diferencial apresenta solução única em todos os pontos internos ao mesmo (s)?

b) Em qual (is) retângulo (s) o Teorema garante solução em pelo menos algum dos pontos internos?

c) No ponto (0, 0) o que o Teorema pode ou não garantir?

d) No ponto (3/2; 3/2) que é interno ao retângulo C o Teorema garante que não há solução. Verdadeira ou falsa esta afirmativa.

e) Nos pontos internos a B não há solução o que é garantido pelo Teorema. Verdadeira ou falsa esta afirmativa.

f) Há pontos internos em A onde o Teorema garante solução e em outros onde não garante a solução. Verdadeira ou falsa esta afirmativa.

# SEGUNDA PARTE

## TRANSFORMADAS DE LAPLACE - TL

# INTRODUÇÃO DE TRANSFORMADA DE LAPLACE

A Transformada de LAPLACE (TL) é um operador, que tem como uma das aplicações a resolução de Equações Diferenciais lineares, de coeficientes constantes e de sistemas destas mesmas equações.

Três são as suas vantagens:

1ª) É um método geral de resolução das Equações Diferenciais lineares de coeficientes constantes

2ª) Calcula a solução particular da Equação Diferencial com condições dadas

3ª) Favorece a informatização, visto ser um operador.

Entretanto, para sua utilização, necessitamos de um conjunto de deduções algébricas e cálculos que exigem do estudante um grande esforço operacional algébrico.

A introdução se faz de uma maneira já formalizada com a definição.

É rica nas suas aplicações, especialmente em circuitos, sistema massa-mola, entre outras.

São beneficiadas as funções periódicas e descontínuas, especialmente, função degrau e as transladadas.

CAPÍTULO 10

# DEFINIÇÕES E PROPRIEDADES DE TRANSFORMADA DE LAPLACE

## 10.1 DEFINIÇÕES

**Definição 1**

A TL consiste em transformar uma função em outra com mudança de variável.

Seja a função **f** com a variável **t** como independente (t, usada para insinuar tempo), isto é, **f = f(t)** uma função original.

Seja a função **F** com a variável independente s ; **F = F(s)**, isto é, a função transformada.

Notamos a transformada de Laplace por um $\mathcal{L}$

Então se tem:

$$\mathcal{L}: f(t) \longrightarrow F(s)$$

Com a variação de **t** e **s** :

$$t \geq 0 \quad \text{e} \quad s \geq 0$$

Graficamente

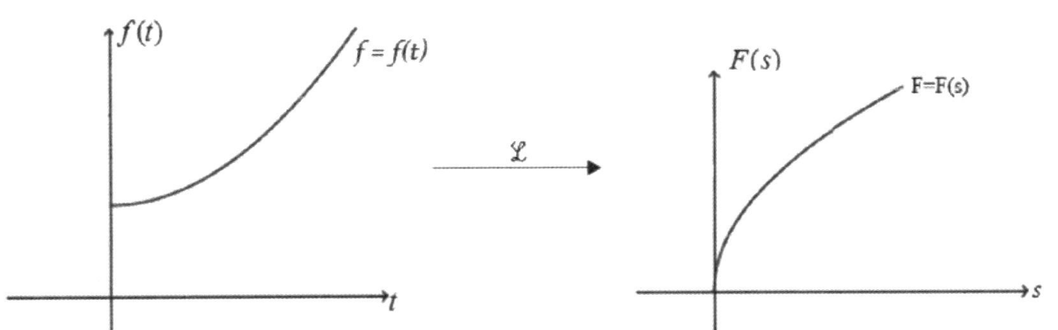


Gráfico da função original: f = f(t) — Gráfico da função transformada: F = F(s)

O Cálculo de **F** se faz com a integral imprópria:

$$\mathcal{L}\{f(t)\} = \int_0^{\infty} f(t)e^{-st}dt = F(s)$$

A integral imprópria é resolvida da seguinte maneira:

$$F(s) = \int_0^\infty f(t)e^{-st}dt = \lim_{b\to\infty}\int_0^b f(t)e^{-st}dt$$

Na Transformada de Laplace a integral imprópria é convergente, isto é, o limite é finito

Notação: $f = f(t)$ : função original

$F = F(s)$ função transformada

**Definição 2**

A Transformada Inversa de Laplace é notada por $\mathcal{L}^{-1}$ e definida por:

$$\boxed{\mathcal{L}^{-1}\{F(s)\} = f(t)} \quad \text{ou} \quad \boxed{\mathcal{L}^{-1} : \text{F(s)} \longrightarrow \text{f(t)}}$$

Notação: F(s) escrita entre "chaves"

**Observação**

Não há fórmula definida para a determinação de $\mathcal{L}^{-1}$ porque ao se calcular $\mathcal{L}$,que é uma integral imprópria (definida com limite infinito, esta "consome" a função integrada com os limites de integração).

O cálculo de $\mathcal{L}^{-1}$ se faz com (1) uma análise comparativa da forma que se apresenta F(s) numa tabela com as principais transformadas ou com (2) a decomposição de F(s).

## 10.2 CÁLCULO DE TRANSFORMADA DE LAPLACE PELA DEFINIÇÃO

**(a) Função original:** $f(t) = 1$

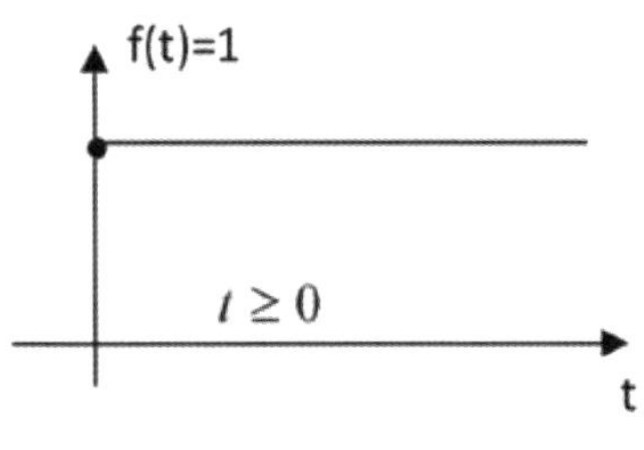


$$\mathcal{L}\{f(t)\} = \mathcal{L}\{1\} = \int_0^\infty 1e^{-st}dt = \int_0^\infty e^{-st}dt = \lim_{b\to\infty}\int_0^b e^{-st}dt = \lim_{b\to\infty}\left[-\frac{1}{s}e^{-st}\right]_0^b = \lim_{b\to\infty} -\frac{1}{s}\left[e^{-sb} - e^{-s0}\right] =$$

$$= \lim_{b\to\infty}\left(-\frac{1}{s}\right)\lim_{b\to\infty}\left(e^{-sb} - 1\right) = -\frac{1}{s}(0-1) = \frac{1}{s}$$ s é constante; t é a variável.

Verificamos o cálculo em (*):

> Cálculo da integral definida (Revisão)
>
> $$\int_0^b e^{-St}dt = \int_0^b e^u\left(-\frac{1}{s}\right)du = -\frac{1}{s}\int_0^b e^u du = -\frac{1}{s}\left[e^u\right]_0^b = -\frac{1}{s}\left[e^{-st}\right]_0^b = -\frac{1}{s}\left[e^{-sb} - e^{s0}\right] = -\frac{1}{s}\left[e^{-sb} - 1\right]$$
>
> Sendo a mudança de variável:
>
> $$u = -st \Rightarrow t = -\frac{u}{s} \quad \text{ou} \quad dt = -\frac{1}{s}du$$

(*) Verifique que " b " é variação de " t "

Logo " s " é constante, neste cálculo " s " se transforma em parâmetro.

Para a integral imprópria convergir " s " deve ser $s \geq 0$, como já definido; pois $b \to \infty \Rightarrow b > 0$ então, $sb > 0$ e $-sb < 0$, logo:

$$\lim_{b \to \infty} e^{-Sb} = \lim_{b \to \infty} \frac{1}{e^{Sb}} = \frac{1}{\infty} = 0$$

Então: $\mathcal{L}\ \{1\} = \frac{1}{s} = F(s)$ ou ainda $f(t) = 1 \longrightarrow F(s) = \frac{1}{s}$

Graficamente

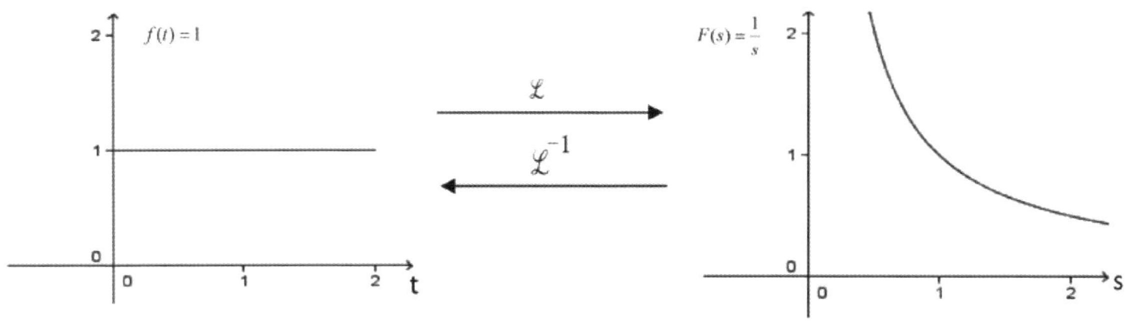


Cálculo de $\mathcal{L}^{-1}\left\{\frac{1}{s}\right\}$, não se tem fórmula para cálculo $\mathcal{L}^{-1}$. A análise do comportamento da função F(s), neste caso, é muito simples e imediata:

$$\mathcal{L}: 1 \xrightarrow{\mathcal{L}} \frac{1}{s} \quad \text{ou} \quad \mathcal{L}^{-1}: \frac{1}{s} \xrightarrow{\mathcal{L}^{-1}} 1\ ; \quad \mathcal{L}\{1\} = \frac{1}{s} \quad \text{ou} \quad \mathcal{L}^{-1}\left\{\frac{1}{s}\right\} = 1$$

**(b) Função original:** $f(t) = c$ (constante)

$$\mathcal{L}\ \{c\} = \frac{c}{s} \quad \text{ou} \quad \mathcal{L}^{-1}\left\{\frac{c}{s}\right\} = c$$

Para um valor de c, o gráfico de f(t) é uma reta paralela ao eixo t, e de F(s) uma curva hiperbólica.

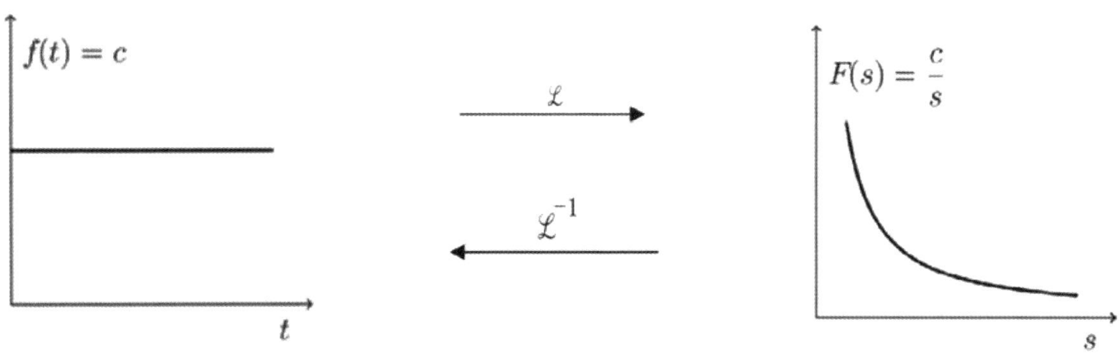

O cálculo se faz pela definição, usando os mesmos passos da função f(t) = 1

**(c) Função original:** $f(t) = e^t \quad \xrightarrow{\mathcal{L}} \quad \xleftarrow[\mathcal{L}^{-1}]{} \quad F(s) = \dfrac{1}{s-1}$

Determinamos, pela definição, que $\mathcal{L}\left\{e^t\right\} = \dfrac{1}{s-1}$

$$\mathcal{L}\left\{e^t\right\} = \int_0^{\infty} e^t e^{-St}\,dt = \int_0^{\infty} e^{(1-S)t}\,dt = \lim_{b\to\infty}\left(\underbrace{-\frac{1}{s-1}\left[e^{-(S-1)t}\right]_0^b}_{*}\right) =$$

$$= \lim_{b\to\infty}\left[-\frac{1}{s-1}\underbrace{\left[e^{-(S-1)b} - e^{(1-S)0}\right]}_{**}\right] = -\frac{1}{s-1}\left[0-1\right] = \frac{1}{s-1}$$

**Observação**

Cálculo da integral (revisão)

*

$$\int e^{(1-S)}dt = \int e^{-(S-1)t}dt = -\frac{1}{s-1}e^{-(S-1)t}$$

$$u = -(s-1)t \Rightarrow du = -(s-1)dt \ \ donde \ dt = -\frac{du}{s-1}$$

**Atenção**

$s - 1 > 0$ para se obter a convergência da integral imprópria, temos:

**

$$\begin{cases} b > 0 \\ s-1 > 0 \quad \text{ou } s > 1 \end{cases} \Rightarrow \lim_{b\to\infty} e^{-(S-1)b} = \lim_{b\to\infty}\frac{1}{e^{(s-1)b}} = \frac{1}{\infty} = 0$$

Como b tende a infinito e s > 1 então $e^{(s-1)b}$ tenderá também ao infinito, logo a fração $\dfrac{1}{e^{(s-1)b}}$ tenderá a zero.

Os gráficos de **f** e **F** são:

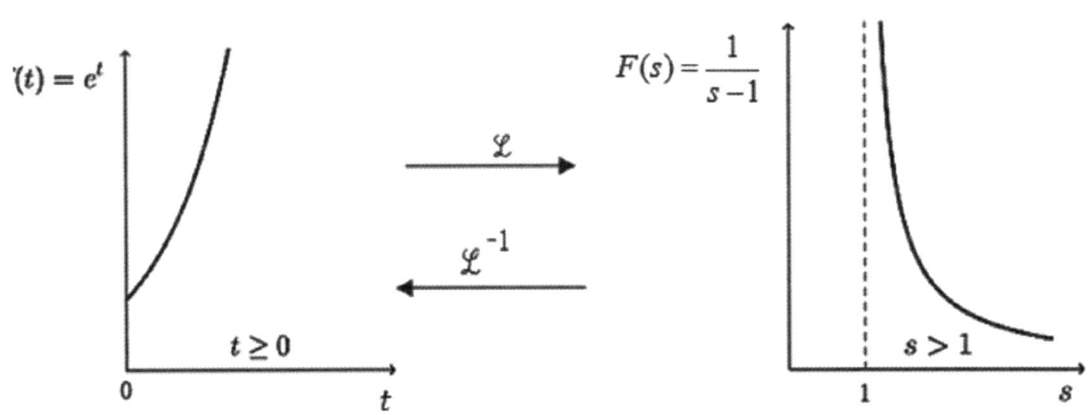

**Tabelas de Transformadas**

Como o número de Transformadas de Laplace é muito grande, é comum construir uma tabela das funções originais e de suas transformadas. A tabela é iniciada com as transformadas determinadas pela definição, como a seguir:

| FUNÇÃO ORIGINAL | FUNÇÃO TRANSFORMADA |
|---|---|
| $f = f(t)$ $\xrightarrow{\mathcal{L}}$ $\xleftarrow{\mathcal{L}^{-1}}$ | $F = F(s)$ |
| $1$ | $\frac{1}{s}$ |
| c | $\frac{c}{s}$ |
| $e^t$ | $\frac{1}{s-1}$ |
| $e^{-t}$ | $\frac{1}{s+1}$ |
| $sent$ | $\frac{1}{s^2+1}$ |
| $\cos t$ | $\frac{s}{s^2+1}$ |

A tabela receberá mais transformadas pelas propriedades seguintes.

## 10.3 PROPRIEDADES OPERACIONAIS

Estas propriedades são denominadas operacionais porque, com as mesmas, temos o cálculo de várias transformadas de funções combinadas com as básicas (essas que são determinadas pela definição). A aplicação das propriedades facilita o cálculo das transformadas. Apenas para demonstração das propriedades se requer a definição (isto é, o cálculo da integral imprópria que define a transformada).

### 10.3.1 PROPRIEDADE 1: LINEARIDADE

Decompondo a função original numa combinação linear de funções parciais, e sabendo da integração que: "Integral da soma é a soma de integrais" e " integral da constante por uma função, é o produto da constante pela integral da função" , se tem uma nova transformada.

Se $\mathcal{L}\{f(t)\} = F(s)$ e $\mathcal{L}\{g(t)\} = G(s)$

Então $\mathcal{L}\{c_1 f(t) + c_2 g(t)\} = c_1\mathcal{L}\{f(t)\} + c_2\mathcal{L}\{g(t)\}$ para $c_1$ e $c_2$ constantes

Aplicação: Com esta propriedade, calculamos a transformada das funções hiperbólicas: $senh(t)$ e $\cosh(t)$

Sabemos que cosseno hiperbólico de **t** é $\cosh(t)=\dfrac{e^{t}+e^{-t}}{2}$, e seno hiperbólico de **t** é $senh(t)=\dfrac{e^{t}-e^{-t}}{2}$.

**Exemplo**

O cálculo da transformada $\cosh(t)$ é:

$$\mathcal{L}\{\cosh(t)\}=\mathcal{L}\left\{\frac{e^{t}+e^{-t}}{2}\right\}=\frac{1}{2}\mathcal{L}\{e^{t}\}+\frac{1}{2}\mathcal{L}\{e^{-t}\}=\frac{1}{2}\cdot\frac{1}{s-1}+\frac{1}{2}\cdot\frac{1}{s+1}=\frac{1}{2}\cdot\frac{s+1+(s-1)}{s^{2}-1}=$$

$=\dfrac{1}{2}\cdot\dfrac{2s}{s^{2}-1}=\dfrac{s}{s^{2}-1}$, com o mesmo procedimento, calculamos $\mathcal{L}\{senh(t)\}=\dfrac{1}{s^{2}-1}$

A tabela anterior fica ampliada, ao tomarmos transformadas das funções hiperbólicas.

### 10.3.2 PROPRIEDADE 2: MUDANÇA DE ESCALA

A mudança de escala se refere a multiplicação da variável independente por uma constante, gerando uma nova função.

Exemplo

Seja $f(t)=sen(t)$, $f_1(t)=sen(2t)$, $f_2(t)=sen\left(\dfrac{t}{2}\right)$ se **t** varia de $\dfrac{\pi}{2}$ em $\dfrac{\pi}{2}$ então 2t varia de $\pi$ em $\pi$, $\dfrac{t}{2}$ varia de $\dfrac{\pi}{4}$ em $\dfrac{\pi}{4}$.

Verifique que houve mudança de escala, e o gráfico da função seno muda de período.

Cálculo de uma transformada de função com mudança de escala.

Se $f(t)=F(s)$ então $\mathcal{L}\{f(at)\}=\dfrac{1}{a}F\left(\dfrac{s}{a}\right)$, a = constante

$$\mathcal{L}\{f(at)\}=\underbrace{\int_0^{\infty}f(at)e^{-St}dt}_{*}=\int_0^{\infty}f(u)e^{-S\frac{u}{a}}\frac{1}{a}du=\frac{1}{a}\underbrace{\int_0^{\infty}f(u)e^{-\frac{S}{a}u}du}_{**}=\frac{1}{a}F\left(\frac{s}{a}\right)$$

* Mudança de variável: $u=at\therefore t=\dfrac{u}{a}$, $\mathrm{dt}=\dfrac{1}{\mathrm{a}}du$

** $t\to 0\Rightarrow \mathrm{at}\to 0$

$t\to\infty\Rightarrow \mathrm{at}\to\infty$ (a = constante, positiva)

**s** e **a** são constantes então $\dfrac{s}{a}$ é constante, para $a\neq 0$

Se $F(s)=\int_0^{\infty}f(t)e^{-St}dt$, (s = constante), então verifique que existe uma mudança de **s** para $F\left(\dfrac{s}{a}\right)=\int\limits_0^{\infty}f(t)e^{-\frac{S}{a}tdt}$, $\dfrac{s}{a}$ constante

**Aplicação**

Com esta propriedade, calculamos diversas transformadas, ampliando a tabela de transformadas.

**Exemplo**

$$\mathcal{L}\{sen(at)\} = \underbrace{\frac{1}{a}F\left(\frac{s}{a}\right)}_{*} = \frac{1}{a}\cdot\underbrace{\frac{1}{\left(\frac{s}{a}\right)^2+1}}_{**} = \frac{1}{a}\cdot\frac{1}{\frac{s^2+a^2}{a^2}} = \frac{a}{s^2+a^2}$$

---

* Aplicação da fórmula: $\mathcal{L}\{f(at)\} = \frac{1}{a}F\left(\frac{s}{a}\right)$

** Toma-se a transformada de sen(t), na tabela de transformadas

$\mathcal{L}\{sen(t)\} = F(s) = \frac{1}{s^2+1}$ e substitui s por $\frac{s}{a} \Rightarrow \mathcal{L}\{sen(at)\} = F\left(\frac{s}{a}\right) = \frac{1}{\left(\frac{s}{a}\right)^2+1}$

---

Seguindo os mesmos passos operacionais da $\mathcal{L}\{sen(at)\}$, determinamos as transformadas das funções da tabela seguinte.

A tabela anterior com o cálculo da transformada pela definição fica ampliada calculando-se a transformada pela propriedade da mudança de escala, como a seguir:

| FUNÇÃO ORIGINAL | FUNÇÃO TRANSFORMADA |
|---|---|
| $f = f(t)$ $\xrightarrow{\mathcal{L}}$ $\xleftarrow{\mathcal{L}^{-1}}$ | $F = F(s)$ |
| $f(at)$ | $\frac{1}{a}F\left(\frac{s}{a}\right)$ |
| $sen(at)$ | $\frac{a}{s^2 + a^2}$ |
| $\cos(at)$ | $\frac{s}{s^2 + a^2}$ |
| $senh(at)$ | $\frac{a}{s^2 - a^2}$ |
| cosh(at) | $\frac{s}{s^2 - a^2}$ |
| $e^{at}$ | $\frac{1}{s - a}$ |
| $e^{-at}$ | $\frac{1}{s + a}$ |

### 10.3.3 PROPRIEDADE 3: DESLOCAMENTO HORIZONTAL DA FUNÇÃO TRANSFORMADA F(S)

Dada uma função, temos a construção de outras funções geradas ao modificarmos a sua representação algébrica e, consequentemente, seus gráficos que são transladados em relação ao gráfico da função original. Assim:

$F = F(s)$ - Função dada

$F_1 = F(s) \pm C$ - Translação vertical

$F_2 = F(s \pm C)$ - Translação horizontal

**Exemplo**

$F(s) = s^2$ $\Rightarrow$ translação horizontal para a $F_2(s) = (s \pm a)^2$

$\Rightarrow$ translação vertical para a $F_1(s) = s^2 \pm a$

Função dada | Translação vertical | Translação horizontal

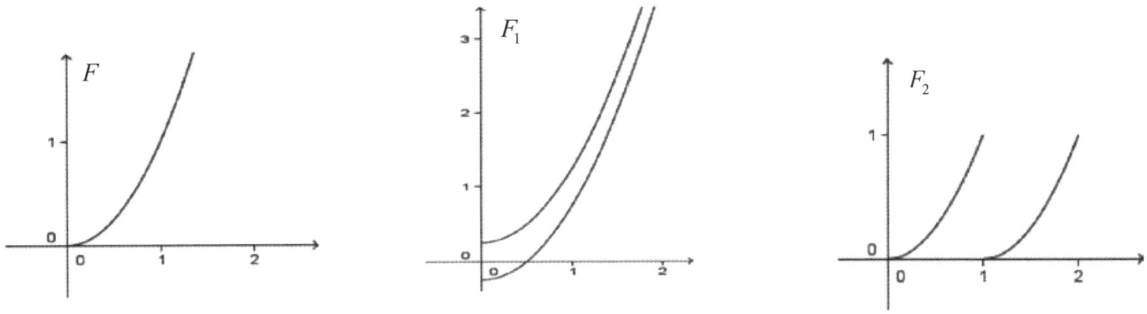


No caso da propriedade de translação da função transformada, interessa a translação horizontal da função F.

$$F = F(s) \Leftrightarrow \mathrm{F} = \mathrm{F}(\mathrm{s} \pm \alpha)$$

$$\text{Se} \quad \mathcal{L}\{f(t)\} = F(s) \quad \text{então} \quad \mathcal{L}\{e^{-\alpha t} f(t)\} = F(s+\alpha)$$

Verifique que na exponencial tem $(-\alpha)$ na função F tem $(\alpha)$

Partindo da definição de TL:

Se $\mathcal{L}\{e^{-at} f(t)\} = \int_0^\infty \underbrace{f(t)e^{-\alpha t}}_{nova\ função} e^{-St} dt = \int_0^\infty f(t) e^{\overbrace{-(S+\alpha)t}^{}}_{nova\ constante} dt = F(s+\alpha)$, da constante original $\alpha$ temos $s+\alpha$ (tanto s como $\alpha$ são constantes).

**Exemplo**

I – O cálculo de $\mathcal{L}\left\{e^{-3t}\underbrace{\cos(5t)}_{*}\right\}$, sendo $\alpha = 3$, é:

* Função original é: $f(t) = \cos(5t)$ e sua transformada: $F(s) = \dfrac{s}{s^2+25}$, então

$F(s+3) = \dfrac{s+3}{(s+3)^2+25}$, substituindo s por s + 3: onde $\mathcal{L}\{e^{-3t}\cos(5t)\} = \dfrac{s+3}{(s+3)^2+25}$

II – Cálculo de $\mathcal{L}\{e^{3t}\cos(5t)\}$, sendo $\alpha = -3$;

* Função original $f(t) = \cos(5t)$, mas como $\alpha = -3$ então $F(s-3) = \dfrac{s-3}{(s-3)^2+25}$

### 10.3.4 PROPRIEDADE 4: FUNÇÃO $t^n$ f(t) E FUNÇÃO POTÊNCIA DE $t^n$

A transformada do produto $t^n f(t)$, resulta da derivada de F(s)

$$\mathcal{L}\{f(t)\} = F(s) \quad \Rightarrow \quad \mathcal{L}\{t^n f(t)\} = (-1)^n \frac{d^n}{ds^n}(F(s))$$

**Demonstração**

1) $n=1 \Rightarrow \dfrac{d}{ds}[F(s)]=(-1)^1 \mathcal{L}\{tf(t)\}$

Partindo da derivada da transformada $F(s)$

$$\frac{d}{ds}[F(s)]=\frac{d}{ds}\int_0^\infty e^{-st}f(t)dt=\int_0^\infty \frac{d}{ds}\left[\underbrace{e^{-st}f(t)}_{\text{derivada do produto}}dt\right]$$

$$=\int_0^\infty\left[\frac{d}{ds}\left[\underbrace{e^{-st}}_{\text{derivada da exponencial de base "e"}}\right]f(t)dt+e^{-st}\frac{d}{ds}\left[\underbrace{f(t)dt}_{\text{derivada da constante é nula}}\right]\right]$$ , derivada em relação a "s"

logo $f(t)dt$ é constante.

$$=\int_0^\infty -te^{-st}f(t)dt=\int_0^\infty -tf(t)e^{-st}dt$$

Donde se tem $\int_0^\infty -t\,f(t)e^{-st}dt=-\int_0^\infty \underbrace{t.f(t)}_{\text{nova função original}}e^{-st}dt=-\mathcal{L}\{t\,f(t)\}$

Ou ainda: $\mathcal{L}\{tf(t)\}=-\dfrac{d}{ds}F(s)$; podemos escrever também: $\dfrac{d}{ds}F(s)=-\mathcal{L}\{t\,f(t)\}$

2) Para $n=2 \Rightarrow$ partindo da transformada da derivada primeira

$n=2 \Rightarrow \dfrac{d^2}{ds^2}F(s)=\mathcal{L}\{t^2f(t)\}$, foi deduzido que:

$\dfrac{dF}{ds}=-\mathcal{L}\{t\,f(t)\}$, derivando:

$$\frac{d^2F}{ds^2}=\frac{d\left[\frac{dF}{ds}\right]}{ds}=\frac{d}{ds}\int_0^\infty -t\,f(t)e^{-st}dt=$$

$$=\int_0^\infty \frac{d}{ds}\left[\underbrace{-t\,f(t)e^{-st}dt}_{\text{Derivada em relação "s" da exponencial}}\right]=\int_0^\infty -t\,f(t)(-t)e^{-st}dt=$$

$$=\int_0^\infty t^2f(t)e^{-st}dt=\mathcal{L}\{t^2f(t)\}$$ (termos em relação a t são constantes)

Ou ainda: $\dfrac{d^2F(s)}{ds^2}=\mathcal{L}\{t^2f(t)\}$ e assim, sucessivamente.

Como o coeficiente da derivada primeira é positivo e o coeficiente da derivada segunda é negativo, tomamos, $(-1)^n$ sendo: n = par (potência positiva de – 1); n = ímpar (potência de – 1 negativa)

$$(-1)^n\frac{d^nF(s)}{ds^n}=\mathcal{L}\{t^nf(t)\} \text{ ou } \mathcal{L}\{t^nf(t)\}=(-1)^n\frac{d^n[F(s)]}{ds^n}$$

**A transformada de** $\mathcal{L}\ \{t^n\}$ determinada a partir de n = 1 e f(t) = 1 em $\mathcal{L}\ \{t^n f(t)\}$

Temos que $\mathcal{L}\ \{t\} = \mathcal{L}\ \{t^1 \cdot 1\} \Rightarrow n = 1$ e $f(t) = 1 \Rightarrow F(s) = \frac{1}{s}$, então

$\mathcal{L}\{t\} = \mathcal{L}\{t^1\} = (-1)^1 \underbrace{\frac{d^1}{ds^1}\left(\frac{1}{s}\right)}_{derivada\ primeira} = (-1)\left(-\frac{1}{s^2}\right) = \frac{1}{s^2}$; com base na transformada de **t** deduzimos a transformada de **t²**.

$$\mathcal{L}\{t^2\} = \mathcal{L}\left\{t^1 \cdot \underset{f(t)}{t}\right\} \Rightarrow n = 1 \text{ e sendo: } f(t) = t \Rightarrow F(s) = \frac{1}{s^2}$$

$\mathcal{L}\{t^2\} = \mathcal{L}\{t^1 \cdot t\} = (-1)^1 \frac{d}{ds}\left[\frac{1}{s^2}\right] = -\frac{-2}{s^3} = \frac{2}{s^3} = \frac{2!}{s^{2+1}}$ e, recorrendo-se a $\mathcal{L}\ \{t^2\}$ deduzimos.

$\mathcal{L}\ \{t^3\}$ e , assim sucessivamente $\mathcal{L}\{t^3\} = \frac{3!}{s^{3+1}} = \frac{6}{s^4}$ ; $\mathcal{L}\{t^4\} = \frac{4!}{s^{4+1}} = \frac{24}{s^5}$, generalizando:

$$\mathcal{L}\{t^n\} = \frac{n!}{s^{n+1}} \quad \text{ou} \quad \mathcal{L}^{-1}\left\{\frac{n!}{s^{n+1}}\right\} = t^n$$

Continuidade da construção da tabela: com mais estas transformadas calculadas, a tabela se amplia.

| FUNÇÃO ORIGINAL | FUNÇÃO TRANSFORMADA |
|---|---|
| $f = f(t)$ | $F = F(s)$ |
| $e^{\mp\alpha t} f(t)$ | $F(s \pm \alpha)$ |
| $t^n f(t)$ | $(-1^n)\frac{d^n}{ds^n}(F(s))$ |
| $t^n$ | $\frac{n!}{s^{n+1}}$ |

### 10.3.5 PROPRIEDADE 5: TRANSFORMADA DA DERIVADA

Para se obter a transformada da derivada de uma função dada $f = f(t)$, é preciso conhecer o valor da função " f " e de suas derivadas $f'$, f' , f''... para t = 0

$\mathcal{L}\{f'(t)\} = s\mathcal{L}\ \{f(t)\} - f(0)$

$\mathcal{L}\{f''(t)\} = s^2\mathcal{L}\ \{f(t)\} - sf(0) - f'(0)$

$\mathcal{L}\ \{f'''(t)\} = s^3\mathcal{L}\{f(t)\} - s^2 f(0) - sf'(0) - f''(0)$, sucessivamente

$\mathcal{L}\ \{f^n(t)\} = s^n\ \mathcal{L}\{f(t)\} - s^{n-1}f(0) - s^{n-2}f'(0) - s^{n-3}f''(0) \ldots - s^2 f^{n-3}(0) - sf^{n-2}(0) - f^{n-1}(0)$

A notação da derivada n-ésima: $f^n(t)$, sendo n inteiro positivo.

**Demonstração**

I)Transformada da derivada primeira

Seja a função original $f(t)$ e seu valor para $t = 0 \Rightarrow f(0)$ e sua Transformada de Laplace F(s):

$$\mathcal{L}\{f(t)\} = F(s), \text{ então } \mathcal{L}\{f'(t)\} = s\,\mathcal{L}\{f(t)\} - f(0)$$

Aplicando a definição de Transformada de Laplace, se tem:

$$\mathcal{L}\{f'(t)\} = \int_0^{\infty} f'(t)e^{-st}dt \text{ (aplicando integral por partes)} =$$

$$= \lim_{b\to\infty}\left[ f(b)\cdot\underbrace{e^{-sb}}_{0} - \underbrace{f(0)\underbrace{e^{-(0)s}}_{1}}_{f(0)} + s\underbrace{\int_0^{\infty} f(t)e^{-st}dt}_{F(s)} \right] = 0 - f(0) + sF(s) = s\underbrace{F(s)}_{\mathcal{L}\{f(t)\}} - f(0) = s\,\mathcal{L}\{f(t)\} - f(0)$$

Integrando por partes: $\int u dv = uv - \int v du$

$$\begin{cases} u = e^{-st} \Rightarrow du = -se^{-st}dt \\ dv = f'(t)dt \Rightarrow v = \int f'(t)dt = f(t) \end{cases} \Rightarrow \int f'(t)e^{-st}dt = e^{-st}f(t) + s\int f(t)e^{-st}dt$$

Recorrendo a fórmula da Transformada de Laplace da derivada primeira virá:

$$\mathcal{L}\{f''(t)\} = \mathcal{L}\{[f(t)']'\} = s\,\mathcal{L}\{f'(t)\} - f'(0) = s[s\,\mathcal{L}\{f(t)\} - f(0)] - f'(0) = s^2\mathcal{L}\{f(t)\} - sf(0) - f'(0)$$

Recorrendo a Transformada de Laplace da derivada segunda:

$$\mathcal{L}\{f'''(t)\} = \mathcal{L}\{[f''(t)]'\} = s\,\mathcal{L}\{f''(t)\} - f''(0) = s\left[s^2\,\mathcal{L}\{f(t)\} - sf(0) - f'(0)\right] - f''(0) =$$

$$= s^3\mathcal{L}\{f(t)\} - s^2 f(0) - sf'(0) - f''(0)$$ Assim, sucessivamente

$$\mathcal{L}\left\{\frac{d^n[f(t)]}{dt^n}\right\} = s^n\mathcal{L}\{f(t)\} - s^{n-1}f(0) - s^{n-2}f'(0) - s^{n-3}f''(0) \ldots - s\frac{d^{n-2}[f(0)]}{dt} - \frac{d^{n-1}[f(0)]}{dt}$$

## EXERCÍCIOS PROPOSTOS

1) Calcule, pela definição, a Transformada de Laplace das funções seguintes;

a) $f(t) = e^{-t}$ b) $f(t) = sent$ c) $f(t) = \cos t$

2) Esboce o gráfico da função original e de sua Transformada de Laplace do exercício número 1.

3) Calcule usando as propriedades:

a) $\mathcal{L}\{senht\}$ b) $\mathcal{L}\{\cosh(at)\}$ c) $\mathcal{L}\{senh(at)\}$ (a = constante)

4) Esboce os gráficos de

a) $f(t) = senh(t)$ e $F(s) = \dfrac{1}{s^2 - 1}, s > 0; s \neq 1$

b) $f(t) = \cosh(t)$ e $F(s) = \dfrac{s}{s^2 - 1}$ , $s > 0 ; s \neq 1$

5) Usando a fórmula de mudança de escala $\mathcal{L}\{f(at)\} = \dfrac{1}{a} F\left(\dfrac{s}{a}\right)$, calcule as Transformadas de Laplace

a) $\mathcal{L}\{\cos(at)\}$;

b) $\mathcal{L}\{senh(at)\}$;

c) $\mathcal{L}\{\cosh(at)\}$;

d) $\mathcal{L}\{e^{at}\}$;

e) $\mathcal{L}\{e^{-at}\}$

6) Calcule, usando a tabela de transformadas:

a) $\mathcal{L}\{7\}$

b) $\mathcal{L}\left\{\dfrac{1}{2}\right\}$

c) $\mathcal{L}\{-10\}$

d) $\mathcal{L}\{e^{3t}\}$

e) $\mathcal{L}\{e^{-7t}\}$

f) $\mathcal{L}\{sen(2t)\}$

g) $\mathcal{L}\left\{\cos\left(\dfrac{t}{2}\right)\right\}$

h) $\mathcal{L}\{sen(5t)\}$

i) $\mathcal{L}\{\cosh(4t)\}$

j) $\mathcal{L}\{tsen(2t)\}$

k) $\mathcal{L}\{t^5\}$

l) $\mathcal{L}\{e^{3t}\cos t\}$

m) $\mathcal{L}\{e^{5t} senh(t)\}$

n) $\mathcal{L}\{e^{10t} t\}$

o) $\mathcal{L}\{e^t t^2\}$

p) $\mathcal{L}\{e^t t\}$

q) $\mathcal{L}\{e^t t + \cos(5t)\}$

r) $\mathcal{L}\{e^t t^2 - senht\}$

s) $\mathcal{L}\{3 + t - e^t t\}$

CAPÍTULO 11

# A TRANSFORMADA INVERSA DE LAPLACE

## 11.1 CÁLCULO DA TRANSFORMADA INVERSA

$$\mathcal{L}^{-1}\,\{F(s)\} = f(t)$$

### 11.1.1 MÉTODO 1: USANDO A TABELA

$$f(t) \xleftarrow{\ \mathcal{L}^{-1}\ } F(s)$$

O método consiste na análise da forma de F(s), e da identificação imediata de f(t) na tabela

**Exemplos**

$$\mathcal{L}^{-1}\left\{\frac{1}{s}\right\} = 1$$

$$\mathcal{L}^{-1}\left\{\frac{c}{s}\right\} = c$$

$$\mathcal{L}^{-1}\left\{\frac{1}{s-1}\right\} = e^{t}$$

$$\vdots$$

### *11.1.2 MÉTODO 2: USANDO PROPRIEDADES OPERACIONAIS*

(I) $\mathcal{L}^{-1}\{c_1F_1(s) + c_2F_2(s)\} = c_1\mathcal{L}^{-1}\{F_1(s)\} + c_2\mathcal{L}^{-1}\{F_2(s)\} = c_1f_1(t) + c_2f_2(t)$

(II) $\mathcal{L}^{-1}\{F(x \pm \alpha\} = e^{\mp \alpha t}.\,\mathcal{L}^{-1}\{F(s)\}$

**Exemplos**

1) $\mathcal{L}^{-1}\left\{\frac{6s-7}{s^2+9}\right\} = 6\ \mathcal{L}^{-1}\left\{\frac{s}{s^2+9}\right\} - \frac{7}{3}\ \mathcal{L}^{-1}\left\{\frac{3}{s^2+9}\right\} = 6\cos(3t) - \frac{7}{3}sen(3t)$

2) $\mathcal{L}^{-1}\left\{\frac{2!}{(s-7)^3}\right\} = e^{7t}t^2$, partindo de $\mathcal{L}^{-1}\left\{\frac{2}{s^3}\right\} = t^2$, sendo $\alpha = 7$, (fórmula 14 – Tabela)

3) $\mathcal{L}^{-1}\left\{\frac{s+3}{(s+3)^2+16}\right\} = e^{-3t}\cos(4t)$ partindo de $\mathcal{L}^{-1}\left\{\frac{s+3}{(s+3)^2+16}\right\} = e^{-3t}\cos(4t)$; $\alpha = -3$ (fórmula 14 – Tabela)

4) $$\mathcal{L}^{-1}\left\{\frac{s}{(s-2)^2+9}\right\}=\mathcal{L}^{-1}\left\{\frac{s-2+2}{(s-2)^2+9}\right\}=\mathcal{L}^{-1}\left\{\frac{s-2}{(s-2)^2+9}+\frac{2}{(s-2)^2+9}\right\}=$$

$$=\mathcal{L}^{-1}\left\{\frac{s-2}{(s-2)^2+9}\right\}+\mathcal{L}^{-1}\left\{\frac{2}{(s-2)^2+9}\right\}=\mathcal{L}^{-1}\left\{\frac{s-2}{(s-2)^2+3^2}\right\}+\frac{2}{3}\mathcal{L}^{-1}\left\{\frac{3}{(s-2)^2+3^2}\right\}=e^{2t}\cos(3t)+\frac{2}{3}e^{2t}sen(3t)$$

### *11.1.3 MÉTODO 3: DECOMPONDO A FUNÇÃO RACIONAL*

Seja decompor a função racional $F(s)=\dfrac{P(s)}{Q(s)}$ em frações parciais. Analisando a tabela, verificamos que Q(s) não se apresenta como um polinômio do 2º grau completo. Isto é, Q(s) na tabela é da forma: $Q(s)=s^2\pm a^2$, a = constante, falta para o polinômio completo do 2º grau o termo **s** , isto é, **s** do 1º grau. Então, Q(s), sendo um polinômio do 2º grau completo (com os três termos do 2º grau, do 1º grau, e termo independente) não está na tabela.

Então, decompomos $Q(s)=s^2\pm bs\pm a$ de 3 (três) modos

**Caso 1:** Distintos fatores lineares

$$\frac{P(s)}{Q(s)}=\frac{P(s)}{s^2\pm bs\pm a}=\frac{A_1}{s\pm d_1}+\frac{A_2}{s\pm d_2}$$

**Exemplo**

$$\mathcal{L}^{-1}\left\{\frac{s-2}{s^2-7s+12}\right\}$$

Decompondo $s^2-7s+12=(s-3)(s-4)$

A função $\dfrac{s-2}{s^2-7s+12}=\dfrac{A}{s-3}+\dfrac{B}{s-4}=\dfrac{A(s-4)+B(s-3)}{(s-3)(s-4)}$

$A(s-4)+B(s-3)\equiv s-2$

$s=3\Rightarrow -A=1\ \therefore\ A=-1$

$s=4\Rightarrow B=2$

Então a decomposição é

$$\frac{s-2}{s^2-7s+12}=\frac{-1}{s-3}+\frac{2}{s-4}$$

Usando a propriedade operacional (I) da linearidade e a tabela, temos

$$\mathcal{L}^{-1}\left\{\frac{s-2}{s^2-7s+12}\right\}=\mathcal{L}^{-1}\left\{\frac{-1}{s-3}\right\}+2\ \mathcal{L}^{-1}\left\{\frac{1}{s-4}\right\}=-e^{3t}+2e^{4t}$$

**Caso 2:** Fatores lineares repetidos

$$F(s)=\frac{P(s)}{Q(s)}=\frac{P(s)}{(s-a)^n}=\frac{A_1}{s-a}+\frac{A_2}{(s-a)^2}+\cdots+\frac{A_n}{(s-a)^n}$$

**Exemplo**

$$\mathcal{L}^{-1}\left\{\frac{1}{s^3(s+1)}\right\}$$

Decompondo: $F(s) = \dfrac{1}{s^3(s+1)} = \dfrac{A}{s^3} + \dfrac{B}{s^2} + \dfrac{C}{s} + \dfrac{D}{s+1}$

$1 \equiv A(s+1) + Bs(s+1) + Cs^2(s+1) + Ds^3$, calculando os coeficientes como no caso (1) teremos

$A = 1$ , $B = -1$ , $C = 1$ , $D = -1$

$$\mathcal{L}^{-1}\left\{\frac{1}{s^3(s+1)}\right\} = \mathcal{L}^{-1}\left\{\frac{1}{s^3}\right\} + \mathcal{L}^{-1}\left\{\frac{-1}{s^2}\right\} + \mathcal{L}^{-1}\left\{\frac{1}{s}\right\} + \mathcal{L}^{-1}\left\{\frac{-1}{s+1}\right\} = \frac{t^2}{2} - t + 1 - e^t$$

**Caso 3:** Fator quadrático

$F(s) = \dfrac{P(s)}{Q(s)}$ ; $Q(s) = s^2 + as + b$ , com raízes complexas

$$F(s) = \frac{P(s)}{s^2 + as + b} = \frac{As + B}{s^2 + as + b}$$

**Exemplo**

$\mathcal{L}^{-1}\left\{\dfrac{5}{s(s^2+1)}\right\}$ , $s^2 + 1 = 0 \Rightarrow s = \pm i$ ; $i = \sqrt{-1}$ (unidade imaginária)

Decompondo: $F(s) = \dfrac{5}{s(s^2+1)} = \dfrac{As+B}{s^2+1} + \dfrac{C}{s}$ $\Rightarrow 5 \equiv s(As+B) + C(s^2+1) \therefore A = -5, B = 0, C = 5$

$$\mathcal{L}^{-1}\left\{\frac{5}{s(s^2+1)}\right\} = \mathcal{L}^{-1}\left\{\frac{-5s}{s^2+1}\right\} + \mathcal{L}^{-1}\left\{\frac{5}{s}\right\} = -5\cos t + 5$$

### *11.1.4 MÉTODO 4: USANDO A PROPRIEDADE DA CONVOLUÇÃO*

> Se $\mathcal{L}^{-1}\{F(s)\} = f(t)$ e $\mathcal{L}^{-1}\{G(s)\} = g(t)$; então $\mathcal{L}^{-1}\{F(s)G(s)\} = \int_0^t f(u)g(t-u)du$

**Exemplo**

Calcule $\mathcal{L}^{-1}\left\{\dfrac{1}{s(s+1)}\right\} =$; podemos escrever a Transformada Inversa do produto: $\mathcal{L}^{-1}\left\{\dfrac{1}{s} \cdot \dfrac{1}{s+1}\right\}$

Fazendo $F(s) = \dfrac{1}{s}$ então $\mathcal{L}^{-1}\left\{\dfrac{1}{s}\right\} = 1 = f(t) \Rightarrow f(u) = 1$

Fazendo $G(s) = \dfrac{1}{s+1}$ então $\mathcal{L}^{-1}\left\{\dfrac{1}{s+1}\right\} = e^{-t} = g(t) \Rightarrow g(t-u) = e^{-(t-u)}$

Aplicando a propriedade de convolução:

$$\mathcal{L}^{-1}\left\{\frac{1}{s} \cdot \frac{1}{s+1}\right\} = \int_0^t 1e^{-(t-u)}du = \int_0^t e^{u-t}du = \left[e^{u-t}\right]_0^t = e^{t-t} - e^{0-t} = e^0 - e^{-t} = 1 - e^{-t}$$

**Observação:**

Convolução tem grande utilidade e será estudado com mais extensão no capítulo 14.

**Caso particular**

As raízes do trinômio do 2º grau no denominador são complexas. O denominador é constituído somente por ele.

**Exemplo**:

$$\mathcal{L}\left\{\frac{s}{s^2-2s+3}\right\}=?$$

Completar quadrados e preparar para entrar na tabela de transformadas:

$$F(s)=\frac{s}{s^2-2s+3}=\frac{s}{\underbrace{s^2-2.1.s+1^2}_{(s-1)^2}+2}=\frac{s-1+1}{(s-1)^2+(\sqrt{2})^2}=\frac{s-1}{(s-1)^2+(\sqrt{2})^2}+\frac{1}{(s-1)^2+(\sqrt{2})^2}$$

$$\mathcal{L}^{-1}\left\{\frac{s-1}{(s-1)^2+(\sqrt{2})^2}+\frac{1}{\sqrt{2}}.\frac{\sqrt{2}}{(s-1)^2+(\sqrt{2})^2}\right\}=\mathcal{L}^{-1}\left\{\frac{s-1}{(s-1)^2+(\sqrt{2})^2}\right\}+\frac{1}{\sqrt{2}}\mathcal{L}^{-1}\left\{\frac{\sqrt{2}}{(s-1)^2+(\sqrt{2})^2}\right\}$$

$$=e^{-t}\cos(\sqrt{2}t)+\frac{e^{-t}}{\sqrt{2}}sen(\sqrt{2}t).$$

## EXERCÍCIOS PROPOSTOS

1) Calcule

a) $\mathcal{L}^{-1}\left\{\frac{5}{s}\right\}$

b) $\mathcal{L}^{-1}\left\{\frac{1}{s^2}-\frac{1}{7s}\right\}$

c) $\mathcal{L}^{-1}\left\{\frac{10}{s-1}\right\}$

d) $\mathcal{L}^{-1}\left\{\frac{5}{s+1}+\frac{1}{s-9}\right\}$

e) $\mathcal{L}^{-1}\left\{\frac{1}{s^2+9}\right\}$

f) $\mathcal{L}^{-1}\left\{\frac{s-2}{s^2-9}\right\}$

g) $\mathcal{L}^{-1}\left\{\frac{6}{s^4}\right\}$

h) $\mathcal{L}^{-1}\left\{\frac{5}{s^3}\right\}$

i) $\mathcal{L}^{-1}\left\{\frac{1}{(s-7)^2}\right\}$

j) $\mathcal{L}^{-1}\left\{\frac{5}{(s+3)^2}\right\}$

k) $\mathcal{L}^{-1}\left\{\frac{2}{(s+1)^2+4}\right\}$

l) $\mathcal{L}^{-1}\left\{\frac{3}{(s-1)^2-9}\right\}$

m) $\mathcal{L}^{-1}\left\{\frac{s-3}{(s-1)^2-16}\right\}$

n) $\mathcal{L}^{-1}\left\{\frac{2s-5}{s^2-7s+12}\right\}$

o) $\mathcal{L}^{-1}\left\{\frac{1}{s^3(s+1)}\right\}$

p) $\mathcal{L}^{-1}\left\{\frac{s-1}{s(s^2+1)}\right\}$

q) $\mathcal{L}^{-1}\left\{\frac{s}{s^2+4s+1}\right\}$

r) $\mathcal{L}^{-1}\left\{\frac{s-4}{s^2-6s+11}\right\}$

CAPÍTULO 12

# APLICAÇÃO DE TL NA RESOLUÇÃO DE EQUAÇÕES DIFERENCIAIS E DE SEUS SISTEMAS

É vantajoso aplicar TL na resolução de Equações Diferenciais lineares, de coeficientes constantes e de sistemas destas mesmas equações por três motivos:

1º) É um método geral que não precisa, como o método de Descartes, especificar o tipo de Equação Diferencial podendo ser homogêneo ou não homogêneo,

2º) É um método mais simples que o método de Lagrange,

3º) Calcula a solução particular sem precisar da solução geral.

## 12.1 RESOLUÇÃO DE EQUAÇÕES DIFERENCIAIS POR TL

O método tem sempre dois passos:

**1º Passo**: Aplicamos TL aos dois membros da equação

**2º Passo**: Calculamos a Transformada Inversa de Laplace, obtendo a solução.

**Exemplos**

I) Calcule a solução particular da equação $y'+y=e^{-t}$ para a condição y(0) =0

**Atenção:** $y=f(t)$: Função-solução da ED e Função original na tabela de transformada

**1º Passo:** $\mathcal{L}\{y'+y\}=\mathcal{L}\{e^{-t}\}$

$$\mathcal{L}\{y'\}+\mathcal{L}\{y\}=\frac{1}{s+1}$$

$$s\,\mathcal{L}\{y\}-0+\mathcal{L}\{y\}=\frac{1}{s+1}$$, tomando $\mathcal{L}$(y) em evidência.

$$\mathcal{L}\{y\}(s+1)=\frac{1}{s+1}\therefore\mathcal{L}\{y\}=\frac{1}{(s+1)^2}$$

**2º Passo**: $y=\mathcal{L}^{-1}\left\{\frac{1}{(s+1)^2}\right\}\therefore y=te^{-t}$ , usando as fórmulas 14 e 16 da Tabela de Transformadas.

II) Calcule a solução particular da equação $y''-3y'+2y=0$, para y (0) = 0 e $y'$ (0) = 1.

Aplicando TL: $\mathcal{L}\{y''\}-3\,\mathcal{L}\{y'\}+2\,\mathcal{L}\{y\}=\mathcal{L}\{0\}\Rightarrow$

$\Rightarrow s^2\mathcal{L}\{y\}-s.0-1-3\,[s\mathcal{L}\{y\}-0]+2\,\mathcal{L}\{y\}=0$ Isolando $\mathcal{L}\{y\}$

$\mathcal{L}\{y\}=\frac{1}{s^2-3s+2}=\frac{1}{s-2}-\frac{1}{s-1}$, a solução é $\mathcal{L}^{-1}\left\{\frac{1}{s-2}\right\}-\mathcal{L}^{-1}\left\{\frac{1}{s-1}\right\}$ donde $y=e^{2t}-e^{t}$

O método de resolução de ED por TL, pode ser apresentado pelo diagrama seguinte:

**Equação Diferencial dada**

$$y' + y = e^{-t}$$

Condição é

$$t = 0 \Rightarrow y = 0 \text{ ou } y(0) = 0$$

→ $\mathcal{L}$ →

**Equação subsidiária**

$$s\,\mathcal{L}\{y\} - 0 + \mathcal{L}\{y\} = \frac{1}{s+1}$$

↑ Explicitar $\mathcal{L}\{y\}$

**Solução da Equação subsidiária**

$$\mathcal{L}\{y\} = \frac{1}{(s+1)^2}$$

← $\mathcal{L}^{-1}$ ←

**Solução da Equação Diferencial**

$$y = te^{-t}$$

## 12.2 RESOLUÇÃO DE UM SISTEMA DE EQUAÇÕES DIFERENCIAIS

**Exemplo**

Seja um sistema de Equações Diferenciais no qual se tem 2 (duas) variáveis dependentes x e y e 1 (uma) variável independente t. Determinamos duas funções-solução x = x(t) e y = y(t) para condições dadas.

$$\begin{cases} \dfrac{dx}{dt} = x + y \\ \dfrac{dy}{dt} = x - y \text{ , para } x(0) = 2 \text{ , } y(0) = 1 \end{cases}$$

**1º Passo:** Aplicando TL nas duas equações

$$\begin{cases} \mathcal{L}\left\{\dfrac{dx}{dt}\right\} = \mathcal{L}\{x\} + \mathcal{L}\{y\} \\ \mathcal{L}\left\{\dfrac{dy}{dt}\right\} = \mathcal{L}\{x\} - \mathcal{L}\{y\} \end{cases}$$

Usando a tabela de transformadas

$$\begin{cases} s\,\mathcal{L}\{x\} - x(0) = \mathcal{L}\{x\} + \mathcal{L}\{y\} \\ s\,\mathcal{L}\{y\} - y(0) = \mathcal{L}\{x\} - \mathcal{L}\{y\} \end{cases}$$

Compondo um sistema em $\mathcal{L}\{x\}$ e $\mathcal{L}\{y\}$, aplicando as condições iniciais (x(0) = 2 e y(0)= 1)

Resolvemos o sistema de equações com as incógnitas $\mathcal{L}\{x\}$ e $\mathcal{L}\{y\}$
Para eliminar $\mathcal{L}\{y\}$ multiplicamos a primeira equação por s +1 e obtemos

$$\begin{cases} (s+1)(s-1)\,\mathcal{L}\{x\} - (s+1)\,\mathcal{L}\{y\} = 2(s+1) & (I) \\ -\mathcal{L}\{x\} + (s+1)\,\mathcal{L}\{y\} = 1 & (II) \end{cases}$$

Somando (I) com (II) eliminamos $\mathcal{L}\{y\}$ e obtemos $\mathcal{L}\{x\}$ :

$$[(s^2-1)-1]\,\mathcal{L}\{x\} = 2s+3$$

$$(s^2-2)\mathcal{L}\{x\} = 2s+3$$

$$\mathcal{L}\{x\} = \frac{2s+3}{(s^2-2)}$$

**2º Passo**: Usando as propriedades e a Tabela de Transformadas, virá.

$$x = \mathcal{L}^{-1}\left\{\frac{2s+3}{s^2-2}\right\} = 2\,\mathcal{L}^{-1}\left\{\frac{s}{s^2-(\sqrt{2})^2}\right\} + \frac{3}{\sqrt{2}}\cdot\mathcal{L}^{-1}\left\{\frac{\sqrt{2}}{s^2-(\sqrt{2})^2}\right\}$$

Donde se tem o valor de x = $2\cosh(\sqrt{2}t) + \frac{3}{\sqrt{2}} senh(\sqrt{2}t)$

Calculamos o valor de y = y(t), eliminando $\mathcal{L}\{x\}$:

$$y = \mathcal{L}^{-1}\left\{\frac{1+s}{s^2-2}\right\} = \frac{1}{\sqrt{2}}\mathcal{L}^{-1}\left\{\frac{\sqrt{2}}{s^2-(\sqrt{2})^2}\right\} + \mathcal{L}^{-1}\left\{\frac{s}{s^2-(\sqrt{2})^2}\right\}$$

Donde se tem o valor de y $= \frac{1}{\sqrt{2}} senh(\sqrt{2}t) + \cosh(\sqrt{2}t)$

## EXERCÍCIOS PROPOSTOS

1) Resolva, por TL, as equações e os sistemas de equações

a) $y''+4y'+3y=0$ sendo $y(0)=3$ , $y'(0)=1$

b) $y''-5y'+6y=10$ sendo $y(0)=1$ ; $y'(0)=2$

c) $y''-y=$ sent sendo y(0) = 1 ; $y'(0)=0$

d) $\begin{cases} y'+x'=t \\ y'-x'=e^t \end{cases}$ ; para x(0) = 0 e y(0) = 0

e) $\begin{cases} x'=4x-2y \\ y'=x+y \end{cases}$ ; para x(0) = 0 e y(0) = 1

f) $\begin{cases} x'=x+y \\ y'=4x+y \end{cases}$ ; para x(0) = 0 e y(0) = -1

CAPÍTULO 13

# FUNÇÃO DEGRAU UNITÁRIA, TRANSLADADA E PERIÓDICA – RESOLUÇÃO DE PROBLEMAS FÍSICOS

## 13.1 FUNÇÃO DEGRAU UNITÁRIA

Esta função facilita a construção da função transladada e traz apoio para análise do comportamento e definição de diversas outras funções.

**Definição 1**

É uma função descontínua com diferentes imagens em dois intervalos do domínio.

Seja para $t = a$ , o ponto de descontinuidade e de constituição de degrau:

$$u_a(t) = \begin{cases} 0 & \text{para} \quad t < a \\ 1 & \text{para} \quad t \geq a \ , \ a \geq 0 \end{cases}$$

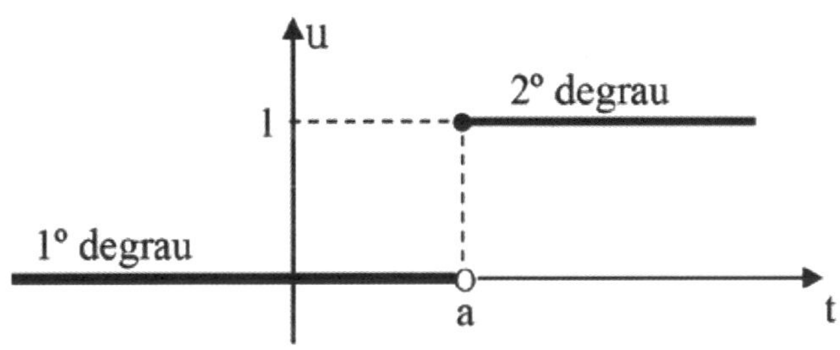


**Notação**

Usa-se u ao invés de f

$$u_a(t) = u(t-a) \ ; \ \text{t} - \text{a} = \text{caracteriza translação}$$

**Definição 2**

Podemos definir as funções múltiplas de $u_a(t)$ como $\alpha\, u_a(t)$, a imagem no intervalo $t \geq a$ é "$\alpha$"

**Traçado de gráfico**

Tracemos o gráfico da função composta de duas funções degrau unitária $f(t) = 2u_3(t) + 3u_4(t)$

$$f_1(t) = 2u_3(t) = \begin{cases} 0 & se \ 0 \leq t < 3 \\ 2 & se \ t \geq 3 \end{cases}$$

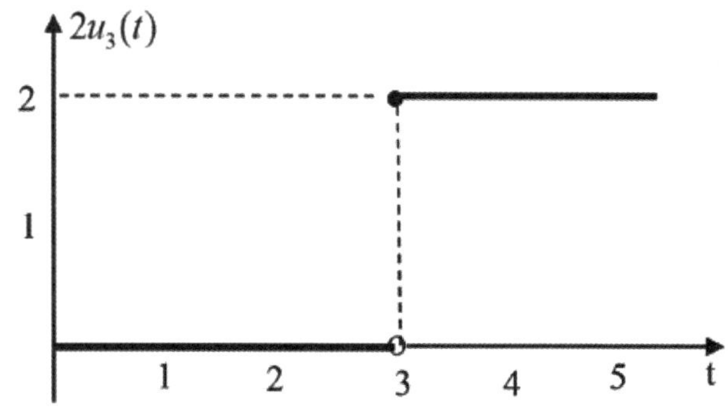


$$f_2(t) = 3u_4(t) = \begin{cases} 0 & se \ 0 \leq t < 4 \\ 2 & se \ t \geq 4 \end{cases}$$

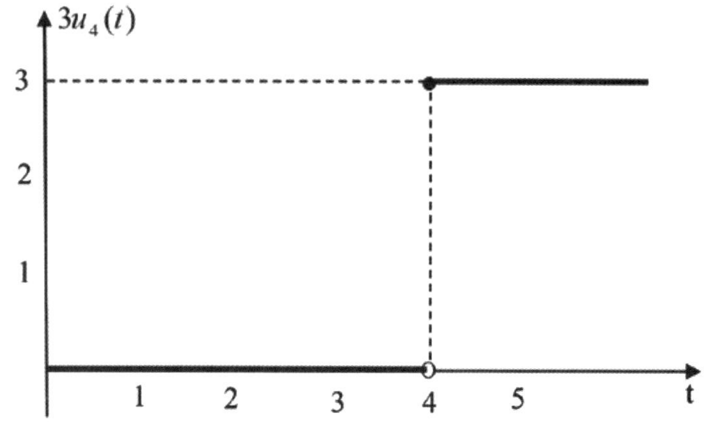


$$f(t) = f_1(t) + f_2(t) = \begin{cases} 0 & se \ 0 \leq t < 3 \\ 2 & se \ 3 \leq t < 4 \\ 5 & se \ t \geq 4 \end{cases}$$

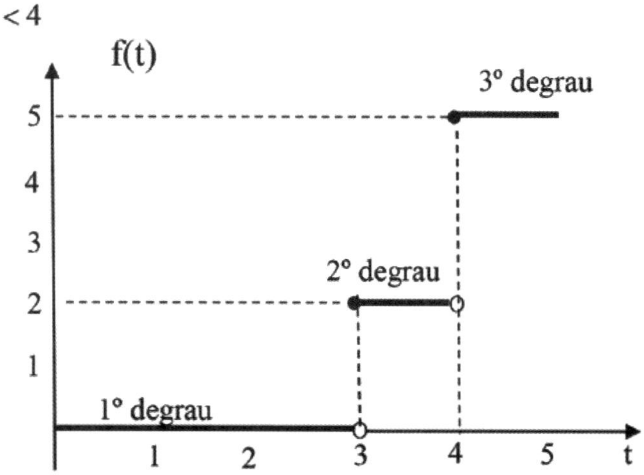

**Definição 3**

Translação de uma função $f = f(t)$ para direita no domínio $t \geq 0$ , para um ponto $t = a$ $(a \geq 0)$.

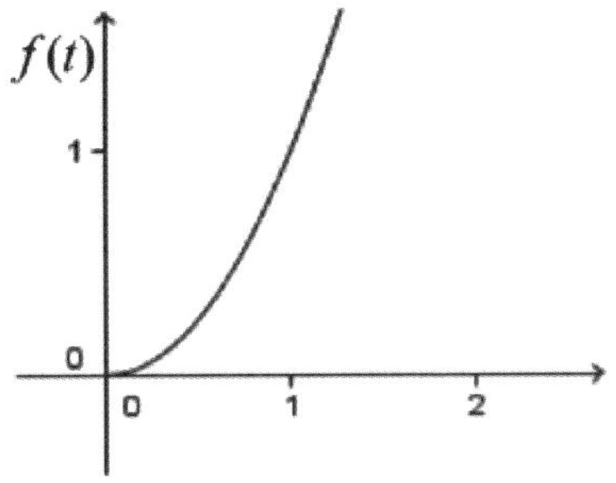


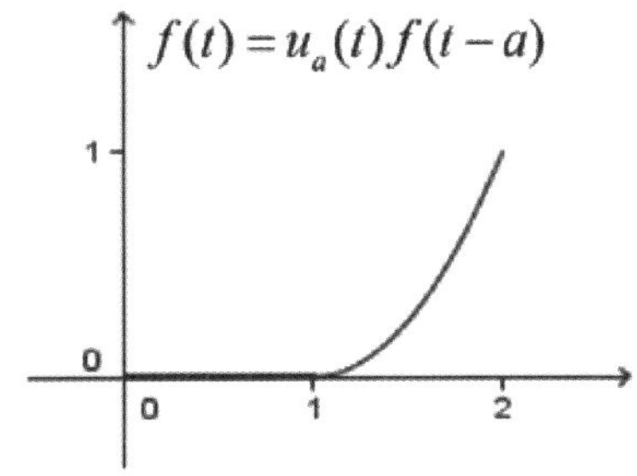


Transladando para $t = a$, criamos um vazio, que é preenchido com a função f(t)=0 no intervalo de **t** variando de 0(zero) para **a**.

A notação é: $f(t) = u_a(t)f(t-a) = \begin{cases} 0 \text{ se } 0 \leq t < a \\ f(t-a) \text{ se } t \geq a \end{cases}$

**Exemplos**

a) Dada a função original e um ponto:

I) transladar a função II) definir seu domínio e imagem

I) $f(t) = t^2 + 1$ , a = 2

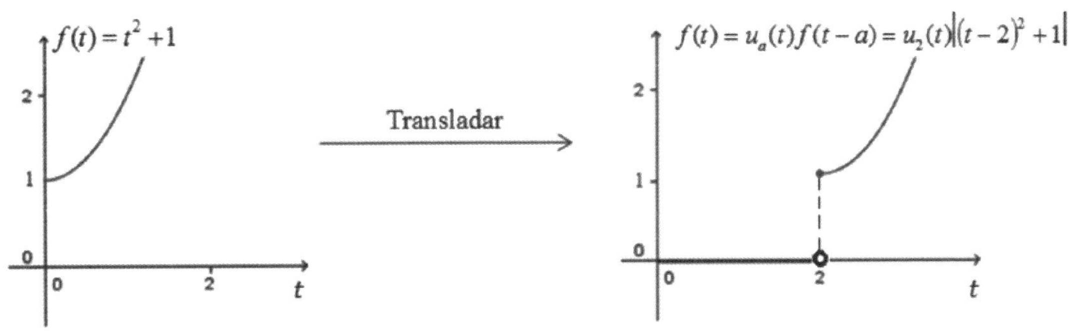


$$f_1(t) = u_2(t)f(t-2) = u_2(t)\left[(t-2)^2 + 1\right] = \begin{cases} 0 \text{ se } 0 \leq t < 2 \\ (t-2)^2 + 1 \text{ se } t \geq 2 \end{cases}$$

II)

$f(t) = sent$ , $t = \pi$

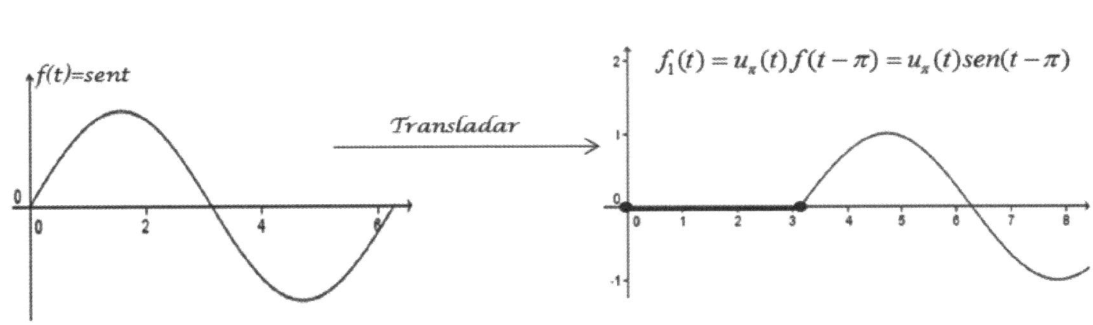

$$f_1(t) = u_\pi(t) f(t-\pi) = u_\pi(t) sen(t-\pi) = \begin{cases} 0 \text{ se } 0 \le t < \pi \\ sen(t-\pi) \text{ se } t \ge \pi \end{cases}$$

b) Dadas as funções transladadas, traçar seus gráficos e definir as mesmas nos intervalos, isto é, do seu domínio e da sua imagem.

I) $f(t) = \underbrace{u_2(t)[(t-2)^2+1]}_{f_1(t)} + \underbrace{u_3(t)(t-3)}_{f_2(t)}$

Translação de $t=0$ para $t=2$, consideramos a função original f(t) = $t^2$ + 1, a função transladada é $f_1 = u_2(t)[(t-2)^2+1] \Rightarrow$ função original: $f(t) = t^2+1$

Translação de $t=0$ para t = 3

$f_2 = u_3(t)(t-3) \Rightarrow$ Função original: $f(t) = t$

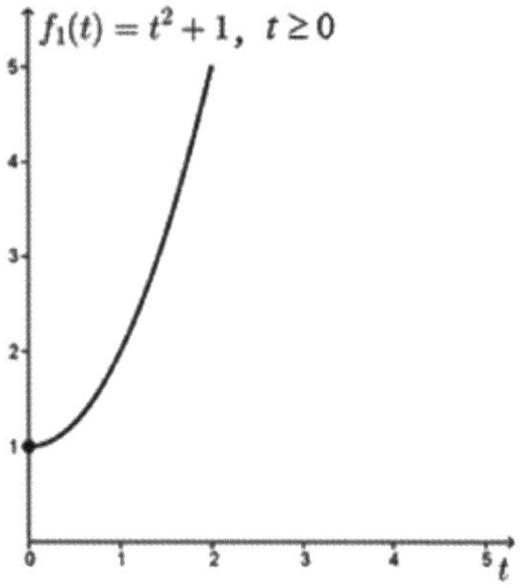


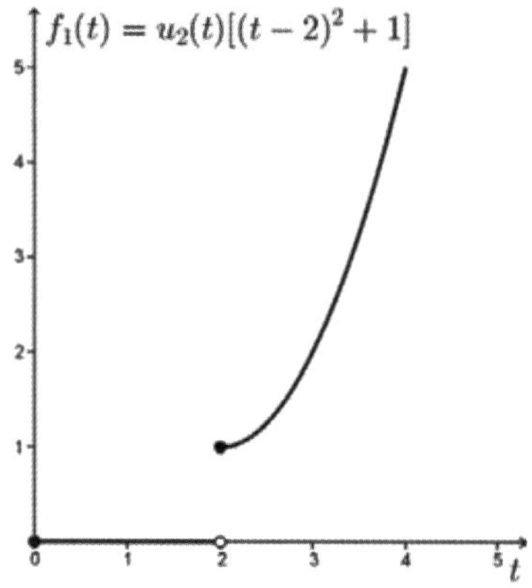


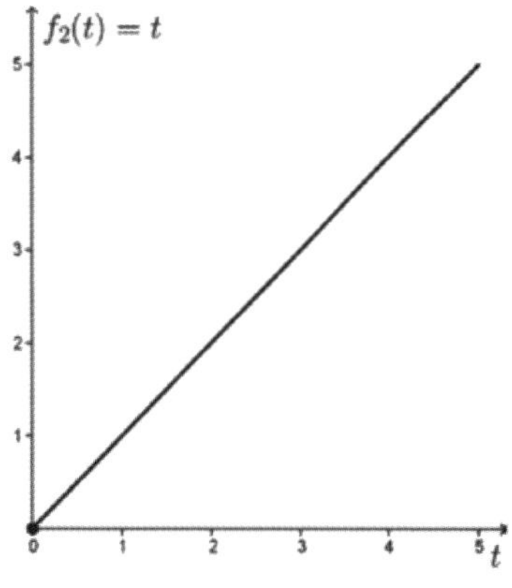


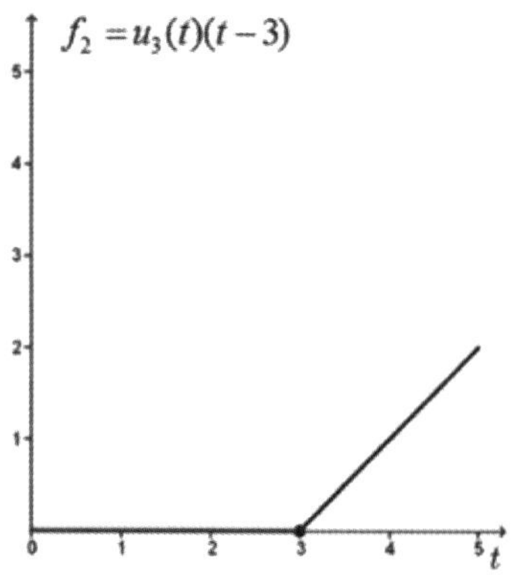


$$f(t) = f_1(t) + f_2(t) = \begin{cases} 0 \;, & se \;\; 0 \le t < 2 \\ (t-2)^2+1 \;, & se \;\; 2 \le t \le 3 \\ (t-2)^2+1+t-3 \;, & se \;\; t > 3 \end{cases}$$

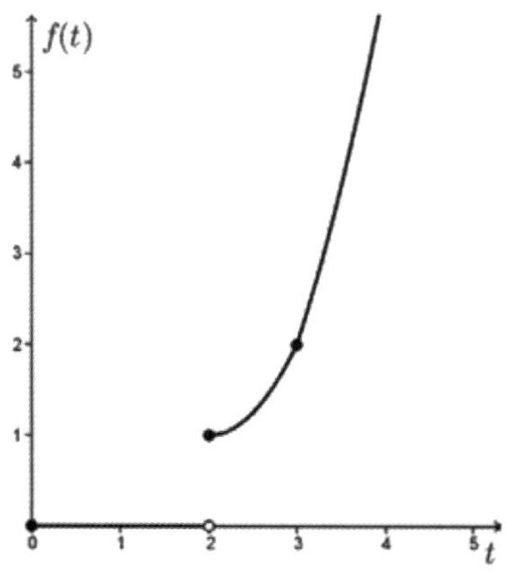

$$f(t)=\begin{cases}0\ , \quad se\ 0\le t<2\\ t^2-4t+5\ , \quad se\ 2\le t\le 3\\ t^2-3t+2\ , \quad se\ t>3\end{cases}$$

II) $f(t)=\underbrace{1}_{f_1(t)}+\underbrace{u_{\frac{3\pi}{2}}(t)\left(\cos\left(t-\frac{3\pi}{2}\right)\right)}_{f_2(t)}$

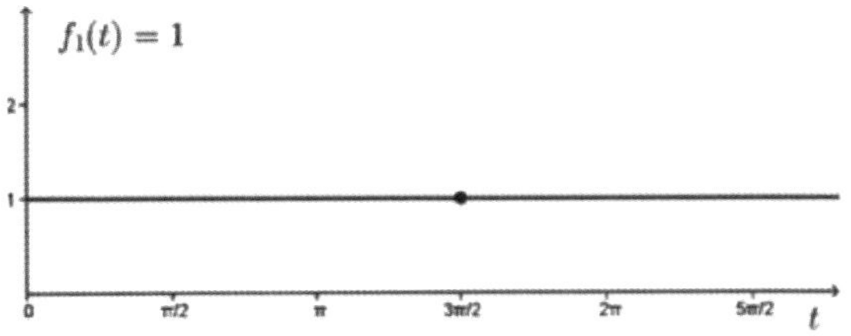


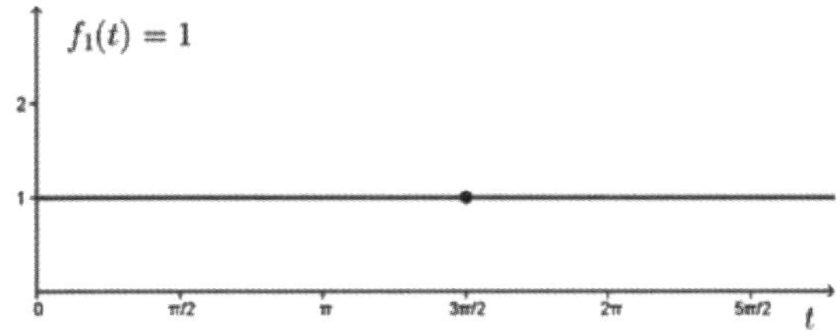


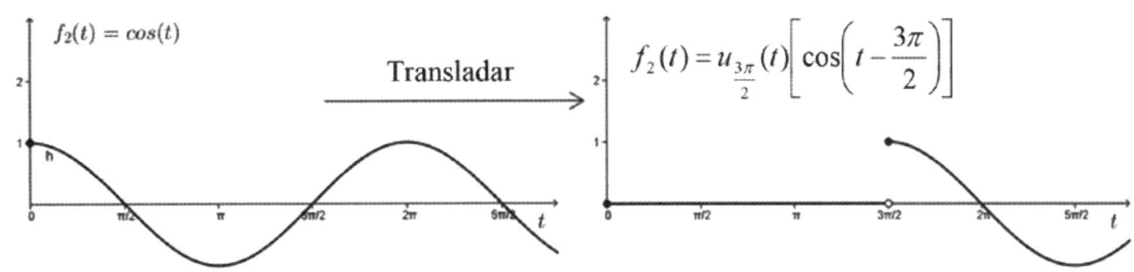


$$f(f)=f_1(t)+f_2(t)=1+u_{\frac{3\pi}{2}}(t)\cos\left(t-\frac{3\pi}{2}\right)$$

$$f(t)=\begin{cases}1\ , \quad se\ 0\le t<\dfrac{3\pi}{2}\\ 1+\cos\left(t-\dfrac{3\pi}{2}\right), \quad se\ t\ge\dfrac{3\pi}{2}\end{cases}$$

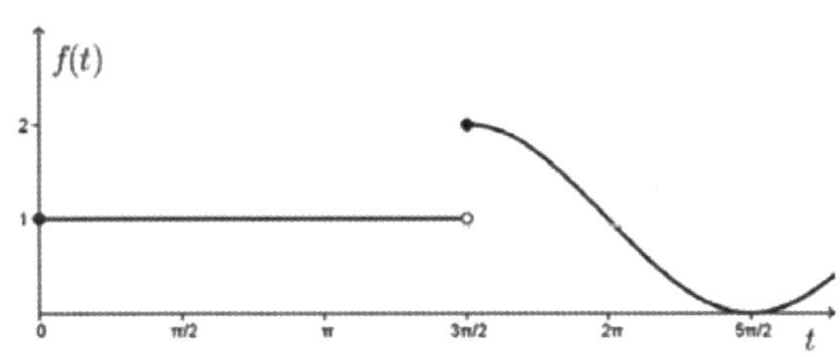


## 13.2 TRANSFORMADA DE LAPLACE DE UMA FUNÇÃO TRANSLADADA

**Observação:** Função original f(t) e função transladada $u_a(t)f(t-a)$

Se $\mathcal{L}\{f(t)\}=F(s)$ então $\mathcal{L}\{u_a(t)f(t-a)\}=e^{-aS}F(s)$

**Demonstração**

$\mathcal{L}\{u_a(t)f(t-a)\}=\int_0^\infty u_a(t)f(t-a)e^{-St}dt=\underbrace{\int_0^a 0f(t-a)e^{-St}dt}_{0}+\int_a^\infty f(t-a)e^{-St}dt=$ (mudança de variável: t - a = x, detalhada adiante) =

$=\int_0^\infty f(x)e^{-S(x+a)}dx=\int_0^\infty f(x)e^{-Sx}e^{-Sa}dx=e^{-Sa}\underbrace{\int_0^\infty f(x)e^{-Sx}dx}_{*}=e^{-aS}F(s)$ ; $e^{-Sa}$ = constante (porque **s**, **a** e ***e*** são constantes), logo levamos $e^{-aS}$ para fora da integral. Verificamos que houve uma mudança de variável.

| Promovemos uma mudança de variável |  |
|---|---|
| $\begin{cases} t-a=x \to dt=dx \\ t=x+a \end{cases}$ | $\begin{cases} t \to \infty \Rightarrow x \to \infty \\ t \to a \Rightarrow a \to 0 \end{cases}$ |

* TL na variável x.

**Exemplos**

I) Calculamos a TL das funções

a) Função degrau unitária para $a = 2$

$f(t) = 1$ função original, sua TL é $F(s) = \dfrac{1}{s}$

Função transladada: $f_2(t) = u_2(t)(1)$

A sua TL é: $\mathcal{L}\{u_2(t)(1)\} = e^{-2s}\dfrac{1}{s} = \dfrac{e^{-2s}}{s}$

b) Função: $f(t) = t^2 + 1$ para a = 3

Função original: $f(t) = t^2 + 1 \Rightarrow F(s) = \dfrac{2!}{s^3} + \dfrac{1}{s}$, usando a propriedade da linearidade e a tabela.

Função transladada: $f_2(t) = u_3(t)\left[(t-3)^2 + 1\right]$

A sua TL é: $\mathcal{L}\{u_3(t)\{(t-3)^2 + 1]\} = e^{-3s}\left(\dfrac{2}{s^3} + \dfrac{1}{s}\right)$, sendo 2! = 2

II) Calculamos as Transformadas Inversas de Laplace

a) $\mathcal{L}^{-1}\left\{e^{-\pi S}\dfrac{1}{1+s^2}\right\} = u_\pi(t)sen(t-\pi)$ sendo $\to$ $F(s) = \dfrac{1}{1+s^2} \Rightarrow f(t) = sent$ (função original), sendo $a = \pi$ obtido da exponencial $e^{-\pi S}$ (usando a, fórmula $e^{-aS}$)

b) $\mathcal{L}^{-1}\left\{\dfrac{e^{-3S}}{s^5}\right\} = \dfrac{1}{4!}\mathcal{L}^{-1}\left\{e^{-3s}\dfrac{4!}{s^5}\right\} = \dfrac{1}{4!}u_3(t)(t-3)^4$, sabendo que $F(s) = \dfrac{4!}{s^5} = \dfrac{4!}{s^{4+1}} \to f(t) = t^4$ (função original), sendo $a = 3$ obtido da exponencial $e^{-3S}$ (usando a, fórmula $e^{-3S}$)

III) (a)Calculamos a função original, dada $\mathcal{L}^{-1}\left\{\dfrac{1-e^{-2s}}{s^2}\right\}$ e (b) Traçamos seu gráfico

$$\mathcal{L}^{-1}\left\{\frac{1-e^{-2S}}{s^2}\right\} = \mathcal{L}^{-1}\left\{\frac{1}{s^2}\right\} - \mathcal{L}^{-1}\left\{\frac{e^{-2S}}{s^2}\right\} = t - u_2(t)(t-2) = f(t)$$

$f_1(t) = t$

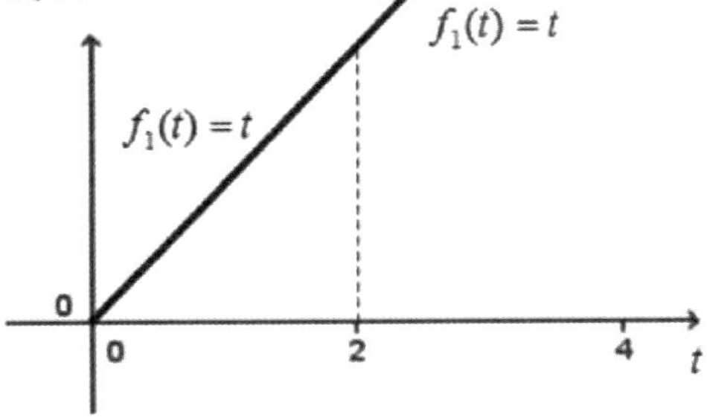


$f_2(t) = u_2(t)(t-2)$

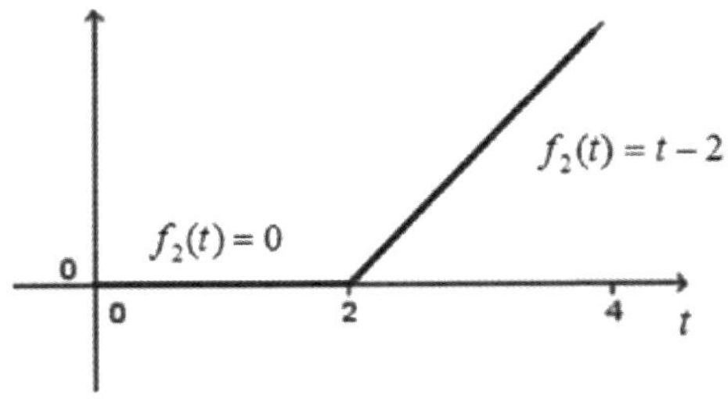


$$f(t) = f_1(t) - f_2(t) = \begin{cases} t & \text{se} \quad 0 \le t < 2 \\ 2 & \text{se} \quad t \ge 2 \end{cases}$$

Analisando os valores das funções nos dois gráficos e nos dois intervalos seguintes, se tem f(t):

$0 \le t \le 2 : f(t) = f_1(t) - f_2(t) = t - 0 = t$

$t > 2 : f(t) = f_1(t) - f_2(t) = t - (t-2) = 2$

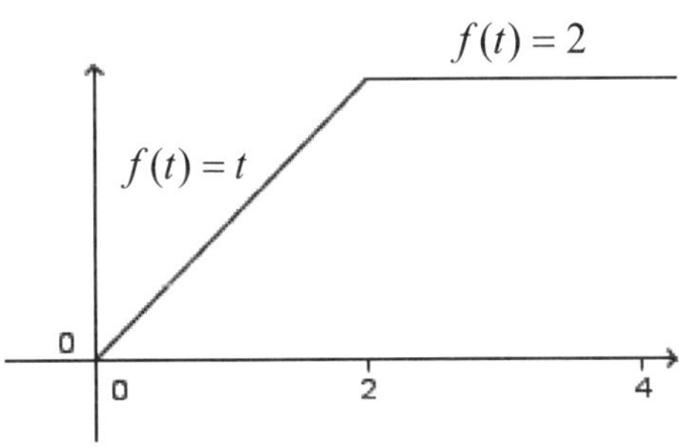


IV) (a) Resolvemos a Equação Diferencial, usando TL e traçamos o gráfico da solução

$x'' + x = u_\pi(t)$ , $t = 0 \Rightarrow x = 0$ , $x' = 0$

$\mathcal{L}\{x''\} + \mathcal{L}\{x\} = \mathcal{L}\{u_\pi(t)\}$

$s^2 \mathcal{L}\{x\} - s \cdot 0 - 0 + \mathcal{L}\{x\} = \dfrac{1}{s} e^{-\pi s}$ , colocando $\mathcal{L}\{x\}$ em evidência

$(s^2+1) \quad \mathcal{L}\{x\} = \dfrac{1}{s} e^{-\pi s}$ ou $\mathcal{L}\{x\} = \dfrac{1}{s(s^2+1)} e^{-\pi s}$ ;

decompondo em frações F(s) para usar a tabela de transformada, temos

$$\mathcal{L}\{x\}=\left[\frac{1}{s}-\frac{s}{s^2+1}\right]e^{-\pi s}$$

$$x=\mathcal{L}^{-1}\left\{\frac{1}{s}e^{-\pi s}\right\}-\mathcal{L}^{-1}\left\{\frac{s}{s^2+1}e^{-\pi s}\right\} \text{ donde: } \quad x=u_\pi(t)-u_\pi(t)\cos(t-\pi)$$

b) $f_1=u_\pi(t)=u_\pi(t)(1)$

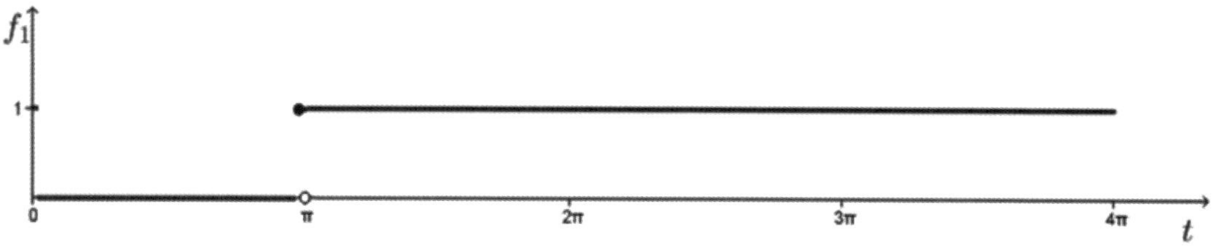


$f_2=u_\pi(t)\cos(t-\pi)$

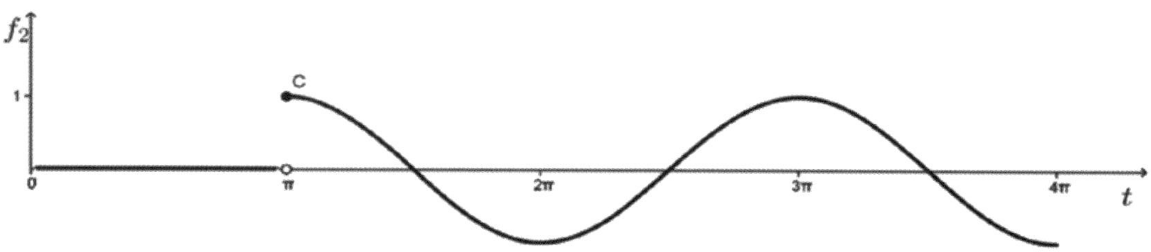


$f_1(t)-f_2(t)=u_\pi(t)-u_\pi(t)\cos(t-\pi)$

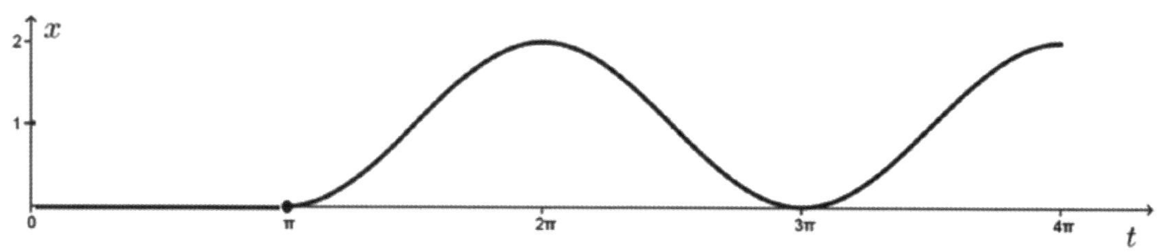


$$x=u_\pi(t)-u_\pi(t)\cos(t-\pi)=\begin{cases}0, \; se \quad 0\le t<\pi \\ 1-\cos(t-\pi), \quad se - t\ge\pi\end{cases}$$

## 13.3 FUNÇÕES PERIÓDICAS

**Definição**

Uma função $f=f(t)$ é chamada periódica se existir uma constante $\mathrm{T}>0$, tal que: $f(t+T)=f(t)$ para todo $t\ge 0$.

O período é o menor valor de T para o qual a propriedade da função $f=f(t)$ é definida, isto é, para valores do domínio, temos a variável de todo conjunto imagem.

**Exemplos**

As funções seno e cosseno são periódicas de período $T=2\pi$, por definição.

As funções resultantes das transformações das funções seno e cosseno tem período determinado da seguinte maneira: Tomamos o múltiplo de t trocando t por T e igualando a $2\pi$ e isolando T.

**Exemplos:**

I) $f(t) = sen(2t) \Rightarrow 2T = 2\pi \quad ou \; T = \pi$

II) $f(t) = sen\left(\frac{t}{2}\right) \Rightarrow \frac{T}{2} = 2\pi \; ou \quad T = 4\pi$

III) $f(t) = \cos(2t) \Rightarrow 2T = 2\pi \; ou \quad T = \pi$

IV) $f(t) = \cos\left(\frac{t}{2}\right) \quad \Rightarrow \frac{T}{2} = 2\pi \; ou \; T = 4\pi$

V) Traçamos o gráfico de $f(t) = sent$ , f(t) = sen(2t) e $f(t) = sen\left(\frac{t}{2}\right)$

Seguem as funções e os respectivos períodos

$f(t) = sent \rightarrow$ T = $2\pi$

$f(t) = sen(2t) \; \rightarrow$ T = $\pi$

$f(t) = sen\left(\frac{t}{2}\right) \; \rightarrow$ T = $4\pi$

Em cada gráfico é esboçado um período das funções

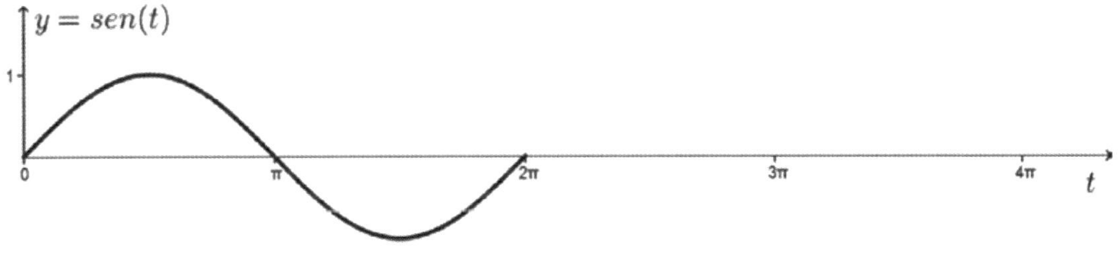


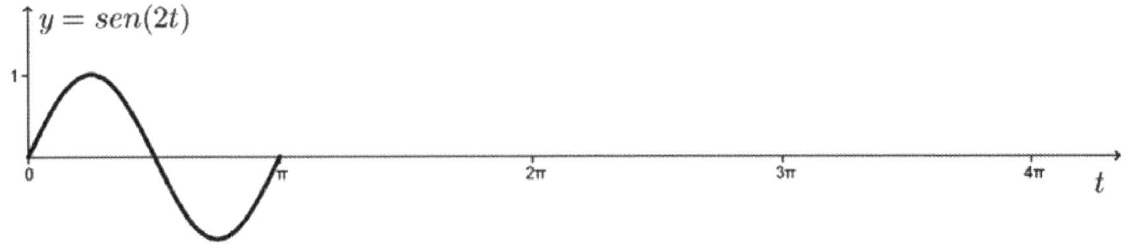


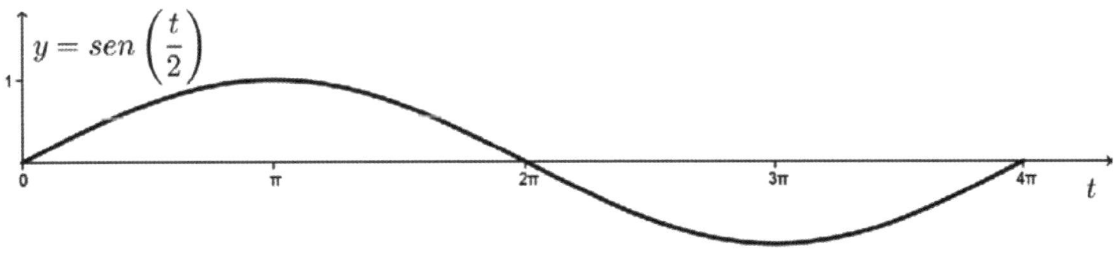


Tomando as funções com seu respectivo período num mesmo sistema de eixos

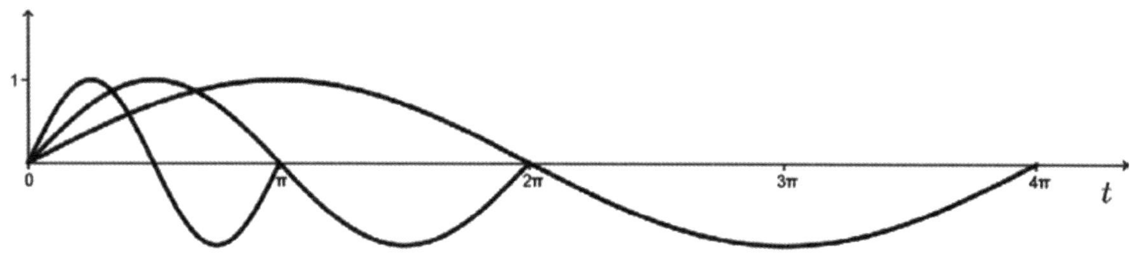


### 13.3.1 CONSTRUÇÃO DE FUNÇÕES PERIÓDICAS

Tomamos um intervalo definido correspondente ao período e depois fazemos a repetição da mesma em intervalos do domínio da função, igual ao período definido.

**Exemplos**

I) $f(t)=\begin{cases} sent & , \ 0\leq t<\pi \\ 0 & , \ \pi\leq t\leq 2\pi \end{cases}$ , período: $T=2\pi$, $f(t+2\pi)=f(t)$

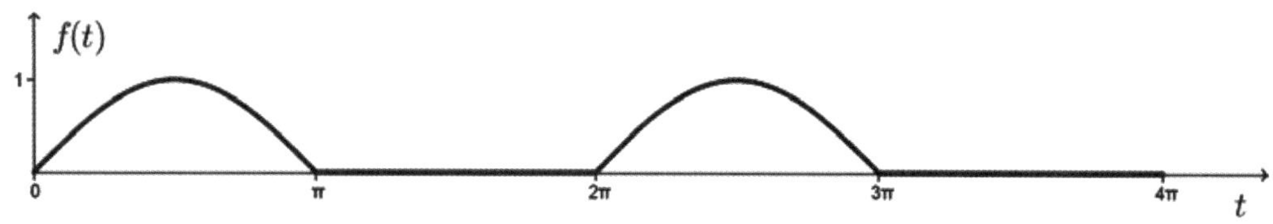


II) $f(t)=\begin{cases} t & , \ 0\leq t\leq 1 \\ 0 & , \ 1<t\leq 2 \end{cases}$ ,período: $T=2$, $f(t+2)=f(t)$

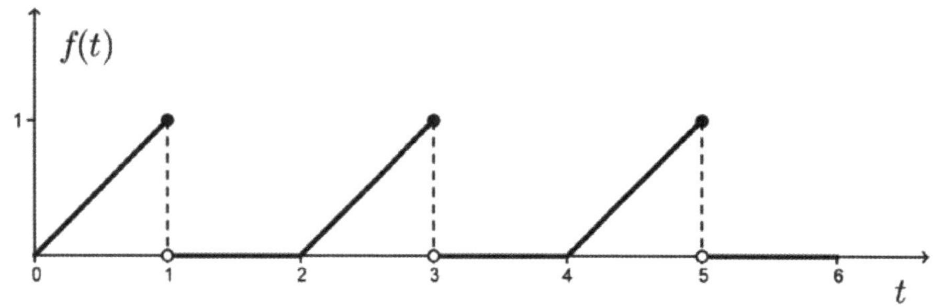


III) $f(t)=\begin{cases} 1 & \text{se} \ 0\leq t\leq 1 \\ -1 & \text{se} \ 1<t<2 \end{cases}$, período: $T=2$, $f(t+2)=f(t)$

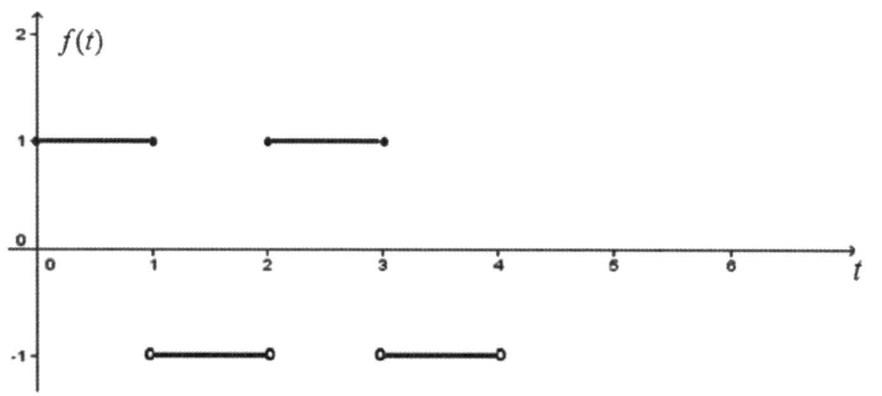

## 13.4 TRANSFORMADA DE LAPLACE DE UMA FUNÇÃO PERIÓDICA DE PERÍODO T

Seja uma função $f = f(t)$, periódica de período T, isto é, $f(t) = f(t+T) = f(t+2T) = f(t+3T) = ... = f(t + nT)$, n inteiro.

Se a função é contínua em intervalos, então existe sua Transformada de Laplace, dada por:

$$\mathcal{L}\{f(t)\} = \frac{1}{1-e^{-TS}} \int_0^T e^{-St} f(t)dt$$

**Demonstração**

Seja a função $f(t)$, periódica de período T, isto é $f(t+T) = f(t)$, contínua no seu domínio. A sua Transformada de Laplace é calculada por:

$$\mathcal{L}\{f(t)\} = \int_0^\infty e^{-st} f(t)dt = \int_0^T e^{-st} f(t)dt + \int_T^{2T} e^{-st} f(t)dt + \int_{2T}^{3T} e^{-st} f(t)dt \quad \cdots$$

Sendo: $f(t) = f(t+T) = f(t+2T) = f(t+3T) \quad \cdots$

$$\mathcal{L}\ \{f(t)\} = \int_0^T e^{-st} f(t)dt + \int_0^T e^{-s(t+T)} f(t)dt + \int_0^T e^{-s(t+2T)} f(t)dt + \ldots$$

Ou ainda, aplicando a propriedade da potência com soma no expoente, que resulta num produto de potência de mesma base

$$\mathcal{L}\{f(t)\} = \int_0^T e^{-st} f(t)dt + \int_0^T e^{-st}.e^{-sT} f(t)dt + \int_0^T e^{-st}.e^{-2sT} f(t)dt + \ldots$$

ou

$$\mathcal{L}\{f(t)\} = \int_0^T e^{-st} f(t)dt + e^{-sT} \int_0^T e^{-st} f(t)dt + e^{-2sT} \int_0^T e^{-st} f(t)dt + \ldots$$

Tomando os valores que não dependem de t (são termos constantes) fora da integral e colocando em evidência o termo comum que é $\int_0^T e^{-st} f(t)dt$ :

$\mathcal{L}\{f(t)\} = \left[1 + e^{-sT} + e^{-2sT} + e^{-3sT} + \cdots\right] \int_0^T e^{-st} f(t)dt$, considerando que a soma "entre colchetes", é soma dos termos de uma progressão geométrica infinita de primeiro termo 1(um) e razão $e^{-sT}$ e tomando a fórmula de uma PG infinita (pois $|q| < 1$), $S = \frac{a_1}{1-q}$, $a_1 = 1$ $e$ $q = e^{-ST}$, então virá:

$$\mathcal{L}\ \{f(t)\} = \frac{1}{1-e^{-sT}} \int_0^T e^{-st} f(t)dt$$

**Exemplo**

1- Calcule TL de $f(t) = t$, $f(t+1) = f(t)$; período T = 1

Sendo o gráfico:

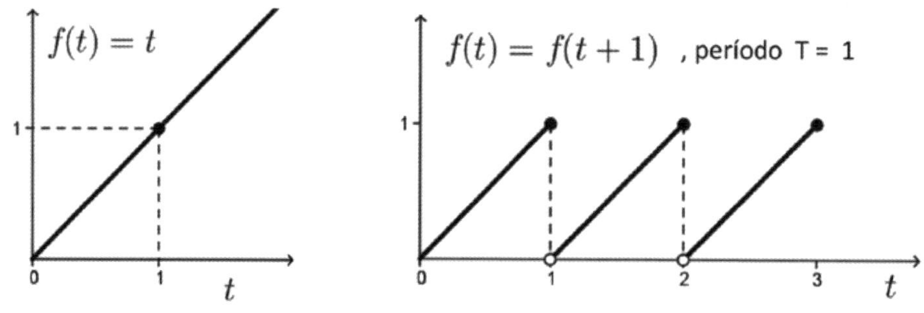


$$\mathcal{L}\,\{f(t+1)\} = \frac{1}{1-e^{-S}} \underbrace{\int_0^1 e^{-St}\, t\, dt}_{*}$$

(*) Integração por partes: $\int e^{-st}\, t dt = -\dfrac{te^{-st}}{s} - \dfrac{e^{-st}}{s^2}$

Como é uma integral definida, substituímos os extremos 1 e 0 (zero). Tomamos o valor da integral:

$$\int_0^1 e^{-St}\, t\, dt = \left[ -\frac{te^{-St}}{s} - \frac{e^{-St}}{s^2} \right]_0^1 = -\frac{e^{-S}}{s} - \frac{e^{-S}}{s^2} - \left( 0 - \frac{1}{s^2} \right) = -\frac{e^{-s}}{s} + \frac{1-e^{-s}}{s^2}$$

$$\mathcal{L}\,\{f(t+1)\} = \frac{1}{1-e^{-s}} \left[ -\frac{e^{-s}}{s} + \frac{1-e^{-s}}{s^2} \right] = -\frac{e^{-s}}{s(1-e^{-s})} + \frac{1}{s^2}$$

## 13.5 PROBLEMA DE ELETRICIDADE

Seja a carga num condensador em um circuito elétrico simples sem resistência e com uma voltagem da forma h(t).

A resposta "y" de um oscilador harmônico não amortecido sujeito a uma força aplicada h(t) é dada pela equação e as condições: $y''+4y = h(t)$ ; $y(0) = 1$ e $y'(0) = 0$ , sendo $h(t) = u_\pi(t)$

I) esboço do gráfico de $h(t)$

II) cálculo da função resposta $y = y(t)$

III) esboço do gráfico de $y(t)$

IV) Análise do comportamento de $h(t)$ *e* $y(t)$. Escreva um pequeno texto descrevendo o comportamento do fenômeno.

Determinamos I , II , III , para cada valor de $h = h(t)$ , sendo $h(t) = u_\pi(t)$ resolvido a seguir

**Resolução**

$y''+4y = h(t) = u_\pi(t)$

I) Gráfico de $h(t) = u_\pi(t)$

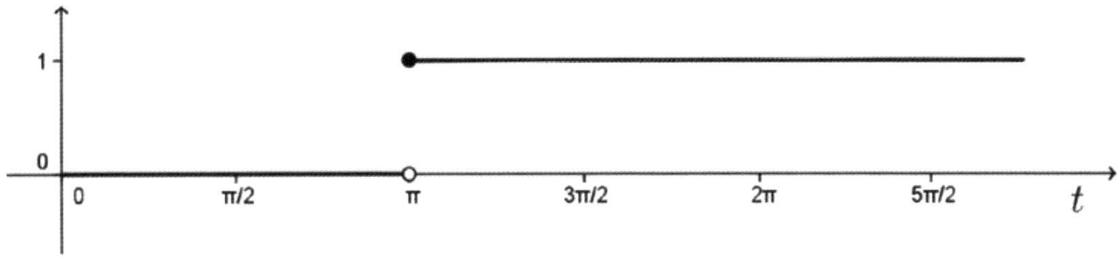


II) Cálculo da função-resposta $y = y(t)$ que é a solução da Equação Diferencial dada pelo oscilador harmônico.

Resolução por Transformada de Laplace

$$\mathcal{L}\{y''\} + 4\ \mathcal{L}\{y\} = \mathcal{L}\ \{u_\pi(t)\}$$

$$s^2\ \mathcal{L}\{y\} - s \cdot 1 - 0 + 4\ \mathcal{L}\{y\} = \frac{1}{s}e^{-\pi s} \quad \Rightarrow \quad (s^2+4)\ \mathcal{L}\{y\} = \frac{1}{s}e^{-\pi s} + s$$

$$\mathcal{L}\{y\} = \frac{e^{-\pi s}}{s(s^2+4)} + \frac{s}{s^2+4} \quad \Rightarrow \quad y = \mathcal{L}^{-1}\left\{\frac{e^{-\pi s}}{s(s^2+4)} + \frac{s}{s^2+4}\right\} \Rightarrow$$

$$y = \frac{1}{4}u_\pi(t) - \frac{1}{4}u_\pi(t)\cos 2(t-\pi) + \cos(2t)$$

Logo y é a resposta do oscilador harmônico do problema proposto.

III) Gráfico de $y(t) = f_1(t) - f_2(t) + f_3(t)$ ; sendo $f_1(t) = \frac{1}{4}u_\pi(t)$; $f_2(t) = \frac{1}{4}u_\pi(t)\cos 2(t-\pi)$;

$f_3(t) = \cos(2t)$;

Esboço do gráfico de $f_1(t) = \frac{1}{4}u_\pi(t)$

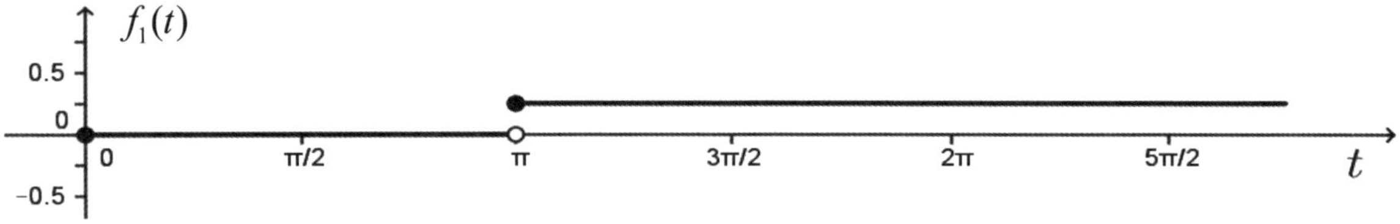


Esboço do gráfico de $f_2(t) = \frac{1}{4}u_\pi(t)\cos 2(t-\pi)$

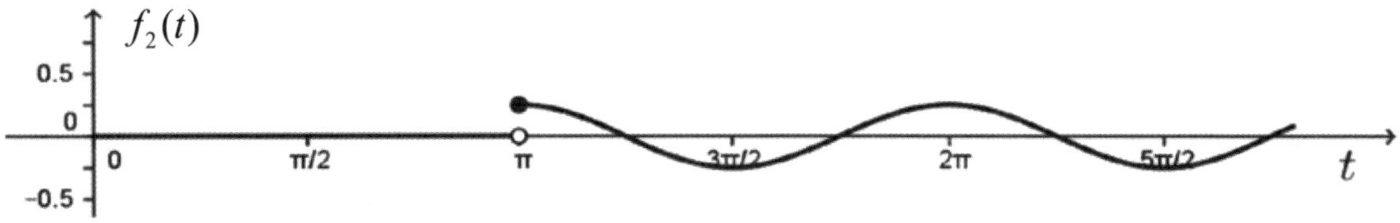


Esboço do gráfico de $f_3(t) = \cos(2t)$

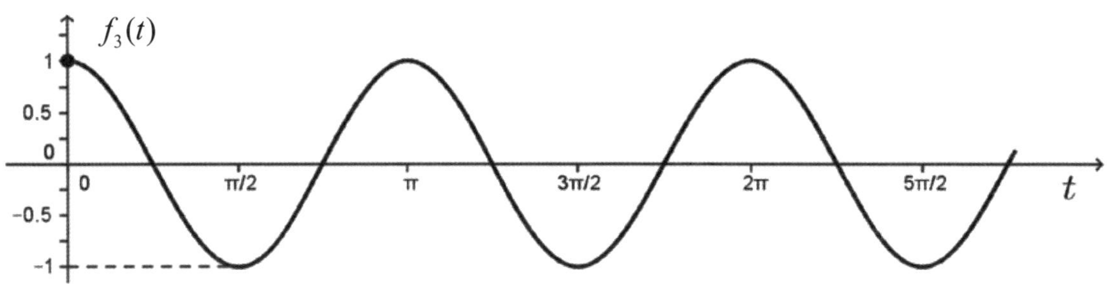


Esboço do gráfico de $f(t) = \frac{1}{4}u_\pi(t) - \frac{1}{4}u_\pi(t)\cos 2(t-\pi) + \cos(2t)$

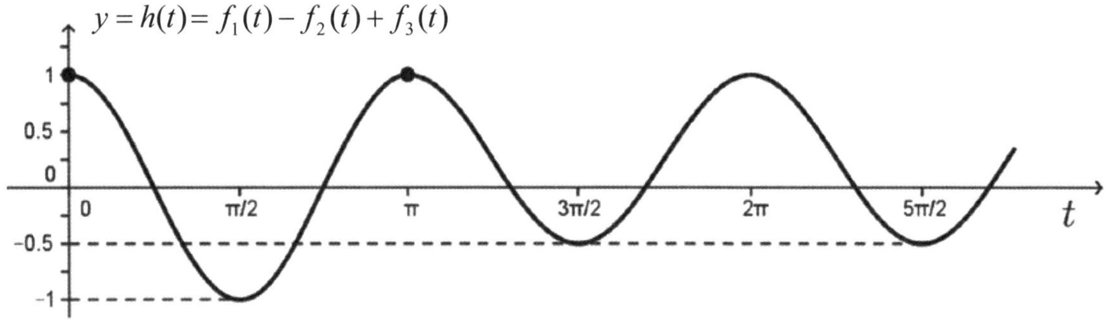

IV) Analise o comportamento de $h(t)$ e $y(t)$, escreva um pequeno texto descrevendo o comportamento do fenômeno.

| |
|---|
| ______________________________ |
| ______________________________ |
| ______________________________ |
| ______________________________ |
| ______________________________ |
| ______________________________ |

## EXERCÍCIOS PROPOSTOS

1) Esboce o gráfico das funções:

a) $f(t) = u_2(t) + u_3(t) - u_4(t)$

b) $f(t) = 2u_2(t) + 3u_3(t)$

c) $f(t) = u_2(t)[(t-2)]$

d) $f(t) = u_\pi(t)\cos(t-\pi)$

e) $f(t) = \begin{cases} 2, & se\ 0 \le t \le 1 \\ -2, & se\ 1 < t \le 2 \end{cases}$, *período* $T = 2$

2) Resolva o seguinte problema de eletricidade para os diferentes valores de h(t):

Seja a carga num condensador em um circuito elétrico simples sem resistência e com uma voltagem da forma h(t).

A resposta "y" de um oscilador harmônico não amortecido sujeito a uma força aplicada h(t) é dada pela equação e as condições: $y''+4y = h(t)$ ; $y(0) = 1$ e $y'(0) = 0$, determine:

I) Esboço do gráfico de $h(t)$:

II) função resposta $y = y(t)$.

III) Esboço o gráfico de $y(t)$ para cada valor de h(t):

> **Observação**
> Este problema já foi resolvido com $h(t) = u_\pi(t)$

a) $h(t) = u_{2\pi}(t)$

b) $h(t) = u_\pi(t) - u_{2\pi}(t)$

c) $h(t) = u_\pi(t) + u_{2\pi}(t)$

d) $h(t) = sent$

e) $h(t) = \cos t$

# TABELA TRANSFORMADA DE LAPLACE

**Definição:** $\mathcal{L}\{f(t)\} = \int_0^{\infty} f(t)\, e^{-st} \cdot dt = F(s)$

$$\mathcal{L} \rightleftarrows \mathcal{L}^{-1}$$

| | FUNÇÃO: f(t) | TRANSFORMADA: F(s) | DEFINIÇÃO - PROPRIEDADES |
|---|---|---|---|
| 01 | C | $\frac{C}{s}$ | DEDUÇÃO PELA DEFINIÇÃO |
| 02 | $e^{t}$ | $\frac{1}{s-1}$ | |
| 03 | $e^{-t}$ | $\frac{1}{s+1}$ | |
| 04 | $sent$ | $\frac{1}{s^2+1}$ | |
| 05 | $\cos t$ | $\frac{s}{s^2+1}$ | |
| 06 | $\cosh t$ | $\frac{s}{s^2-1}$ | DEDUÇÃO PELA PROPRIEDADE DA LINEARIDADE |
| 07 | $senht$ | $\frac{1}{s^2-1}$ | |
| 08 | $f(at)$ | $\frac{1}{a}F\left(\frac{s}{a}\right)$ | DEDUÇÃO PELA PROPRIEDADE DA MUDANÇA DE ESCALA |
| 09 | $e^{-at}$ ou $e^{at}$ | $\frac{1}{s+a}$ ou $\frac{1}{s-a}$ | PROPRIEDADE DA MUDANÇA DE ESCALA |
| 10 | $\cos(at)$ | $\frac{s}{s^2+a^2}$ | |
| 11 | $sen(at)$ | $\frac{a}{s^2+a^2}$ | |
| 12 | $\cosh(at)$ | $\frac{s}{s^2-a^2}$ | |
| 13 | $senh(at)$ | $\frac{a}{s^2-a^2}$ | |
| 14 | $e^{-\alpha t} f(t)$ | $F(s+\alpha)$ | PROPRIEDADE DO DESLOCAMENTO |
| 15 | $t^n f(t)$ | $(-1)^n \frac{d^n}{ds^n}[F(s)]$ | PROPRIEDADE DA POTÊNCIA DE "t" |
| 16 | $t^n$ | $\frac{n!}{s^{n+1}}$ | |
| 17 | $f'(t)$ | $s\mathcal{L}\{f(t)\} - f(0)$ | PROPRIEDADE DA DERIVADA |
| 18 | $f''(t)$ | $s^2\mathcal{L}\{f(t)\} - sf(0) - f'(0)$ | |
| 19 | $f'''(t)$ | $s^3\mathcal{L}\{f(t)\} - s^2 f(0) - sf'(0) - f''(0)$ | |
| 20 | $U_a(t)\, f(t-a)$ | $e^{-as}F(s)$ | TRANSLAÇÃO |
| 21 | $\mathcal{L}^{-1}[F(s)] = f(t)$ e $\mathcal{L}^{-1}[G(s)] = g(t)$ então $\mathcal{L}^{-1}[F(s)\cdot G(s)] = \int_0^t f(u)g(t-u)du$ | | CONVOLUÇÃO |
| 22 | $f(t+T) = f(t)$ | $\frac{1}{1-e^{-Ts}}\int_0^T e^{-st} f(t).dt$ | FUNÇÃO PERIÓDICA DE PERÍODO T |

**Observação:** A última coluna é uma orientação para dedução das transformadas e identificação das propriedades.

**FUNÇÕES HIPERBÓLICAS**

$$\begin{cases} \cosh t = \dfrac{e^{t}+e^{-t}}{2} \\ senh t = \dfrac{e^{t}-e^{-t}}{2} \end{cases}$$

cosh = cosseno hiperbólico

senh = seno hiperbólico

CAPÍTULO 14

# CONVOLUÇÃO

## 14.1 NECESSIDADE DO MÉTODO DE CONVOLUÇÃO

Podemos resolver uma Equação Diferencial Linear com Transformada de Laplace.

Ao se utilizar as Transformadas de Laplace, na resolução de uma Equação Diferencial, em certos casos, nos deparamos com convoluções que

> aparecem em diversas aplicações onde o comportamento do sistema em qualquer instante t não depende apenas do estado no instante t, mas também de sua história passada. Sistemas desse tipo são chamados, algumas vezes, de sistemas hereditários e ocorrem em campos tão diversos quanto transporte, viscoelasticidade e dinâmica populacional, entre outros. (Boyce e DiPrima, p. 271, 2010)

Devido a esta importância, escrevemos neste capítulo, uma análise conceitual e algébrica da Convolução.

Para compreendermos a necessidade da convolução, analisaremos o seguinte PVI:

$$x''(t)+x(t)=\cos t \qquad x(0)=x'(0)=0$$

Muitos fenômenos físicos podem ser modelados pelo PVI apresentado.

Com base no Teorema de Existência e Unicidade podemos afirmar que a solução existe, e é única para tal PVI, pois os coeficientes da Equação Diferencial e a função f(t) = cost são contínuos em todo $\mathbb{R}$.

A fim de resolver este PVI, podemos recorrer a métodos como: variação de parâmetros ou coeficientes a determinar. Porém vamos resolvê-lo utilizando o método da Transformada de Laplace:

$$\mathcal{L}\{x''(t)\}+\mathcal{L}\{x(t)\}=\mathcal{L}\{\cos t\}\Rightarrow s^2x(s)-sx(0)-x'(0)+x(s)=\frac{s}{s^2+1}\Rightarrow$$

$$\Rightarrow x(s)(s^2+1)=\frac{s}{s^2+1}\Rightarrow x(s)=\frac{s}{s^2+1}.\frac{1}{s^2+1}$$

Calculamos x(t), que é a solução do PVI, cuja transformada é F(s) = x(s). Então sabemos que

$$x(t)=\mathcal{L}^{-1}\{x(s)\}=\mathcal{L}^{-1}\left\{\frac{s}{s^2+1}.\frac{1}{s^2+1}\right\}$$

Uma pergunta que surge naturalmente e por conhecer Transformadas de Laplace Se podemos ter

$$\mathcal{L}^{-1}\left\{\frac{s}{s^2+1}.\frac{1}{s^2+1}\right\}=\mathcal{L}^{-1}\left\{\frac{s}{s^2+1}\right\}.\mathcal{L}^{-1}\left\{\frac{1}{s^2+1}\right\}=\cos t.\operatorname{sen} t?$$

E assim, a solução seria x(t) = cost.sent (1)

Bem, o produto das transformadas não é a transformada do produto. Se assim o fosse, a solução dada em (1) estaria correta. O que não é verdade e é fácil de verificar.

Para situações como estas, onde temos um produto de duas Transformadas Inversas conhecidas, definimos um produto "generalizado", chamado de Produto Convolução. E ao aplicar, a transformada na Convolução é possível obter a solução x(t) de forma correta.

## 14.2 DEFINIÇÃO DE CONVOLUÇÃO

Considere que f(t) e g(t) sejam contínuas por partes em $[0, \infty)$. A convolução de f(t) e g(t), indicada por f * g, é definida por: $(f*g)(t) = \int_0^t f(t-u)g(u)du$

(Adaptado NAGLE, SAFF e SNIDER, p. 313, 2012).

Vamos começar a nossa análise verificando que o produto convolução é comutativo, isto é, $f*g = g*f$

$f*g = \int_0^t f(t-u)g(u)du$, utilizando mudança de variáveis $v = t-u \Rightarrow dv = -du$ e mudando as variáveis os limites de integração mudam $v = 0 \Rightarrow u = t \quad e \quad v = t \Rightarrow u = 0$

$\int_t^0 [-f(v)g(t-v)]dv = \int_0^t f(v)g(t-v)dv = g*f$, pela definição de convolução.

**Exemplo**

Calcular a convolução $t^2 * \cos t$.

Já sabemos que $t^2*\cos t = \cos t*t^2$, logo pela definição

$$(f*g)(t) = \int_0^t f(t-u)g(u)du = \int_0^t f(u)g(t-u)du = (g*f)(t)$$

Assim:

$$t^2*\cos t = \underbrace{\int_0^t (t-u)^2 \cos u\, du}_{(I)} = \underbrace{\int_0^t u^2 \cos(t-u)du}_{(II)} = \cos t*t^2$$

Basta escolher entre as integrais (I) e (II), aquela cujo método de integração seja mais favorável. Se escolhermos (I) teremos que utilizar produto notável e integração por partes, caso a escolhida for a (II) teremos que utilizar diferença de arcos e integração por partes.

Como o produto convolução é comutativo a resposta obtida independe da escolha. Verifique:

$$\int_0^t (t^2 - 2ut + u^2)\cos u\, du = 2t - 2\operatorname{sen} t = \int_0^t u^2 \cos(t-u)du$$

Para continuar nossa análise, verifiquemos a relação da Transformada de Laplace com a Convolução. Tomamos o seguinte teorema:

Teorema: Considere que f(t) e g(t) sejam contínuas por partes em $[0, \infty)$ e de ordem exponencial e definimos $F(s) = \mathcal{L}\{f\}(s)$ e $G(s) = \mathcal{L}\{g\}(s)$. Então:

$\mathcal{L}\{f*g\}(s) = F(s)G(s)$ ou, de modo equivalente,

$\mathcal{L}^{-1}\{F(s)G(s)\}(t) = (f*g)(t)$

(NAGLE, SAFF, SNIDER, p. 314, 2012)

## 14.3 JUSTIFICANDO O TEOREMA DA CONVOLUÇÃO

Atendendo ao enunciado do teorema, sejam G(s) e F(s) as Transformadas de Laplace das funções g(t) e f(t) respectivamente. Pela definição de Transformada de Laplace, a função F(s) pode ser escrita como:

$$G(s)F(s) = G(s)\int_0^\infty e^{-sv} f(v)dv = \int_0^\infty e^{-sv} f(v)G(s)dv \quad \text{(I)}$$

e G(s) pela mesma definição: $G(s) = \int_0^\infty e^{-su} g(u)du$ (II). Substituindo (II) em (I):

$$\int_0^\infty e^{-sv} f(v)G(s)dv = \int_0^\infty e^{-sv} f(v)\left[\int_0^\infty e^{-su} g(u)du\right]dv = \int_0^\infty f(v)\left[\int_0^\infty e^{-sv}e^{-su} g(u)du\right]dv =$$

$$= \int_0^\infty f(v)\left[\int_0^\infty e^{-s(v+u)} g(u)du\right]dv \quad \text{(III)}$$

Analisando a integral interna: $\int_0^\infty e^{-s(v+u)} g(u)du$ (IV) e usando uma mudança de variável em (III)

$\begin{cases} u+v=t \\ du=dt \end{cases}$ *e* $\begin{cases} u=0 \Rightarrow t=v \\ u=\infty \Rightarrow t=\infty \end{cases}$. Assim: $\int_v^\infty e^{-st} g(t-v)dt$ (V) vamos analisar o intervalo t:

Figura 1 – Intervalo de t

$$t - v < 0 \Rightarrow t < v \quad Logo \quad g(t-v) = 0$$

Fonte do Autor

Observamos, que pela definição da Transformada de Laplace (para um $t \geq 0$ a integral está definida e para t < 0 assumimos que igual a zero). Logo para todo valor de $t$, temos: $0 \leq t < v$ ou $t \geq v$. Assim podemos considerar (V) com os seguintes limites de integração na variável t: $\int_0^\infty e^{-st} g(t-v)dt$ (VI) (VI).

Substituindo (VI) em (III):

$$= \int_0^\infty f(v)\left[\int_0^\infty e^{-st} g(t-v)dt\right]dv \overset{\text{Pelo Teorema de Fubini}}{=} \int_0^\infty\int_0^\infty e^{-st} f(v)g(t-v)dvdt = \int_0^\infty e^{-st}\int_0^\infty f(v)g(t-v)dvdt \quad (a)$$

Observamos que a integral interna $\int_0^\infty f(v)g(t-v)dv$, é similar a definição do produto convolução apresentado. Porém na definição, os intervalos de integração de v é de 0 a t. Logo analisamos o intervalo de v:

**Figura 2** – Intervalo v

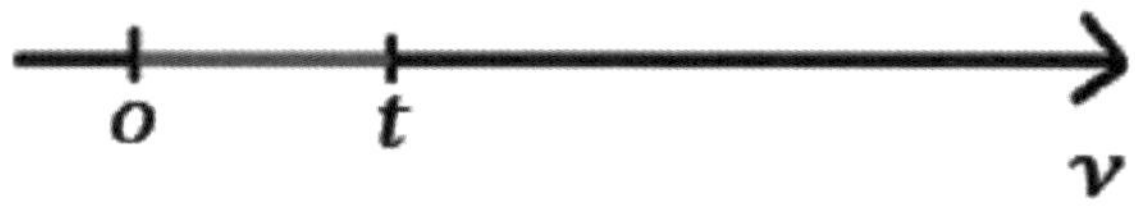


Fonte do Autor.

Para v > t , temos g(t – v) = 0, pois só estará definida em valores de $t \geq 0$. Logo podemos considerar que só existe convolução no intervalo de 0 a t. Logo os limites de integração para a integral são:

$$\int_0^{\infty} f(v)g(t-v)dv = \int_0^{t} f(v)g(t-v)dv + \int_t^{\infty} f(v)g(t-v)dv \quad (b)$$

Substituindo (b) em (a):

$$\int_0^{\infty} e^{-st}\left[\int_0^{t} f(v)g(t-v)dv\right]dt \overset{\text{Pela definição de convolução}}{=} \int_0^{\infty} e^{-st}(f*g)dt \overset{\text{Pela definição de Transformada de Laplace}}{=}$$

$$= \mathcal{L}\{f*g\}(s) = \mathcal{L}\{g*f\}(s) = F(s)G(s)$$

Deste modo, fica justificado o Teorema. Optamos por uma justificativa nesse primeiro curso de Transformada de Laplace. Pela definição da Transformada de Laplace temos:

$$\mathcal{L}^{-1}\{F(s)G(s)\}(t) = (f*g)(t)$$

**Exemplo**

Calcular $t*e^t$ por dois modos:

a) Utilizando a definição de convolução.

$$t*e^t \underset{\text{Definição de Convolução}}{=} \int_0^t ue^{t-u}du = \int_0^t ue^t e^{-u}du = e^t\int_0^t ue^{-u}du = e^t\left[-ue^{-u} - e^{-u}\right]_0^t = -t-1+e^t$$

b) Utilizando a Transformada Inversa de Laplace do produto convolução.

$$\mathcal{L}\{t*e^t\} = \mathcal{L}\{t\}\,\mathcal{L}\{e^t\} = \frac{1}{s^2}.\frac{1}{s-1} = F(s)G(s)$$

Queremos a volta. Sabemos que: $\frac{1}{s^2(s-1)} \underset{\text{Por frações parciais}}{=} -\frac{1}{s} - \frac{1}{s^2} + \frac{1}{s-1} = F(s)G(s)$

Utilizando a Transformada Inversa de Laplace temos:

$$\frac{1}{s^2(s-1)} \underset{\text{Por frações parciais}}{=} -\frac{1}{s} - \frac{1}{s^2} + \frac{1}{s-1} = F(s)G(s)$$

Concluindo

1) convolução torna-se interessante quando encontramos produtos de transformadas das quais conhecemos a transformada de cada fator.
2) a transformada do produto não é o produto das transformadas, daí se justifica a convolução. Voltando a resolução do PVI que embasou nossa discussão:

$$x''(t) + x(t) = \cos t \qquad x(0) = x'(0) = 0$$

$x(t) = \mathcal{L}^{-1}\left\{\frac{s}{s^2+1} \cdot \frac{1}{s^2+1}\right\}$ pode ser escrito como, $\cos t * \mathrm{sen}\, t$, que é o produto convolução das transformadas inversas conhecidas e aplicando o Teorema temos: $\int_0^t \cos u\, \mathrm{sen}(t-u)\,du = \frac{t\,\mathrm{sen}\, t}{2}$.

Logo: $x(t) = \frac{t\,\mathrm{sen}\, t}{2}$

A qual é a solução do PVI, utilizando o método da T*ransformada de Laplace*, que requer a Convolução. Calculamos $\mathcal{L}\{\cos t\,\mathrm{sen}\, t\}$ e verificamos que a resposta obtida é $x(s) = \frac{1}{s^2+4}$ e a inversa de $\mathcal{L}\left\{\frac{1}{s^2+4}\right\} = \mathrm{sen}\, 2t = x(t)$. O que não confere com a real solução do PVI.

Assim, podemos perceber a utilidade da convolução nas resoluções de Equações Diferenciais.

## EXERCÍCIOS PROPOSTOS

1) Utilizando a definição de convolução prove que:

a) $t * t^2 = t^2 * t$

b) $t^2 * e^t = e^t * t^2$

c) $t * \mathrm{sen}\, t = \mathrm{sen}\, t * t$

2) Encontrar a Transformada de Laplace da função $f(t) = \int_0^t f(t-u)e^u\,du$

3) Sabendo que $\mathcal{L}\{\mathrm{sen}\, 2t\} = \frac{2}{s^2+4}$ e $\mathcal{L}\{e^{-t}\} = \frac{1}{s+1}$. Determine, utilizando a convolução, a $\mathcal{L}^{-1}\left\{\frac{2}{(s^2+4)(s+1)}\right\}$

4) Determine:

$$\mathcal{L}^{-1}\left\{\frac{3}{s^2(s^2+9)}\right\}$$

a) Utilizando o método de frações parciais e as Transformadas Inversas de Laplace.

b) Utilizando o método de convolução.

5) Aplique o teorema de convolução para encontrar as Transformadas Inversas de Laplace das funções.

a) $\mathcal{L}^{-1}\left\{\frac{1}{s^2+s}\right\}$

b) $\mathcal{L}^{-1}\left\{\frac{5}{s^3+s}\right\}$

c) $\mathcal{L}^{-1}\left\{\frac{1}{s^3(s+1)}\right\}$

d) $\mathcal{L}^{-1}\left\{\frac{1}{s^4+6s^3+9s^2}\right\}$

e) $\mathcal{L}^{-1}\left\{\frac{6}{s^4(s^2+1)}\right\}$

6) Utilizando a convolução determine $\mathcal{L}^{-1}\left\{\frac{3s}{s^3-as^2+k2s-k^2a}\right\}$, onde s > a, e k é uma constante real positiva.

7) Em cada um dos problemas aplique o teorema de convolução para deduzir a solução indicada x(t) da Equação Diferencial dada com condições iniciais x(0) = x'(0) = 0. Utilize as Transformadas de Laplace para iniciar.

a) x'' + x = t

b) x'' + 2x' + x = $e^t$

# TERCEIRA PARTE

## ATIVIDADES COM APOIO DA INFORMÁTICA

# INTRODUÇÃO ÀS ATIVIDADES DE INFORMÁTICA

Com a ampliação do uso das Tecnologias de Informação e Comunicação – TICs – na educação e, especialmente no ensino superior, as obras atuais de Cálculo e Equações Diferenciais trazem abordagens algébricas, numéricas e gráficas, com auxílio de *softwares*, cada vez mais numerosos.

Propomos, nesta Terceira Parte do Livro, atividades com auxílio da tecnologia informatizada, usando os *softs* livres Máxima, que pode ser acessado no seguinte endereço: <http:br.ccm.net/download/baixaki-2168-maxima> e, também, WolframAlpha, que é utilizado *online* a partir do site: <http:www.wolframalpha.com.>.

Sabemos que Equações Diferenciais é uma disciplina teórica, na maioria dos currículos, o que muitas vezes dificulta o uso de tecnologias. Mas, como elaboramos as atividades com *softs* livres, os estudantes podem trabalhar com seu computador ou *notebook*. Procuramos facilitar ao máximo, dando instruções da linguagem do Máxima e Wolfram, desta maneira evitando dificuldades no uso da tecnologia.

A Terceira Parte do Livro consta de 3(três) capítulos:

- Plotagem e análise de gráficos;
- Resolução de Equações Diferenciais e de problemas de fenômenos físicos;
- Cálculo de Transformadas Diretas e Inversas de Laplace e plotagem de gráficos de Funções Transladadas.

Capítulo 15 – Iniciamos com plotagem e análise gráfica, em sintonia com a abordagem metodológica do Livro, quanto a análise gráfica de fenômenos físicos. É um reforço ao traçado de gráficos do Cálculo e da Geometria Analítica. Mas nos limitamos apenas aos gráficos das funções mais usadas nos modelos trabalhados com Equações Diferenciais;

Capítulo 16 – Neste capítulo são resolvidas as Equações Diferenciais com o cálculo de suas soluções geral e particulares, usando também a técnica de Campos de Direção. Resolvemos problemas de fenômenos físicos, cujas soluções foram determinadas e analisadas na Primeira Parte do Livro mas sem o apoio da Informática. Resolvemos também Sistemas de Equações Diferenciais.

Capítulo 17 – Finalmente, na Terceira Parte, calculamos Transformadas de Laplace e resolvemos equações com as transformadas, sempre utilizando a análise gráfica. Resolvemos também problemas de fenômenos com funções degrau e transladadas, sendo o apoio das transformadas imprescindível.

CAPÍTULO 15

# PLOTAGEM E ANÁLISE DE GRÁFICOS

## 15.1 INTRODUÇÃO

As atividades desta seção serão realizadas com a utilização do *software Máxima,* baixe-o no link indicado: *http://br.ccm.net/download/baixaki-2168-maxima.*

**Comandos**

Ao abrir na tela em branco digite: **Enter**. O cursor irá aparecer. E então os comandos poderão ser utilizados:

**Shift + Enter** para o software processar o comando.

**Crtl + Enter** para nova linha ou basta clicar na tela em branco sob a linha utilizada e apertar **Enter** para nova linha.

**Alt+Enter** tela inteira.

**Exemplo**

A) Aperte **Enter**

B) Escreva na linha: **plot2d ([%e^(t)], [t,–1,4]);**

C) Aperte **Shift+Enter** para processar

D) Verfique o gráfico plotado e compare-o com o gráfico abaixo. Verifique os itens respondidos em relação ao gráfico traçado.

E) **Crtl+Enter** ou clique na linha debaixo com o mouse e após aperte Enter para fazer a atividade número 1.

**Obs.** A cada atividade a linguagem utilizada estará presente.

<table>
<tr>
<td>

Plote o gráfico da função $y = e^t$

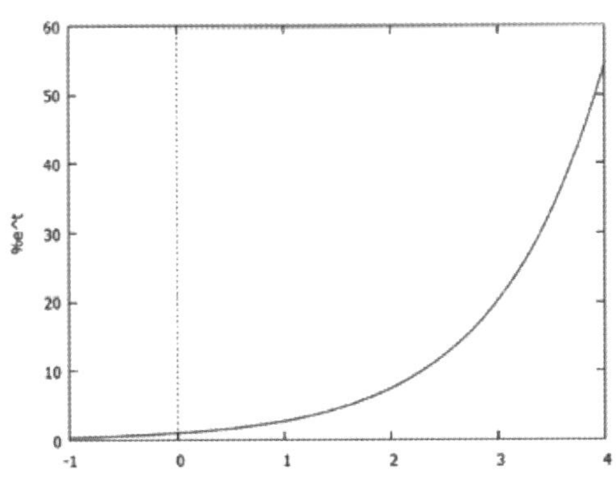


***Linguagem do Software***
**plot2d ([%e^(t)], [t,–1,4]);**

</td>
<td>

Responda aos itens:

a) Domínio: $t \in R$

b) Conjunto imagem: $y > 0$

c) Ponto de interseção com o eixo *y*:
t=0 =>y=1, donde P(0, 1)

d) Equação da reta assíntota à curva exponencial:
$lim_{t \to \infty}$ $y$= 0= 0, donde *y*=0

e) Função estritamente crescente:

SIM ■ NÃO □

f) Função estritamente decrescente
SIM □ NÃO ■

</td>
</tr>
</table>

**Primeira Atividade**

Plote o esboço do gráfico das funções e responda as questões solicitadas:

| I) Plote o gráfico da função $y = -e^t$<br><br>**`plot2d([–%e^(t)],[t,–1,4]);`** | a) Domínio:<br>b) Conjunto imagem:<br>c) Ponto de interseção com o eixo *y*:<br>d) Equação da reta assíntota à curva exponencial:<br>e) Função estritamente crescente:<br>SIM ☐ NÃO ☐<br>f) Função estritamente decrescente<br>SIM ☐ NÃO ☐ |
|---|---|

| II) Plote o gráfico da função $y = e^{-t}$<br><br>**`plot2d([%e^(–t)],[t,–1,4]);`** | a) Domínio:<br>b) Conjunto imagem:<br>c)Ponto de interseção com o eixo *y*:<br>d) Equação da reta assíntota à curva exponencial:<br>e) Função estritamente crescente:<br>SIM ☐ NÃO ☐<br>f) Função estritamente decrescente<br>SIM ☐ NÃO ☐ |
|---|---|

| III) Plote o gráfico da função $y = - e^{-t}$<br><br>**`plot2d([-%e^(–t)],[t,–1,4]);`** | a) Domínio:<br>b) Conjunto imagem:<br>c) Ponto de interseção com o eixo *y*:<br>d) Equação da reta assíntota à curva exponencial:<br>e) Função estritamente crescente:<br>SIM ☐ NÃO ☐<br>f) Função estritamente decrescente:<br>SIM ☐ NÃO ☐ |
|---|---|

IV) Plote o gráfico das funções num mesmo sistema de eixo

$y_1 = e^t$ e $y_2 = - e^t$; $t \geq 0$

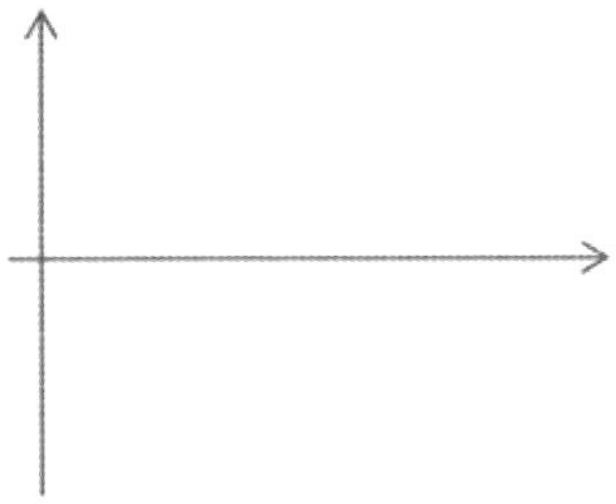

```
plot2d([%e^(t), –%e^(t)],[t,0,10]);
```

a) Como se obtém $y_2$, a partir de $y_1$, e que movimento ocorre?

b) Calcule:

$y_1(0) =$ $y_2(0) =$

$y_1(1) =$ $y_2(1) =$

$y_1(10) =$ $y_2(10) =$

c) Dê a equação da reta assíntota às duas curvas.

V) Plote o gráfico das funções:

$y_1 = e^{-t}$ e $y_2 = - e^{-t}$; $t \geq 0$

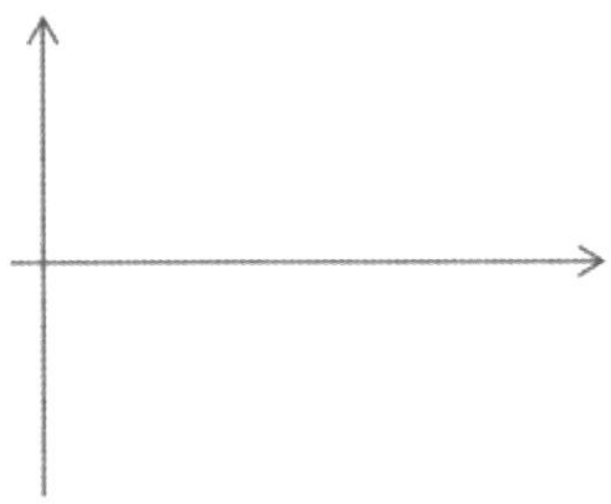

```
plot2d([%e^(–t), –%e^(–t)],[t,0,10]);
```

a) Como se obtém $y_2$, a partir de $y_1$, e que movimento ocorre?

b) Calcule:

$y_1(0) =$ $y_2(0) =$

$y_1(1) =$ $y_2(1) =$

$y_1(10) =$ $y_2(10) =$

c)Existe uma reta assíntota às duas curvas?

d) Se existir, dê a sua equação.

VI) Plote as funções e suas assíntotas (quando existir)

$y_1 = e^t$, $y_2 = e^t + 1$, $y_3 = e^t + 2$, $t \geq 0$

```
plot2d([%e^(t),%e^(t)+1,%e^(t)+2],[t, –1,3]);
```

a) Pontos de interseção com o eixo y

$t = 0 \Rightarrow y_1 =$ ; $P_1($ , $)$

$t = 0 \Rightarrow y_2 =$ ; $P_2($ , $)$

$t = 0 \Rightarrow y_3 =$ ; $P_3($ , $)$

b) Existe reta assíntota para $t \geq 0$?

SIM ☐ NÃO ☐

c) Calcule:

$\lim_{t \to \infty} y_1 =$

$\lim_{t \to \infty} y_2 =$

$\lim_{t \to \infty} y_3 =$

VII) $y_1 = -e^{-t}$, $y_2 = -e^{-t} + 1$, $y_3 = -e^{-t} + 2$, $t \geq 0$

**plot2d([–%e^(–t),-%e^(-t)+1, –%e^(–t)+2],[t, –0,3]);**

a) Determine as equações das retas assíntotas de:

$y_1$:

$y_2$:

$y_3$:

b) Calcule:

$lim_{t\to\infty}\, y_1 =$

$lim_{t\to\infty}\, y_2 =$

$lim_{t\to\infty}\, y_3 =$

VIII) **plot2d([sin(t),sin(2*t),sin(t/2)],[t,0,4*%pi]);**

$y_1 = \sin(t)$ Período: Conjunto-imagem:

$y_2 = \sin(2t)$ Período: Conjunto-imagem:

$y_3 = \sin(t/2)$ Período: Conjunto-imagem:

IX) **plot2d([cos(t),cos(2*t),cos(t/2)],[t,0,4*%pi]);**

$y_1 = \cos(t)$ Período: Conjunto-imagem:

$y_2 = \cos(2t)$ Período: Conjunto-imagem:

$y_3 = \cos(t/2)$ Período: Conjunto-imagem:

X) **plot2d([%e^(t) * cos(t)], [t, –4*%pi,4*%pi]);**

$y_1 = e^{t}\cos(t)$ $lim_{t\to\infty}\, y_1 =$ Conjunto-imagem: $y_1(0) =$

**plot2d([%e^(–t) *cos(t)], [t, –4*%pi,4*%pi]);**

$y_2 = e^{-t}\cos(t)$ $lim_{t\to\infty}\, y_2 =$ Conjunto-imagem: $y_2(0) =$

XI) **plot2d([%e^(t) * sin(t)],[t, –4*%pi,4*%pi]);**

$y_1 = e^t \operatorname{sen}(t)$ $\quad lim_{t\to\infty} y_1 =$ $\quad$ Conjunto-imagem: $\quad y_1(0) =$

**plot2d([%e^(–t) *sin(t)],[t, –4*%pi,4*%pi]);**

$y_2 = e^{-t} \operatorname{sen}(t)$ $\quad lim_{t\to\infty} y_2 =$ $\quad$ Conjunto-imagem: $\quad y_2(0) =$

## 15.2 TRANSLAÇÃO DE FUNÇÕES

Dada uma função (denominada de original) temos dois tipos de deslocamento de seus gráficos, considerando os eixos coordenados: translação e rotação.

(1) Translação: o sistema de eixos são paralelos aos eixos coordenados;

(2) Rotação: o sistema de eixos rotaciona em relação aos eixos coordenados.

A translação pode ser de dois tipos:

Translação vertical: se as curvas se deslocam para cima ou para baixo;

Translação horizontal: se as curvas se deslocam para a direita ou para esquerda.

**Exemplo**

Plote as curvas resultantes da translação horizontal e vertical da função $y = x^2$

**Translação horizontal:** $y = (x \pm k)^2$

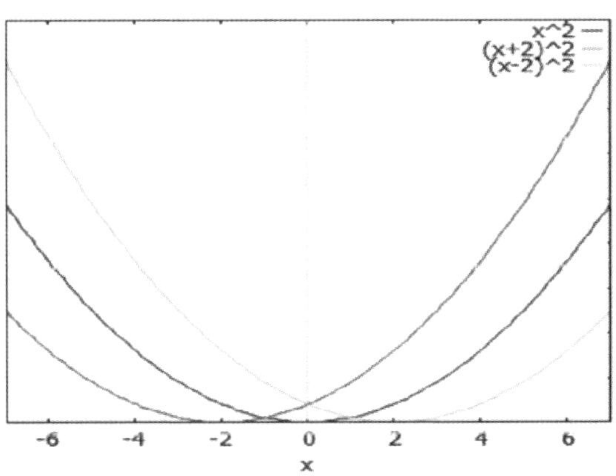


**plot2d([x^2,(x+2)^2,(x–2)^2],[x,–7,7]);**

Verifique que ao somar + 2 ao x a parábola se desloca para esquerda. As coordenadas do vértice são:

$(-2, 0) \Rightarrow y = (-2+2)^2 = 0.$

Ao subtrair 2 a parábola se desloca para a direita, as coordenadas do vértice são:

$(2, 0) \Rightarrow y = (2-2)^2 = 0.$

**Translação vertical**: $y = x^2 \pm k$

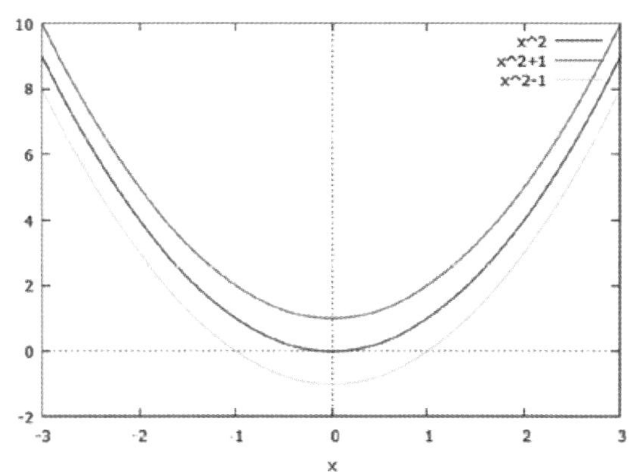


**plot2d([x^2,x^2+1,x^2-1],[x,–3,3]);**

Verifique que há mudança do conjunto -imagem, isto é, y altera. Somando 1, a parábola se desloca verticalmente: sobe. Subtraindo 1 a parábola se desloca verticalmente: desce.

Vértice: $x = 0 \Rightarrow y = \pm k$

**Segunda Atividade**

Plote as curvas e responda as questões solicitadas:

I) **plot2d([abs(x),abs(x)-1,abs(x)+2,abs(x)+3],[x,–10,10]);**

$y = |x|$ (função original); $y = |x| - 1$; $y = |x| + 2$; $y = |x| + 3$.

a) Houve: deslocamento vertical ☐ ou horizontal ☐?

b) Há mudança do conjunto-imagem ☐ ou no domínio ☐?

c) Os valores de $y$ aumentam ☐ ou diminuem ☐?

II) **plot2d([abs(x),abs(x–1),abs(x–2)],[x,–7,7]);**

$y_1 = |x|$ (função original); $y_2 = |x - 1|$; $y_3 = |x - 2|$

a) Deslocamento vertical ☐ ou horizontal ☐?

b) Há mudança do domínio ou do conjunto-imagem: ☐ SIM ☐ NÃO

c) Para $y_1 = y_2 = y_3 = 1$, analisando os gráficos se tem: $x_1 =$ $x_2 =$ $x_3 =$

III) **plot2d([(1/x),(1/x)+1,(1/x)+2,(1/x)+3],[x,1,10]);**

$y = \frac{1}{x}$ (função original); : $y = \frac{1}{x} + 1$ ; $y = \frac{1}{x} + 2$; $y = \frac{1}{x} + 3$.

a) Há mudança das retas assíntotas? ☐ SIM ☐ NÃO

b) Há mudança do domínio das funções? ☐ SIM ☐ NÃO

c) Há mudança do conjunto-imagem? ☐ SIM ☐ NÃO

d) Houve deslocamento vertical ☐ ou horizontal ☐ ?

IV) **plot2d([(1/x),(1/(x-1)),(1/(x-2)),(1/(x-3))],[x,1,10]);**

$y = \frac{1}{x}$ (função original); : $y = \frac{1}{x-1}$ ; $y = \frac{1}{x-2}$ ; $y = \frac{1}{x-3}$.

a) Há mudança das retas assíntotas? ☐ SIM ☐ NÃO

b) Há mudança do domínio das funções? ☐ SIM ☐ NÃO

c) Há mudança do conjunto-imagem? ☐ SIM ☐ NÃO

d) Houve deslocamento vertical ☐ ou horizontal ☐ ?

V) **plot2d([(exp(x)),exp(x)+1,exp(x)+2,%e^(x)–1],[x,–1,3]);**

$y = e^x$ (função original); $y = e^x + 1$ ; $y = e^x + 2$; $y = e^x - 1$

a) Há mudança das retas assíntotas? ☐ SIM ☐ NÃO

b) Há mudança do domínio das funções? ☐ SIM ☐ NÃO

c) Há mudança do conjunto-imagem? ☐ SIM ☐ NÃO

d) Houve deslocamento vertical ☐ ou horizontal ☐?

VI) **plot2d([(exp(x)),exp(x–1),exp(x–2)],[x,–1,2]);**

$y_1 = e^x$ (função original); $y_2 = e^{x-1}$; $y_3 = e^{x-2}$

a) Deslocamento vertical ☐ ou horizontal ☐?

b) Todas as curvas possuem uma mesma reta assíntota: ☐ SIM ☐ NÃO

c) Para x = 0 => $y_1 =$ $y_2 =$ $y_3 =$

d) O domínio muda: ☐ SIM ☐ NÃO

e) O conjunto-imagem muda: ☐ SIM ☐ NÃO

VII) **load (implicit_plot);**
**implicit_plot([x^2+y^2=9,(x–1)^2+(y–2)^2=9],[x,–10,10],[y,–10,10]);**

$x^2 + y^2 = 9$ (função original); $(x-1)^2 + (y-2)^2 = 9$

Houve:

a) Somente translação vertical ☐

b) Somente translação horizontal ☐

c) Translação horizontal e vertical ☐

VIII) **plot2d([cos(t),1+cos(t),2+cos(t)],[t, –2*%pi,2*%pi]);**

$y_1$ = cos x (função original); $y_2$ = 1 + cos x ; $y_3$ = 2 + cos x

**a)** Dê o conjunto-imagem de

$y_1$ =

$y_2$ =

$y_3$ =

## 15.3 PLOTAGEM DO GRÁFICO DE FAMÍLIA DE CURVAS

Equação da família de curvas escrita na forma explícita

**Passo 1:** digite as equações ou funções para cada valor da constante;

**Passo 2:** dê o intervalo de variação da variável independente.

**Exemplo**

Plote a família de curvas y = $x^2$ + c, c = [-2,-1,0,1,2]

**plot2d([x^2,x^2–1,x^2+1,x^2+2,x^2–2],[x, –3,3]);**

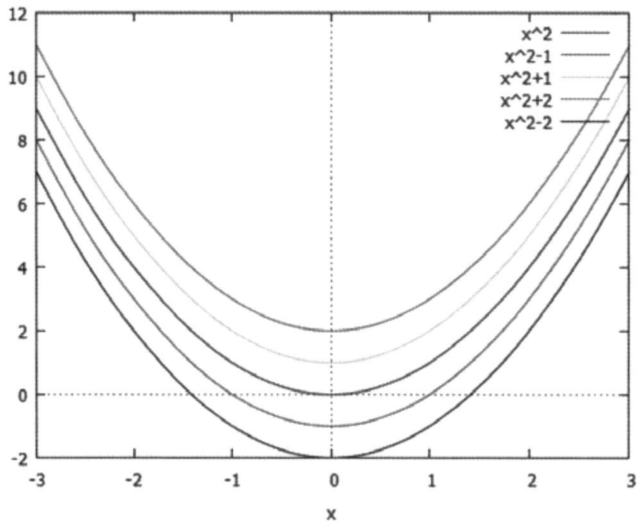


(II) Equação da família de curvas escrita na forma implícita

**Passo 1:** Alimente o programa com o comando **load(implicit_plot)**;

**Passo 2:** Utilize o comando **implicit_plot([equações implícitas, intervalo na primeira variável, intervalo na segunda variável]);**

**Exemplo**

Plote o gráfico da família de curvas: $x^2+y^2 = c^2$, para c = 2 e c = 3.

**Passo 1:** Alimente o *software* com o comando **load (implicit_plot);** Aperte: **Shift+Enter**

**Passo 2:** Escreva **implicit_plot([x^2+y^2=4,x^2+y^2=9],[x, –10,10],[y, –10,10]);** Aperte: **Shift+Enter**

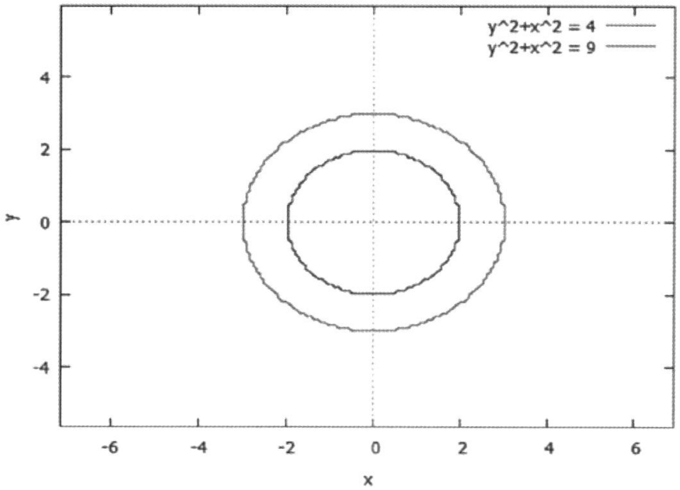


**Terceira Atividade**

Plote em cada tela e após análise delete para plotar a outra:

I) y = x + c II) y = cx III) $(y-c)^2 = 4x$ IV) $x^2 = 2(y-c)$

V) $y = ce^x$ VI) $y = e^{-x} + c$

CAPÍTULO 16

# RESOLUÇÃO DE EQUAÇÕES DIFERENCIAIS E DE PROBLEMAS DE FENÔMENOS FÍSICOS

## 16.1 CAMPO DE DIREÇÕES – INTERPRETAÇÃO GRÁFICA DAS SOLUÇÕES DA EQUAÇÃO DIFERENCIAL

**Passo 1**: Alimente o *software* com o comando **load(plotdf);** Aperte: **Shift+Enter**

**Passo 2**: Plote o gráfico da equação com o comando **plotdf (EQ);** sendo EQ o segundo membro da Equação Diferencial sem a derivada. Aperte: **Shifit+Enter**

**Exemplo**

Plotar o campo de direções da Equação Diferencial: $x\frac{dy}{dx} + 2y = 4x^2$

Para plotar o campo de direções, aplicando o segundo passo, é necessário isolar o termo diferencial: $\frac{dy}{dx} = 4\text{x} - \frac{2y}{x}$.

Toma-se: **load(plotdf)**;

**plotdf(4*x-2*y/x);**

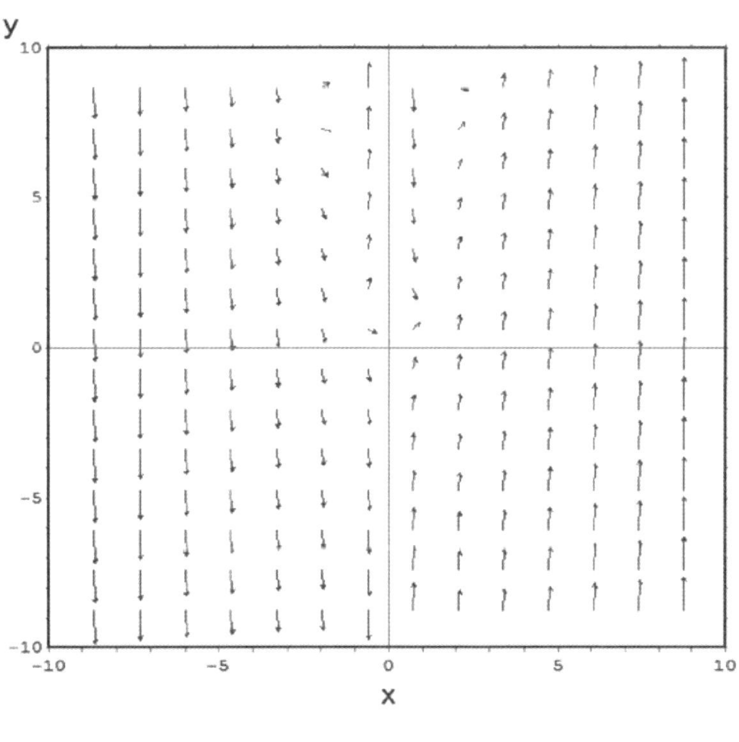

Plote uma ou mais curvas no campo de direções, que são soluções particulares da equação diferencial dada

**Passo 3**: após efetuar os 2 primeiros passos utilize o comando: **plotdf(equação,[*trajectory_at,x,y*]);**

**Exemplo**

Tomando a Equação Diferencial do exemplo anterior, ache a solução particular no ponto (1,2), ou seja, y (1) = 2.

**plotdf(4*x–2*y/x,[*trajectory_at,1,2*]);** Aperte: **Shift+Enter**

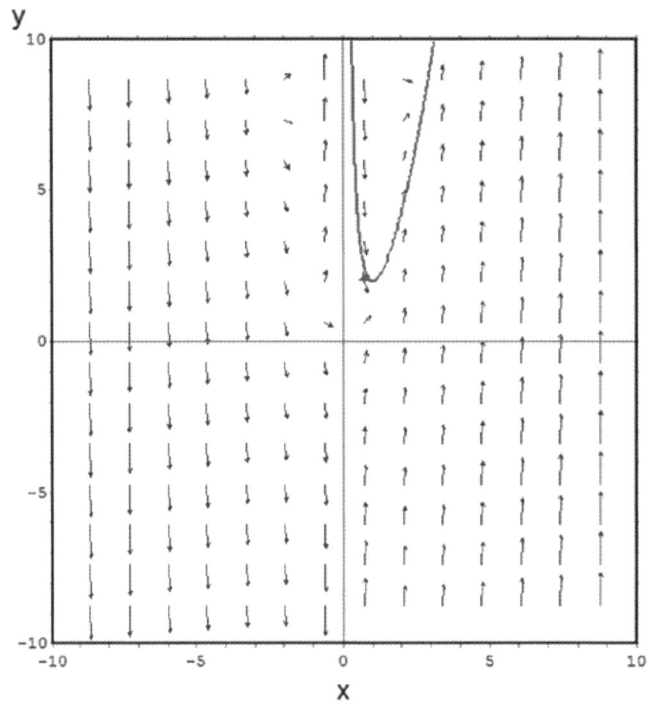


**Observação:**

Simplesmente se clicarmos no ponto (1,2), a curva solução é plotada.

**Primeira Atividade**

Com os mesmos comandos do exemplo:

I) Plote o campo de direções da solução das Equações Diferenciais seguintes:

a) $\frac{dy}{dx}+\frac{y}{x}=0$ b) $\frac{dy}{dx}=5-y$ c) $\frac{dy}{dx}=x+y$ d) $\frac{dy}{dx}=x^2+y^2$

2) Plote uma curva que contem o ponto indicado para cada Equação Diferencial (esta curva plotada é o gráfico da solução particular da Equação Diferencial para os valores dados):

a) $\frac{dy}{dx}+\frac{y}{x}=0$ ; (1,1) c) $\frac{dy}{dx}=x+y$ ; (-2,2) e) $\frac{dy}{dx}=x-y$ ; (4,4)

b) $\frac{dy}{dx}=5-y$ ; (4,6) d) $\frac{dy}{dx}=x^2+y^2$ ; (1,2) f) $\frac{dy}{dx}=2x$ ; (5,-1)

III) Plote em cada campo de direções curvas cujas equações satisfazem a Equação Diferencial que define estes campos a seguir. Verifique que os campos de direções plotados são provenientes das equações a até h dadas nos quadros seguintes: (Observe que basta clicar num ponto do campo de direções plotado que teremos a curva contendo o ponto dado).

**a) y'=2x    plotdf(2*x);**

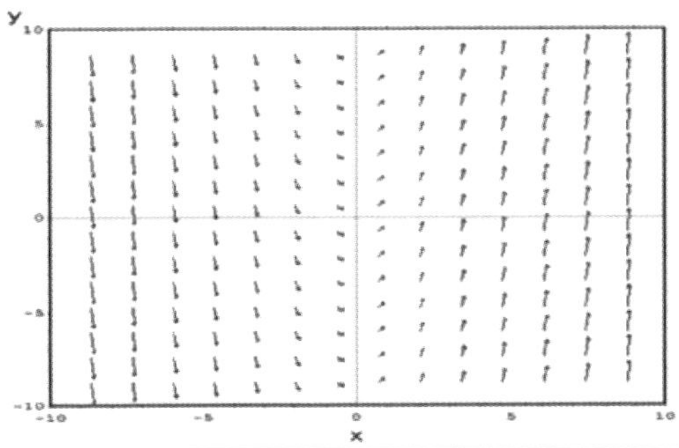


**b) y'=-2x    plotdf(–2*x);**

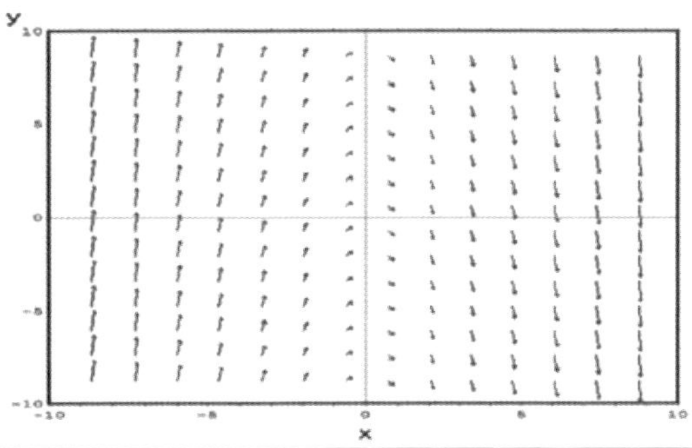


**c) y' = -x – y    plotdf(-x-y);**

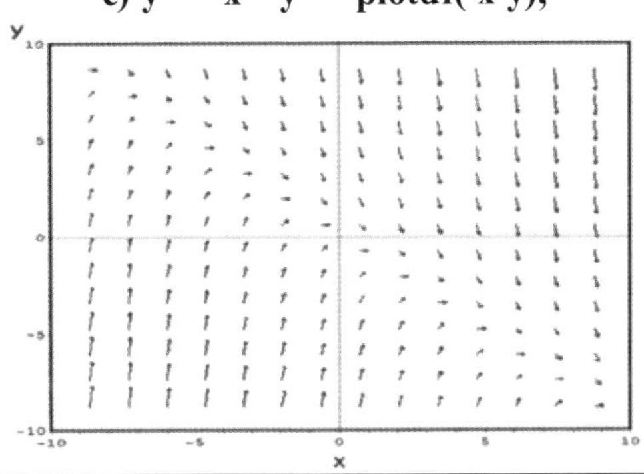


**d) y'=-2+y    plotdf(-2+y);**

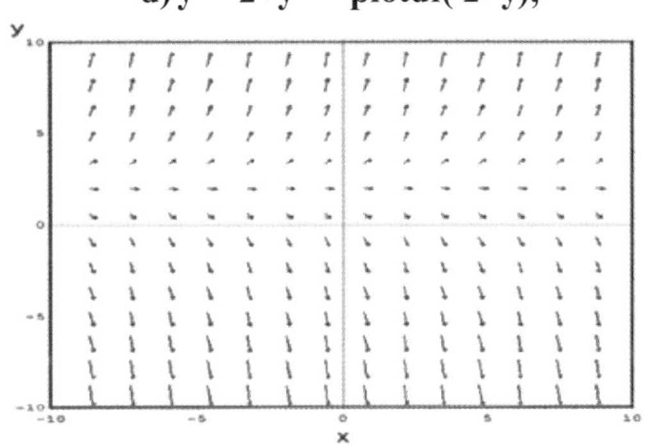


**e) y'= -2-y    plotdf(-2-y);**

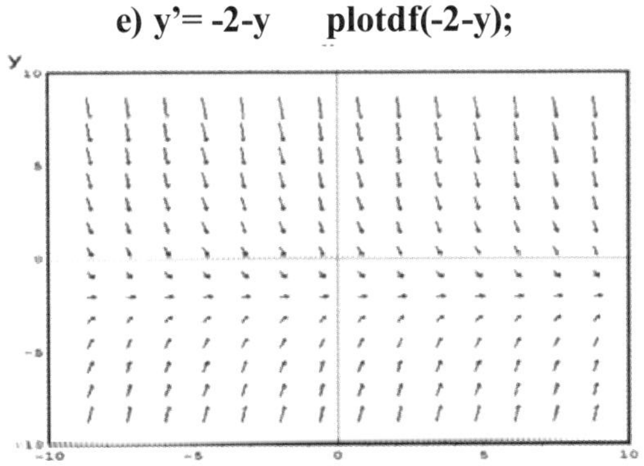


**f) y'= -2+y    plotdf(-2+y);**

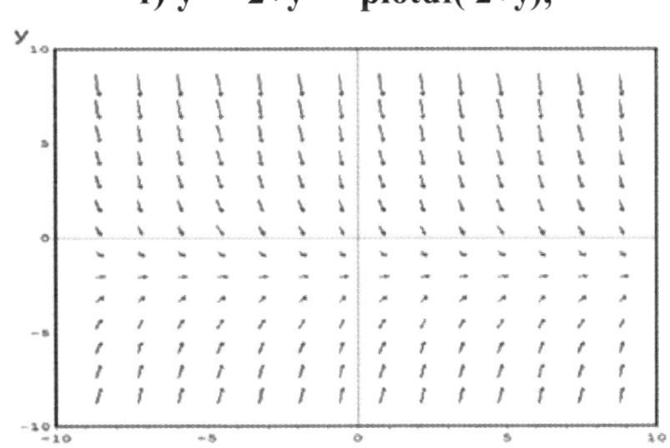


**g) y'=-3x²    plotdf(-3*x^2);**

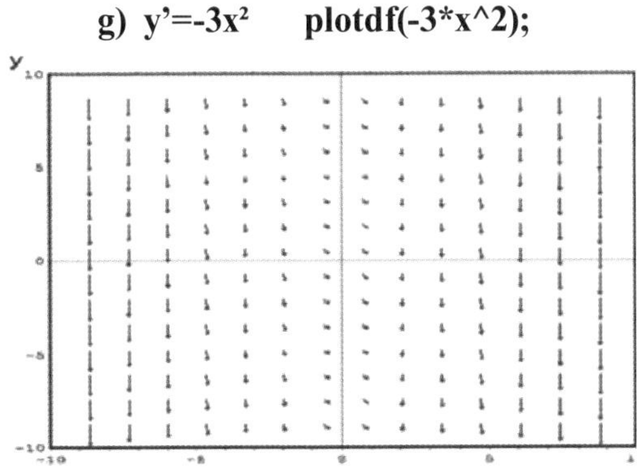


**h) y'=cosx    plotdf(cos(x));**

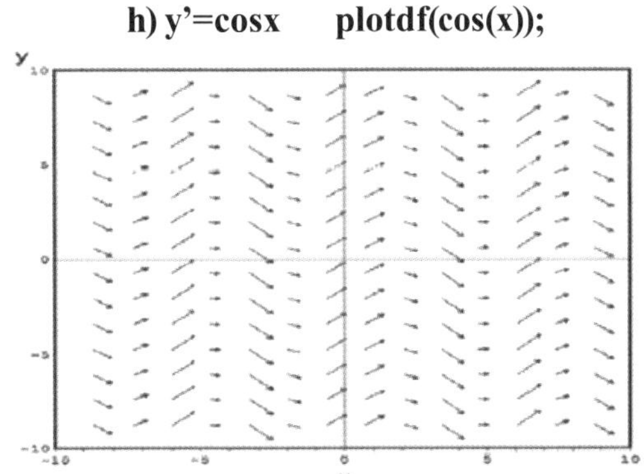

## 16.2 RESOLUÇÃO DE EQUAÇÕES DIFERENCIAIS UTILIZANDO O MÁXIMA

### Cálculo da solução geral de uma Equação Diferencial

**Passo 1:** Nomei a Equação Diferencial e digite-a. O comando utilizado para a derivada na Equação Diferencial é **'diff(y,x,ordem).** Se o termo tiver uma derivada de primeira ordem, pode-se omitir a ordem. Se for de segunda ordem, este comando é escrito **'diff(y,x,2)**. Para terceira ordem, substituir o 2 por 3 e assim sucessivamente. Neste modo de resolução iguala-se a EDO a zero (coloca-se no mesmo membro da equação todos seus termos). (*) Atenção: é necessário o uso do apostrófo (') antes de diff com o objetivo de evitar o cálculo de derivada. Para derivar então não usamos o apostrófo.

**Passo 2:** Resolva a Equação Diferencial com o comando ***resoleq:ode2(EQ2,y,x);***

**Exemplo**

Resolva a Equação Diferencial $\frac{dy}{dx} - 3y = 0$.

**Passo 1:** Nomei-a e digite-a: (Alimentar o software com a Equação Diferencial)

**EQ2: 'diff(y,x) – 3*y = 0 ;** Aperte: **Shift+Enter**

O *software Maxima* dará como saída $\frac{dy}{dx} - 3y = 0$.

(*) use o comando ode2 para resolver a Equação Diferencial, antecipada por um nome, a exemplo, resoleq. O software guardará a solução para possíveis utilizações vindouras.

**Passo 2:** Para resolver a equação **resoleq:ode2(EQ2,y,x);**

**Solução geral:** Será apresentada na tela y = %c*%e^(3*x) ou $y = ce^{3x}$, onde %c representa o termo constante e %e o número de Euler.

### Segunda Atividade

I) Calcule a solução geral das equações diferenciais ordinárias de primeira ordem com os mesmos comandos do exemplo anterior:

a) $\frac{dy}{dx} = x - e^{4x}$ b) $\frac{dy}{dx} = \frac{y^2-1}{x^2+1}$ c) $\frac{dy}{dx} = y^3 - xy$

### Cálculo da solução particular de uma equação diferencial

Resolva a Equação Diferencial com os valores dados $\frac{dy}{dx} - 3x = 0$ sendo $y(0) = 0$

**Passo 1**: Nomeie e digite a Equação: **ED: 'diff(y,x)–3*x=0;** Aperte: **Shift+Enter.**

**Passo 2:** Resolva a Equação: **resoleq: ode2(ED,y,x);** Aperte: **Shift+Enter.**

A solução dada pelo software será: $y = \frac{3x^2}{2} + \%c$

**Passo 3:** O comando para resolver o PVI de primeira ordem é ic1: **ic1(resoleq,x=0,y=0);**

cuja solução é:

$$y = \frac{3x^2}{2}$$

**Terceira Atividade**

Com os comandos dados no exemplo resolva:

I) Calcule as soluções particulares da Equação Diferencial para os valores:

a) $\frac{dy}{dx} = 3 - y;\ y(1) = 4$ b) $\frac{dy}{dx} + x + y = 0;\ y(-2) = 2$ c) $\frac{dy}{dx} + x^2 + y^2 = 0;\ y(1) = 2$

II) Para as Equações Diferenciais dadas faça o que se pede em cada item:

a) $\frac{dy}{dx} = 3 - y;\ y(1) = 4\ e\ y(1) = 2$ b) $\frac{dy}{dx} = x + 2y\ ;\ (-2{,}3)$

1) Calcule a solução geral das Equações Diferenciais;
2) Calcule a solução particular das Equações Diferenciais, para os valores apresentados;
3) Para a Equação 1, plote também o campo de direções;
4) Plote a curva solução da Equação Diferencial com os valores dados; (escolha mais valores e plote mais curvas solução);
5) Plote o gráfico da família de curvas (solução geral da Equação Diferencial).

## 16.3 RESOLUÇÃO DE PROBLEMAS DE FENÔMENOS ENVOLVENDO EQUAÇÕES DIFERENCIAIS DE 1ª ORDEM

Neste tópico, serão analisados problemas de fenômenos cuja modelagem é realizada com Equações Diferenciais ordinárias. Será dada prioridade à interpretação de problemas com o traçado e análise de gráficos.

**Exemplo**

**Primeira Parte**

I) O seguinte problema está resolvido com seus cálculos e traçado de gráficos, na Primeira Parte do livro.

II) Refaça os cálculos e plote os gráficos conferindo seus resultados com os dados a seguir.

**Problema 1**: Termodinâmica – Lei de resfriamento/aquecimento de Newton.

**Enunciado**

A velocidade de resfriamento de um corpo no ar é proporcional à diferença entre a temperatura do corpo e o ar. A constante de proporcionalidade é igual a -0,0347. Se a temperatura do corpo no instante inicial é de 100 ºC, analise graficamente, o fenômeno a partir da Equação Diferencial definidora do modelo e de suas derivadas. [$\frac{dT}{dt} = k(T - T_a)$, sendo k = constante de proporcionalidade; $T_a$ = temperatura ambiente; T = temperatura do corpo].

**Primeira etapa: Resolução da Equação Diferencial com PVI**

Seja a equação da velocidade de resfriamento sendo : T = temperatura; t = tempo

$\frac{dT}{dt} = -0{,}0347(T - 20)$, alimente o software com a seguinte Equação:

**ED:'diff(T,t)=-0.0347*(T–20);**

Para resolver a Equação Diferencial com PVI digite o seguinte comando:

**resoleq: ode2(ED,T,t);**

Seja a condição inicial: $t = 0\,\text{min} \rightarrow T = 100\,°C$. Para utilizá-la digite:

**ic1(resoleq, t = 0, T = 100);**

A solução é dada:

$$T = 20 + 80e^{-\frac{347}{10000}t} \text{ ou } T = e^{-0{,}0347t}(20e^{0{,}0347t} + 80)$$

Para derivar a função temperatura em relação ao tempo utiliza-se o seguinte comando

**define(df1(t),diff((20+80*%e^(–0.0347*t)),t,1));**

para o cálculo de derivada utilize o commando diff sem apostrófo (')

A derivada da temperatura em relação ao tempo, $\frac{dT}{dt}$, é dada, então por:

$$df1(t) := -2.776 * \%e\text{^}(-0.0347 * t)$$

**Segunda etapa: Análise gráfica do modelo**

**Primeiro gráfico**: solução particular para a condição t = 0 min e T = 100 ºC é dada por:

**Load[plotdf(-0.0347*(y–20)],[x,0,140],[y,0,120];**

Clique no ponto (0, 100) para plotar a curva da solução particular para T = 100° e t = 0

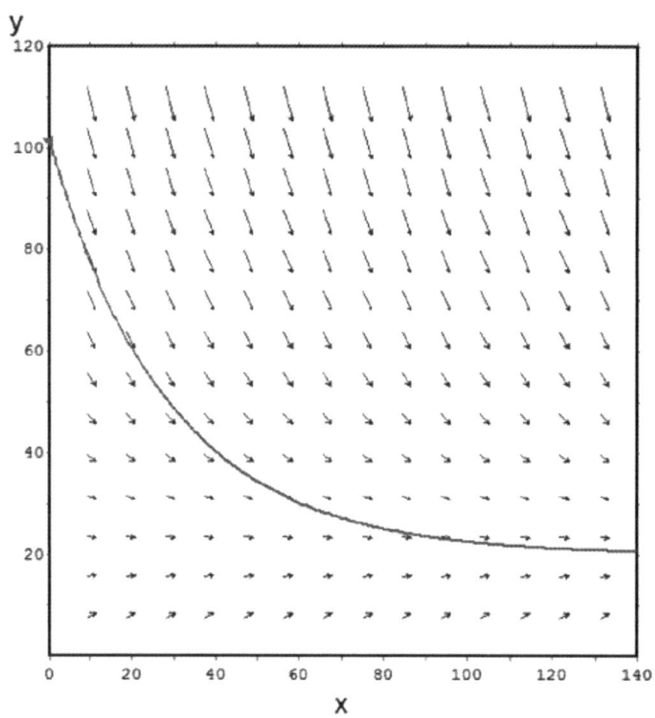

**Segundo gráfico:** $\frac{dT}{dt}$ em função de T: $\frac{dT}{dt} = -0{,}0347T + 0{,}6940$. (observe que o gráfico é uma reta, pois $\frac{dT}{dt}$ varia linearmente com T).

**plot2d( [–0.0347 * T + 0.694 ] , [T , 0 , 30] );**

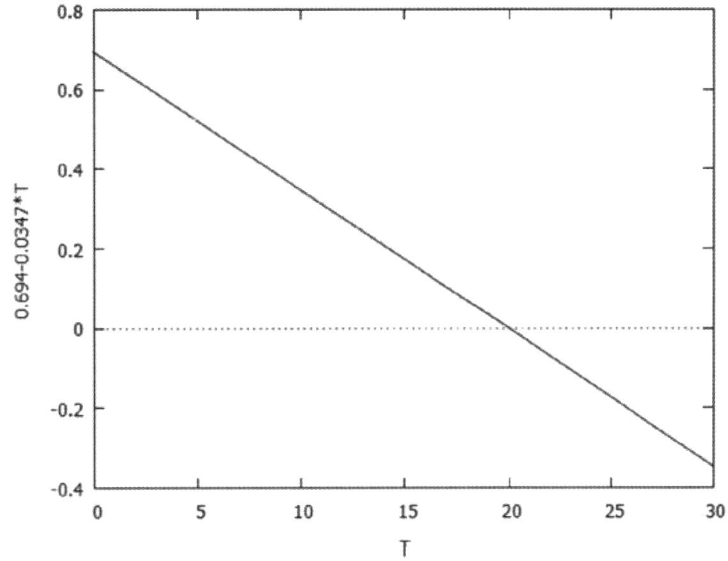


**Observação**

Verifique que a temperatura varia de 100 ºC a 20 ºC , analise no primeiro gráfico no eixo vertical que: $20\,°C < T \leq 100\,°C$.

**Terceiro gráfico:** $\frac{dT}{dt}$ em função de t , isto é: $\frac{dT}{dt} = -\frac{2347}{100}e^{-\frac{347}{10000}t}$

**Observação**

Cuidado com a variação do tempo que apesar de ser sempre positiva para que o eixo negativo fique para baixo é necessário adequar a variação de t. Dependendo do valor de t o eixo negativo se inverte para cima.

**plot2d([–23.47*%e^(–0.0347*t)],[t,13,100]);**

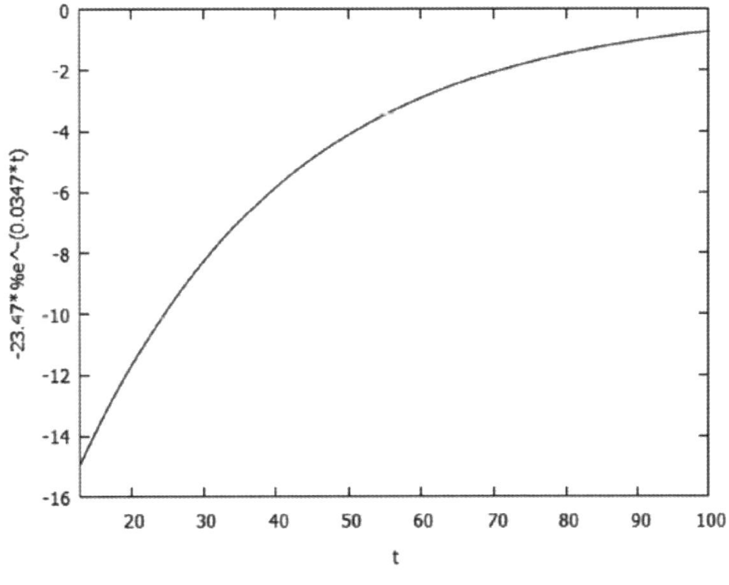

**Quarto gráfico:** T em função de t, isto é: $T = 20 + 80e^{-0.0347t}$

**plot2d([20+80*%e^(–0.0347*t)],[t,0,150]);**

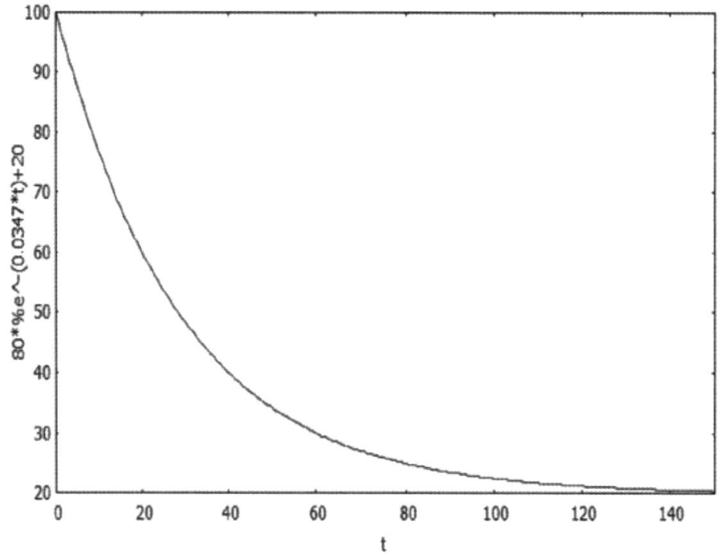


**Quarta Atividade**

Refaça o problema dado com os novos valores

I) Considere as novas condições iniciais apresentadas nos itens, a seguir, plote no gráfico de campo de direções as curvas correspondentes as mesmas:

| a) t = 0 min ; T = 80ºC | b) t = 0 min ; T =60ºC | c) t = 0 min ; T = 40ºC |
|---|---|---|

II) Considerando as condições trabalhadas no item anterior, calcule a tendência da temperatura quando o tempo cresce indefinidamente, isto é $\lim_{t\to\infty} T =$

III) Verifique que a derivada $\frac{dT}{dt}$ é sempre negativa, porque a função T = T(t) é decrescente.

Análise:

IV) A variação da temperatura T em função da derivada $\frac{dT}{dt}$

Se T ↓ então $\frac{dT}{dt}$ é menor do que zero.

V) Calcule os seguintes valores:

| | | |
|---|---|---|
| $a)\ T = 20°C \rightarrow \frac{dT}{dt} =$ | $b)\ T = 30°C \rightarrow \frac{dT}{dt} =$ | $c)\ T = 60°C \rightarrow \frac{dT}{dt} =$ |
| $d)\ T = 100°C \rightarrow \frac{dT}{dt} =$ | $e)\ t = 0\,min \rightarrow \frac{dT}{dt} =$ | $f)\ t = 20\,min \rightarrow \frac{dT}{dt} =$ |
| $g)\ t = 60\,\text{min} \rightarrow \frac{dT}{dt} =$ | $h)\ t = 0\,\text{min} \rightarrow T =$ | i) $t = 20\,\text{min} \rightarrow T =$ |
| $j)\ t = 60\,\text{min} \rightarrow T =$ | | |

Variando a temperatura ambiente

VI) Suponha que a temperatura ambiente seja T = 30 °C, determine a equação $\frac{dT}{dt}$ e plote o gráfico do campo de direções para este novo valor da temperatura.

VII) Plote as curvas da temperatura com a temperatura ambiente de 30 °C para as condições iniciais:

| a)t = 0 min ; T = 80°C ; | b) t = 0 min ; T =60°C ; | c) t = 0 min ; T = 40°C |
|---|---|---|

Aquecimento

VIII) Considere que há aquecimento ao invés de resfriamento.

a) A equação será mudada (verifique o sinal da constante k) e escreva-a;

b) Plote os gráficos, para as condições iniciais, no mesmo gráfico do campo de direções já traçado:

| t = 0 min ; T = -10°C ; | t = 0 min ; T =-5°C ; | t = 0 min ; T = 10°C |
|---|---|---|

IX) Resolva os seguintes problemas calculando as equações , plotando os gráficos e analisando os resultados.

**Quinta Atividade**

Com os mesmos comandos do exemplo 1, resolva o problema 2.

**Problema 2:** Físico/química ou de decaimento exponencial

**Enunciado**

Sabemos que o radium se decompõe, naturalmente, em proporção direta a quantidade presente. Leva 250 anos para decompor 10% de uma certa quantidade. A velocidade de decomposição é dada pela equação (m = massa e t = tempo): $\frac{dm}{dt} = km$ sendo k = -0,0042.

a) Calcule a velocidade de decomposição.

b) Calcule a decomposição no tempo t , isto é, massa em função de t.

c) Plote o campo de direções $\frac{dm}{dt}$.

d) Plote o gráfico da velocidade de decomposição em função da massa.

e) Plote os gráficos da velocidade de decomposição em função do tempo.

f) Plote o gráfico da decomposição em relação a t.

g) Dê o sinal (negativo ou positivo) de $\frac{dm}{dt}$.

h) Determine o valor de m para t crescendo indefinidamente.

i) Quantos anos levará para decompor a metade da quantidade inicial?

j) Quantos anos levará para decompor 75% da quantidade inicial?

**Sexta Atividade**

Com os mesmos comandos do exemplo 1, resolva o problema 3:

**Problema 3:** Circuito

**Enunciado**

Determine a intensidade de corrente sabendo-se que para t = 0 seg. se tem que a intensidade de corrente num circuito é i = 4 Ampéres. Sabemos que a velocidade da intensidade de corrente é dada por $\frac{di}{dt} + i = 5$:

a) Calcule a velocidade da intensidade corrente, isto é, $\frac{di}{dt}$ em função de i.

b) Calcule a equação da intensidade de corrente, isto é, i = i(t).

c) Calcule a velocidade da intensidade corrente, isto é, $\frac{di}{dt}$ em função de t.

d) Plote o campo de direções, de $\frac{di}{dt} + i = 5$.

e) Plote o gráfico de i = i(t).

f) Plote o gráfico de $\frac{di}{dt}$ em função de t.

g) Determine o valor de i, quando t cresce indefinidamente.

h) Determine o intervalo de variação da corrente para $\frac{di}{dt}$ positivo.

i) Verifique se i(t) cresce ou decresce em função de t.

j) Verifique se $\frac{di}{dt}$ é positivo ou negativo.

Sabemos que num instante inicial a corrente é nula. Se a corrente é $\frac{di}{dt} + i = sen(2t)$, determine:

k) A equação de i = i(t).

l) O gráfico de i = i(t).

m) O limite da corrente, quando t cresce indefinidamente.

**Sétima Atividade:**

Com os mesmos comandos do exemplo 1, resolva o problema 4

**Problema 4:** Mecânica/deslocamento linear de uma partícula

**Enunciado**

Estude o deslocamento linear de uma partícula, cujo deslocamento obedece a seguinte equação: $t^3 - 6t^2 + 8t$, sendo x = deslocamento e t = tempo.

a) Plote o gráfico da velocidade

b) Plote o gráfico da aceleração

c) Plote o gráfico do deslocamento

d) Mostre, numa reta horizontal, o deslocamento da partícula a partir de t = 0 seg.

## 16.4 RESOLUÇÃO DE EQUAÇÕES DIFERENCIAIS DE SEGUNDA ORDEM OU SUPERIOR

Para se resolver uma Equação Diferencial de segunda ordem, o procedimento é análogo à solução da EDO de primeira ordem.

**1º Passo**: declaramos a equação diferencial.

**eqdif: equação diferencial em questão ;**

**2º Passo:** resolvemos a EDO

**resoleq:ode2(eqdif,y,x);**

**Exemplo**

Para a EDO de 2ª ordem $\frac{d^2y}{dx^2} - 3y = 0$, temos:

**eqdif: 'diff(y,x,2) – 3*y =0;**

**resoleq: ode2(eqdif,y,x);**

A resposta será $y = \%k1\%e^{\sqrt{3}x} + \%k2\%e^{-\sqrt{3}x}$ . Caso o *software* não consiga resolver o mesmo lançará na tela a palavra *false.*

**Oitava Atividade**

Utilizando os comandos do exemplo anterior calcule:

I) a solução geral de equação linear de segunda ordem,

a) $y'' - 8y + 15y = 0$  b) $y'' + 100y = 2$  c) $y'' + 5y - senx + cosx$

II) a solução geral de equação não linear de segunda ordem.

a) $2y''y - (y')^2 = 0$  b) $y'' = 1 + (y')^2$

III) a solução particular de equação linear de segunda ordem ou superior para os valores dados

a) $y'' + 49y = 0;\ y(0) = 1\ e\ y'(0) = 0$

## 16.5 RESOLUÇÃO DE SISTEMAS DE EQUAÇÕES DIFERENCIAIS

**Passo 1:** Para se resolver um sistema de Equações Diferenciais, primeiro as definimos

**eq1: equação 1;**
**Na tela: (%o1)equação1**
**eq2: equação 2;**
**Na tela: (%o2)equação2**

onde y = f(x) e z = g(x)

**Passo 2:** Depois colocamos as condições iniciais, caso seja PVI, com o comando **atvalue**

**atvalue(f(x),x),x=a,y=b);**
**atvalue(g(x),x=c,y=d);**

**Passo 3:** E por último, resolvemos o sistema com o comando **desolve**

**desolve([%o1,%o2],[f(x),g(x)]);**

No caso de um sistema de Equações Diferenciais, basta atribuir a uma variável a Equação Diferencial, isolando-se o termo diferencial. Logo após, fazer o mesmo com a outra equação, e depois usar o comando **desolve.**

**Exemplo**
Resolva o sistema de Equações Diferenciais para as condições:

$$\begin{cases} \frac{dy}{dx} = y - z \\ \frac{dz}{dx} = y + z \\ x = 0 \Rightarrow y = 0 \text{ e } z = 1 \end{cases}$$

Utilizando o **primeiro passo** nomeie as equações diferenciais do sistema;

**eq1: 'diff(f(x),x)=f(x)-g(x);**
**Na tela: (%o1)** $\frac{d}{dx} f(x)$**=f(x)-g(x)**
**eq2: 'diff(g(x),x)=f(x)+g(x);**
**Na tela: (%o2)** $\frac{d}{dx} g(x)$**=g(x)+f(x)**

O *software* lançará na tela as equações. Seguindo ao **passo 2**: Declare as condições iniciais

**atvalue(f(x),x=0,0);**
**atvalue(g(x),x=0,1);**

O *software* lançará na tela as condições iniciais.

**Passo 3**: Obtenha a solução do sistema com o comando desolve:

**desolve([%o1,%o2],[f(x),g(x)]);**

O *software* lançará na tela o registro e a solução será determinada.

$$y = f(x) = -e^x senx$$

$$z = g(x) = e^x cosx$$

**Nona Atividade**

I) Resolva os sistemas de Equações Diferenciais (precisa das condições iniciais)

a) $\begin{cases} y + \dfrac{dz}{dx} = cosx + senx \\ \dfrac{dy}{dx} + z = cosx - senx \\ x = 0 \Rightarrow y = 1 \\ x = 0 \Rightarrow z = 0 \end{cases}$

c) $\begin{cases} \dfrac{dy}{dx} + \dfrac{dz}{dx} = cosx \\ \dfrac{dy}{dx} - \dfrac{dz}{dx} = senx \\ x = 0 \Rightarrow y = 0 \\ x = 0 \Rightarrow z = 1 \end{cases}$

b) $\begin{cases} \dfrac{dy}{dx} = 4y - 2z \\ \dfrac{dz}{dx} = y + z \\ x = 0 \Rightarrow y = 0 \\ x = 0 \Rightarrow z = 1 \end{cases}$

d) $\begin{cases} \dfrac{dy}{dx} = y + z \\ \dfrac{dz}{dx} = 4y + z \ , \ y(0) = 0, z(0) = 1 \end{cases}$

## 16.6 RESOLUÇÃO GRÁFICA DE PROBLEMAS FÍSICOS COM EQUAÇÕES DIFERENCIAIS DE SEGUNDA ORDEM

Nesta atividade serão analisados problemas de fenômenos cuja modelagem é realizada com Equações Diferenciais ordinárias de segunda ordem.

Após o cálculo da solução da Equação Diferencial, a mesma será plotada e os gráficos serão analisados.

I) O seguinte problema está resolvido com seus cálculos e traçado de gráficos.

II) Refaça os cálculos e plote os gráficos conferindo seus resultados com os dados a seguir.

**Exemplo:**

**Problema 1: Vibração de mola sem amortecimento**

**Enunciado**

Uma mola vibra apenas com seu peso. A massa da mola é de 1 (um) kg e a constante de elasticidade é k = 4. Sabemos que a mola é distendida a partir da posição de equilíbrio, isto é t = 0 segundo, x = 0 cm e a velocidade é igual a v = 2 cm/seg. Determine a posição da mola em qualquer instante.

**Primeira parte: Resolução da Equação Diferencial com PVI**

A Equação da mola é dada por $\frac{d^2x}{dt^2} + 4x = 0$, e a solução é x(t).

**Passo 1:** Resolva a equação com os valores iniciais dados: t = 0 , x = 0 e t = 0 , v = 2

**EQ: 'diff(x,t,2)+4*x=0;**

**resoleq: ode2(EQ,x,t);**

A solução geral da Equação em tela será: x=%k1*sin(2*t)+%k2*cos(2*t), onde %k1 e %k2 são constantes. Isto é, a posição da mola no instante t é dada por $x(t) = k_1 sen2t + k_2 cos2t$.

Para resolver o PVI com condições iniciais dadas, basta fazer:

**Ic2(resoleq,t=0,x=0,diff(x,t)=2);**

A solução será $x(t) = sen2t$

**Passo 2:** Plote o gráfico da solução particular da Equação Diferencial utilizando o comando **plot2d([sin(2*t)],[t,0,10]);**

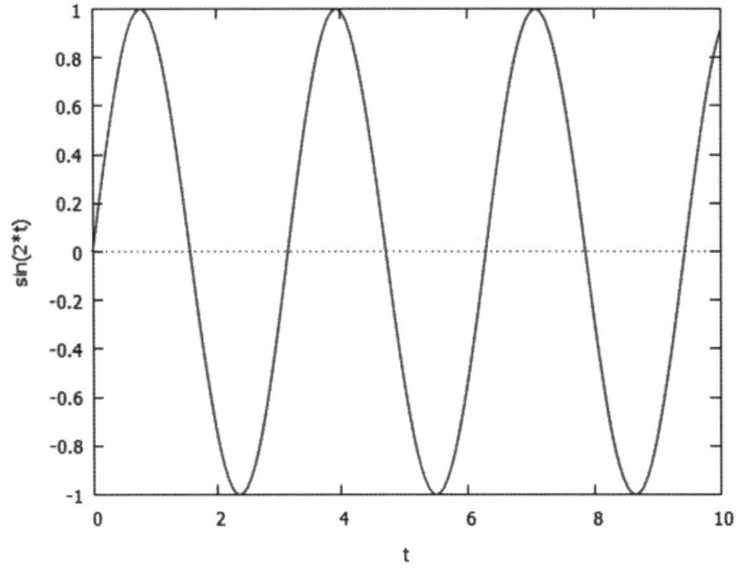


**Passo 3:** Derive a equação da posição da mola e encontre a velocidade

$$x'(t) = v(t) = 2\cos 2t$$

**Passo 4:** Plote o gráfico da velocidade $v = \frac{dx}{dt} = 2\cos 2t$

**plot2d([2*cos(2*t)],[t,0,10]);**

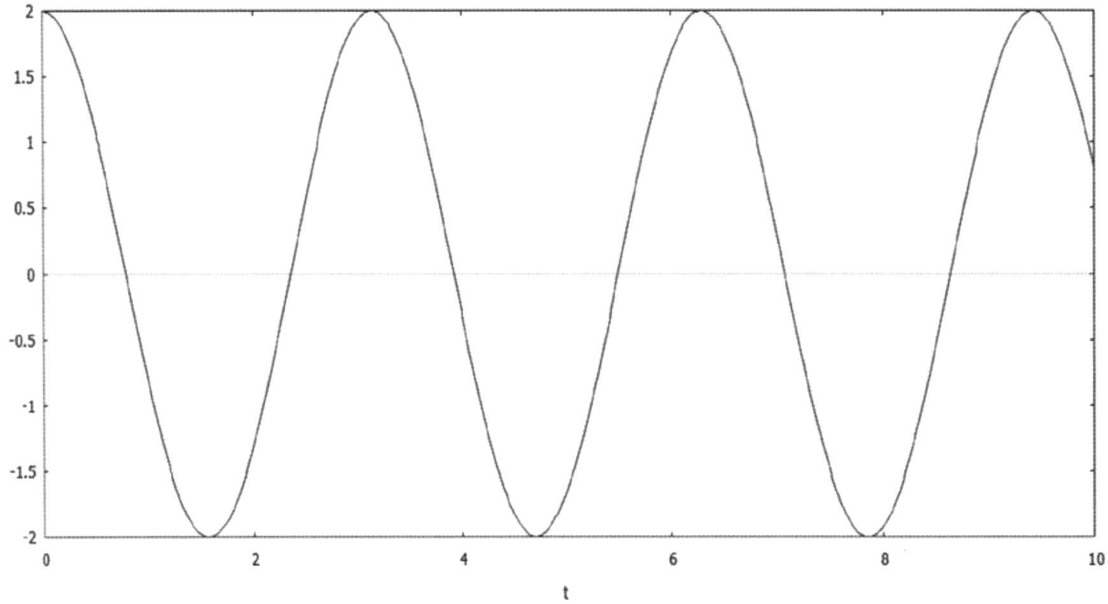


**Passo 5:** Declare e plote o gráfico da aceleração

$$x''(t) = a(t) = -4sen2t$$

**Atenção**

A aceleração varia no eixo vertical, e no eixo horizontal há variação de t..

**plot2d([-4*sin(2*t)],[t,0,10]);**

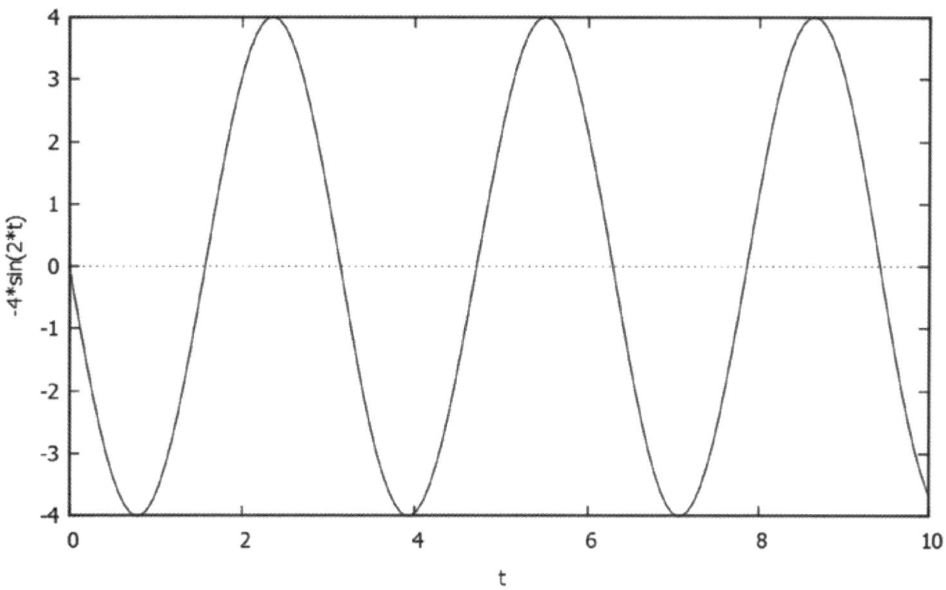


**Passo 6:** Avalie a distensão da mola pela análise dos gráficos:

a) Quando x é positivo a aceleração é negativa com valor mínimo igual a -4.

b) Quando x é negativo a aceleração é positiva para valor máximo igual a 4.

c) Nos intervalos em que a derivada é positiva x cresce.

d) Nos intervalos em que a derivada é negativa x decresce.

e) Para $t = \frac{\pi}{4}$ a velocidade é zero e a distensão é máxima, igual a 1.

f) Para $t = \frac{\pi}{2}$ a velocidade é mínima igual a -2 e a distensão é zero; assim prossegue a mesma análise para t crescente.

**Conclusão**

Neste problema a distensão da mola é uma função senoidal, no caso em que não há amortecimento, isto é, um movimento ideal (Movimento harmônico simples).

## Décima Atividade

Com os mesmos comandos utilizados, anteriormente, resolva os problemas 2 e 3.

**Problema 2:** Vibração de mola com amortecimento

**Enunciado**

Uma mola tem massa 2kg, comprimento 0,5 m, constante de elasticidade 128, constante de amortecimento 40. A vibração é iniciada na posição de equilíbrio com velocidade 0,6m/seg. A equação da vibração é dada por: $\frac{d^2x}{dt^2} + 128\frac{dx}{dt} + 40x = 0$

a) Determine a função posição da mola para a vibração com amortecimento.

b) Plote o gráfico da função posição.

c) Descreva a variação da função posição (Passa por um máximo? Passa por um mínimo? É crescente? É decrescente?).

**Problema 3:** Circuito

**Enunciado**

Um circuito tem a seguinte equação $\frac{d^2Q}{dt^2} + 40\frac{dQ}{dt} + 625Q = 100\cos(10t)$, sendo Q = a carga no circuito, t = tempo, $i = \frac{dQ}{dt}$ (i = corrente). Sabemos que a carga e corrente são nulas para tempo igual a zero.

a) Determine a carga em qualquer instante.

b) Determine a corrente em qualquer instante.

c) Plote o gráfico de Q = Q(t).

d) Plote o gráfico de i = i(t).

CAPÍTULO 17

# CÁLCULO DE TRANSFORMADAS DIRETAS E INVERSAS DE LAPLACE E PLOTAGEM DE GRÁFICOS DE FUNÇÕES TRANSLADADAS

## 17.1 INTRODUÇÃO

O cálculo de Transformada direta e inversa pode ser realizado utilizando o *software Wolfram Alpha*. Para plotar os gráficos utilizamos o *Máxima* ou o *Geogebra*.

O *Wolfram Alpha* é online, podendo ser acessado pelo o site: http://www.wolframalpha.com/. Verifique os exemplos e solucione os exercícios deste capítulo.

Utilizando o *Wolfram Alpha:* Para calcular a transformada de Laplace, usamos o comando

**LaplaceTransform(f(t),t,s)**

**Exemplo de Cálculo de Transformada Direta e Inversa:**

Calcular a transformada de Laplace da função sen(t):

**LaplaceTransform(sin(t),t,s)**

Aperte o botão Compute. Na tela será dado:

$$\frac{1}{s^2+1}$$

Para calcular a transformada inversa de Laplace, usamos o comando

**InverseLaplaceTransform(F(s),s,t)**

**Exemplo**

Calcule a transformada inversa de Laplace da função $\frac{1}{s^2+1}$

**InverseLaplaceTransform(1/(s^2+1),s,t)**

Aperte o botão compute. E será dado:

$$\sin(t)$$

**Primeira Atividade**

Com os comandos usados nos exemplos resolva os exercícios.

I) Utilize o *software Wolfram Alpha* e determine as transformadas de Laplace direta:

a) $\mathcal{L}\{5\}$

b) $\mathcal{L}\{cos(3t\})$

c) $\mathcal{L}\{sen(7t)\}$

d) $\mathcal{L}\{e^{3t}\}$

e) $\mathcal{L}\{\sinh(t)\}$

f) $\mathcal{L}\{\cosh(5t)\}$

g) $\mathcal{L}\{t \cos t\}$

h) $\mathcal{L}\{e^{3t} + t^2\}$

i) $\mathcal{L}\{u_2(t)(t-2)^3\}$

j) $\mathcal{L}\{u_\pi(t)\}$

k) $\mathcal{L}\{ u_\pi(t)sen(t-\pi)\}$

l) $\mathcal{L}\{t.e^{-5t}\}$

II) Utilize o *software Wolfram Alpha* e determine as transformadas inversas de Laplace:

a) $\mathcal{L}^{-1}\left\{\frac{1}{s}\right\}$

b) $\mathcal{L}^{-1}\left\{\frac{s-2}{s^2+9}\right\}$

c) $\mathcal{L}^{-1}\left\{\frac{s-3}{s^2+4}\right\}$

d) $\mathcal{L}^{-1}\left\{\frac{s+2}{s^2+5s+3}\right\}$

e) $\mathcal{L}^{-1}\left\{\frac{1}{s^2(s-1)^2}\right\}$

f) $\mathcal{L}^{-1}\left\{\frac{1-e^{-2s}}{s^2+1}\right\}$

g) $\mathcal{L}^{-1}\left\{\frac{5}{(s-3)^2}\right\}$

h) $\mathcal{L}^{-1}\left\{\frac{e^{-2s}}{(s-2)^2}\right\}$

III) Dada a função transformada, determine a função original e plote seu gráfico. Utilizando o *software Wolfram Alpha*, ao calcular a transformada (direta ou inversa) será plotado automaticamente o gráfico. Verifique que só nos interessa o tempo t ≥ 0, não ocorrendo isso no gráfico desconsidere a parte negativa.

a) $F(s) = \frac{1}{s}$

b) $F(s) = \frac{2}{s}$

c) $F(s) = \frac{1}{s-3}$

d) $F(s) = \frac{1}{s+3}$

e) $F(s) = \frac{3}{s^2+4}$

f) $F(s) = \frac{s}{s^2+9}$

g) $F(s) = \frac{1}{s^2-4}$

h) $F(s) = \frac{s}{s^2-5}$

i) $F(s) = \frac{6}{(s-2)^4}$

j) $F(s) = \frac{s-1}{1+s^2}$

k) $F(s) = \frac{e^{-\pi s}}{1+s^2}$

l) $F(s) = \frac{1+s}{s}e^{-2s}$

Para plotar gráficos podemos utilizar *Wolfram Alpha, Geogebra ou Máxima.*

## 17.2 UTILIZANDO O *SOFTWARE GEOGEBRA*

**Exemplo**

Sabemos que: $f(t) = u_{\pi}(t)\,cos(t-\pi) = \begin{cases} 0, \; se \; 0 \leq t < \pi \\ cos\,(t-\pi), \; se \; t \geq \pi \end{cases}$

Pode ser desmembradas em duas funções do seguinte modo:
Utilizando o *Geogebra* para esboçar a primeira função digite o comando **função[0,0,pi]**

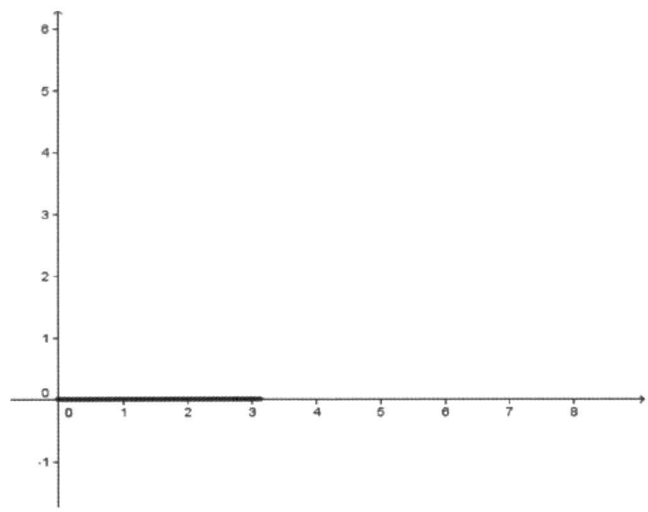

Ainda com o *Geogebra* esboce a segunda função, digite: **função[cos(x-pi),0,∞]**, o símbolo do infinito está na barra perto da palavra comando.

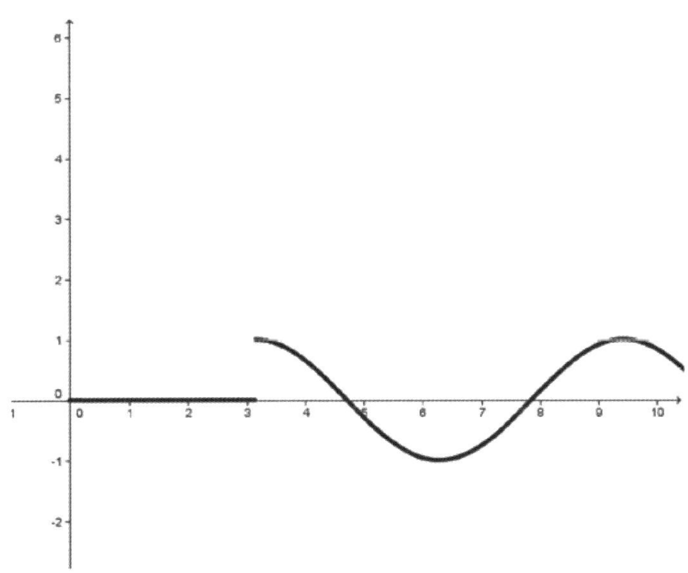

**Observação**

Verifique que os pontos de descontinuidade são tratados diferentemente como complementação do gráfico plotado, isto é, o *software* não os lança na tela.

**Segunda Atividade**

Plote utilizando o *software Geogebra*:

I) o gráfico das funções:

a) $f(t) = sen(t) + cos(t)$

b) $f(t) = cos(2t)$

c) $f(t) = sen(t/_3)$

d) $f(t) = cosh\ (t)$

e) $f(t) = senh\ (t)$

f) $f(t) = u_2(t) + u_3(t)$

g) $f(t) = 2u_{\pi}(t) - u_{2\pi}(t)$

h) $f(t) = u_{\pi}(t)\,cos(t - \pi) + cost$

i) $f(t) = u_{3\pi}(t) sen(t - 3\pi) - sent$

## 17.3 UTILIZANDO O SOFTWARE WOLFRAM ALPHA

Plote o gráfico de funções periódicas. Utilize o *software Wolfram Alpha*, lembrando que t deve ser compreendido como o eixo Ox:

**Exemplo**

Para plotar funções periódicas, plote pelos menos 3 intervalos do domínio com período. Declare cada intervalo transladando a função original obedecendo ao período dado. Veja:

$$f(t) = \begin{cases} 1, & 0 \leq t \leq 1 \\ 0, & 1 < t < 2 \end{cases},\ período\ 2$$

**Digite o comando: theta(t)-theta(t-1)+theta(t-2)-theta(t-3)**

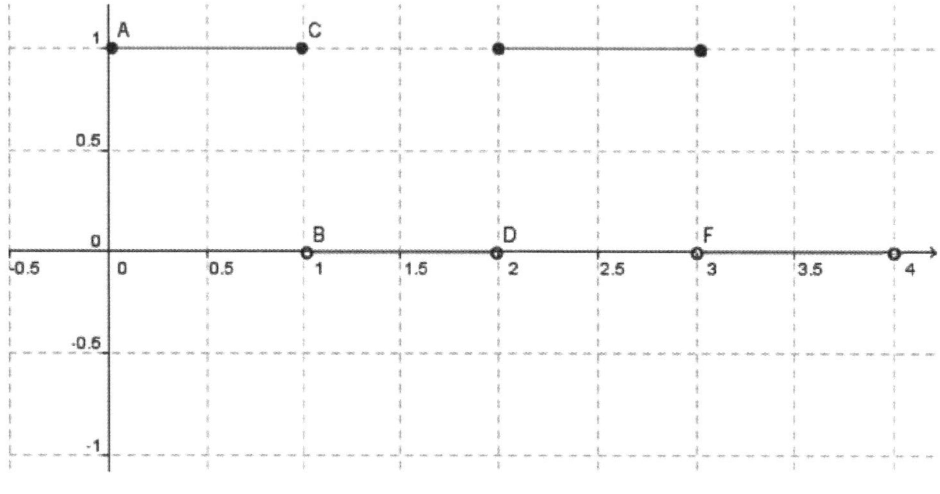

**Quarta Atividade**

Plotar as funções utilizando o *software Wolfram Alpha:*

a) $f(t) = \begin{cases} 1, & 0 \leq t \leq 1 \\ 0, & 1 < t < 2 \end{cases}, período\ 2$

d) $f(t) \begin{cases} 1, se\ 0 \leq t \leq 1 \\ -1, se\ 1 < t \leq 2 \end{cases}, período\ 3$

b) $f(t) = t, 0 \leq t \leq 1, período\ 1$

e) $f(t) = \begin{cases} t, se\ 0 \leq t < 1 \\ 2 - t, se\ 1 < t < 2 \end{cases}, período\ 2$

c) $f(t) = \begin{cases} t, se\ 0 \leq t < 1 \\ 0, se\ 1 \leq t < 2 \end{cases}, período\ 2$

f) $f(t) = sen(t)\ se\ 0 \leq t \leq \pi, período\ \pi$

# RESPOSTAS DOS EXERCÍCIOS E PROBLEMAS POR CAPÍTULOS

**Atenção**

**(1) Não há resposta de gráfico;**

**(2) Ao conferir sua reposta, ela pode estar certa mas, escrita de forma diferente da resposta do Livro. Com algumas transformações operacionais você pode verificar o seu acerto.**

## PRIMEIRA PARTE

### Capítulo 1 – DEFINIÇÕES PRELIMINARES

1

a) 2ª ordem; 1º grau; variável dependente: s variável independente: t
b) 3ª ordem; 2º grau; variável dependente: y variável independente: x
c) 1ª ordem; 7º grau; variável dependente: b variável independente: p
d) 7ª ordem; 1º grau; variável dependente: r variável independente: t
e) 2ª ordem; 1º grau; variável dependente: y variável independente: x
f) 1ª ordem; 1º grau; variável dependente: y variável independente: t

2 É solução

3 É solução

4

a) Sim b) Solução particular: $y = 2e^{3-x}$

5

a) É solução b) Solução particular: $y = \frac{1}{2} sen 2x$

6

a) $y' - 8x + \frac{1}{2} = 0$ d) $y'' - \frac{1}{x} y' = 0$ g) $y'' - 3y' + 2y = 0$

b) $y' + \frac{x}{y} = 0$ e) $y'' + y = 0$ h) $y'' - 2y' = 0$

c) $y' - \frac{2y}{x} = 0$ f) $y'' + y = 0$ i) $y' - y = 0$

7

a) I) $y = 2x + c$ III) $y' = 2$

b) I) $y = cx + 2$ III) $y' = \frac{y-2}{x}$

c) I) $x^2 + y^2 = c^2$ III) $y' = -\frac{x}{y}$

d) I) $x^2 + (y-c)^2 = 25$ III) $x + y'\sqrt{25 - x^2} = 0$

e) I) $(x-c)^2 + y^2 = 100$ III) $\sqrt{100 - y^2} + y' = 0$

f) I) $\frac{x^2}{4} + \frac{y^2}{c^2} = 1$ III) $y' = \frac{xy}{x^2 - 4}$

g) I) $x^2 = cy$ III) $y' = \frac{2y}{x}$

## Capítulo 2 – RESOLUÇÃO DE EQUAÇÕES DE PRIMEIRA ORDEM

**1º Método: separação de variáveis - s.v.**

1

a) $\frac{y^2}{2} - 5\ln|x| + x + c = 0$

b) $e^{10y} / 10 - \text{sen}(5x) / 5 + c = 0$

c) $\ln|y+1| - \frac{1}{2} arctg\left(\frac{x}{2}\right) + c = 0$

d) $\ln|1+n| - 2t - \frac{t^2}{2} + c = 0$

e) $e^t - e^{-z} + c = 0$

f) $-x\cos x + senx + y(\ln|y| - 1) + c = 0$

g) $\frac{1}{2}\ln\left|\frac{y-1}{y+1}\right| - arctgx + c = 0$ ($arctgx$ pode ser escrito como $tg^{-1}x$)

h) $\ln^2|y| - \frac{x^2}{2} + c = 0$

i) $2\ln|2x-1| - \ln|\sec y| + c = 0$ ou $2\ln|2x-1| + \ln|\cos y| + c = 0$

j) $e^{-10x} / 15\ (\text{sen}(5x) - 2\cos(5x)) + c$

**2º Método: Redutível à s.v.**

2

a) $arctg(x+y+1)-x+c=0$

b) $\frac{1}{2}\ln\left|\frac{x-y-1}{x-y+1}\right|-x+c=0$

c) $\frac{1}{\sqrt{2}}arctg\left[\sqrt{2}\,(x+2y)\right]-x+c=0$

d) x $\ln|x|-1+cx-y=0$

e) $-\frac{1}{4}\ln\left[1-2\left(\frac{y}{x}\right)^2\right]-\ln x+c=0$

f) $-\frac{1}{2}\ln\left|1-\frac{2y}{x}\right|-\ln x+c=0$

g) $-\cot g(x+y)+\cos\sec(x+y)-x+c=0$

h) $x\ln|x|-\frac{1}{x}+xc-y=0$

i) $y^2-2x^2\ln|x|-cx^2=0$

**3º Método: Equação Diferencial exata**

1

a) $df=(x^2-y^2)dx-2yxdy$

b) $df=(2x-y+1)dx-(x+3y-2)dy$

c) $df=(4x^3y^2+\frac{1}{x})dx+(2x^4y-\frac{1}{y})dy$

d) $df=(\cos y+y\cos x)dx+(senx-xseny)dy$

2

a) Exata

b) Exata

c) Exata

d) Exata

3

a) $\frac{x^3}{3}-y^2x+c=0$

b) $2x^2-2yx+2x+4y-3y^2+c=0$

c) $x^4y^2+\ln\left|\frac{x}{y}\right|+c=0$

d) $ysenx+x\cos y+c=0$

4

$$\frac{x^2}{2}+yx+x-\frac{y^2}{2}-3y=0$$

5

a) sim b) sim c) sim d) sim e) sim

6

a) $f(x)=\sqrt{x}$ ou $f(y)=\frac{1}{\sqrt[3]{y}}$

b) $f(y)=\frac{1}{y}$ ou $f(x)=x$

7

a) $(y+1)dx-(1-x)dy=0$

b) $(seny)dx-(x\cos y)dy=0$

8

a) sim b) sim

**4º Método: Equação Diferencial linear**

1

Linear : a, c

2

a) $\frac{dy}{dx} - \frac{1}{5}y = -\frac{1}{5}x$ b) $\frac{dy}{dx} - 4y = 2$ c) $\frac{dy}{dx} - \frac{1}{x}y = -x$

3

I. a) y = − 2 + $ce^x$ b) $y = x + ce^x$ c) $y = 1 + \frac{c}{e^{senx}}$ d) $y = x + cx^{-1}$

II.

a) $y = (3x + c)e^x$

b) $y = \left(\frac{sen^2 x}{2} + c\right)\sec x$

c) $y = x - 1 + \frac{c}{x}$

d) $y = \left(\frac{x^2}{2} + x + c\right)(x+1)^2$

e) $y = -2 + ce^x$

f) $y = \frac{senx + \cos x}{2} + ce^{-x}$

g) $y = 3e^{-x} + ce^{-4x}$

4.

a) $y = \frac{1}{2x + cx^2}$ b) $y = \frac{1}{\frac{-3}{4}x^2 + \frac{c}{x^2}}$

**Métodos variados**

1.

a) $\sqrt{y} = (x-2) + ce^{-\frac{x}{2}}$

b) $(1+x)(1+y) = ce^{x+y}$

c) $y = -\frac{1}{2x} + cx$

d) $y = c\sqrt{\left(\frac{x-1}{x}\right)e^x}$

e) $c = y^3x^4 + x$

f) $y - \ln|1 + x + y| = c$

g) $e^{-2y} - arctg\left(\frac{x}{2}\right) + c = 0$

h) $(x+1)^2[\ln|x+1| + c]$

i) $y = -\frac{1}{2x} + \frac{c}{x^3}$

j) $y = x(\ln|x| + c)$

2.

a) $x^2 + y^2 = 1$ b) $2 = xe^y + yx$

## Capítulo 3 – RESOLUÇÃO DE EXERCÍCIOS E PROBLEMAS GEOMÉTRICOS

**Situação 2**

a - I) $y = cx$ b - I) $x^2 + y^2 = c^2$ c - I) $y = \frac{c}{x}$ d - I) $y = 7e^{x^4}$ e- I) $y = 3\sqrt{x}$

**Situação 3**

a) $y = cx^{\frac{1}{2}}$ b) $y = 2x^{\frac{1}{2}}$

**Situação 4**

4.1 c) $y'_1 = 2$ e $y'_2 = -\frac{1}{2}$

4.2 $y'_1 = -2$ e $y'_2 = \frac{1}{2}$

4.4 I) $\frac{y^2}{2c} + \frac{x^2}{c} = 1$ II) $y = cx$ III) $x^2 + (y-c)^2 = c^2$

**Situação 5**

5.5

I b) $y = -x^2 + c$ I c) $y = -x^2 + 1$ II b) $y = e^x + c$ II c) $y = e^x$

III b) $y = -x - 1 + ce^x$ III c) $y = -x - 1 + 2e^x$

**Situação 6**

6.1 e) crescente para $i < 3$ decrescente para $i > 3$ f) $i \to 3$

6.2 e) crescente para $T < 5$ decrescente para $T > 5$ f) $T \to 5$

**Situação 7**

7.1

b) assíntota $y = 0$

e) Estritamente crescente

f) assíntota $y = 0$ e estritamente decrescente

7.6 a) não existe b) zero

# Capítulo 4 – RESOLUÇÃO DE PROBLEMAS DE FENÔMENOS COM EQUAÇÕES DIFERENCIAIS DE 1ªORDEM

**Tipo 1**

1. a) $x(t) = t^4 - 6t^3 + 12t^2 - 10t + 3$ b) $a(t) = 12t^2 - 36t + 24$

2. a) $x(t) = t^3 - 6t^2 + 8t$ b) $a(t) = 6t - 12$

3. $\dfrac{dA}{dV} = \dfrac{2}{r}$

4. $v(velocidade) = 9{,}8t$; y(deslocamento) = $4{,}9t^2$

5. v = 70m/s

6. d = 32m

7. $a = 9.10^6 m/s^2$ e distância = 5,5m

**Tipo 2**

1. $t \approx 6{,}78\,\text{min}$ , $T \approx 22{,}59°C$ ;

2. $T \approx 80°C$

3. a) $T \approx 9{,}2847\ °C$ b) $t = 2{,}66868$ min

**Tipo 3**

1.

a) $m = 1000\ e^{-0{,}0256t}$ b) $t \approx 4{,}1156$ anos

2. $P \approx 16.687$ habitantes

3.

a) $b(bactérias) = 500e^{0{,}924t}$ c) $\dfrac{db}{dt} \approx 18.612{,}057$

b) $b(bactérias) \approx 20.142{,}912$ d) $t \approx 4{,}43$ horas

**Tipo 4**

1.

a) $-49{,}5e^{-10t}$ b) $\lim_{t\to\infty}(-49{,}5e^{-10t}) = 0\ (zero)$

2.

b) 3 d) Q(t) = $-3e^{-4t} + 3$

3 .

$$\frac{1}{626}\left[25sent - \cos t + e^{-25t}\right]$$

4.

$$\frac{2}{13}[2\cos(3t)+3sen(3t)]+\frac{9}{13}e^{-2t}$$

**Tipo 5**

1.

a) $y=15e^{-\frac{t}{100}}$;

b) $y \approx 12{,}28kg$

2.

a) $y=-\frac{130}{3}e^{\frac{-3t}{200}}+\frac{130}{3}$

b) $y \approx 25{,}7153\ kg$ Donde y é a quantidade de sal.

## Capítulo 5 – RESOLUÇÃO DE EQUAÇÕES DIFERENCIAIS DE 2ª ORDEM

1

a) $y=\frac{4}{15}x^{5/2}+c_1x+c_2$

b) $y=(c_1x\ +c_2)^2$ e $y=$ constante

c) $y=\ln|\sec(x+c_1)|+c_2$

d) $y=\frac{1}{3}(2x+c_1)^{3/2}+c_2$

e) $y=-\ln|c_1x+c_2|$ e $y=$ constante

f) $c_1y^2=(c_1x+c_2)^2-4$

g) $y^4=c_1x+c_2$ e $y=$ constante

2 a) $y=\frac{1}{3}(2x+1)^{3/2}-\frac{1}{3}$

b) $y=x^2$

3

a) $y=e^{-\frac{x}{2}}\left[c_1\cos(\frac{\sqrt{7}}{2}x)+c_2sen(\frac{\sqrt{7}}{2}x)\right]$

b) $y=e^{3x}(c_1x+c_2)$

c) $y=c_1\cos(3x)+c_2sen(3x)+\frac{5}{9}$

d) $y=c_1\cos(2x)+c_2sen(2x)+\frac{1}{4}$

e) $y=c_1+c_2e^{-8x}$

f) $y=e^{-\frac{x}{2}}\left[c_1\cos\left(\frac{\sqrt{3}}{2}x\right)+c_2sen\left(\frac{\sqrt{3}}{2}x\right)\right]+3$

4.

a) $y=c_1\cos x+c_2senx+\frac{1}{5}e^{2x}$

b) $y=c_1e^{(2+\sqrt{3})x}+c_2e^{(2-\sqrt{3})x}+2x^2+16x+59$

c) $y=c_1\cos(2x)+c_2sen(2x)-\frac{1}{21}\cos(5x)$

d) $y = c_1\cos(5x)+c_2\,sen(5x)+\frac{1}{25}x+\frac{1}{34}e^{3x}$

e) $y = c_1+c_2e^{-x}-\frac{1}{30}\cos(3x)-\frac{1}{10}sen(3x)+\frac{1}{12}e^{3x}$

f) $y=c_1e^{x}+c_2e^{-x}-\frac{2}{5}senx-\frac{1}{2}\cos x$

5.

a) $y = (x-1)(c_1 + c_2 \ln|x-1|)$

b) $y = c_1 x^2 + c_2 x$

c) $y = c_1 [(2x+1)/2] + c_2 [(2x+1)/2]^{1/2}$

d) $y = c_1 x + c_2 x^2 - 2x \ln|x| - 1/2$

## Capítulo 6 – RESOLUÇÃO DE EQUAÇÕES DIFERENCIAIS POR SÉRIE

1.

a) $y = e^{-x}$

b) y = 1

c) $y(x) = \sum_0^{\infty} \frac{x^{2n}}{2^n n!}, \ \forall x \in R$

d) $y(x) = x + \frac{x^2}{2} + 2x^3 + \frac{x^4}{4} + \ldots$

2.

a) $y = e^{\ x}$

b) $y(x) = c_0 \left[ \sum_0^{\infty} \frac{(-1)^n x^{2n}}{2^n n!} \right] + c_1 \left[ \sum_0^{\infty} \frac{(-1)^n x^{2n+1}}{(2n+1)} \right]$

## Capítulo 7 – RESOLUÇÃO DE PROBLEMAS DE FENÔMENOS: EQUAÇÕES DIFERENCIAIS DE 2ª ORDEM

**Tipo 1**

1. x = 295,83 m $\qquad v = 296{,}83\ \text{m/s}$

2. $x = \frac{62}{3}$ m $\qquad$ d(distância) $= \frac{56}{3}$ m $\qquad$ v = 4 m/s

**Tipo 2**

1. a) $y(t) = 0{,}5\cos\left(5\sqrt{2}t\right)$ $\qquad$ b) $v(t) = -2{,}5\sqrt{2}sen(5\sqrt{2}t)$

2. a) $y(t) = 2e^{-5t} sen\left(\frac{5}{2}t\right)$ $\qquad$ b) $v(t) = -10e^{-5t} sen\left(\frac{5}{2}t\right) + 5e^{-5t}\cos\left(\frac{5}{2}t\right)$.

**Tipo 3**

a) $Q(t) = e^{-2.5t}\ [\ 1{,}9\ \cos(9{,}7\ t) + 0{,}49\ \text{sen}\ (9{,}7\ t)\ ] + \frac{1}{10}$

b) $i(t) = e^{-2,5t}[0{,}003\cos(9{,}7t) - 19{,}655 sen(9{,}7t)]$

2.

a) $Q(t) = e^{-25t}[0{,}01995 \cos(19.37\ t) + 0{,}0256\ \text{sen}\ (19{,}37t)] + 0{,}000998\text{sen}\ t + 0.000049\cos t$

b) $i(t) = e^{-25t}[-0{,}0021 \cos t - 1{,}026\ \text{sen}\ t] + 0{,}001 \cos t - 0{,}000049\ \text{sen}t$

Tipo 4

1.

a) $y' = \frac{Q}{EI}\left(\frac{L^2x^2}{4} - \frac{x^3}{6} - \frac{L^3}{24}\right)$ b) $y = -\frac{Qx}{24EI}\left(L^3 - 2Lx^2 + x^3\right)$ c) $y_{máx} = -\frac{5L^4Q}{384EI}$

2.

a) $y' = -\frac{Qx}{6EI}\left(3L^2 - 3Lx + x^2\right)$ b) $y = -\frac{Qx^2}{24EI}\left(6L^2 - 4Lx + x^2\right)$ c) $y_{máx} = -\frac{QL^4}{8EI}$

3.

a) $y' = \frac{Q}{24LEI}(L-x)^4 - \frac{QL^3}{24}$ b) $y' = -\frac{Q}{120LEI}(L-x)^5 - \frac{QL^3x}{24} + \frac{3L^4}{4}$

4. Utilize os exemplos resolvidos para chegar a resposta dada.

5. A distribuição de cargas é uma função linear crescente. (Representação gráfica: uma reta com coeficiente angular positivo).

6. A distribuição de cargas é cossenoidal.

## Capítulo 8 – SISTEMAS DE EQUAÇÕES DIFERENCIAIS

1.

a) $y = c_1e^{-x} - c_2e^{x} + senx + \cos x$ $z = c_1e^{-x} + c_2e^{x}$

b) $z = c_1e^{\left(1+\frac{\sqrt{3}}{3}\right)x} + c_2e^{\left(1-\frac{\sqrt{3}}{3}\right)x} - \frac{1}{2}e^{t}$ $y = (2-\sqrt{3})c_1e^{(1+\frac{\sqrt{3}}{3})x} + (2+\sqrt{3})c_2e^{(1-\frac{\sqrt{3}}{3})x}$

c) $x = c_1e^{2t} + 2c_2e^{3t}$ $y = c_1e^{2t} + c_2e^{3t}$

d) $y = \frac{1}{2}sent + \frac{1}{2}\cos t + c_1$ $x = \frac{1}{2}sent - \frac{1}{2}\cos t + c_2$

c) $y - 2c_1e^{3t} - 2c_2\,e^{-t}$ $x = c_1e^{3t} + c_2\,e^{-t}$

f) $x = c_1e^{t}$ $y = -c_1e^{t} + c_2e^{3t}$ $z = 6c_1e^{t} + 5c_2e^{3t} + c_3e^{2t}$

g) $y = c_1e^{2t} - 2c_2e^{-t}$ $x = c_1e^{2t} + c_2e^{-t}$ $z = c_1e^{2t} + c_2e^{-t}$

h) $x = c_1\cos t + c_2 sent - \frac{1}{2}e^{t}$ $y = -(c_2 + 3c_1)\cos t + (c_1 - 3c_2)sent + 2e^{t}$

i) $x = c_1e^{-\frac{4}{5}t} + \frac{3}{4}$ $y = 1 + 4c_1e^{-\frac{4}{5}t} + c_2e^{-t}$ $z = -\frac{1}{2} - \frac{2c_1}{3}e^{-\frac{4}{5}t}$

j) $x = -t - \frac{2}{3}c_1$ $y = \frac{t^2}{2} + \frac{4}{3}t + c_2$

2.

a) $x = 2e^{2t} - 2e^{3t}$ $y = 2e^{2t} - 3e^{3t}$

$x = -\frac{1}{4}e^{3t} + \frac{1}{4}e^{-t}$ $y = \frac{1}{2}e^{3t} - \frac{1}{2}e^{-t}$

## Capítulo 9 – TEOREMA DE EXISTÊNCIA E UNICIDADE

1.

a) Garantida a existência de solução/ Garantida a unicidade de solução desde que seja em um intervalo $J_0$ perto de $x_0$.

b) Não garantida a existência de solução.

c) Garantida a existência de solução/ A unicidade não está assegurada.

d) Garantida a existência de solução/ Garantida a unicidade de solução desde que seja em um intervalo $J_0$ perto de $x_0$.

2.

a) R = $\{(x, y) \in \mathbb{R}^2\}$, Garantia de solução em qualquer ponto P a exemplo (0, 4), J = $]-\infty, \infty[$.

b) R = $\{(x, y) \in \mathbb{R}^2/x \geq 0\}$, Garantia de solução P(2,1), Sem garantia de solução Q(-3,-2), J = $]0, \infty[$.

c) R = $\{(x, y) \in \mathbb{R}^2/x \neq 0\}$, Garantia de solução P(-5,-4), Sem garantia de solução Q(0, 6), J = $]-\infty,\ 0\,[\, \cup\, ]0, \infty[$.

d) R = $\{(x, y) \in \mathbb{R}^2/(x, y) \neq (x, 0)$, Garantia de solução P(1,1), Sem garantia de solução Q(0, 0) ou R(-4,0), J = $\mathbb{R}$.

e) R = $\{(x, y) \in \mathbb{R}^2/\ |x| \geq |y|\}$, Garantia de solução P(-3,1), Sem garantia de solução Q(-1,2), J = $\mathbb{R}$.

3.

a) Como f(x,y) = ln(x + y) é contínua em R = $\{(x, y) \in \mathbb{R}^2/\ y > -x\}$, qualquer ponto que esteja em R possuirá solução. Logo um PVI que possui solução é: $\begin{cases} y' = \ln(x+y) \\ y(4) = 6 \end{cases}$

Como $f_y = \dfrac{1}{x+y}$, é contínua exceto para x = - y o PVI apresentado na linha acima possui solução única para um intervalo $J_0$. Um PVI que o Teorema não pode garantir solução, porém que pelo campo de direções é possível verificar que não há solução (pois não há presença de isóclinas na região S = $\{(x, y) \in \mathbb{R}^2/\ y \leq -x\}$) é: $\begin{cases} y' = \ln(x+y) \\ y(-2) = -1 \end{cases}$

b) Como $f(x, y) = -\cos x - \sqrt{y}$ é contínua em R = $\{(x, y) \in \mathbb{R}^2/\ y \geq 0\}$, qualquer ponto que esteja em R possuirá solução. Logo um PVI que possui solução é: $\begin{cases} y' = -\cos x - \sqrt{y} \\ y(4) = 6 \end{cases}$

Como $f_y = -\frac{1}{2\sqrt{y}}$, é contínua para y > 0 o PVI apresentado na linha acima possui solução única para um intervalo $J_0$.

Um PVI que o Teorema não pode garantir solução, porém que pelo campo de direções é possível verificar que não há solução (pois não há presença de isóclinas na região S = $\{(x, y) \in \mathbb{R}^2/\ y < 0\}$) é:
$\begin{cases} y' = -\cos x - \sqrt{y} \\ y(-1) = -1 \end{cases}$

Sobre o eixo dos x (y = 0) o Teorema não garante solução porém há presença de isóclinas sobre o eixo x, isto significa, que há solução para o PVI. Isto não contraria o Teorema, pois o mesmo só não garante a solução isto não significa que ela não exista.

4.

a) $x = \frac{y^2}{2} - 2$

b) Mesmo f(x,y) não sendo contínua para valores onde y = 0 não significa que não há solução para tais pontos. O Teorema não garante a solução porém ela existe. Nada foi contrariado. Não garantir não significa que ela não exista.

5.

a) Pode acontecer de ser única.

b) $y = Cx^2$

c) $y = x^2$. Talvez seja única. Caso não seja, basta diminuir o intervalo pegando um intervalo $J_0 \subset J$ menor.

d) Não contraria o teorema. A curva solução ramificou-se no intervalo $J$. Para garantir a unicidade no ponto (-2, 4), deve-se escolher um $J_0$ menor que $J$ e que contenha o ponto x = -2, assim a unicidade estará garantida. A exemplo $J_0$= ]-3, -1[.

6.

a) $y = 216x^3$ e y = 0 são soluções para o PVI.

b) Não contrariou pois $f_{y'}$ não é contínua para y = 0, logo não há garantia que a solução seja única.

7.

a) Em D. Pois a f(x,y) é contínua em D e $f_{y'}$ é contínua em $J_0 \subset J \subset D$.

b) A, C e D. Em pelo menos um ponto o Teorema garante solução.

c) f(x,y) não é contínua em (0,0) não há garantia de solução. Pode ser que exista uma, infinitas ou nenhuma solução passando por este ponto. Porém o Teorema nada garante.

d) Verdadeira. F(x,y) não é contínua neste ponto.

e) Falso. F(x,y) não é contínua em nenhum ponto de B, logo não há garantia pelo Teorema. Porém como não há isóclinas nesta região é possível validar que não há solução em nenhum ponto interno ao retângulo B.

f) Verdadeira. Pontos acima da reta y = -x que pertencem ao retângulo A possuem solução assegurada pelo Teorema.

## SEGUNDA PARTE

## Capítulo 10 – DEFINIÇÕES E PROPRIEDADES DE TRANSFORMADAS DE LAPLACE

1. a) $F(s) = \frac{1}{s+1}$ b) $F(s) = \frac{1}{s^2+1}$ c) $F(s) = \frac{s}{s^2+1}$

3. a) $F(s) = \frac{1}{s^2-1}$ b) $F(s) = \frac{s}{s^2-a^2}$ c) $F(s) = \frac{a}{s^2-a^2}$

5. a) $F(s) = \frac{s}{s^2+a^2}$ c) $F(s) = \frac{s}{s^2-a^2}$ e) $F(s) = \frac{1}{s+a}$

b) $F(s) = \frac{a}{s^2-a^2}$ d) $F(s) = \frac{1}{s-a}$

6.

a) $F(s)=\dfrac{7}{s}$

b) $F(s)=\dfrac{1}{2s}$

c) $F(s)=\dfrac{-10}{s}$

d) $F(s)=\dfrac{1}{s-3}$

e) $F(s)=\dfrac{1}{s+7}$

f) $F(s)=\dfrac{2}{s^2+4}$

g) $F(s)=\dfrac{s}{s^2+1}$

h) $F(s)=\dfrac{5}{s^2+25}$

i) $F(s)=\dfrac{s}{s^2-16}$

j) $F(s)=\dfrac{2s}{\left(s^2+4\right)^2}$

k) $F(s)=\dfrac{5!}{s^6}$

l) $F(s)=\dfrac{s-3}{(s-3)^2+1}$

m) $F(s)=\dfrac{1}{(s+5)^2-1}$

n) $F(s)=\dfrac{1}{(s-10)^2}$

o) $F(s)=\dfrac{2}{(s-1)^3}$

p) $F(s)=\dfrac{1}{(s-1)^2}$

q) $F(s)=\dfrac{1}{(s-1)^2}+\dfrac{s}{s^2+25}$

r) $F(s)=\dfrac{2}{(s-1)^3}-\dfrac{1}{s^2-1}$

s) $F(s)=\dfrac{3}{s}+\dfrac{1}{s^2}-\dfrac{1}{(s-1)^2}$

## Capítulo 11 – A TRANSFORMADA INVERSA DE LAPLACE

1.

a) $f(t)=5$

b) $f(t)=t-\dfrac{1}{7}$

c) $f(t)=10e^{t}$

d) $f(t)=5e^{-t}+e^{3t}$

e) $f(t)=\dfrac{1}{3}sen(3t)$

f) $f(t)=\cosh(3t)-\dfrac{2}{3}senh(3t)$

g) $f(t)=t^3$

h) $f(t)=\dfrac{5}{2}t^2$

i) $f(t)=te^{7t}$

j) $f(t)=5te^{-3t}$

k) $f(t)=e^{-t}sen(2t)$

l) $f(t)=e^{t}sen(3t)$

m) $f(t)=e^{-t}\cosh(4t)-\dfrac{1}{2}e^{-t}senh(4t)$

n) $f(t)=-e^{3t}+3e^{4t}$

o) $f(t)=\dfrac{1}{2}t^2-t+1-e^{-t}$

p) $f(t)=-1+\cos t+sent$

q) $f(t)=e^{-2t}\cosh(\sqrt{3}t)-\dfrac{2}{\sqrt{3}}e^{-2t}senh(\sqrt{3}t)$

r) $f(t)=e^{3t}\cos\left(\sqrt{2}t\right)-\dfrac{1}{\sqrt{2}}e^{3t}sen\left(\sqrt{2}t\right)$

## Capítulo 12 – APLICAÇÃO DE TL NA RESOLUÇÃO DE EQUAÇÕES DIFERENCIAIS E DE SISTEMAS

1.

a) $5e^{-t} - 2e^{-3t}$

b) $-4e^{2t} + 10/3(e^{3t}) + 5/3$

c) $3/4\, e^{t} + 1/4\, e^{-t} - 1/2\,(sent)$

d) $x = 1/4\, t - 1/2(e^{t}) + 1/2$ ; $y = 1/4\, t + 1/2(e^{t}) - 1/2$

e) $x = 2e^{t} - 2e^{3t}$
$y = 2e^{t} - e^{3t}$

f) $x = -\frac{1}{4}e^{3t} + \frac{1}{4}e^{-t}$
$y = \frac{1}{2}e^{3t} - \frac{1}{2}e^{-t}$

## Capítulo 13 – FUNÇÃO DEGRAU UNITÁRIA, TRANSLADADA E PERIÓDICA – RESOLUÇÃO DE PROBLEMAS FÍSICOS

2.

a) I) $y = \frac{1}{4}u_{2\pi}(t) - \frac{1}{4}u_{2\pi}(t)\cos 2(t - 2\pi) + \cos t(2t)$

b) I) $y = \frac{1}{4}u_{\pi}(t) - \frac{1}{4}u_{\pi}(t)\cos 2(t - \pi) - \frac{1}{4}u_{2\pi}(t) + \frac{1}{4}u_{2\pi}(t)\cos 2(t - 2\pi) + \cos(2t)$

c) I) $y = \frac{1}{4}u_{\pi}(t) - \frac{1}{4}u_{\pi}(t)\cos 2(t - \pi) + \frac{1}{4}u_{2\pi}(t) - \frac{1}{4}u_{2\pi}(t)\cos 2(t - 2\pi) + \cos(2t)$

d) I) $y = \frac{1}{3}sent - \frac{1}{6}sen(2t) + \cos(2t)$

e) I) $y = \frac{1}{3}\cos t + \frac{2}{3}\cos(2t)$

## Capítulo 14 – CONVOLUÇÃO

1.

a) $\frac{t^4}{12}$

b) $2e^{t} - t^2 - 2t - 2$

c) $t - sent$

2.

$$\frac{1}{s^2(s-1)}$$

3.

$$2\left[\frac{e^{-t}}{5} + \frac{1}{10}\left(sen(2t) - 2\cos(2t)\right)\right]$$

4.

a) $\frac{t}{3} - \frac{sen(3t)}{9}$

b) $\frac{t}{3} - \frac{sen(3t)}{9}$

5.

a) $1 - e^{-t}$

b) $5(1 - \cos t)$

c) $\frac{t^2}{2} - t - e^{-t} + 1$

d) $\frac{t}{9}\left(e^{-3t} + 1\right) + \frac{2}{27}(e^{-3t} - 1)$

e) $\frac{t^3}{6} - t + sent$

6.

$$\frac{a + ke^{-at} senkt - ae^{-at} \cos kt}{k^2 e^{at} + a^2}$$

7.

a) t - sent

b) $\frac{1}{2}\left(\frac{e^t}{2} - e^{-t} - \frac{e^{-t}}{2}\right)$

# REFERÊNCIAS


ABUNAHMAN, Sérgio Antônio. *Equações Diferenciais*. Rio de Janeiro: LTC, 1982.

ANDREWS, Larry C. *Introduction To Differential Equation With Boundary Value Problems*. New York USA: Harper Collins, 1991.

AYRES JR, Frank. *Equações Diferenciais*. São Paulo: Markson Books, 1994.

BASSANEZI, Rodney Carlos. *Ensino-aprendizagem com modelagem matemática:* uma nova estratégia. São Paulo: Contexto, 2006.

BASSANEZI, Rodney Carlos. *Equações diferenciais*: com aplicações. São Paulo: Harbra, 1988.

BOYCE, William E.; DIPRIMA, Richard C. *Equações Diferenciais Elementares e Problemas de Valores de Contorno*. Rio de Janeiro: LTC, 2013.

BRANNAN, James R.; BOYCE, William E. *Equações diferenciais:* uma introdução a métodos modernos e suas aplicações. Rio de Janeiro: LTC, 2008.

BRONSON, Richard; COSTA, Gabriel B. *Equações diferenciais*. 3. ed. Porto Alegre: Bookman, c 2008.

CAPUTO, Homero Pinto. *Iniciação ao estudo das equações diferenciais e suas aplicações*. Rio de Janeiro: LTC, 1973.

DIACU, Florin. *Introdução a equações diferenciais*: teoria e aplicações. Rio de Janeiro: LTC, 2004.

DUVAL, Raymond. *Semiósis e pensamento humano* – Registros semióticos e aprendizagens intelectuais. São Paulo: Livraria da Física, 2009.

EDWARDS, Charles H.; PENNEY, David E. *Equações diferenciais elementares com problemas de contorno*. 3. ed. Rio de Janeiro: Prentice-Hall, 1995.

ENGER, YUNUSA.; PALM. I.; Willian, T. *Equações Diferenciais*. Porto Alegre, 2014.

FIGUEIREDO, Djairo G. *Equações diferenciais aplicadas*. Petropólis: IMPA, 1979.

GERE, James M. *Mecânica dos Materias*. São Paulo: Pioneira Tomson Learning. 2003.

GERE & GOODDNO. *Mecânica dos Materiais*. São Paulo: Pioneira Tomson Learning.

KREYSZIG, Erwin. *Matemática superior para engenharia*. V.1. Rio de Janeiro: LTC, 2009.

MAURER, A. Willie. *Curso de Cálculo Diferencial e Integral* - Equações Diferenciais. V. 4. São Paulo: Edgard Blücher, 1968.

NAGLE, Kent R.; SAFF, Edward D. B.; SNIDER, Arthur David. Equações Diferenciais. Rio de Janeiro: Pearson, 2012.

PISKOUNOV, N. *Cálculo Diferencial e Integral*. V. 2. Porto – Portugal: Oficinas Gráficos Reunidos; Edições Lopes da Silva, 1974.

POLYA, George. *A arte de resolver problemas.* Rio de janeiro: Interciência, 1994.

POZO, Juan Ignacio. *A solução de problemas* – aprender a resolver, resolver para aprender. Porto Alegre: Artmed. 1998.

QUINET, J. *Matemática Superior* – Equações Diferenciais e Aplicações – Tomo V . Porto Alegre: Editora Globo, 1970.

RIGHETTO, Armando; FERRAUDO, Antônio Sérgio. *Cálculo Diferencial e integral.* V. 2, São Paulo: Intituo Brasileiro de Edições Científicas, 1982.

STEWART, James. *Cálculo.* V. 2. São Paulo: Pioneira Thonson Learning, 2013.

ZILL, Dennis G. *Equações diferenciais com aplicações em modelagem.* São Paulo: Cengage Learning, 2011.

ZILL, Dennis G.; CULLEN, Michael R. *Equações Diferenciais.* V. 1 e 2. São Paulo: Makron Books, 2001.

ZILL, Dennis G.; CULLEN, Michael R. *Matemática avançada para engenharia: 1* : equações diferenciais elementares e transformada de Laplace. 3. ed. Porto Alegre: Bookman, 2009.

# TABELA DE DERIVADAS

**Consideramos u = u(x), v = v(x) e k constante.**

1 - $(k)' = 0$ , k constante

2 - $(ku)' = k(u')$, sendo k constante

3 - $(u^n)' = n\,u^{n-1}(u')$

**Propriedades**

$[k_1.u_1 \pm k_2.u_2]' = k_1 u'_1 \pm k_2 u'_2$ sendo $k_1$ e $k_2$ constantes

**Regra do Produto**

$[u.v]' = u'v + u\,v'$

**Regra da Cadeia**

$[f(u(x))]' = f[u(x)]\,u'(x)$

$y = f(u),\ u = u(x) \Rightarrow \dfrac{dy}{dx} = \dfrac{dy}{du}\dfrac{du}{dx}$

**Regra do Quociente**

$$\left[\frac{u}{v}\right]' = \frac{u'v - u\,v'}{v^2} \quad , \quad v \neq 0$$

**Derivadas de Funções Trigonométricas Diretas**

$(sen\,u)' = \cos u\,(u')$

$(\cos u)' = -sen\,u\,(u')$

$(tgu)' = \sec^2 u\,(u')$

$(\cot gu)' = -\cos\sec^2 u\,(u')$

$(\sec u)' = \sec u\; tgu\,(u')$

$(\cos\sec u)' = -\cos\sec u \cot gu(u')$

**Derivadas de Funções Trigonométricas Inversas**

$(arcsenu)' = (sen^{-1}u)' = \dfrac{u'}{\sqrt{1-u^2}}$

$(\arccos u)' = (\cos^{-1} u)' = \dfrac{-u'}{\sqrt{1-u^2}}$

$(arctgu)' = (tg^{-1}u)' = \dfrac{u'}{1+u^2}$

$(arc\cot gu)' = (\cot^{-1} u)' = \dfrac{-u'}{1+u^2}$

$(arc\sec u)' = (\sec^{-1} u)' = \dfrac{u'}{u\sqrt{u^2-1}}$

$(\arccos\sec u)' = (\cos\sec^{-1} u)' = \dfrac{-u'}{u\sqrt{u^2-1}}$

Há duas maneiras de representar a função trigonométrica inversa: usando arc (arco) ou potência a – 1, esta última especialmente utilizado em linguagem informática

**Derivada de raiz quadrada:**

$(\sqrt{u})' = \dfrac{u'}{2\sqrt{u}}$

**Derivada da variável independente:**

$(x)'=1$ se x é a variável independente

**Derivada da função ou da variável dependente:**

$[y(x)]'=\frac{dy}{dx}$ se y é variável dependente

**Derivadas de Funções Exponenciais e Logarítmicas**

$(k^u)'=k^u \ln k(u')$

$(e^u)=e^u(u')$

$(\log_a u)'=\frac{u'}{u.\ln a}$

$(\ln u)=\frac{1}{u}(u')=\frac{u'}{u}$ , ln = logaritmo da base e (constante neperiana).

**Diferencial**

1- Se y = f(x) então $dx=\Delta x$, verifique que x é a variável independente;

2- $d[f(x)]=f'(x)dx$ ou $d[f(x)]=f'(x)\Delta x$

3- Diferencial total de: $f=f(x,y)$ $\Rightarrow df=\frac{\partial f}{\partial x}dx+\frac{\partial f}{\partial y}dy$ ou $df=\frac{\partial f}{\partial x}\Delta x+\frac{\partial f}{\partial y}\Delta y$

# TABELA DE INTEGRAIS

**Consideramos u = u(x), v = v(x) e k constante.**
**Usando propriedades:**

1 - $\int dx = x + C$

2 - $\int kf(x)dx = k\int f(x)dx$ ; k = constante

3 - $\int [k_1 f(x) + k_2 g(x)] = k_1 \int f(x)dx + k_2 \int g(x)dx$; sendo $k_1$ e $k_2$ constantes

4 - $\int [k_1 f(x) - k_2 g(x)] = k_1 \int f(x)dx - k_2 \int g(x)dx$; sendo $k_1$ e $k_2$ constantes

5 - **Fórmula de Integração por Partes:** $\int udv = uv - \int vdu$

**Integrais Imediatas ou básicas**

1 - $\int u^n du = \dfrac{u^{n+1}}{n+1} + C$, n ≠ -1

2 - $\int \dfrac{du}{u} = \ln|u| + C$

3 - $\int e^u du = e^u + C$

4 - $\int sen\, u\, du = -\cos u + C$

5 - $\int \cos u\, du = sen\, u + C$

6 - $\int \sec^2 u\, du = tgu + C$

7 - $\int \cos\sec^2 udu = -\cot gu + C$

8 - $\int \sec u\, tg\, u\, du = \sec u + C$

9 - $\int \cos\sec u \cot gudu = -\cos\sec u + C$

10 - $\int tg\, u\, du - \ln|\sec u| + C$

11 - $\int \cot g\, u\, du = \ln|sen\, u| + C$

12 - $\int \sec u\, du = \ln|\sec u + tg\, u| + C$

13 - $\int \cos\sec udu = \ln|\cos\sec u - \cot gu| + C$

14 - $\int \frac{du}{u^2+1} = tg^{-1}u + C = arctg\ u + C$

15 - $\int \frac{du}{\sqrt{1-u^2}} = sen^{-1}u + C = arcsen\ u + C$

**Integrais Generalizadas:**

**1. Fórmulas com função racional**

1 - $\int \frac{udu}{a+bu} = \frac{1}{b^2}(a + bu - a\ln|a+bu|) + C$

2 - $\int \frac{du}{u(a+bu)} = \frac{1}{a}\ln\left|\frac{u}{a+bu}\right| + C$

3 - $\int \frac{\mathrm{du}}{\mathrm{u(a+bu)^2}} = \frac{1}{a(a+bu)} - \frac{1}{a^2}\ln\left|\frac{a+bu}{u}\right| + C$

4 - $\int \frac{du}{u^2(a+bu)} = -\frac{1}{au} + \frac{b}{a^2}\ln\left|\frac{a+bu}{u}\right| + C$

5 - $\int \frac{du}{a^2-u^2} = \frac{1}{2a}\ln\left|\frac{u+a}{u-a}\right| + C$

6 - $\int \frac{du}{u^2-a^2} = \frac{1}{2a}\ln\left|\frac{u-a}{u+a}\right| + C$

7 - $\int \frac{du}{a^2+u^2} = \frac{1}{a}tg^{-1}\frac{u}{a} + C$

**2. Fórmulas envolvendo radicais**

1 - $\int \frac{du}{\sqrt{a^2-u^2}} = sen^{-1}\frac{u}{a} + C$

2 - $\int \frac{du}{u\ \sqrt{\mathrm{u}^2-a^2}} = \frac{1}{a}\sec^{-1}\frac{u}{a} + C$

3 - $\int u\sqrt{a+bu}du = \frac{2}{15b^2}(3bu-2a)(a+bu)^{\frac{3}{2}} + C$

4 - $\int \sqrt{a^2+u^2}du = \frac{u}{2}\sqrt{a^2+u^2} + \frac{a^2}{2}\ln(u+\sqrt{a^2+u^2}) + C$

5 - $\int \frac{du}{\sqrt{a^2+u^2}} = \ln(u+\sqrt{a^2+u^2}) + C$

6 - $\int \sqrt{a^2-u^2}du = \frac{u}{2}\sqrt{a^2-u^2} + \frac{a^2}{2}sen^{-1}\frac{u}{a} + C$

7 - $\int \sqrt{u^2 - a^2}\,du = \frac{u}{2}\sqrt{u^2 - a^2} - \frac{a^2}{2}\ln\left|u + \sqrt{u^2 - a^2}\right| + C$

## 3. Fórmulas de Integrais Trigonométricas

1 - $\int sen(au)du = -\frac{1}{a}\cos(au) + C$

2 - $\int \cos(au)du = \frac{1}{a}sen(au) + C$

3 - $\int tg(au)du = \frac{1}{a}\ln|\sec(au)| + C$

4 - $\int \cot g(au)du = -\frac{1}{a}\ln|\cos\sec(au)| + C$

5 - $\int sen^2 u\,du = \frac{1}{2}u - \frac{1}{4}sen 2u + C$

6 - $\int \cos^2 u\,du = \frac{1}{2}u + \frac{1}{4}sen 2u + C$

7 - $\int tg^2 u\,du = tgu - u + C$

8 - $\int \cot g^2 u du = -\cot gu - u + C$

9 - $\int sen\,(\mathrm{au})\,\mathrm{sen}\,(\mathrm{bu})\mathrm{du} = \frac{\mathrm{sen(a - b)u}}{2(a-b)} - \frac{sen(a+b)u}{2(a+b)} + C$

10 - $\int \cos(\mathrm{au})\cos(\mathrm{bu})\,\mathrm{du} = \frac{\mathrm{sen(a - b)u}}{2(a-b)} + \frac{sen(a+b)u}{2(a+b)} + C$

11 - $\int sen\,(\mathrm{au})\cos(\mathrm{bu})\,\mathrm{du} = -\frac{\cos(a-b)u}{2(a-b)} - \frac{\cos(a+b)u}{2(a+b)} + C$

12 - $\int u\,\mathrm{sen\,u\,du = sen\,u - u\cos u + C}$

13 - $\int u\cos\mathrm{u\,du} = \cos\mathrm{u + u\,sen\,u + C}$

**4. Fórmulas de integração de exponenciais**

1 - $\int ue^{au}du = \frac{1}{a^2}(au-1)e^{au} + C$

2 - $\int u^n e^{au}du = \frac{1}{a}u^n e^{au} - \frac{n}{a}\int u^{n-1}e^{au}du$

3 - $\int e^{au} sen\, \text{bu du} = \frac{e^{au}}{a^2+b^2}(a \text{ sen bu - b cos bu}) + C$

4 - $\int e^{au} \cos \text{bu du} = \frac{e^{au}}{a^2+b^2}(a \cos \text{bu + b sen bu}) + C$

5- $\int a^u du = \frac{a^u}{\ln a} + C$

**5. Fórmulas de integração das funções Seno e Cosseno hiperbólicos**

1 - $\int senh\, \text{u du} = \cosh \text{u} + C$ ; $senh$ u = seno hiperbólico de u

2 - $\int \cosh \text{u du} = \text{senh u} + C$ ; cosh u = cosseno hiperbólico de u

**6. Fórmulas de Integrais Logaritmicas**

1 - $\int \ln \text{u du} = \text{u} \ln \text{u - u} + C$

2 - $\int u^n \ln \text{u du} = \frac{u^{n+1}}{(n+1)^2}[(n+1)\ln \text{u} - 1] + C$

# OS AUTORES

## João Bosco Laudares

Doutor em Educação pela PUCSP, mestre em Educação Tecnológica pelo CEFETMG e graduado em Matemática pela UFMG. Especialização em Matemática Superior e Estatística pela PUCMinas. Professor de graduação em cursos de Engenharia e Matemática, e do Mestrado em Ensino de Ciências e Matemática da PUCMinas. Pesquisador na área de Educação Matemática com objetos de pesquisa no ensino médio técnico e superior tecnológico. É professor voluntário em Educação Tecnológica do CETEMG. Tem produção de material didático: livros, textos, objetos de aprendizagem para o ensino de matemática básica e superior.

## Dimas Felipe de Miranda

Doutorado (2004) e Mestrado (1999) na área de Modelagem de Análise Espacial do Programa de Tratamento da Informação Espacial da PUC Minas. Possui graduação em Matemática (1975) pela Faculdade de Filosofia Ciências e Letras de Belo Horizonte, graduação em Engenharia Civil (1980) e graduação em Filosofia (1999) pela Pontifícia Universidade Católica de Minas Gerais. Atualmente é professor adjunto IV da PUC Minas, lecionando disciplinas da área da Matemática nos cursos de graduação. Atua nos seguintes temas: didática para o ensino/aprendizagem de matemática superior, educação matemática e estatística, modelagem e tecnologia informática como estratégia de ensino e aprendizagem, análise metodológica de modelos matemáticos aplicados.

## Júlio Paulo Cabral dos Reis

Mestre em Ensino de Ciências e Matemática e graduado em Matemática ambos pela PUCMinas. Integrante do Grupo de Pesquisa em Informática e Metodologia para o Ensino em Matemática – GRUPIMEM/PUCMinas. Atualmente é professor de Matemática Superior da Pontifícia Universidade Católica de Minas Gerais. Suas Linhas de pesquisa são: Ensino e Aprendizagem de Cálculo Diferencial e Integral e Equações Diferenciais, Objetos de Aprendizagem, Tecnologia da Informação e Comunicação e Modelagem Matemática.

## Saulo Furletti

Doutorando em Educação pela PucMinas, mestre em Ensino de Ciências e Matemática pela PucMinas, especialização em Informática em Educação pela UFLA e graduação em Licenciatura Matemática pelo UniBH. Professor de Matemática do Instituto Federal de Educação, Ciência e Tecnologia de Minas Gerais com experiência na docência do Ensino Básico, Técnico e Superior. Pesquisador na área de Educação, Educação Matemática e Ambientes Virtuais de Ensino-Aprendizagem.

Este livro foi composto com tipografia Times New Roman
e impresso em papel Offset 90g. na Gráfica Del Rey.